综合智慧能源技术

组编单位：中国华电科工集团有限公司
参编单位：国能龙源环保有限公司
青岛能蜂电气有限公司
长沙为明节能科技有限公司
清华大学山西清洁能源研究院
国核电力规划设计研究院有限公司
中国华电集团清洁能源有限公司
北京大风天利科技有限公司

中国电力出版社
CHINA ELECTRIC POWER PRESS

内容提要

本书是一本全面介绍综合智慧能源技术的专著，共5章，内容包括概述、关键专项技术、通用技术、数字化技术和项目案例，全书重点介绍了与综合智慧能源相关的13项技术，包括燃气分布式能源站、分布式光伏、储能、氢能、常规冷热源、热泵、调峰、节能、系统规划、虚拟电厂、标识编码、服务平台、智慧管控平台。

本书以实用性为主，按照现行政策和相关规范、标准的规定，结合综合智慧能源项目的特点，以各项技术为基本单元，分别介绍了各项技术的基本原理、发展情况、技术特点、设计要点、系统确定、设备选型及其布置等内容，并在第五章给出了综合智慧能源项目的建设运行案例，内容深入浅出、通俗易懂。

本书可供综合智慧能源项目相关专业技术人员参考使用，可以满足项目各建设阶段的要求，也可供高职高专院校相关专业师生参考阅读。

图书在版编目（CIP）数据

综合智慧能源技术 / 中国华电科工集团有限公司组编. —北京：中国电力出版社，2024.4
ISBN 978-7-5198-8548-9

Ⅰ.①综… Ⅱ.①中… Ⅲ.①能源－电工技术 Ⅳ.①TM

中国国家版本馆CIP数据核字（2024）第015795号

出版发行：中国电力出版社
地　　址：北京市东城区北京站西街19号（邮政编码100005）
网　　址：http://www.cepp.sgcc.com.cn
责任编辑：刘汝青（010-63412382）　孟花林
责任校对：黄　蓓　常燕昆
装帧设计：赵姗姗
责任印制：吴　迪

印　　刷：三河市万龙印装有限公司
版　　次：2024年4月第一版
印　　次：2024年4月北京第一次印刷
开　　本：787毫米×1092毫米　16开本
印　　张：24
字　　数：495千字
印　　数：0001—1500册
定　　价：120.00元

《综合智慧能源技术》
编写委员会

主　　任　彭刚平

副 主 任　刁培滨　单宏胜　沈明忠

编　　委　李建标　胡富钦　宿建峰　胡永锋

主　　编　沈明忠

副 主 编　胡永锋　杨艳春　钟洪玲　王建伟　谭　波　由长福
张栋顺　车建炜　瞿　萍　康　慧

编写人员　（按姓氏笔画排序）

于　江　马兰芳　王　云　王　锋　王一枫　王卫东
王佑天　王宏义　王振华　王晓海　邢　政　成志辉
刘　静　刘建明　刘赵欣雨　江　婷　许　航　劳　俊
杜　磊　李　伟　李伟兵　吴玉麟　佘　典　余　莉
张　勇　张玫瑰　张周竹　张莱新　张爱平　张瑞寒
张福征　陈训强　林伟宁　林健健　松　鹏　金　鑫
周　娴　郑　妍　赵　艺　段　威　姚　宣　姚　峰
骆　峰　耿向真　徐　聪　徐静静　高　立　高丰顺
黄保乐　董志伟　董淑梅　蒋宁罡　韩　晨　程芳真
薛亚娜

序

2020年9月，习近平总书记在第75届联合国大会一般性辩论上提出“双碳”目标，即二氧化碳排放力争于2030年前达到峰值，努力争取2060年前实现碳中和。“双碳”目标是国家层面的宏观战略，落实到国内企业的行动上，需要具体化、形象化，需要具有可操作性的措施。2020年，国内有关能源电力企业将“综合智慧能源服务”作为能源电力企业实现“双碳”目标的具体措施之一。总体来看，综合智慧能源与能源领域“双碳”目标工作方向高度契合，在“双碳”目标背景下迎来新的发展契机，将成为全方位支撑能源消费侧“双碳”工作的重要抓手。

综合智慧能源国家政策将持续支持综合智慧能源的发展，这是长期、稳定、可靠的行业，可认为是一种新的业态。在“双碳”目标下，新能源得到快速发展，综合智慧能源是新能源就地高效消纳的重要应用方式，必然会成为大型能源电力央企、国企重点关注的发展方向。随着全面深化改革的不断推进，国家治理体系和治理能力现代化将取得重大进展，发展不平衡、不协调、不可持续等问题将逐步得到解决，能源领域基础性制度体系也将基本形成，综合智慧能源项目有望迎来“理性而适度”的发展。

能源电力行业技术资金密集，存在高度的路径依赖，技术路线试错成本极高。构建新型电力系统是一项复杂的系统性工程，应超前研判低碳转型路径及转型过程中的重要技术问题，力争就技术形态、技术方向等关键问题形成广泛共识。

《综合智慧能源技术》一书对综合智慧能源领域的热点问题进行了系统

介绍，对综合智慧能源的概念、技术特点、项目规划、技术路线与商业模式等进行了详细阐述，同时对具有典型意义的国内工程项目案例做了分析与总结。

该书编写单位是能源电力行业内有经验、有相关业绩、有实力的单位，可以认为是综合智慧能源领域的强强联合，代表了国内这一领域的技术水平，也基本上可以代表国内这一领域工程技术的发展方向。希望《综合智慧能源技术》能成为综合智慧能源项目从业人员的良师益友，并为推动我国综合智慧能源技术的发展作出贡献。

中国工程院院士 江亿

2024 年 3 月

前言

2020年9月，习近平总书记在第75届联合国大会一般性辩论上提出“双碳”目标，即二氧化碳排放力争于2030年前达到峰值，努力争取2060年前实现碳中和，这为我国应对气候变化、推动绿色发展指引了方向。

对中国而言，改变以煤炭为主的高碳能源、电力结构，转向以清洁能源为主的低碳能源结构，是大势所趋和必由之路。“双碳”目标是中国各能源企业应该遵循的发展方向。从未来发展来看，能源行业低碳化、电气化、智能化、市场化、一体化、国际化的“六化”发展趋势越来越明显。

综合智慧能源是指以节能降耗、提升能源利用效率为目标，以用户为中心，以数字化、智能化、市场化途径，实现多种类能源及能源生产消费多环节的集成优化、协同互动的能源体系和能源服务。

随着我国经济发展转型升级和环境保护的约束，互联网、大数据、数字化等新技术推广应用，风力发电、分布式光伏发电、分布式供能等技术迭代发展，我国能源结构转型力度明显加大。在这样的大背景下，与综合智慧能源有关的技术成为能源电力从业人员所关注的热点。

本书共5章，内容包括概述、关键专项技术、通用技术、数字化技术和项目案例，全书重点介绍了与综合智慧能源相关的13项技术，包括燃气分布式能源站、分布式光伏、储能、氢能、常规冷热源、热泵、调峰、节能、系统规划、虚拟电厂、标识编码、服务平台、智慧管控平台。

本书以实用性为主，按照现行政策和相关规范、标准的规定，结合综合智慧能源项目的特点，以各项技术为基本单元，分别介绍了各项技术的基本原理、发展情况、技术特点、设计要点、系统确定、设备选型及其布置等内容，并在第五章给出了综合智慧能源项目的建设运行案例。

本书由中国华电科工集团有限公司组织编写，参加编写的单位有国能龙源环保有限公司、青岛能蜂电气有限公司、长沙为明节能科技有限公司、清华大学山西清洁能源研究院、国核电力规划设计研究院有限公司、中国华电集团清洁能源有限公司、北京大风天利科技有限公司。

在本书的编写过程中，采用了江苏天纳节能科技有限公司等单位的技术资料或研究成果，在此表示诚挚的感谢。

本书可供综合智慧能源项目相关专业技术人员参考使用，可以满足项目各建设阶段的要求，也可供高职高专院校相关专业师生参考阅读。

限于作者水平，书稿中难免存在疏漏与不足之处，欢迎读者批评指正。

编　者

2024 年 2 月

目 录

第一章

概　　述

综合智慧能源是以节能降耗、提升能源利用效率为目标，以用户为中心，以数字化、智能化、市场化途径，实现多种类能源及能源生产消费多环节的集成优化、协同互动的能源体系和能源服务。

一、综合智慧能源特点

1. 系统性

综合智慧能源是一个高效、互动、融合的能源体系，集成了各类能源管理系统的顶层系统体系，贯穿了能源的所有环节，各个环节之间能够进行及时、准确、高效的数据交互和融合，从整体进行能源策略优化，减少和降低决策延迟和失误，从而保障能源系统运行的高效和互动，提高能源运行效率，降低能源浪费和损失。

2. 多样性

综合智慧能源包括常规能源、可再生能源、分布式能源等多种能源形式，不仅包括常规能源的管理，还包括太阳能（光伏一体化）、风能、分布式能源的接入。

3. 智能性

综合智慧能源可应用“云大物移智链”等现代信息技术，提升能源生产、配送、使用的智能化水平。通过建设综合能源控制服务平台，实现能源系统各环节、全流程的优化计算，为能源消费者提供可选择、高附加值的能源增值服务。能源消费者可选择集中或分散控制模式，实现订单式生产，智能化、可视化、可选择性消费，多维度优化配置能源生产要素。

4. 低碳性

综合智慧能源通过建立科学合理的调节机制，优先采用核电、水电、风电、光伏发电等清洁能源，合理分配电能使用比例，综合利用热泵、储能（包括储热、储冷、储电）等多种能源形式，以提升能效、降低碳排放为目标，减少以煤、油等为主的一次能源消费，实现区域能源生产和消费清洁高效，达到近零排放。

5. 实用性

综合智慧能源是水、电、气、热、油等具有实用性的综合能源的整合。综合智慧能源涉及多种能源，从多种能源的应用特点出发，采用专业智能化技术和手段，提供优化设计、输配、调试、运营和服务等整体解决方案，从而达到高效、节能、清洁的目的。

综上所述，“综合智慧能源”的字面解释如下：①“综合”强调能源一体化解决方案，从用户侧思维出发，是多种能源品种的融合。②“智慧”体现为三个层次，一是信息技术智慧，通过互联网及信息技术、能源信息高速公路，把综合的能源系统有机联系起来；二是系统算法升级，不同能源品种之间、不同供应环节之间需要优化计算，实现多个维度的互补协同；三是设备端智慧化，每个能源元件的智能化。

二、综合智慧能源系统构成

综合智慧能源系统构成如图 1-1 所示，综合智慧能源系统是由能源生产系统、能源输送系统、能源转换系统、能源储存系统和能源用户五部分构成的。

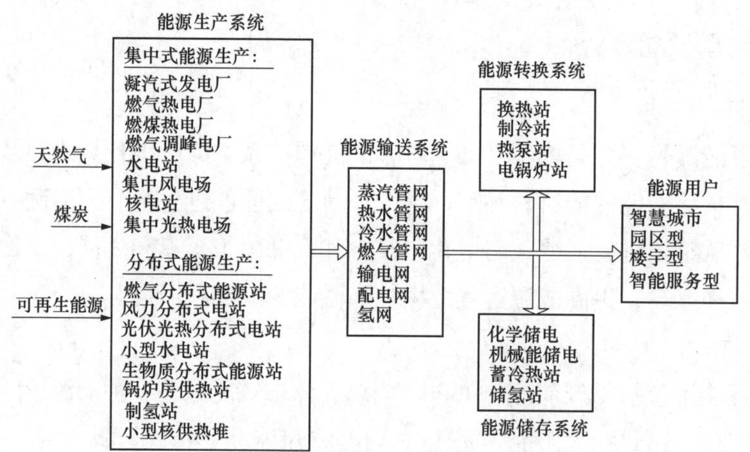

图 1-1　综合智慧能源系统构成

1. 能源生产系统

能源生产系统包括集中式能源生产和分布式能源生产两种。集中式能源生产包括凝汽式发电厂、燃气热电厂、燃煤热电厂、燃气调峰电厂、水电站、集中风电场、核电站、集中光热电场等。分布式能源生产包括燃气分布式能源站、风力分布式电站、光伏光热分布式电站、小型水电站、生物质分布式能源站、锅炉房供热站、制氢站、小型核供热堆等。

2. 能源输送系统

包括蒸汽管网、热水管网、冷水管网、燃气管网、输电网、配电网、氢网等。

3. 能源转换系统

包括换热站、制冷站、热泵站、电锅炉站等。

4. 能源储存系统

包括化学储电、机械能储电、蓄冷热站、储氢站等。

5. 能源用户

包括智慧城市、园区型、楼宇型、智能服务型等。

三、综合智慧能源系统的表现形式

从图 1-1 可以看出，综合智慧能源是以源、网、荷、储为主的能源系统，具有系统多、系统交互重叠的特点。综合智慧能源系统主要表现形式为源网荷储一体化、“互联网 +”智慧能源、多能互补集成优化、虚拟电厂、智能电网、综合能源服务等。

1. 源网荷储一体化

源网荷储一体化是指在坚守安全底线的前提下，以提升可再生能源电量消费比重、促进能源领域与生态环境协调可持续发展为目标，通过缩小供给单元规模，以先进技术突破和体制机制创新为支撑，强调发挥负荷侧调节能力、就地就近灵活坚强发展，优化整合特定区域的电源、电网、负荷和储能资源，实现源网荷储高度融合的局域性综合能源系统。

2.“互联网 +”智慧能源

“互联网 +”智慧能源是一种互联网与能源生产传输、储存、消费和能源市场深度融合的能源产业发展新形态，具有设备智能、多能协同、信息对称、供需分散、系统扁平、交易开放等主要特征。

3. 多能互补集成优化

多能互补集成优化工程主要有两种模式：一是面向用户电、热、冷、气等多种用能需求，因地制宜、统筹开发、互补利用传统能源和新能源，优化布局建设一体化集成供能基础设施，通过天然气热电冷三联供、分布式可再生能源和能源智能微网等方式，实现多能协同供应和能源综合梯级利用；二是利用大型综合能源基地风能、太阳能、水能、煤炭、天然气等资源组合优势，推进风光水火储多能互补系统建设运行。采用以上两种模式提出建设多能互补集成优化示范工程是构建“互联网 +”智慧能源系统的重要任务之一。

4. 虚拟电厂

虚拟电厂是一种通过先进信息通信技术和软件系统，实现分布式能源、储能系统、可控负荷、电动汽车等的聚合和协调优化，以作为一个特殊电厂参与电力市场和电网运行的电源协调管理系统。虚拟电厂概念的核心可以总结为“通信”和“聚合”，虚拟电厂的关键技术主要包括协调控制技术、智能计量技术和信息通信技术。

5. 智能电网

智能电网即电网的智能化，它是建立在集成的、高速双向通信网络的基础上，通过先进的传感和测量技术、先进的设备技术、先进的控制方法和先进的决策支持系统技术的应用，实现电网的可靠、安全、经济、高效、环境友好和使用安全的目标。

6. 综合能源服务

以用户需求为主导，以安全、低碳、环保、高效、经济、智能为基本原则，以节能降碳为目的，通过技术、管理模式的整合优化，实现能源生产、输配、转化和/或利用环节的绿色化、高效化、低碳化，为用户提供整体化能源服务。包括但不限于新建、改造、运营托管等服务类型。

四、综合智慧能源的应用场景

根据功能和服务对象的不同，综合智慧能源分为以下四种应用场景：能源生产供应型（分为集中式和分布式）、智慧城镇型、产业园区型、集群楼宇型。综合智慧能源应用场景如图 1-2 所示，综合智慧能源的应用场景和特点见表 1-1。

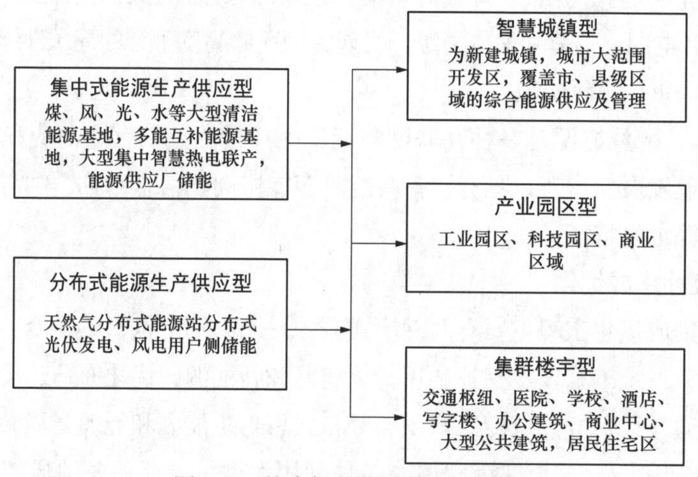

图 1-2 综合智慧能源的应用场景

表 1-1 综合智慧能源的应用场景和特点

应用场景	内容	特点
集中式能源生产供应型	多能互补清洁能源基地，煤、风、光、水等大型清洁能源基地；水风光等多种电源类型整合形式，热电联产智慧供热，低温核供热	集中供应能源
分布式能源生产供应型	天然气分布式能源站（楼宇式、区域式），可再生能源分布式能源站，分布式风电、光伏发电能源站，氢站	因地制宜采用分布式发电、供热/冷、制气等方式就近供能

续表

应用场景	内容	特点
智慧城镇型	特色农业小镇、文旅小镇、智能制造小镇、商贸物流小镇、疗养小镇，面向各地新区建设，主要是地市新建城区，进行综合智慧能源建设	项目覆盖范围比较广，投资大，能源需求密度中等，区域内能源负荷以商业、旅游、居民学校、医院、少量轻工业为主，对废气排放等产生的环境影响比较敏感。有电动车充电设施、智能设施需求
产业园区型	科技产业园、生态产业园、文化创意园、生物医药园、电子信息产业园、工业园区、保税区、出口加工区、物流园	为工业园区、科技园区、商业区等用能系统、岛屿等提供综合能源供应及管理，供能范围为几平方千米到几十平方千米
集群楼宇型	大中型公共建筑项目，星级酒店、大中型商场、高档写字楼、商业综合体、学校、医院、疗养中心、数据中心、文体场馆、高铁站、机场、公交枢纽	为楼宇提供电、热、冷、气、水等能源供应及相应的能源管理，安装在用户现场的能源中心

五、综合智慧能源的技术体系

技术体系是技术整体性的表现形式，指社会中各种技术之间相互作用、相互联系，按一定目的、一定结构方式组成的技术整体。技术体系受自然规律和社会因素的制约，不但涉及技术，还涉及能源、信息、生产等一系列的准备技术，即各专业技术之间存在广泛的联系。在现实社会中，技术体系是一个复杂而纵横交错的立体网络结构，以下介绍综合智慧能源的技术体系。

1. 技术体系分类

综合智慧能源产业是近年出现的新业态，发展中存在的突出问题是企业创新能力不强，这也成为制约产业快速发展的重要因素，而综合智慧能源产业技术体系薄弱已成为提升产业竞争力的瓶颈。目前，国内外尚未有专著对综合智慧能源产业进行技术体系的划分，随着“增强自主创新能力，建设创新型国家”的提出，提高综合智慧能源产业发展水平，推进产业创新，构建合理、有序、新型的综合智慧能源产业技术体系成为当务之急。

根据目前我国综合智慧能源行业的建设情况，以及约定俗成的习惯，综合智慧能源技术体系有如下两种分类方式。

（1）第一种分类方式。按照主体技术与辅助技术划分，可分为工程实用型技术、主体型技术、专业型技术 3 种。综合智慧能源技术体系（第一种分类方式）如图 1-3 所示。

1）工程实用型技术，包括节能改造技术、工程技术和设备制造等。

2）主体型技术，按照源网荷储一体化的流程划分，包括能源生产技术、源侧储能技术、输送技术、用户侧储能技术、用能服务技术等。

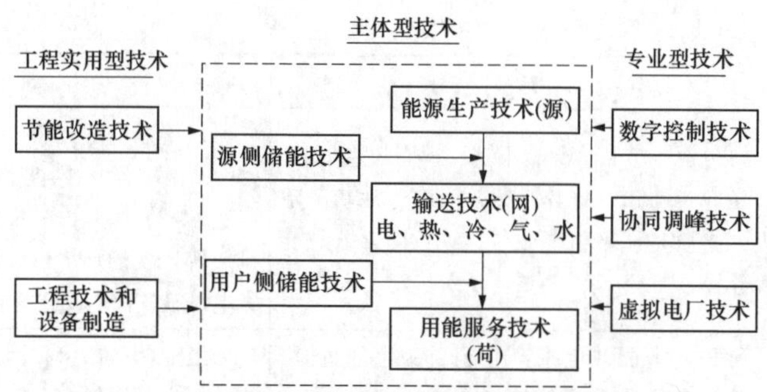

图 1-3 综合智慧能源技术体系（第一种分类方式）

3）专业型技术，包括数字控制技术、协同调峰技术、虚拟电厂技术等。

（2）第二种分类方式。按照技术的特定属性划分，可分为关键专项技术、通用技术和数字化技术 3 种。综合智慧能源技术体系（第二种分类方式）如图 1-4 所示。

关键专项技术	通用技术	数字化技术
燃气分布式能源站	常规冷热源	服务平台
分布式光伏	热泵	智慧管控平台
储能	节能	虚拟电厂
氢能	调峰	标识编码
特高压交直流输电	工程建设	系统规划
小型核供热	设备制造	用能诊断评估
多能互补集成优化	余热余压利用	信息制定与交互
	有关计算方法	

图 1-4 综合智慧能源技术体系（第二种分类方式）

1）关键专项技术，包括燃气分布式能源站、分布式光伏、储能、氢能、特高压交直流输电、小型核供热、多能互补集成优化等。关键专项技术的特点是重要、成熟、影响大，一旦有所突破，就会对能源行业产生战略性的影响，如储能、小型核供热。

2）通用技术，包括常规冷热源、热泵、节能、调峰、工程建设、设备制造、余热余压利用和有关计算方法等。通用技术的特点是常规、成熟、应用数量多，具有普遍性和普适性。

3）数字化技术，包括服务平台、智慧管控平台、虚拟电厂、标识编码、系统规划、用能诊断评估、信息制定与交互等。数字化技术的特点是技术含量高，对综合智慧能源技术发展具有重要意义，是综合智慧能源技术发展的方向。

2. 本书涉及技术

本书从图 1-4 中所展示的第二种技术体系分类方式中选择 13 项技术进行详细介绍。本书涉及的综合智慧能源技术的主要内容见表 1-2。

表 1-2 本书涉及的综合智慧能源技术的主要内容

技术名称	主要内容
燃气分布式能源站	主要应用技术，应用场景，项目开发可行性边界条件，设计重点关注的因素，热能动力设备，典型工艺路线，能源站的外部工程，运行策略
分布式光伏	分类及特点，太阳能电池组件，逆变器，基础支架与防雷接地，辐射能量和发电量计算，阵列排布设计，电气系统设计，风险因素防范
储能	储能方式，蓄水储能电站，电化学储能，电力系统储能，电力系统典型储能投资及回报分析
氢能	氢能产业链（包括制氢、储运、加注、氢能应用），制氢成本估算方法，氢能安全问题
常规冷热源	机械压缩式制冷：制冷工质，活塞式、涡旋式、螺杆式和离心式； 吸收式制冷：溴化锂吸收式冷水机组（蒸气型、热水型、直燃型和烟气型），氨吸收制冷机； 燃气锅炉、中央热水机组（电热式、燃气式和中央真空式）
热泵	热泵工作原理，热力学指标，分类和应用，空气源热泵系统设计，水源热泵系统设计，地源热泵系统设计
调峰	集中供热热源调峰，燃气分布式冷热调峰，天然气调峰，电网调峰
节能	热源热网节能技术：气候补偿措施、烟气余热回收、凝结水回收、热网节能； 冷源系统节能技术：空调冷冻水系统节能、冷却水系统节能、免费冷源应用
系统规划	系统规划步骤，关键技术，计算机仿真技术在综合智慧能源系统规划中的应用，系统规划工具软件
虚拟电厂	虚拟电厂的控制架构，功能要求，关键技术，虚拟电厂组成，外部条件，信息安全，规划及设计，应用实例，展望
标识编码	综合智慧能源系统标识编码的必要性，标识结构与标识方法，标识编码实施，标识编码实例
服务平台	服务平台主要特征，作用及建设必要性，服务平台建设方案，主要功能技术架构，主要支撑技术；服务平台的运营模式；国内服务平台的应用案例；发展趋势展望
智慧管控平台	本地部署的智慧管控平台：数据采集，网络传输及安全，分析及管控功能系统，展示及监控中心； “云平台”部署的智慧管控平台：部署方式，监控方式，数据采集，网络传输，安全，云平台与第三方通信，云平台应用智慧管控平台典型案例，智慧管控平台技术发展

六、综合智慧能源的商业模式

商业模式涉及企业在市场中与用户、供应商、其他合作伙伴的关系，尤其是彼此间的物流、信息流和资金流的关系。商业模式是管理学的重要研究对象之一，工商管理硕士（MBA）、高级管理人员工商管理硕士（EMBA）等主流商业管理课程均对“商业模式”给予高度的关注。

1. 前期运营模式

综合智慧能源新业务模式的出现，打破了不同能源品种、单独规划、单独设计、单独运行的传统模式，对应的综合智慧能源的前期运营模式也发生了变化。目前，综合智慧能源的前期运营模式包括建造－运营－移交（BOT）模式、建设－拥有－经营（BOO）模式、合同能源管理（EMC）模式、公共部门－私营企业－合作（PPP）模式、建设－移交（BT）模式、建设－出售－运营（BSO）模式、工程模式和运维服务模式等 8 种方式。综合智慧能源的前期运营模式见表 1–3。

表 1–3　　综合智慧能源的前期运营模式

运营模式类别	具体内容
BOT 模式（建造－运营－移交模式）	项目由综合智慧能源供应商投资建设，并负责运营约定年限后，移交给用户
BOO 模式（建设－拥有－经营模式）	项目完全由综合智慧能源供应商投资、建设、运营
EMC 模式（合同能源管理模式）	由综合智慧能源供应商投资并实施项目，用能客户在获得节能效益后，再以节约的能源费用支付综合智慧能源供应商项目投资成本，包括能源费用托管型、节能量保证型和节能效益分享型 3 种
PPP 模式（公共部门－私营企业－合作模式）	由综合能源服务供应商负责项目规划、设计、投资、建设和运营，采用政府付费或用户付费的方式收回投资
BT 模式（建设－移交模式）	由综合智慧能源服务供应商负责项目规划、设计、投资、建设和运营商出资进行节能改造，客户按照合同约定的总价分期支付，由综合智慧能源供应商将工程移交给用户
BSO 模式（建设－出售－运营模式）	由能源电力企业等开发主体完成项目建设后，将项目公司的全部或部分股权出售给机构投资者，并与机构投资者签订长期运维合同
工程模式	由客户出资，委托综合智慧能源供应商进行工程建设、节能改造
运维服务模式	由客户出资，委托综合智慧能源供应商进行日常运维服务管理。根据服务提供年限收费

2. 盈利模式

综合智慧能源盈利模式应充分结合用户的不同需求，通过为用户创造价值来获得多种形式的服务收益，除各能源企业常规的主营盈利方式外，综合智慧能源盈利模式主要有以下 6 种。

（1）满足用户降低初始设备投资的需求。可采用 EMC、BOT、BOO 等运营方式及开展金融租赁等业务，减少用户大量初始资金的投入，通过金融服务、节能效益获取一定收益。

（2）满足用户降低能源购入价格的需求。综合智慧能源商可通过为用户提供能源交易代理服务、热电联供、分布式新能源开发、增量配电网、需求侧管理、用户侧储能等服务，通过收取服务费、投资分享、工程实施、项目运营等方式获取收益。

（3）满足用户降低能源消费总量的需求。综合智慧能源商为客户提供用能监控、能效诊断、节能改造、电能替代、电能质量管理、节能方案咨询等服务，通过项目投资、节能效益、技术服务费等方式获取收益。

（4）满足用户减排和环保方面的需求。综合智慧能源商可开展热电联供、分布式新能源开发、电能替代、充电桩建设运营及污水治理、脱硫脱硝等环保技术改造等服务，通过项目投资、冷热能源费用、咨询服务、工程实施等方式获取收益。

（5）满足用户减少管理成本的需求。综合智慧能源商可提供检修运维服务、需求侧管理、智慧服务平台、数据分析、专用充电站服务等服务，通过收取劳务费、服务费等方式获取收益。

（6）满足用户智能化的需求。综合智慧能源商可提供大数据信息服务、能源智慧控制服务平台建设、智能能量管理、大数据信息等服务，通过收取服务费等方式获取收益。

3. 典型商业模式

（1）大规模水风光储的联合发电模式。利用水、风、光等资源优势，建设水风光储互补的清洁能源基地，应用水风光储多组态、多功能、可调节、可调度的联合发电模式，提升风光电利用效率，提升供能灵活性，提供电力供应及辅助服务，促进清洁能源的发展和消纳。

（2）一体化综合能源供应＋综合服务模式。开展“源网荷储”一体化综合能源站项目，建设运营配电、热、冷、气、水等综合供能网络，为客户提供以天然气、冷热电三联供为主的多能就地供应，提供电、热、冷、气、水等能源产品的直销服务，以及提供能效监控、诊断、优化、节能改造、运维检修、电能替代、需求侧管理等综合用能服务，推进可用能的梯级利用最大化，实现用户用能消费盈余的最大挖掘。

（3）“配售电＋增值服务”模式。以配电网和售电为切入口，成立配售电公司，为用户提供供电及电能交易代理服务，通过配电服务费、售电代理费、相关增值服务收入、参与辅助服务市场营收等方式获取盈利。其中，相关增值服务包括：用户用电规划、合理用能、节约用能、安全用电、替代方式等服务，用户智能用电、优化用电、需求响应，用户合同能源管理服务，综合能源零售套餐，用户用电设备的运行维护，用户多种能源优化组合方案，提供发电、供热、供冷、供气、供水等智能化综合智慧能源。

（4）发售一体化模式。发售一体化模式是将发电与售电相结合，利用发电资源将电力直接销售给自有售电公司或其他合作售电公司，减少售电公司的购电成本，同时售电公司协助发电资源开拓市场，提升发电资源营收，以此达成发售双方共赢的局面。

（5）“平台＋综合服务”模式。互联网技术与能源深度融合，构建“平台＋综合服务”生态，将能源产业所有参与者关联起来，提供智能能量管理、能源大数据信息服务、需求侧管理、虚拟电厂等服务。

（6）能源市场交易服务模式。面向社会的电力市场交易、分布式能源交易、碳交易、绿证交易业务，根据市场改革进程，逐步扩展至电力期货、输电权等其他金融衍生品交易和燃料期货交易。探索开展虚拟电厂运营，发挥分布式电源出力灵活、启动迅速的特点，代理用户参与调频调峰辅助服务市场交易。

（7）设备销售及运维服务模式。工业、居民用能设备、配电设施、微电网设施、储能等设备销售及运维服务。

七、国外综合智慧能源发展过程

（一）国外现状

目前，美国、日本、欧洲等发达国家和地区综合智慧能源已形成了多样灵活的商业模式，由节能改造、设备推广的初期阶段，发展到基于分布式能源微电网模式、利用“云大物移智链”等信息技术提供综合能源供应与服务的中期阶段。

1. 美国

美国侧重于以分布式能源和智能电网为核心的综合能源供应系统。2001 年，提出综合能源系统发展计划，促进分布式能源和热电联供技术的推广应用，提高清洁能源使用比重；2007 年，颁布《能源独立和安全法》，要求社会主要供用能环节必须开展综合能源规划。近年来，随着能源利用效率更加高效、智能的服务模式开始研究与发展，美国的综合智慧能源模式灵活多样。基于自身的能源和科技优势，美国也确立了在综合智慧能源的相关理论研究和项目发展领域的领先地位。

2. 日本

在政策方面，日本政府陆续出台了一系列推动节能增效、新能源发展和能源产业培育的政策，推动国内综合智慧能源的发展。在市场方面，由于日本长期依赖传统化石能源进口，导致能源价格居高不下，为综合智慧能源发展提供了广阔市场空间。售电等传统业务利润的降低，促使各大能源厂商重塑战略布局，大力发展综合智慧能源业务。

目前日本能源研究机构致力于搭建综合能源管理平台，如日本智能社区联盟提出了社区综合智慧能源（电力、燃气、热能等），并在此基础上实现与交通、供水、网络信息的一体化集成。日本在北九州建设了智能社区系统平台，分别为政府提供能源消费和二氧化碳减排信息，为电力消费者提供用能服务，为独立发电厂（IPP）、电力交易机构提供电力调度服务，为电网企业提供能源平衡管理，为第三方提供扩展服务入口。同时，日本的能源公司不断开展基于电能的冷热供应服务研发，东京电力公司、关西电力公司目前已有超过 20 个集中供应的成功案例。相比于分散式制冷供热，可节能 10%～20%，并节约人力成本和建筑空间。

3. 加拿大

加拿大内阁能源委员会颁布了相关指导意见，明确指出构建覆盖全国的社区综合能源系统（ICES）是政府应对能源危机和实现 2050 年温室气体减排目标的一项重要举措，并将推进 ICES 技术研究和 ICES 工程建设列为 2050 年的国家能源战略。在加拿大 ICES 示范工程投入的同时，加拿大政府还启动了多个重大研究课题对与综合能源系统相关的理论和技术进行全方位研究。

4. 欧洲

欧洲是最早提出综合能源系统概念并展开实施的地区。在欧盟第五框架（FP5）中，有关能源协同优化的研究已被放在重要位置，在第六框架（FP6）和第七框架（FP7）中，能源协同优化和综合能源系统的相关研究进一步深入，一大批具有国际影响的重要项目相继实施。近些年，综合能源系统在欧洲发展迅速，各国政府根据欧盟能源发展战略和本国国情，纷纷制定各国能源战略，大力发展低碳的综合能源系统。

（1）德国。德国在综合能源系统方面的研究侧重于能源系统和通信信息系统间的集成，其标志性项目是 E-Energy，涉及智能发电、智能电网、智能消费和智能储能等方面，旨在推动其他企业和地区积极参与建立以新型信息通信技术（ICT）和系统为基础的高效能源系统，以最先进的调控手段来应对日益增多的分布式电源与各种复杂的用户终端负荷。此外，E-Energy 项目实施后，德国政府还推出了 Reg Mod Harz IRENE、Peer Energy Cloud、ZESMIT 和 Future Energy Grid 等项目，进一步提高了可再生能源消纳能力。

（2）丹麦。丹麦综合智慧能源的开展主要从两个方面着手，一是发展能源服务市场，丹麦综合智慧能源市场是一个完全以需求为导向形成的市场；二是围绕智能电网、智能暖网与智能燃气网这三个网络构建智慧能源系统。为了实现能源转型的目标，丹麦政府颁布了一系列政策和法律，为综合智慧能源的发展提供了良好环境。在最新的丹麦能源协议中，丹麦政府提出到 2050 年完全摆脱对化石能源的依赖，实现 100% 可再生能源供应。

（3）英国。英国政府和企业一直致力于综合能源系统的研究，英国对综合能源系统的研究侧重于能源系统间能量流集成的研究。除了国家层面的集成电力燃气系统，社区层面的分布式综合能源系统的研究和应用在英国也得到了巨大的支持，例如英国的能源与气候变化部（DECC）和英国的创新代理机构 Innovate UK 与企业合作资助了大量区域综合能源系统的研究和应用。

（二）国外典型企业现状

1. 法国电力公司

法国电力公司（EDF）是一家在核能、热能、水电和可再生能源方面具有世界级工业竞争力的大型企业，是能源转型的领军企业之一。法国电力公司在转型发展中形成了基于核电、水电、新能源的多元化电力结构，致力于为客户提供包括电力投资、工程设计和电力管理与配送在内的一体化解决方案，为居民、专业客户、公司企业、城市或区域提供集成解决方案，业务几乎涉及电力系统的所有行业。应用综合性的发展模式，对上游资产组合和下游资产组合进行管理，确保对客户的能源供应并达成最优化的利润。

2. 德国莱茵集团

为适应现代能源供应体系和消费方式多样化变革应运而生的新型能源服务方式，德国莱茵集团（RWE）进行重组，将煤炭、石油、天然气及核电等业务拆分，成立新的上市公司 Uniper。重组后，新的上市公司 Uniper 将专注于电网业务及为下游客户提供能源解决方案，拥有德国 60% 的配电网份额，更加专注于配电网络、智能电网、电动汽车充电、能源供应、能效服务和智慧家庭解决方案，致力于成为欧洲能源转型的创新力量。

3. 德国斯蒂雅阁能源集团

斯蒂雅阁能源集团（STEAG）是德国的综合性能源集团，其能源服务公司在德国、瑞士、美国、巴西、土耳其、西班牙、印度均设有分公司，服务的领域有燃煤电厂灵活经济生产、欧洲风电领域专业技术、生物质直燃和气化专业技术、太阳能热发电技术、地热能高效利用、区域供热技术、水电技术等。斯蒂雅阁能源集团综合智慧能源业务涉及咨询、规划、建设、运维、优化等领域，具体包括项目管理、可研与基础设计、战略咨询、施工管理与调试、协调 / 项目管理、故障排除和故障分析、运行与优化、能源服务综合解决方案、后期工程服务、监控能源管理系统等。

4. 德国 Next Kraftwerk 公司

Next Kraftwerk 公司是德国的虚拟电厂运营商，该公司目前管理超过 4000 个分布式发电设备，包括生物质发电、水电站、热电联产、灵活可控负荷、风能和太阳能光伏电站等，总体管理规模达到 270 万 kW。其装机组合中有 59% 是灵活性可再生能源（主要是抽水蓄能和生物质制气发电），24% 是分布式光伏，14% 是风电，还有 3% 是电力需求侧用户，充分体现了其灵活性的配置。在电力市场中，单个大型发电设备无法满足突发的负荷变化，但虚拟电厂通过大量分布式发电，实现快速响应负荷需求，来参与调频调峰等辅助服务市场。

Next Kraftwerk 公司充分利用灵活性的优势，一是通过优化电力交易获利，在市场溢价模式下通过控制分布式能源来优化交易并获利；二是充分发挥虚拟电厂中生物质制气发电和水电启动速度快、出力灵活的特点，通过为电网提供调峰调频等辅助服务获利，这是该公司最重要的利润来源；三是通过参与短期电力市场交易获利。虚拟电厂获取的收益将平均分配给参与调频调峰的发电商，但根据电厂质量会有不同的系数调整。

5. 美国 Opower 公司

Opower 公司的定位是一家“公用事业云计算软件提供商”，是全球领先的家庭能源管理企业、家庭能源数据分析公司。Opower 公司利用其云数据平台——家庭能耗数据分析平台，对由公用电力公司提供的家庭能耗数据进行深入的分析和挖掘，结合大数据方法和行为科学理论，以公用事业公司的名义、Opower 的大数据分析平台为家庭用户发出一份个性化的、贴心的电力账单。电力账单分类列示家庭的制冷、采暖、基础负荷、其他各类用能等用电情况，用电量与上月的对比情况，邻里能耗比较，并为用户提供一整套适合于其生活方式的节能方案建议。Opower公司的服务对象是公用电力公司，提供如下四种服务：帮助电力公司向客户提供全面详细的电力消费数据，帮助电力公司分析客户电力消费行为，为电力公司提供需求侧数据界面，为电力公司设计和改善电力营销服务。

Opower公司已经签下了来自北美、欧洲和亚洲9个国家的95家公用电力公司，其中包括很多传统大型的公用电力公司，比如美国的AEP Indiana Michigan Power、澳大利亚的Energy Australia、英国的E. ON UK等。

（三）国外综合智慧能源发展对我国的启示

1. 从战略高度做好顶层设计

综合智慧能源是全新领域，具有贴近市场、灵活性强、创新要求高等特点，应及时更新发展理念，加强对综合智慧能源内涵、外延的宣贯和传播，明确综合智慧能源的战略定位和支撑体系，做好前瞻性布局。

2. 打造完整的产业链

传统能源企业要积极向综合智慧能源商转型发展，完成从提供产品向提供服务的转变、从单一服务向综合服务的转变，主动调整经营战略，引导推动综合智慧能源产业链加速演化与转型升级，向能源行业全产业链服务延伸发展，形成综合智慧能源完整产业链，逐步实现综合智慧能源产业基础高级化、产业链现代化。

3. 提供差异化用能解决方案

遵循以客户为中心的服务模式，设计充分满足消费者需求的服务理念、服务产品和服务方式。对客户群体进行用能需求细分，设计差异化的商业模式、产品套餐和营销策略，为客户提供从能源购售、节能设计到设备安装、运维及融资租赁的一站式或组合式服务。

4. 加强数字化技术与能源行业的深度融合

从国外综合智慧能源发展趋势来看，大数据、云计算、物联网等数字信息技术已成为未来综合智慧能源市场准入的重要技术门槛，能源数字技术已成为实现创新驱动发展的源动力。加强能源生产、消费与交通、建筑等领域的信息融合，聚焦数据收集与分析，将大数据作为核心技术工具，不断推动长链条、多环节的商业模式创新。

5. 建立竞争优势

创新商业模式与盈利模式，建立起各市场主体之间合作共赢的竞争和合作关系，打造合作共享的产业生态系统，灵活运用战略合作、项目合资、混改等方式，推动传统能源企业、新能源企业、互联网企业、工业企业和产业园区等主体携手开拓市场，打通产业链上下游，实现优势互补、利益共享、风险共担。

八、国内现状与发展

（一）国内政策环境

2014年，习近平总书记提出了“四个革命、一个合作”能源安全新战略，指明了我国能源转型的方向。2016年，国家发展改革委、国家能源局印发了《能源生产和消费革命战略（2016—2030）》（发改基础〔2016〕2795号），全面启动能源革命体系布局。“十三五”期间，我国先后出台了能源、电力、油气、可再生能源发展、北方地区清洁供暖等阶段性专项规划，以及电力体制改革、互联网+智慧能源、节能减排、电能替代、储能技术和产业发展等指导性政策文件。这些规划类、指导性政策文件，提出了能源消费总量和强度“双控”、能源输配网络基础设施、分布式能源、电能替代、智慧能源、储能等方面发展的阶段性目标、重点领域、工作任务和综合保障措施。

2020年9月，习近平总书记在第75届联合国大会一般性辩论上提出了我国“双碳”目标的愿景，我国能源革命进入新时期，由能源消费总量和强度“双控”向碳排放总量和强度“双控”转变，可再生能源迅速成为能源发展的主力。国家《“十四五”现代能源体系规划》（发改能源〔2022〕210号）、《“十四五”可再生能源发展规划》（发改能源〔2021〕1445号）等明确提出，依托智能配电网、城镇燃气网、热力管网等能源网络，综合可再生能源、储能、柔性网络等先进能源技术和互联通信技术，推动分布式可再生能源高效灵活接入与生产消费一体化，建设冷热水电气一体供应的区域综合能源系统，并明确提出培育壮大综合智慧能源商等新兴市场主体。

国家层面的综合智慧能源的相关政策见表1-4，这些规划类、指导性政策文件不仅为综合能源服务指明了具体发展方向、明确了重点发展领域，而且为综合能源服务创造了巨大的市场需求。“双碳”目标是国家层次的战略布局，意味着在制度层面将会不断有政策落地。为了驱动国内企业朝这个方向发展，还会有更多的制度化的政策出台。

表1-4　国家层面的综合智慧能源的相关政策

序号	名称	文号	发布时间
1	《关于进一步深化电力体制改革的若干意见》	中发〔2015〕9号	2015年3月
2	《关于推进新能源微电网示范项目建设的指导意见》	国能新能〔2015〕265号	2015年7月
3	《关于推进“互联网+”智慧能源发展的指导意见》	发改能源〔2016〕392号	2016年2月
4	《关于推进电能替代的指导意见》	发改能源〔2016〕1054号	2016年5月
5	《关于推进多能互补集成优化示范工程建设的实施意见》	发改能源〔2016〕1430号	2016年7月
6	《关于实施“互联网+”智慧能源示范项目的通知》	国能科技〔2016〕200号	2016年7月
7	《能源生产和消费革命战略（2016—2030）》	发改基础〔2016〕2795号	2016年12月
8	《关于公布首批多能互补集成优化示范工程的通知》	国能规划〔2017〕37号	2017年1月
9	《关于公布首批“互联网+”智慧能源示范项目的通知》	国能发科技〔2017〕20号	2017年6月

续表

序号	名称	文号	发布时间
10	《关于提升电力系统调节能力的指导意见》	发改能源〔2018〕364 号	2018 年 3 月
11	《关于建立健全可再生能源电力消纳保障机制的通知》	发改办体政〔2019〕375 号	2019 年 5 月
12	《关于加快建立健全绿色低碳循环发展经济体系的指导意见》	国发〔2021〕4 号	2021 年 2 月
13	《关于因地制宜做好可再生能源供暖工作的通知》	国能发新能〔2021〕3 号	2021 年 2 月
14	《关于推进电力源网荷储一体化和多能互补发展的指导意见》	发改能源规〔2021〕280 号	2021 年 3 月
15	《关于完整准确全面贯彻新发展理念做好碳达峰碳中和工作的意见》	中发〔2021〕36 号	2021 年 9 月
16	《关于印发 2030 年前碳达峰行动方案的通知》	国发〔2021〕23 号	2021 年 10 月
17	《"十四五"可再生能源发展规划》	发改能源〔2021〕1445 号	2021 年 10 月
18	《"十四五"节能减排综合工作方案》	国发〔2021〕33 号	2021 年 12 月
19	《关于加快建设全国统一电力市场体系的指导意见》	发改体改〔2022〕118 号	2022 年 1 月
20	《工业领域碳达峰实施方案》	工信部联节〔2022〕88 号	2022 年 7 月
21	《全国煤电机组改造升级实施方案》	发改运行〔2021〕1519 号	2021 年 10 月
22	《"十四五"全国清洁生产推行方案》	发改环资〔2021〕1524 号	2021 年 11 月

（二）标准编制

标准是实现技术产业化的基础，也是支持行业健康发展的重要因素。2020 年以来立项编制的综合智慧能源方面的标准见表 1–5。

表 1–5　2020 年以来立项编制的综合智慧能源方面的标准

标准名称	标准性质	归口管理单位	编制状态
分布式供能工程标识系统编码规范	国家标准	中国电力企业联合会	2024 年 1 月实施
分布式能源项目绩效评价标准	国家标准	中国电力企业联合会	申报
分布式能源项目碳排放计算方法	国家标准	中国电力企业联合会	申报
虚拟电厂规划设计技术通则	国家标准	中国电力企业联合会	申报
综合智慧能源技术通则	团体标准	中国电力技术市场协会	编制中
智慧城市型综合智慧能源规划设计导则	团体标准	中国电力技术市场协会	编制中
产业园区型综合智慧能源规划设计导则	团体标准	中国电力技术市场协会	编制中
综合智慧能源项目智慧化设计导则	团体标准	中国电力技术市场协会	编制中
智慧光伏电站数字化管理平台建设规范	团体标准	中国电力技术市场协会	编制中
综合智慧能源投资评估规范	团体标准	中国电力技术市场协会	2022 年 3 月实施
综合智慧能源后评价规范	团体标准	中国电力技术市场协会	2022 年 3 月实施
天然气分布式能源站设计规范	团体标准	中国电力企业联合会	2022 年 3 月实施

续表

标准名称	标准性质	归口管理单位	编制状态
天然气分布式能源站环保技术导则	团体标准	中国电力企业联合会	2022 年 3 月实施
燃气分布式能源站技术经济指标规范	团体标准	中国电力企业联合会	2022 年 3 月实施
燃气内燃机分布式能源站技术监督规程	团体标准	中国电力企业联合会	2022 年 3 月实施
燃气分布式能源项目后评价标准	团体标准	中国电力企业联合会	2022 年 3 月实施
综合能源服务能力评价技术要求	团体标准	中关村现代能源环境服务产业联盟	2022 年 3 月实施
绿色低碳技术服务能力评价技术要求	团体标准	中关村现代能源环境服务产业联盟	2022 年 3 月实施

目前，国内综合智慧能源方面的标准尚处于探索阶段，标准数量少，且多数为团体标准，标准体系的建立刚刚起步。一般认为，对于新兴行业和新业态，宜先编制团体标准，待团体标准实施 1～2 年，再根据实施效果和形势需要，把团体标准升级为行业标准或国家标准。

（三）传统火电企业向综合智慧能源转型问题

经过几十年的发展和不断升级，我国已建成一个世界最大、技术领先、布局合理、稳定可靠的火电生产和电力输送体系。燃煤电站技术成熟，非正常停机概率极低，且拥有较强的灵活调峰能力，能够对电网消纳可再生能源和重大负荷中心起到强力支撑。因此，火电在未来相当长的时期内仍将承担保障我国能源电力安全的重要作用，在综合智慧能源的发展中起着重要的作用。

1. 传统火电企业所面临的形势

（1）火电转型势在必行。2022 年底，全国累计发电装机容量约 25.6 亿 kW，其中煤电装机 11.2 亿 kW，占全部装机容量的 43.75%；全国全口径发电量为 8.85 万亿 kW·h，其中煤电发电量为 5.17 万亿 kW·h，占全部装机发电量的 58%。具有我国独创技术的超（超）临界参数和改造的亚临界参数煤电机组的供电效率和超低排放水平均处于世界领先地位，我国已经成为世界煤电生产最强国。

目前，煤电以不足五成的电源装机贡献了近六成的发电量、七成的电网高峰负荷和八成的供热任务，发挥了保障电力安全稳定供应的“顶梁柱”和“压舱石”作用，煤电仍是当前我国电力供应的最主要电源，中长期内这一格局无法改变。但同时，火电已成为我国能源消费碳排放最大来源。2022 年全年能源消费总量 54.1 亿 t 标准煤，煤炭消费量占能源消费总量的 56.2%，比上年上升 0.3 个百分点。要实现碳达峰碳中和，能源是主战场，火电减碳是主力军。

（2）火电转型任重道远。相较于美国煤油气资源丰富，大力发展天然气与可再生能源，欧盟煤、油、气资源匮乏，高度依赖进口与发展非化石能源，我国资源禀赋是富煤但油气相对不足，能源转型任重道远。以火电为主的能源结构是我国缺油少气、煤炭丰富的资源禀赋特点决定的。此外，我国现在仍处于快速工业化、城镇化进程中，电力需求还将刚性增长；为了支撑国家的能源安全生产和社会发展，需要有强有力的火电生产和电力输送配置系统保障。我国能源结构发展至今，其历史过程和结果具有巨大的惯性，改变起来绝非短期，可以认为我国的火电转型道路任重道远。

（3）火电转型迫在眉睫。电力系统是一个超大规模的非线性时变能量的平衡系统，必须要随时保持供需平衡，其现有运行模式是“源随荷动”。发电侧作为主动调节端，负荷侧则为被动不可调节端，由发电端主动调节，跟踪负荷的变化运行。这是用一个精准可控的发电系统，去匹配一个基本可测的用电系统，通过实际运行过程中的滚动调节，实现电力系统安全可靠运行。因此，如果要确保电网能够消纳大容量的风电、光电的发电量，庞大的火电必须转型成为调节型的电源，同时继续承担起供电安全“压舱石”的作用。另外，在此情况下，火电机组还将会面临总体装机容量不能低，而又须长时期在低负荷下运行，因而导致运行效率和利用小时数降低的局面；再加上火电机组高碳排放的特点，在高煤价和碳交易政策下，火电有可能会出现经济上无法可持续维持的尴尬局面，因此火电转型迫在眉睫。

2. 传统火电企业综合能源转型的途径

（1）节能提效。“双碳”目标下，电力行业必须由“数量型”“粗放型”向“质量型”“节约型”方向转变。机组节能提效成为诸多火电机组的必由之路，如何提高机组运行效率、降低发电成本是国内发电企业面临的重大课题。通过技术革新对生产能耗高、安全可靠性差的机组进行节能提效改造，是提升机组经济运行能力、降低对环境影响的有效手段。

（2）热电解耦。传统火电企业经营模式以售电为主，产品模式单一，火电企业热负荷生产受到电网侧严格制约。随着煤电机组利用小时数持续下降，长期低负荷运行使机组技术性能普遍大幅下降，无法表现出节能改造效果。为充分发挥火电企业自有资源潜力，适应我国能源转型的现实需求，应加快观念转变，参照热电联产、供热改造突破煤－电单一能源生产方式，进一步拓宽煤电机组的外延，挖掘多种能源供应形式和厂界内外能源配置方式，解除机组热负荷与外供电量之间的耦合关系，推动电厂由单一的“电力供应基础设施”向多元能源节点转型。

（3）电力直供。我国传统用电体系中，电网是火电企业真正意义上的市场对象，因此火电企业应借助多能供应开辟新的赛道，直面用户多元用能市场，主动作为，以用户需求为导向挖掘电厂功能潜力。发掘冷、热、汽、水、气等能源输出体系，打破供应链中间环节制约，形成火电企业与用户间点对点对接，能够有效提升火电企业议价能力、拓展非电收益，并通过集中式供应降低用能成本，实现生产端与用户端的双赢。

（4）融合发展。近年来全球范围内绿色浪潮不断前进，低碳甚至零碳已成为电力行业发展的主旋律，构建新型电力系统已成为诸多城市的发展目标。同时，由于火电厂投资主体大多为大型央企，除地税外对所在城市贡献极为有限。诸多因素下，城市对于火电行业的依赖性不断下降，火电企业很容易成为城市产业升级、“腾笼换鸟”的首选目标。火电企业应发挥自身高效清洁技术优势、多元能源供给能力、高效环保治理设施等条件，不断挖掘拓展火电企业的新功能，与地方支柱产业、民生产业深度融合，转变为城市、园区关键功能节点。融入周边城市和园区的发展，助力区域节能降碳是火电企业提升存量资产价值、解决生存问题的关键。

（四）国内大型能源企业在综合智慧能源方面的动态

目前，国内综合智慧能源尚处于起步阶段，国内有意向转型开展综合智慧能源的企业主要有电网企业、五大发电集团、地方能源国企、全国性能源民企、节能服务公司、新兴技术公司等。大型电力企业陆续成立集团层面综合智慧能源公司，进军综合智慧能源市场，加快拓展综合智慧能源业务，为用户提供能源产品、能源交易、能效管理等差异化、定制化服务。同时，各企业积极搭建能源管控平台和能源服务平台，通过信息化技术（包括大数据、云计算和数据挖掘等）手段，实现能源技术与信息技术深度融合，实现能源系统优化和资源优化配置，实现生产侧和消费侧的友好互动。以下介绍国内大型能源企业在综合智慧能源方面的动态。

1. 国家电网公司

国家电网公司 2017 年 10 月率先出台发布《关于在各省公司开展综合智慧能源业务的意见》（国网营销〔2017〕885 号），明确了工作目标、实施主体、具体任务等内容，要求电网企业主动适应能源供给侧结构性改革和电力体制改革的新要求，以能源互联网、智慧能源和多能互补为发展方向，以智能电网、“云大物移智链”、互动服务为支撑手段，构建以电为中心、智慧应用的新型能源消费市场，为客户提供多元化的综合智慧能源。

2. 南方电网公司

南方电网公司 2010 年便成立了南方电网综合能源股份有限公司（简称南网综合能源公司），全面开展综合智慧能源业务。南网综合能源公司致力于构建覆盖能源生产、输送、消费的综合智慧能源体系，主营“3+*N*”业务（节能服务、新能源、分布式能源与能源综合利用三大业务，以及售电、电动汽车、碳交易、“互联网+”能源服务等 *N* 个新型业务），为客户提供一揽子的综合能源利用解决方案。2018 年 4 月，南网广东公司先后出台了《加快向综合智慧能源公司转型、创建世界一流企业工作方案》《关于加快综合能源业务发展的指导意见（2018 年修订版）》《广东电网有限责任公司竞争性业务发展行动计划（2018—2020）》三个重要文件，明确了“1+8+5”方案的顶层设计，加快向综合智慧能源公司转型。

2019 年，南方电网公司正式印发《关于明确公司综合智慧能源发展有关事项的通知》，明确表示要进一步明确综合智慧能源发展重点和业务界面，为客户提供多元化的综合能源供应及增值服务，支撑公司向能源产业价值链整合商转型。南方电网公司综合智慧能源将主要聚焦于新能源、节能服务、能源综合利用、电能替代、储能、科技装备、创新服务、“互联网 +”等八大业务板块，重点抓住产业园区、工业企业、大型公共建筑、大型商业综合体、交通枢纽、数据中心等对象，瞄准重大项目资源，统筹运用能效诊断、节能改造、用能监测、分布式新能源发电、冷热电三联供、现代储能等多种技术，开展并引领综合智慧能源业务发展。

3. 中国华能集团

2020 年 3 月，中国华能集团根据电力供需市场形势变化，组建综合智慧能源公司。积极参与电力市场的体制改革，完善营销体制机制建设，建立集中运营、两级管理的电力市场营销新体制，开发现货交易竞报价决策支持信息系统。中国华能集团正努力开拓综合智慧能源市场，构建面向市场、面向用户的多能互补、多业联合的综合智慧能源。

4. 中国大唐集团

中国大唐集团于 2019 年 12 月正式注册成立智慧能源产业有限公司。该公司致力于分布式多能互补、智能微网和增量配电网等领域投资、建设和服务，研究集成和应用能效技术、智能技术，促进人工智能、大数据、云平台、5G 通信与传统能源供给方式和控制技术的深入融合，超前开发清洁、高效、经济的智慧能源应用市场，为用户提供高质量的能源产品和综合智慧能源。在对外合作上，该公司也先后与中节能城市节能研究院有限公司、深圳清华大学研究院、华润智慧能源有限公司、南京科远智慧科技集团股份有限公司、海康威视、深圳达实智能股份有限公司等达成合作意向，共同合作开展综合智慧能源业务。2020 年 4 月，与华润智慧能源有限公司签署战略合作协议，双方将就综合智慧能源、多能互补、电储能、氢能、智能微网等方面开展合作。

5. 中国华电集团

中国华电集团在综合智慧能源领域布局多年，深耕天然气分布式能源领域，在大中型城市建设了一系列天然气分布式能源工程。2019 年 6 月，召开综合智慧能源生态圈启动会，发布《综合智慧能源业务行动计划》，提出试点先行、全面推进、引领提升三个阶段逐步推进，重点开展六项业务，开发建设两个平台，提升三种能力，打造具有华电特色的清洁友好、多能联供、智慧高效的综合智慧能源业务。2021 年 2 月，中国华电集团下属三级公司正式注册更名“华电综合智慧能源科技有限公司”，主营业务有综合智慧能源技术研究、工程设计、装备制造、工程总承包、智慧运维、投资等。

6. 国家能源集团

国家能源集团电力营销公司于 2020 年 7 月注册成立，是国家能源集团发力综合能源服务业务的主要管理公司。国家能源集团电力营销公司业务范围涵盖分布式能源、可再生能源、综合能源（冷、热、水、汽）、节能项目及配电网投资、建设运营和技术咨

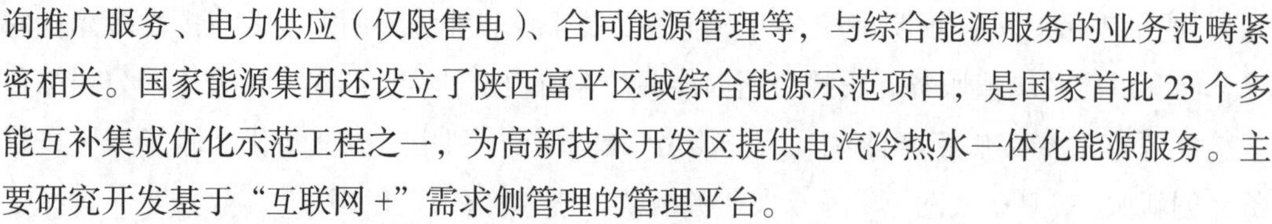

询推广服务、电力供应（仅限售电）、合同能源管理等，与综合能源服务的业务范畴紧密相关。国家能源集团还设立了陕西富平区域综合能源示范项目，是国家首批 23 个多能互补集成优化示范工程之一，为高新技术开发区提供电汽冷热水一体化能源服务。主要研究开发基于“互联网 +”需求侧管理的管理平台。

7. 国家电投集团

国家电投集团在综合智慧能源领域进行了诸多布局，在 2018 年提出以清洁能源开发和综合智慧能源为主导，打造具有全球竞争力的世界一流综合能源集团。2019 年 5 月，国家电投集团发布智慧能源重点科技创新成果，引入互联网、大数据、人工智能等先进技术，以提升多种能源的智能化、智慧化水平。2020 年 4 月，国家电投集团宣布组建综合智慧能源科技公司，该公司是国家电投集团统筹综合智慧能源产业发展的主要载体，将发挥核能、新能源、电网、火电、氢能、储能等多能源品种技术经验，向交通、建筑、信息和军民融合等领域终端用户拓展。

（五）我国综合智慧能源发展存在的问题

目前，国内综合智慧能源建设大多处在探索和示范阶段，与模式化、利润化的发展目标还有一定的差距，我国综合智慧能源发展仍存在以下具体问题。

1. 体制机制标准化体系尚不完善

综合智慧能源业务的开展正处在初步试点示范阶段，综合智慧能源市场准入与监管、风险规避、交易信息披露等并不明确，国家尚未针对技术标准、服务标准和管理标准对综合智慧能源建立统一的标准规范，体制机制并不完善，尚难以做到市场秩序和环境统筹协调，与综合智慧能源规模化、市场化的机制需求还有差距。

2. 行业之间存在壁垒

首先，当前各类服务商和企业之间尚未有效地统筹和整合资源，各类能源子系统之间在规划、建设、运行和管理层面仍相互独立，存在体制壁垒，尤其是企业在开展供电、热、气、水等多种业务时，从规划设计、相关业务资质许可的办理到能源基础设施建设都要付出巨大的协调成本，需要与多个业务归口的政府部门、细分行业上下游分别沟通，不利于为用户提供多样化的能源服务，做不到能源基础设施的互联互通以及多种能源之间的相互转换、综合管理与协调利用。其次，企业合作存在一些利益博弈，以何种方式合作、如何利益分成都较难达成一致。

3. 新能源补贴逐年减少

分布式能源降补贴、平价上网、降电价给综合智慧能源带来重要挑战。由于分布式发电市场化交易政策试点尚未真正落地，光伏补贴力度也在逐年降低。根据《国家发展改革委关于 2021 年新能源上网电价政策有关事项的通知》（发改价格〔2021〕833 号），2021 年起新备案集中光伏电站、工商业分布式光伏和新核准陆上风电项目，中央财政不再补贴，发展至今，该项目收益率已大幅缩水。现在来看，无论分布式发电交易能否突破政策壁垒，项目收益率不会特别高，最初利用光伏项目收益来建设带动其他设施建设的设想也无法实现，如没有国家的一些激励政策或资金扶持，综合智慧能源项目将很难完成。

4. 商业模式有待创新

目前，综合智慧能源项目缺乏可持续的盈利模式，业务之间基本是物理叠加，融合的有机性较差，特别是更多地加入了可再生能源，较传统能源供应成本明显增加。就实际开展的业务类型而言，由于园区、大型公共建筑等对象承担的能源价格较高、能源需求量大、用能形式丰富，能够取得较好的经济、环境、社会效益，综合智慧能源企业普遍将重点放在这三类服务对象上，进行电、冷、热等能源供给，其业务类型大致相近，商业模式具有同质性，有待创新。

综上所述，可以认为国内综合智慧能源整体尚处于发展的初级阶段，应特别注意综合智慧能源的建设成本和发展节奏问题，应秉持“依托主营业务，有所为有所不为”的基本策略。

第二章

关键专项技术

综合智慧能源系统关键专项技术的特点是重要、成熟、影响大，一旦有所突破，就会对能源行业产生战略性的影响。本章所介绍的关键专项技术包括燃气分布式能源站、分布式光伏、储能、氢能。

第一节　燃气分布式能源站

燃气分布式能源站是指利用天然气为燃料，采用燃气轮机或燃气内燃机为发电设备，通过冷热电三联供等方式实现能源的梯级利用，综合能源利用效率在70%以上，并在负荷中心就近实现能源供应的现代能源供应方式，是天然气高效利用的重要方式。

本节介绍与综合智慧能源系统有关的燃气分布式能源站，包括主要应用技术、应用场景、项目开发可行性边界条件、设计中应重点关注的因素、热能动力设备、典型工艺路线、外部工程、运行策略。

一、与燃气分布式能源站有关的基础知识

（一）国外燃气分布式能源发展历程

随着能源需求增长，以及能源与环境的矛盾不断深化，燃气分布式供能系统在世界各国得到了普遍重视，并率先在发达国家得到了快速发展。随着能源市场机制的完善及可持续发展战略的实施，燃气分布式供能系统得到迅猛发展。目前，美国、日本和欧盟国家的燃气分布式能源技术较为先进。

1. 美国燃气分布式能源发展历程

燃气分布式能源的概念最早起源于美国，起初的目的是通过用户端的发电装置，保障电力安全，利用应急发电机并网供电，以保持电网安全的多元化。经过发展，燃气分布式能源已成为美国政府节能减排的重要抓手。美国已建的分布式热电联产机组主要应

用在化工、精炼、造纸等领域，美国燃气分布式能源技术以燃气内燃机、蒸汽轮机、燃气轮机为主，约 46% 的项目采用燃气内燃机，燃气 – 蒸汽联合循环项目占项目数量的 8%，占发电总装机容量的 53%。

美国政府鼓励发展燃气分布式能源的政策体系比较完备。联邦政府一级，包括能源部、美国联邦能源监管委员会（FERC）和环保署制定法案或条例等鼓励燃气分布式能源发展，环保署通过制订减排方案等对各州设置奖励资金。美国政府规定电力公司必须收购热电联产的电力产品，其电价和收购电量以长期合同形式固定，政府为热电联产系统提供税收减免和简化审批等优惠政策。

2. 日本燃气分布式能源发展历程

日本受限于自身的国土面积，能源匮乏，因此政府十分重视能源的利用效率，视分布式能源为高附加值社会资本。日本于 1980 年开始引入热电联产，2013 年热电联产装机容量已经达到 1000 万 kW 以上。2005—2010 年，美国的次贷危机引发的全球性金融危机，导致设备投资遇冷，燃料价格高涨，热电联产市场陷入困境。日本大地震后，用户对灾害应对意识日趋高涨，热电联产项目被再次推上了进程。

日本对热电联产项目实施的措施有：① 对燃气分布式发电投资方进行减税或免税；② 建成燃气分布式发电项目第一年可享受税减免和低息贷款，免除供热设施占地的特别土地保有税和设施有关的事业所税；③ 鼓励银行、财团对燃气分布式发电系统出资、融资。此外，政府设置专项基金，对新建燃气分布式能源项目，可得到热电联产推进事业费补助；对通过技术改造的燃气分布式项目，可得到能源合理化事业支援补助。申请取得专项资金支持的具体条件如下：① 新建项目，针对单机 10kW～10MW 的高效燃气分布式能源项目，单机在 500kW 以下、节能率在 10% 以上的，或者单机在 500kW 以上、节能率在 15% 以上的均可以享受；② 燃气分布式能源替代改造项目，项目节能率 5% 以上，或者 CO_2 减排 25% 以上可以享受。

3. 欧盟国家燃气分布式能源发展历程

欧洲能源结构体系的特点是能源高效经济利用和可持续发展为主，大力推广可再生能源和燃气分布式能源的利用，优化能源结构。欧盟丹麦、荷兰、德国等的燃气分布式能源装机容量约占欧洲总装机容量的 21%，其中工业系统中的燃气分布式能源装机总容量约占燃气分布式能源总装机容量的 45%。

德国分布式能源在欧洲占有领先的地位，其中 50% 的电力需求将通过分布式能源技术覆盖。德国对燃气分布式能源政策支持体现在多方面：一是在热电联供法案中规定，燃气分布式能源站向公共电网售电实行固定价格政策，并且小型热电联供设备（＜50kW）在投入运行后的 10 年内，依法享受 5.11 欧分 /（kW·h）的补贴。此外，由于燃气分布式能源站节省了输电费用，享受奖励 0.15～0.55 欧分 /（kW·h）。二是在能源税法中规定，能效超过 70% 的燃气分布式供能系统可以享受退税优惠，为 0.55 欧分 /（kW·h）。

英国业界和政府采取的推动燃气分布式能源发展的主要措施：一是政府要求所有的能源公司必须承担碳减排目标（CERT）义务，减少碳排放和能耗；二是建立燃气分布式能源效率测量程序（PAS67），规定采用燃气分布式能源技术提高节能 50%，企业可以获得政府信贷；三是对燃气分布式能源设备降低 5% 的增值税；四是实施智能计量的计划，支持家庭采用燃气分布式能源设备发电，并可向电力公司销售电量。

意大利政府通过能源白色证书鼓励燃气分布式能源和工业燃气分布式能源的发展。白色证书规定了意大利大型地方电力及天然气分配系统运营商在一次能源节约中的每年义务，以及燃气分布式能源设备安装计划，旨在提高能源效率。通过白色证书工具，对能源分配系统运营商自身开发的项目或能源服务公司开发的项目节能情况进行核实、认证。白色证书分为类型 1（节电）、类型 2（节气）、类型 3（其他燃料节约）三种类型。每份证书代表节约 1t 油当量的一次能源。相关主体可从市场上购买白色证书，当顺利履行义务后就会得到奖励。同时，意大利政府对燃气分布式能源项目在余电上网电价、能源税及信贷方面提供优惠条件，并向使用燃气分布式能源的用户提供补贴。

纵观发达国家燃气分布式能源的发展历程，大多由政府系统性地在法律保障、能源发展规划、价格补偿机制、核心技术及装备研发等方面加以引导，以推动产业发展。美国采取减免投资税、简化审批流程的方式给予支持；日本在低息贷款、电力接入和售电等方面给予扶持；德国对燃气分布式能源全额发电量进行补贴，将近距离输电方式所节约的电网建设资金返还给燃气分布式能源项目；英国在碳税、商品税、政府补贴等方面进行支持，并推进能源价格市场化体系，为产业发展扫清了障碍；意大利在余电上网电价、能源税及信贷方面提供优惠条件，并向用户提供补贴。国际能源署认为，一些国家的燃气分布式能源之所以发展得好，是因为在制度方面进行了大量创新及政府给予补贴，为产业发展创造了有利的环境和条件，对我国发展燃气分布式能源有着积极的参考作用。

（二）国内燃气分布式能源现状与发展

燃气分布式能源在我国已经有十余年的发展历史，2011 年《关于发展天然气分布式能源的指导意见》的发布以及发展燃气分布式能源被写入“十二五”能源发展规划，标志着发展燃气分布式能源被正式纳入国家能源发展战略。

近年来，随着国家扶持政策的逐步落实，配套设施的逐步完善，各地方政府对燃气分布式能源的发展给予了大力支持，我国燃气分布式能源有了很大的发展。中国华电集团等电力集团、中国燃气等燃气集团、中国石油等大型油气企业都积极投身于燃气分布式能源的建设。国内已建和在建的燃气分布式能源项目主要集中在长三角、珠三角、京津冀、长江经济带等经济发达地区，个别位于沿海省会城市。目前，燃气分布式能源核心设备自主创新能力弱，相关装备和技术也缺乏竞争力，市场竞争形势依然严峻。

未来，燃气分布式能源在我国的发展将以提高能源综合利用率为首要目标，以实现节能减排任务为工作抓手，在能源负荷中心建设区域分布式能源系统，如城市工业园区、旅游集中服务区、生态园区等；因地制宜发展楼宇分布式能源系统，鼓励创新发展多能源互补利用的燃气分布式供能系统，在条件具备的地区开展天然气与太阳能、风能、地热能等多种可再生能源互补利用的工程示范，并为今后的大规模推广应用奠定基础。

（三）燃气分布式能源应用场景

我国燃气分布式能源的主要用户为工业园区、学校、综合商业体、办公楼、数据中心、综合园区。这些用户对冷、热、电存在较大且较稳定、连续的负荷需求。燃气分布式能源项目分为区域型和楼宇型两类。

1. 区域型项目

用户主要为工业园区，各类园区由于具有比较稳定的电、冷、蒸汽需求，动力设备以燃气轮机、燃气－蒸汽联合循环为主。

2. 楼宇型项目

用户主要为医院、学校、酒店、办公楼等，这些用户由于能源需求较小且波动较大，动力设备以燃气内燃机和微燃机为主。

（四）燃气分布式能源主要应用技术

燃气分布式能源技术的核心理论是能源梯级利用，具有系统集成度高、系统不可复制、系统开放程度高、多能源输入与输出等特点。从本质上看，燃气分布式能源系统涉及的多是已有技术在新领域的拓展应用，用户负荷预测与分析是项目设计的基础，系统集成与自动调控技术是项目的核心技术，也是体现系统能效优势与经济竞争力的决定因素。

1. 负荷分析预测技术

建筑用能负荷的特性分析，可依据经验统计值确定的逐时系数法，还可以通过负荷分析软件产品模拟测算，例如建筑暖通中常用的 DeST、鸿业软件等。负荷预测及分析最准确的是历史数据统计及同类建筑的用能数据参考。

工业生产过程中，设备和工艺所需要的蒸汽、热水、低温、冷冻、冷藏等需求用能的负荷预测分析相对简单。生产工艺与用能情况一般具有相对确定的关系。在预测中可参考生产用能设计指标，了解生产工艺，对历史用能数据统计分析，即可保证负荷分析的准确性。

随着信息化技术的进步，出现了采用历史数据及大数据分析的用能负荷预测软件产品。这种方法预测的数据有望实现预测准确性上的突破，将成为燃气分布式能源最有发展前景的负荷分析与预测方式。

2. 余热梯级利用技术

余热梯级利用技术是燃气分布式能源的重要技术。燃气分布式能源的余热利用主要表现为烟气余热、热水余热两种形式。目前余热利用主要有余热发电、供热、制冷、除湿等方式。

3. 蓄能技术

燃气分布式能源是多能量产品输出系统。用户的冷、热、电产品需求都是随时间波动的，冷、热、电的需求很难保持稳定的关系。因此，通过蓄能环节能够很好地保证数量上的平衡关系，也能保证对用户的稳定供能。

（1）蓄冷技术。空调的蓄冷使用较为普遍。在供冷低谷段可以将多余的热能制取冷水蓄存，在供冷高峰释放，也可以将多余的电能或者低谷电以冷冻水的方式蓄存，增加系统调节的灵活性，提高系统的运行经济性，一般可分为水蓄冷与冰蓄冷两种。

（2）蓄热技术。从原理上讲有显热式蓄热、相变式蓄热、热化学过程蓄热等不同种类。目前燃气分布式能源采用最多的是水蓄热，其属于显热式蓄热。主要是将用电负荷较高时段的不能消耗的余热通过热水蓄存起来，在用热高峰释放出来。

（3）蓄电技术。蓄电可以分为飞轮蓄电、电容蓄电、各种电池蓄电等，在燃气分布式能源中蓄电的需求较大，当冷热需求大而电力需求不足时即可出现蓄电需求。随着电动汽车的快速发展，有些燃气分布式能源项目进行了与电动汽车充电桩结合的技术方案论证，这种蓄电方式在燃气分布式能源应用中具有一定的发展前景。

4. 系统集成技术

系统集成的基本理论即“温度对口，梯级利用”。燃气分布式供能系统具体配置和组成形式可以多种多样，在流程配置和设计优化过程中需要加强系统集成与综合优化。

按系统集成水平，燃气分布式能源的先进程度可以划分为三代，第一代系统的集成水平只能实现相对节能率 5%～10%，主要是常规动力技术与余热利用技术的简单叠加，大部分还是靠调峰常规设备满足用户需求，系统的梯级利用程度不高；第二代系统的集成水平可实现相对节能率 10%～20%，主要是由于动力与中温余热利用构成了较好的梯级利用，我国目前实施的燃气分布式能源项目都处于第二代的水平；第三代技术的相对节能率将达到 20%～40%，特点是采用新一代的冷热电联产的集成技术，联产系统的集成程度显著增加，高品位热能做功损失降低，中温段热利用的温度断层减少，低品位余热也得到充分利用。

5. 自动控制与运行调节技术

燃气分布式能源整体特征是多种能量输入与多能量产品输出，必须预测并追踪用户不断变化的负荷需求，完成自身复杂系统的自动调整，从而在满足用户需求的情况下，实现提高能效的目标。系统集成的水平和优势需要自动控制与运行调节技术才能体现出来。随着燃气分布式能源的发展，这种技术的市场需求逐步显现出来。较多的技术研发单位开始关注这方面研究，并取得了一定的成果。

6. 微电网技术

微电网集成了保护与控制、测量与通信、预测与调度等多种技术，实现了分布式电源和负荷的就地平衡和自治运行，可充分发挥分布式电源价值，同时大大降低电网直接监控管理分布式电源的压力，为分布式电源友好接入电网提供了一种行之有效的解决方案。

7. 能源互联网技术

能源互联网是综合运用先进的电力电子技术、信息技术和智能管理技术，将大量由分布式能量采集装置、分布式能量储存装置和各种类型负载构成的新型电力网络、石油网络、天然气网络等能源节点互联起来，以实现能量双向流动的能量对等交换与共享网络。

能源互联网通过整合运行数据、天气数据、气象数据、电网数据、电力市场数据等，进行大数据分析、负荷预测、发电预测、机器学习，打通并优化能源生产和能源消费端的运作效率，需求和供应可以随时进行动态调整。互联网技术与分布式能源、可再生能源相结合，在能源开采、配送和利用方面已从传统的集中式转变为智能化的分散式。

二、项目可行性的边界条件

1. 天然气价格的影响

天然气分布式供能适合在长三角、珠三角及京津冀地区发展，具有丰富天然气资源且燃气价格较低的四川、陕西等地也是燃气分布式能源发展需关注的区域。上述区域天然气资源丰富，天然气价格相对较低。通常可根据燃气价格与购电价格比值初步判断项目是否可行，具体判断标准如下：① 比值小于 3，项目可积极推进；② 比值为 3～5，根据方案比较结果适度推进；③ 比值大于 5，可放弃开发。

2. 用户冷热用能时间的影响

天然气分布式供能系统为用户提供冷能、热能和电能，系统全年运行时间的长短影响项目收益。天然气分布式供能系统运行原则是“以冷热定电”，因此项目用户的冷热用能时间的长短是项目可行的重要因素。通常适合分布式能源发展的地区及其冷热用能时间为：① 既有供热需求也有供冷需求且全年供能时间不低于 8 个月的地区，如天津、北京等华北地区；② 以供冷需要为主，供热需求较少，全年供能时间 7～8 个月的地区，如江浙、上海、长沙、武汉等地；③ 纯供冷的区域，用冷时间不宜低于 6 个月，如广东、广西等地。

3. 业态及规模的影响

楼宇分布式能源项目的经济性主要受限于燃气价格、售电价格及冷热价格。不同建筑之间可以实现错峰用能，为保障燃气分布式能源主系统长时间稳定运行，该系统比较适用于城市商业综合体，纯住宅建筑不适宜采用燃气分布式能源供能系统。因经济供冷半径宜控制在1000m以内，确定单个能源站的供能面积不宜超过100万m^2。

商业综合体建筑的总建筑面积超过10万m^2，可积极推进项目开发；若建筑面积小于10万m^2，应经详细技术经济比较后确定是否开发。

若商业建筑面积与民用建筑面积之比大于0.5，商业建筑面积大于10万m^2项目，可积极开发；若不满足上述条件，经详细技术经济比较后确定是否开发。

在燃气分布式能源发展的初级阶段，不建议大规模开发纯办公类项目。当燃气价格与购电价格比值小于3，规模大于20万m^2的办公类项目，可进行详细技术经济比较后确定是否开发。

三、设计中应重点关注的因素

（一）系统设计

（1）供能系统冷、热、电负荷的确定。冷、热、电负荷是分布式供能系统设备选型的关键前提条件，对于分布式供能系统需要重点分析逐时和延时冷热电负荷，并提供相应曲线来指导各类设备的选型。

（2）原动机装机规模的确定。在选择原动机容量时，不应追求将用户全部用冷热需求都由分布式供能系统提供，原则上应由原动机带基本热负荷，适当配置调峰设备来进行负荷调峰。原动机的发电量和余热量应与实际需求相匹配，需根据原动机发电与电网的接入方式合理确定余热供热量和调峰设备供热量，以保障年平均能源综合利用率大于70%。

（3）供能系统的设备组成。区域式分布式供能系统的原动机宜选用燃气轮机，余热利用设备有余热锅炉、蒸汽轮机、蒸汽和热水溴化锂制冷机组等，调峰设备有电制冷机、燃气锅炉、蓄冷热设备等。楼宇式分布式供能系统的原动机宜选用燃气内燃机或微燃机，余热利用设备有烟气热水溴化锂机组，调峰设备有电制冷机、燃气锅炉、直燃机、热泵、蓄冷热设备等。

（二）选址要求

站址选择是分布式供能站建设工作中的重要环节，选址是否合理直接影响着建设项目的供能质量、建设和运行的经济性。分布式供能站的站址应综合考虑城市规划要求、热（冷）用户分布、燃料供应情况、机组容量、燃气管道压力、工程建设条件等因素，因地制宜地按照区域式、楼宇式两种类型进行选择。

1. 站址选择要求

（1）分布式供能站的站址应靠近热（冷）负荷集中区域及供电区域的配电室、电负荷中心。

（2）区域式分布式供能站原动机的天然气进气压力不应小于 4.0MPa；布置在其他独立、单层工业建筑内的原动机的天然气进气压力不宜大于 0.8MPa，超过 0.8MPa 应进行技术论证。

（3）楼宇式分布式供能站原动机的天然气进气压力不应大于 0.4MPa；当建筑物为住宅楼时，原动机的天然气进气压力不应大于 0.2MPa。

（4）能源站可采用独立建筑或非独立建筑的布置形式，也可以采用露天布置形式。当站房不独立设置时，可贴邻民用建筑布置，并应采用防火墙隔开，且不应贴邻人员密集场所。使用沼气作为燃料的分布式供能站不宜布置在楼宇内。

（5）能源站布置在地下非独立建筑内的原动机单机容量不宜大于 3MW，布置在独立的地下建筑内的原动机单机容量不宜大于 5MW。

（6）能源站布置在建筑物首层时单机容量不应大于 7MW，布置在建筑物屋顶时单机容量不应大于 2MW。

（7）从降低能源站投资的角度，优先选择地上独立建筑，当确有困难可贴邻建筑布置，当受条件限制时也可布置在建筑物的地下一层或首层；尽量布置在冷热电负荷中心，靠近用户配电室；利于泄爆，泄爆口应远离人员密集场所；供气、供水、排水设施方便，外管线距离尽量短。

2. 建站条件及外部接口

（1）站址选择时，应落实站址用地，以及站址地形与地质、水文、气象等相关基础资料。站址应选择自然条件有利地段，充分考虑节约集约用地，宜利用非可耕地及劣地，避免高填深挖，减少工程量。

（2）供热（冷）负荷。站址选择时，应充分研究供热规划，落实供热（冷）区域、热（冷）负荷用户及管网接口位置等。站址应尽量靠近热（冷）负荷集中区域，减少供热（冷）运行成本。

（3）燃料供应。站址选择时，应落实燃料供应情况，包括燃料稳定性和可靠性、接入门站位置、压力、输送容量等，以及站外燃气管线可能路径。站址应使燃料供应距离较短，连接便利。

（4）供水水源。站址选择时，应落实供水水源，明确水源地情况（包括位置、标高、取水口拟建位置等）。站址应尽量靠近水源，当有不同水源可供选用时，应在节水政策的指导下，根据水量、水质和水价等因素经技术经济比较后确定。在有可靠的城市再生水和其他废水水源时，应优先采用。楼宇式分布式供能站宜选用城市自来水作为水源。

（5）出线条件。站址选择时，应落实接入系统要求，明确可能接入的已有变电站（或规划变电站）位置、电压等级、进线情况，以及站外出线走廊可能路径等。站址应尽量靠近供电区域的配电室、电负荷中心，减少输电运行成本。

（6）交通运输。站址选择时，应落实周边交通情况及大件设备的运输条件，包括公

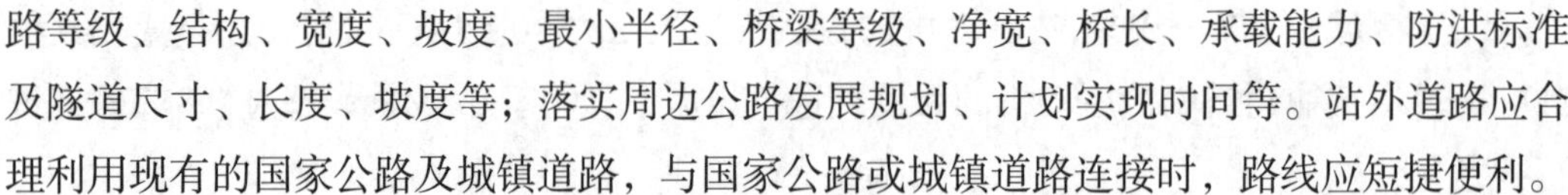

路等级、结构、宽度、坡度、最小半径、桥梁等级、净宽、桥长、承载能力、防洪标准及隧道尺寸、长度、坡度等；落实周边公路发展规划、计划实现时间等。站外道路应合理利用现有的国家公路及城镇道路，与国家公路或城镇道路连接时，路线应短捷便利。

（三）冷热电负荷

冷热电负荷是燃气分布式供能系统设计的重要依据，也是对系统设计进行技术经济分析的重要原始数据。对整个燃气分布式供能系统而言，冷热电负荷分析与估算的结果对确定分布式供能站的类型及规模、供冷热管网规模、电网规模，运行方案合理性，以及经济效益、社会效益和环保效益都有很大影响。分布式供能系统的冷热电负荷包括工业蒸汽负荷、建筑热（冷）负荷、生活热水负荷和电负荷。

1. 工业蒸汽负荷

工业蒸汽负荷涉及的行业有食品、木材、粮食、煤矿、造纸、印染、纺织、合成纤维、化工、医药、橡胶、汽车、油脂、饲料、建材、电子半导体、烟草等。

由于生产工艺的性质、用热设备的形式和生产企业的工作制度不同，工艺热负荷的大小、用汽参数也有所不同。工业蒸汽负荷的特性不能用一个统一的公式描述出来，也难以采用热指标法进行估算（不准确、误差大），因此通常采用调查法，根据用汽单位提供的数据来综合确定。

工业蒸汽负荷的调查分析方法有：

（1）通过资料搜集和实地调研，获取用户近年的产能和开工率情况，现有生产状态、生产班制、供能装置配置情况；调研收集用户全年逐月蒸汽负荷的压力、温度、最大流量，最小流量、年总耗量；调研用户原有供能燃料（如有）的燃料类别、全年逐月燃料小时消耗量、燃料年总消耗量等。

（2）调研用户新增产能、开工建设时间、生产工艺、用能参数、用量及稳定性。

（3）根据用户生产现状，并结合国家产业政策的要求和用户生产发展特点，统计分析收集的用能和燃料耗量数据，合理确定用户热（冷）负荷的最大、平均、最小值。

2. 建筑热（冷）负荷

建筑热负荷分为采暖热负荷和空调热负荷。采暖热负荷包括工业厂房或车间、民用住宅等建筑的冬季采暖负荷，空调热负荷包括医院、学校、宾馆、酒店、写字楼、公寓等公共建筑的冬季空调热负荷。

建筑冷负荷包括医院、学校、宾馆、酒店、写字楼、公寓等公共建筑的夏季空调冷负荷。

对于在建、新建建筑的热（冷）负荷优先采用软件计算值，当无法获得软件计算值时可采用热（冷）指标法进行估算；对于已建建筑的热（冷）负荷宜采用现场调查法统计分析值，当无法获得调查数据时可采用热（冷）指标法进行估算。

3. 生活热水负荷

生活热水负荷指为满足生活用热水需求，将冷水加热到一定温度所需的热负荷。热水供应系统的特点是热水用量具有昼夜的周期性，每天的热水用量变化不大，但小时热水用量变化较大。对于拟接入分布式能源系统的集中热水供应系统，宜与生活热水用户采用换热器进行间接连接。

生活热水负荷的计算分两类：一类是当有关资料完整时，可进行较详细的计算；另一类是当有关资料不完整时，可按照热指标法进行估算。

4. 电负荷

在燃气分布式供能系统设计中，采用电负荷的计算值来校验发电机组的容量。当按照“并网不上网”的原则选择发电机容量时，为保证发电机年运行小时数及负荷率的要求，只需满足电力的基本负荷即可，无须满足全部的电力负荷。当“孤网运行”时，发电机组容量要大于供电区域内的最大电负荷。

分布式供能站电负荷包括非居民用电负荷和工业电负荷两种。对于已有建筑的电负荷，应采用实际调查值或直接计算值（可采用需要系数法）；对于规划建筑或无法实际计算的建筑的电负荷，可采用面积指标法进行估算。

四、热能动力设备

燃气分布式供能系统的热能动力设备主要包括原动机及发电机组（含燃气轮发电机组、燃气内燃发电机组、蒸汽轮发电机组），余热利用设备（含余热锅炉、溴化锂吸收式制冷机），调峰设备（含调峰锅炉、电制冷机），蓄能设备（含蓄冷设备、蓄热设备），热泵设备（含空气源热泵、水源热泵、水环热泵和吸收式热泵），增压机和冷却塔。

1. 燃气轮发电机组

（1）燃气轮机的分类。

1）重型和轻型。重型燃气轮机一般指用于承担基载发电的燃气轮机。轻型燃气轮机早期由航空发动机改装而来，称为航改机，随着市场发展，目前航改机核心技术和原有航空发动机来自同样的生产线，即基于航空发动机技术平台，加装用于发电和拖动的配套设备而成，用于陆用发电和拖动。

2）单轴和双轴。压气机、燃气涡轮、发电机三者同轴，称为单轴燃气轮机。压气机、燃气涡轮同轴，通过齿轮箱调整转速与发电机相连进行功率输出，称为双轴燃气轮机。

3）出力和级别。燃气轮机的出力受环境因素影响很大，通常所说的燃气轮机出力指在 ISO 条件下的出力，ISO 条件是指环境温度 15℃、大气压力 101.3kPa、相对湿度 60%。

一般的燃气轮机级别分类主要延续通用电气公司（GE）对燃气轮机功率及燃烧温

度的划分，主要包括B级（及以下级）、E级、F级乃至H级。

（2）燃气轮机主要特点。

1）与其他原动力装置相比，燃气轮机的主要优点是体积小、质量轻。重型燃气轮机的单位功率质量一般为2～5kg/kW，航改机的单位功率质量要低于2kg/kW。

2）启停快，从启动到带满负荷不到30min。

3）功率范围广、种类齐全，输出功率受环境温度影响较大。

（3）燃气轮机主要不足之处。

1）以商业及民用建筑为主的燃气轮机为原动机的燃气分布式供能系统，燃气轮机有启停快、负荷适应范围广的优点，但是随着冷热负荷白天和夜间的巨大差异，原动机会在24h内频繁启停，从而影响到燃气轮机的寿命及大修间隔。轻型燃气轮机由于设计之初考虑了频繁启停因素，因此其频繁启停对性能寿命影响较小。

2）燃气轮机负荷适应范围广，但在低负荷区域运行时，效率会大幅下降。

3）燃气轮机出力随环境温度变化而变化。环境温度升高，燃气轮机出力下降。

（4）燃气轮机的相对特点。与往复式内燃机相比，燃气轮机具有以下特点：

1）运行成本低，日常维护费用比燃气内燃机组低。

2）余热主要是尾部排烟，相对比较集中。

3）氮氧化物排放低。

4）燃料进口压力较大。

（5）典型燃气轮机制造商。燃气轮机的技术发展路线主要有两条：一条是以Rolls-Royce、GE、普惠为代表的航空发动机公司，采用航空发动机改型衍生来的用于工业拖动和发电的航改型燃气轮机，即航改机；另一条是以GE、西门子、三菱为代表的，主要用于发电的工业重型燃气轮机，即重型机，全球可提供燃用天然气发电的重型燃气轮机的厂商主要有GE、西门子、阿尔斯通和三菱等。

2. 燃气内燃发电机组

燃气内燃发电机组（简称燃气内燃机）按照所使用的燃料来分类，可分为汽油机、柴油机、煤油机和多燃料发动机等；也可按照点火方式分类，分为点燃式（SI）和压燃式（CI）。

燃气内燃机的优点是发电效率较高（40%～50%）、设备投资较低，且需要的燃气压力较低（与市政用燃气压力相当）；在进行合理维护时，其可靠性也较好。与汽油机和柴油机相比，燃气内燃机的污染物排放（CO、NO_x、HC、碳烟和微粒）大大降低。燃气内燃机适用于楼宇式冷热电三联供系统。

燃气内燃机较燃气轮机具有以下优点：

（1）燃气内燃机单机功率小。楼宇式供能站冷、热负荷较区域式供能站小，而燃气轮机由于单机功率大不适用于楼宇式供能站。通常采用2～6台燃气内燃机作为原动机，便于能源站灵活调节，以适应各种工况。

（2）燃气内燃机启停速度快。楼宇式供能站的特点是冷、热负荷不稳定，昼夜波动大，这就要求原动机启停迅速，燃气内燃机冷态启动至满负荷不超过 5min，能满足楼宇式供能站的要求。

（3）燃气内燃机部分负荷特性好。燃气内燃机具有比燃气轮机更好的部分负荷特性，燃气轮机随负荷降低效率会大幅度降低，而燃气内燃机在 50%～100% 负荷工况范围内，效率稳定。

（4）燃气内燃机进气压力低。燃气内燃机的进气压力为 50～500kPa，而燃气轮机通常需要高压进气管道（大于 2.5MPa）。由于楼宇式供能站大多位于商业区，布置高压燃气管道较困难，因此，燃气内燃机更适合应用于楼宇式供能站。

（5）燃气内燃机大修周期长。燃气内燃机大修周期为 6 万 h 以上，远高于燃气轮机的大修周期。

（6）典型燃气内燃机组的制造商。燃气内燃机技术已很成熟，全球有很多著名制造商，如美国 GE 颜巴赫、美国卡特彼勒公司、美国康明斯公司、德国曼海姆公司（已被卡特彼勒公司收购）、芬兰瓦锡兰公司、日本三菱重工等。

3. 蒸汽轮发电机组

蒸汽轮发电机组（简称蒸汽轮机），又称蒸汽透平，是以蒸汽作为工质，将蒸汽的热能转换为机械能的一种旋转式原动机。蒸汽轮机是现代火力发电厂的主要设备，也作为驱动设备广泛应用于冶金、石化行业和舰船设备中。

现代大型火力发电厂的蒸汽轮机设备的应用已经到了 1000MW 等级，并且在继续研发更大容量、更高参数的汽轮机。在区域式供能站项目中，根据主机配置的不同，蒸汽轮机的容量在 12MW、25MW（一拖一）和 50MW（二拖一）左右。

在分布式供能站项目中，可根据蒸汽的不同品位进行合理利用，使效率最大化。其配套的蒸汽轮机根据用户情况不同，可用于纯发电或发电和供热。

（1）蒸汽轮机分类。按进汽参数分类，汽轮机可分为低压、次中压、中压、次高压、高压、超高压、亚临界机组。目前的燃气－蒸汽联合循环机组，燃气轮机最大容量发展到 9H 级，其配套的蒸汽参数也只到亚临界参数。在分布式供能站项目中，由于原动机容量一般小于 50MW，受原动机排烟量、排烟温度的限制，汽轮机参数一般为次高压。

按热力特性分类，汽轮机组按热力特性可分为背压式、抽汽背压式、抽汽凝汽式、纯凝汽式和抽凝背压式。

（2）国内典型蒸汽轮机制造商。由于适用于分布式供能站项目的小型蒸汽轮机制造技术难度较低，技术成熟，因此国内大多数汽轮机生产商均能生产。目前国内专业生产小型蒸汽轮机的厂家主要有杭州汽轮机股份有限公司、南京汽轮电机（集团）有限责任公司、青岛捷能汽轮机集团股份有限公司等。

五、典型工艺流程

按照原动机类型，可分为燃气轮机分布式能源的典型工艺流程和燃气内燃机分布式能源的典型工艺流程。

1. 燃气轮机分布式能源的典型工艺流程

燃气轮机分布式供能根据发电形式不同分为以下两大类。

第一大类是简单循环发电形式，余热利用设备主要有余热锅炉、余热吸收式空调制冷机组、烟气 - 水换热器等。简单循环发电形式，有利于提高系统冷热量输出比例，且系统造价较低，工艺相对简单。

第二大类是燃气 - 蒸汽联合循环发电形式，即燃气 - 蒸汽联合循环发电 + 吸收式空调制冷机组 + 调峰设备。采用联合循环发电形式，系统发电量高，但工艺系统复杂，造价较高，相对而言，联合循环的冷热量输出比例低于简单循环发电。

燃气轮机分布式能源有以下 4 种典型的工艺流程，如图 2-1～图 2-4 所示。

（1）燃气轮机简单循环工艺流程（一）。工艺流程见图 2-1，设备组合包括燃气轮机 + 余热直燃机（补燃）+ 调峰设备（电制冷机和燃气锅炉）。

（2）燃气轮机简单循环工艺流程（二）。工艺流程见图 2-2，设备组合包括燃气轮机 + 余热锅炉（补燃）+ 蒸汽吸收式制冷机组 + 汽水换热器 + 调峰设备（电制冷机和燃气锅炉）。

（3）燃气轮机简单循环工艺流程（三）。工艺流程见图 2-3，设备组合包括燃气轮机 + 烟气 - 水换热器 + 热水型吸收式制冷机组 + 调峰设备（电制冷机和燃气锅炉）。

（4）燃气轮机系统燃气 - 蒸汽联合循环。工艺流程见图 2-4，设备组合包括燃气轮机 + 余热锅炉（补燃）+ 汽轮机 + 汽水换热器 + 蒸汽型吸收式制冷机组 + 调峰设备（电制冷机）。

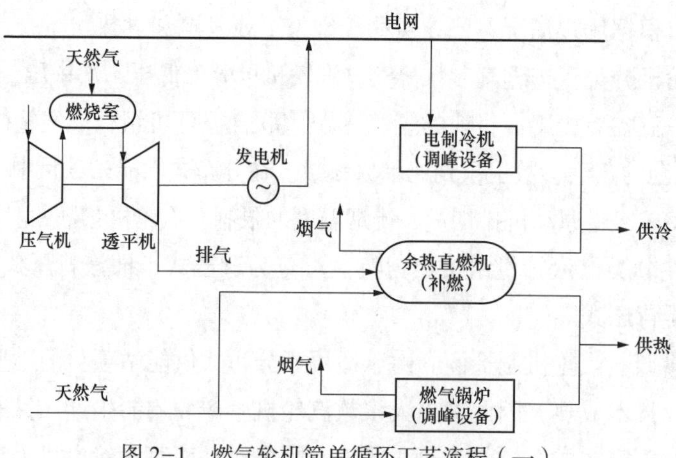

图 2-1　燃气轮机简单循环工艺流程（一）

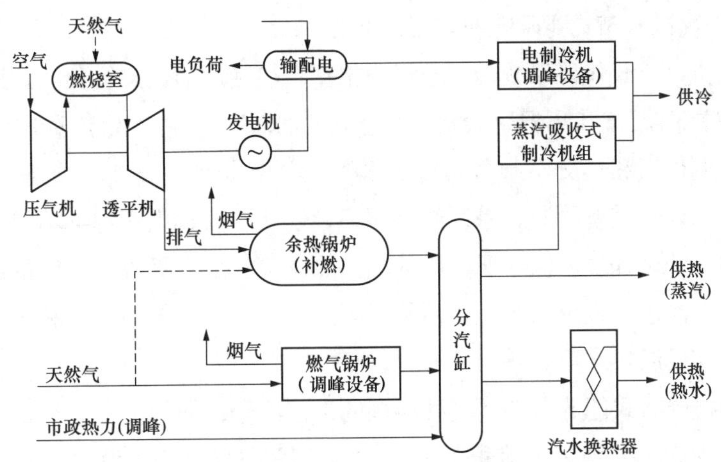

图 2-2　燃气轮机简单循环工艺流程（二）

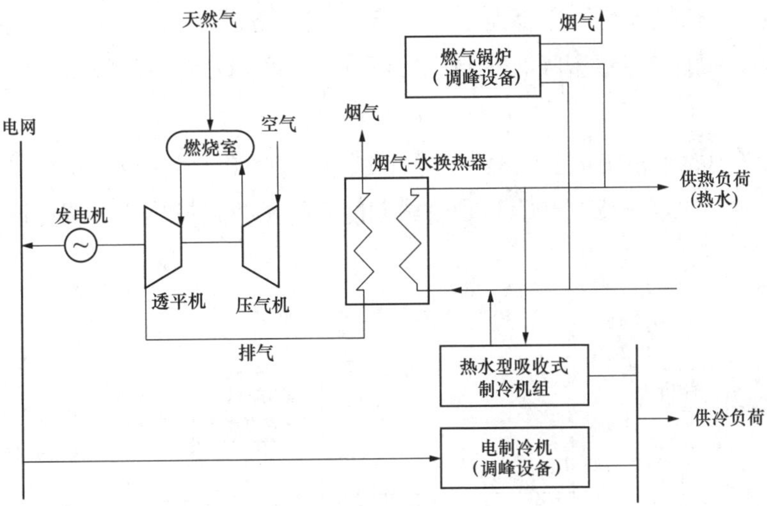

图 2-3　燃气轮机简单循环工艺流程（三）

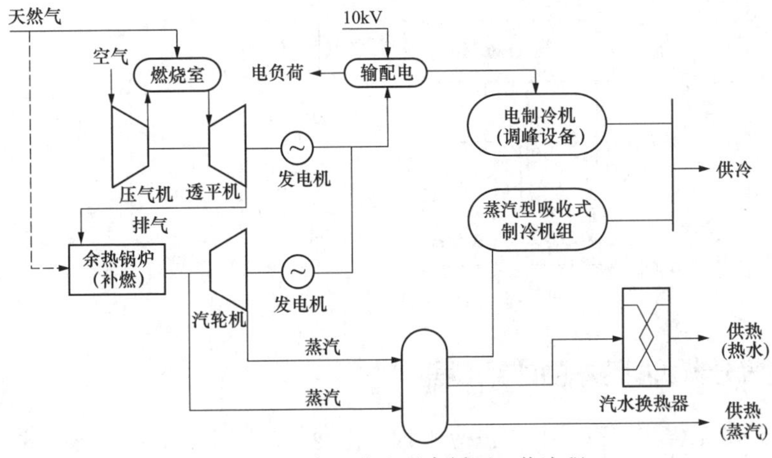

图 2-4　燃气-蒸汽联合循环工艺流程

2. 燃气内燃机分布式能源的典型工艺流程

燃气内燃机分布式供能系统的工艺流程根据余热利用形式进行分类。燃气内燃机发电后的余热有高温烟气和高温缸套水、中温缸套水三种，对应余热利用设备为余热锅炉、吸收式空调机组和热交换器（烟气－水型、水－水型）。

根据系统的余热设备不同，系统热利用率、供能参数、供能种类不同。配套余热锅炉的余热利用系统可提供中温中压蒸汽或高温热水等；配套吸收式空调机组的余热利用系统可提供空调冷水、空调热水、生活热水等；配套热交换器的余热利用系统可提供低温低压蒸汽或高低温热水等。

燃气内燃机分布式能源有如下三种典型的工艺流程，如图 2-5～图 2-7 所示。

（1）燃气内燃机系统工艺流程（一）。工艺流程见图 2-5，设备组合包括燃气内燃机＋烟气热水型吸收式制冷机组＋板式换热器＋调峰设备（电制冷机和燃气锅炉）。

（2）燃气内燃机系统工艺流程（二）。工艺流程见图 2-6，设备组合包括燃气内燃机＋余热锅炉＋烟气热水型吸收式制冷机组＋板式换热器＋调峰设备（电制冷机和燃气锅炉）。

（3）燃气内燃机系统工艺流程（三）。工艺流程见图 2-7，设备组合包括燃气内燃机＋烟气－水换热器＋烟气热水型吸收式制冷机组＋板式换热器＋调峰设备（电制冷机和燃气锅炉）。

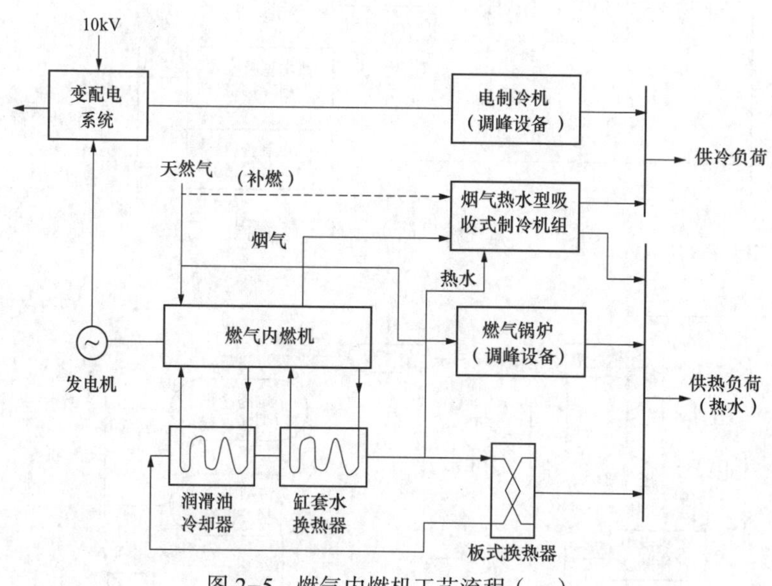

图 2-5　燃气内燃机工艺流程（一）

六、燃气分布式能源站的外部工程

能源站外部工程主要有天然气供应工程、供冷热外网工程、电气接入系统工程、水源系统工程。

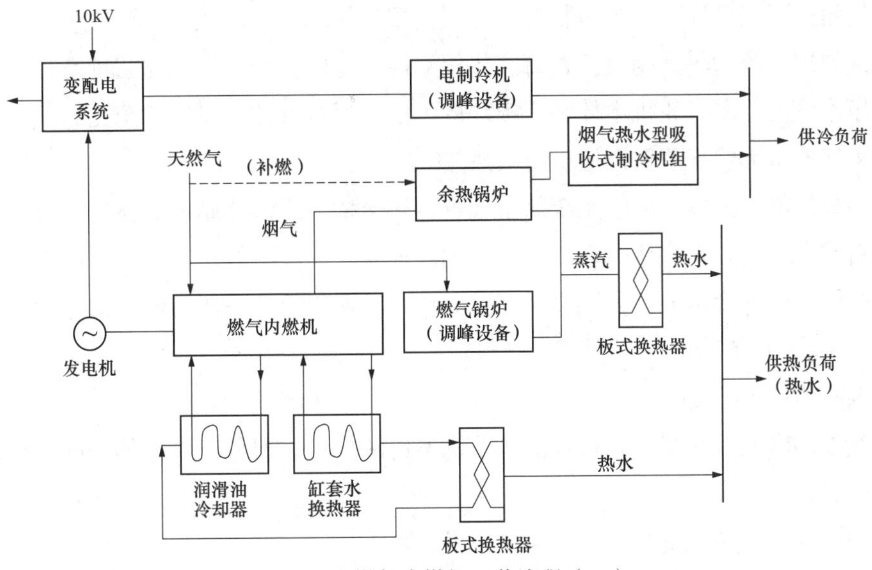

图 2-6 燃气内燃机工艺流程（二）

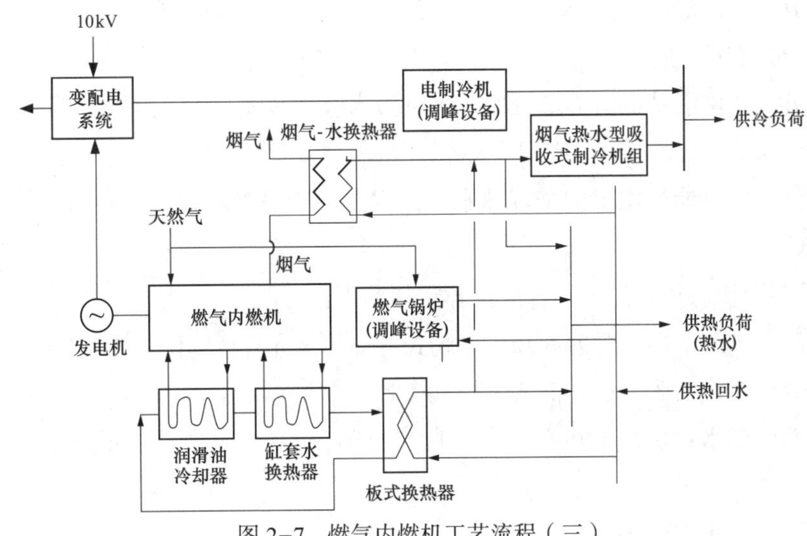

图 2-7 燃气内燃机工艺流程（三）

1. 天然气供应工程

区域式供能站燃气供应系统包括厂区天然气处理系统（调压站）和燃气轮机天然气处理系统。

区域式供能站的厂区设置一套天然气调压站，总容量满足供给所有原动机用气和燃气调峰 / 备用锅炉使用。厂区调压站一般采用露天或者半露天布置，所有设备成套供货，可减少现场安装工作量。天然气调压站可分为入口单元、气体计量单元、旋风分离单元、精过滤单元、调压 / 增压单元、出口单元、放散疏液系统、氮气置换系统及安全放散等。

燃气轮机天然气处理系统包括燃气轮机前置模块和燃气轮机本体油气模块。燃气轮机天然气处理系统为单元制设置，每套机组对应独立的系统。燃气轮机前置模块安装在厂区调压站下游，燃气轮机本体油气模块的上游，通过天然气供应管道由天然气调压站系统向燃气轮机天然气前置模块供应天然气。

楼宇式供能站天然气供应系统从市政管网接至楼宇式供能站的天然气母路上，设置一个关断球阀，用于紧急情况下切断与外网的连接，防止事故扩大。从母路上接至每台燃气内燃机的分支管路上，分别设置有关断球阀、调压箱（一般为燃气内燃机厂配供）、气动紧急切断阀、滤网和流量计等。

2. 供冷热外网工程

供冷热外网工程是燃气分布式供能系统不可缺少的一部分，供冷热外网工程设计时应遵守以下原则。

（1）供冷、供热介质的压力、温度选择原则。

1）从分布式供能站供出的蒸汽应满足最不利用户的用汽压力、温度；如果不满足，可采用不同压力等级的管道，也可调节管径，或在用户处减压；凝结水宜回收，并应考虑回收率、水质及回收措施。

2）从分布式供能站供出的空调冷冻水供回水温度差宜为5～10℃。

3）从分布式供能站供出的空调热水供回水温度差宜为10～25℃。

4）从分布式供能站供出的采暖热水供回水温差：一级网宜为30～60℃，二级网宜为15～25℃。

（2）不同介质供热（冷）半径的推荐选择原则。

1）蒸汽：供热半径一般为6km，如超长，应计算允许压力降、温度降。

2）供暖热水、生活热水：供热半径宜控制在10km以内。

3）空调冷热水：供冷（热）水半径宜控制在2～3km以内，如超过3km应计算允许温度降。

（3）管网容量的设计原则。

1）根据终期工程负荷情况及建设周期，通过技术经济比较后确定主干管网管径的设计容量。

2）支线及进入冷热用户的采暖、空调及生活热水负荷，宜采用经过核实的建筑物设计热负荷。

（4）绘制外供冷热管网工程方案示意图。在可研设计报告中，应绘制外供冷热管网工程方案示意图（可以无比例），方案包含热源、供热管网、冷热用户，以便充分了解工程整体布局。应包括（但不限于）以下内容：

1）送出介质的温度、压力、流量，主管道管径、主要路径。

2）对设在分布式供能站内外的制冷加热站位置及设计要点进行叙述（表明热源侧

的主设备型式）。

3）各冷热用户能量计量点位置、计量方式。

4）对与冷热用户接口的技术条件进行叙述：用户的设计参数、合理选择与热源及热用户的连接方式，协调对接参数方位及应力分界。

（5）路由管径的方案优化。应结合冷热用户的分布及参数要求，配合市政部门进行路由管径的方案优化；宜做出不少于两个可行方案，并根据管长、阻力、施工难度、可靠性及投资等方面的对比，提出路由管径的推荐方案。

（6）管网敷设应注意的问题。

1）管网分期投产的运行状况。

2）防止“冷热桥”的技术保障。

3）防止管网“水击”事故的技术保障。

4）特殊穿越工程（例如管道穿越铁路、河流、高速公路、市政主要路口），可研阶段需出具简单的大样图，出具两种以上方案并做比选。

5）应对直埋管进行应力分析，复核地质水文条件，根据不同地质考虑是否需进行地基处理，根据地下水位的不同考虑是否进行降水处理，并落实有无软地质情况。

3. 电气接入系统工程

燃气分布式供能系统接网方案应根据其在系统中的定位、送出容量、送电距离、电网安全及电网条件等因素综合论证后确定。鼓励结合燃气分布式供能系统应用，建设智能电网和微电网，提高能源的利用效率和安全稳定运行水平。

对于单个并网点的燃气分布式供能系统，接入电网的电压等级应按照安全性、灵活性、经济性的原则，根据燃气分布式供能系统的装机容量、导线载流量、上级变压器及线路可接纳能力、用户所在地区配电网情况，经技术经济比较后按相关规定确定。

燃气分布式供能系统接入系统方案设计应按照接线简化、过渡方便、运行灵活、安全可靠、经济合理、降低短路电流的原则，根据燃气分布式供能系统在电力系统中的定位，考虑远近结合，经技术经济比较后确定，并应对电力系统中的不确定因素和变化因素进行敏感性分析。

4. 水源系统工程

分布式供能站水源设计包括水源选择、水务管理和站外取水。给水水源可分为地下水源和地表水源两大类。地下水源包括潜水（无压地下水）、自流水（承压地下水）和泉水；地表水源包括江河、湖泊、水库水、海水和城市再生水（经生化及深度处理后的城市生活污水）。

（1）水源选择。分布式供能站的水源选择，必须认真落实，做到充分可靠。除应考虑供能站取水、排水对水域的影响外，还要考虑当地工农业和其他用户及水利规划对供能站取水水质、水量和水温的影响。

北方缺水地区建设的分布式供能站生产用水禁止取用地下水，严格控制使用地表水，当有不同的水源可供选用时，应在节水政策的指导下，根据水量、水质和水价等因素经技术经济比较后确定。在有可靠的城市再生水和其他废水水源时，应优先选用。

（2）水务管理。水务管理设计中应根据厂址水源条件和环保对污废水排放的要求，按照批复的水资源论证报告和项目环境评价报告要求开展水量平衡设计工作，因地制宜对分布式供能站的各类生产和生活供排水进行全面规划、综合平衡和优化比较，积极采用成熟可靠的节水工艺和技术，实现提高重复用水率、减少污水排放、降低全厂耗水指标的目的。

（3）站外取水。站外取水分为地下水取水和地表水取水两类。分布式供能站中，采用地下水取水时，管井为常见的取水方式；地表水取水构筑物可分为固定式和移动式两类。

七、运行策略

1. 基本运行模式及控制策略

（1）能源综合利用最优运行模式。根据 GB 51131《燃气冷热电联供工程技术规范》要求，对于装机规模小于 25MW 的燃气分布式供能系统，燃气冷热电联供系统的年平均能源综合利用率应大于 70%。这是燃气分布式能源技术高效燃气利用特点的检验标准，也是该技术经济效益、社会效益的保证。对于大于 25MW 的分布式能源系统也应参照相关规范，提高能源综合利用效率。

以能源综合利用效率最高为控制目标的控制策略：根据预测或实测的冷、热负荷，计算优化运行的各供能系统功率和对应的优化能源综合利用效率，进而调整系统运行状态，使系统在整个运行过程中都趋于能源综合利用效率最高状态。

（2）经济最优运行模式。这一模式以能源站运行成本最低为控制目标。根据预测或实测的冷、热负荷，计算优化各供能系统的运行成本及收益，进而通过调整供能设备投运顺序和功率，控制运行成本，使系统在整个运行过程中都趋于成本最低状态，从而提高项目整体经济性。

（3）以冷热定电的运行模式。这是以满足项目冷、热负荷需求为目标的运行模式。控制策略：根据预测或实测的冷、热负荷，综合考虑各供能系统的运行功率和运行成本，调整系统运行状态，使系统在整个运行过程中都能满足用户冷、热负荷需求。

2. 不同类型项目的运行策略

（1）区域式分布式能源站的运行策略。区域式分布式能源站应采用以冷热定电的方式运行模式运行。

1）区域式分布式能源站装机容量大，供能区域范围广，制定运行策略应考虑全年不同时间的负荷特点，可以分为采暖期、制冷期、非采暖非制冷期（过渡期）三个时段。区域式分布式能源站通常同时承担工业热负荷和季节性热负荷（采暖、供冷），工业热负荷的特点是负荷稳定、波动不大，而采暖、制冷负荷波动大，尤其是制冷负荷，午间冷负荷达到峰值，但高负荷率区间时段不长。

2）区域式分布式能源站的运行策略应充分考虑负荷性质、波动特点，背压式汽轮机的热电比是一个固定的常数，即背压式汽轮机的热出力决定了其电出力，通常让背压式汽轮机承担波动小的基础负荷，背压式汽轮机对应的燃气轮机负荷率尽量大于 70%；抽凝式汽轮机的抽汽调节能力强，可通过调节抽汽量使其承担波动大的负荷，燃气调峰锅炉承担峰值负荷。

（2）楼宇式分布式能源站的运行策略。楼宇式分布式能源站一般以单个或少数几个建筑为供能对象，发电装机容量不大，负荷特点完全取决于建筑功能类型，应针对全年负荷制定合理的系统运行策略。

第二节 分布式光伏

太阳能是一种重要的、可再生的清洁能源，有着广阔的发展前景，太阳能应用技术有多种，其中有一种是太阳能光伏发电。光伏发电技术是将太阳辐射能通过光伏效应、经光伏电池直接转换为电能的发电技术，它向负荷直接提供直流电或经逆变器将直流电转换为交流电。

光伏发电按目前市场发展分为集中式和分布式两种，本节介绍分布式光伏发电技术，包括分类、主要设备、设计要点、风险因素防范。

一、分类

分布式光伏电站通常是利用商场楼宇屋顶、工业企业屋顶、民宅屋顶等建设的电站，有着规模小、数量多、项目分散的特点，一般接入低于 35kV 或更低电压等级的电网。

（一）按应用场景分类

1. 混凝土屋面光伏

混凝土屋面光伏电站一般采用混凝土基础、支架安装的方式，比较常用的太阳能电池组件支架有固定支架、水平单轴跟踪支架、倾斜单轴跟踪支架和双轴跟踪支架。

一般而言，双轴跟踪系统发电量最大，但由于占地面积大、支架造价高、运营维护成本高，性价比不高。倾斜单轴跟踪系统占地面积仅比双轴跟踪系统小一点，远大于水平单轴跟踪系统，相对于水平单轴跟踪系统，发电量增加不大，由于带倾角的缘故，后部支架很高，增加的造价也比较高。纬度较低的地区，支架所增加的投资与所获得的发电量比较并不经济。

在土地利用方面，固定支架占地比水平单轴跟踪支架小，且度电成本电价水平固定支架更优。特别是当项目屋顶面积较小，为最大程度利用屋顶区域，提高安装容量与发电经济效益，通常优先采用不同角度的固定支架进行布置。混凝土屋面固定支架安装示意如图 2–8 所示。

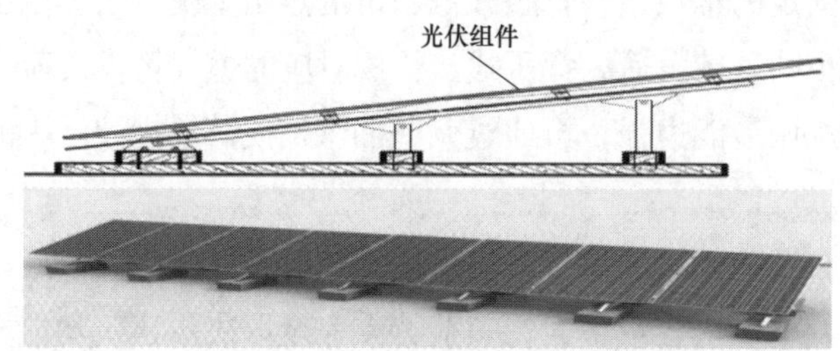

图 2–8　混凝土屋面固定支架安装示意图

2. 钢结构屋面光伏

钢结构屋面光伏通常采用导轨、夹具固定的形式进行光伏电站的安装。

彩色钢瓦用薄层金属包泡沫塑料制成，不能使用传统的方法固定光伏组件的支架，需使用专用夹具，夹具的使用不会破坏原结构，也不会造成屋顶漏水或整体结构损坏。可依据不同的彩钢瓦型式，选择相应的夹具或支撑基础。安装步骤：先安装支架，再装轨道，最后将太阳能光伏板安装在导轨上。对于角驰彩钢瓦和直立锁边彩钢瓦，可直接采用夹具作为太阳能电池阵列的基础，不影响其整体性，因此这两种形式的厂房屋顶适合做屋顶分布式光伏电站。

钢结构屋面的坡度一般很小，常见的有 5%、7%、8% 的坡度，折算为角度约为 3°，光伏组件通过夹具安装在上面几乎相当于平放。安装光伏组件的基础以夹具为主，夹具质量不大，因此对屋顶承载力的要求也不高。考虑到承载能力，如果按照光伏组件的最佳角度安装，必然需要多个支撑，从而增加对屋顶压力，所以彩钢瓦屋面上的组件方位角绝大部分只能依据屋顶的朝向，倾角多为顺坡布置，采光面辐射量受到厂房的建筑朝向和屋面倾角的限制。彩钢瓦屋面光伏组件安装示意如图 2–9 所示。

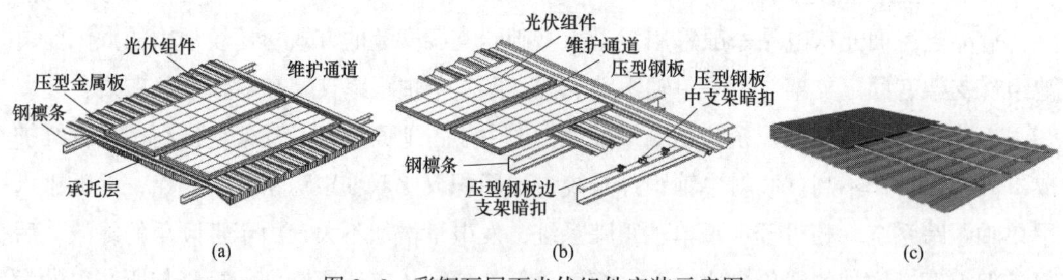

图 2–9　彩钢瓦屋面光伏组件安装示意图

（a）光伏金属屋面示意图（一）；（b）光伏金属屋面示意图（二）；（c）光伏金属屋面安装示例

3. 光伏建筑一体化

光伏建筑一体化（building integrated photovoltaic，BIPV）是一种将太阳能发电（光伏）产品集成到建筑上的技术。BIPV 可理解为将太阳能光伏发电方阵安装在建筑的围护结构外表面来提供电力。根据光伏方阵与建筑结合的方式不同，光伏建筑一体化可分为两大类：一类是光伏方阵与建筑的结合；另一类是光伏方阵与建筑的集成，如光电瓦屋顶、光电幕墙和光电采光顶等。在这两种方式中，光伏方阵与建筑的结合是一种常用的形式，特别是与建筑屋面的结合。由于光伏方阵与建筑的结合不占用额外的地面空间，是光伏发电系统在城市中广泛应用的最佳安装方式，因而备受关注。光伏方阵与建筑的集成是 BIPV 的一种高级形式，它对光伏组件的要求较高。光伏组件不仅要满足光伏发电的功能要求，而且要兼顾建筑的基本功能要求。

目前，BIPV 在实际建筑中的应用有光伏组件幕墙、光伏组件采光窗、光伏组件遮阳板、光伏组件与 LED 组合或集成的幕墙、天幕等形式。光伏建筑系统除了具备发电功能之外，同时还具有抗风压性能、水密性能、气密性能、隔声性能、保温和遮阳性能等建筑外围护所必需的性能和独特的装饰功能，以达到建筑围护、建筑节能、太阳能利用和建筑装饰多种功能的完美结合。

BIPV 的特点主要如下：

（1）光伏发电是无污染的绿色可再生能源，能够减少常规发电带来的环境污染，有利于环境保护。

（2）将建筑立面围护、节能、太阳能转换多种功能完美结合，无须占用宝贵而紧缺的土地资源。

（3）原地发电，原地使用，减少了电力输送产生的损耗。

（4）在白天用电高峰期供电，舒缓高峰电力需求，实现了部分电力的自给。

（5）维修保养简单，维护费用低，运行可靠性，稳定性好。

（6）作为关键部件的太阳能电池使用寿命长，晶体硅太阳能电池寿命可达到 25 年以上，并且可根据后期需要将发电容量进行扩充。

4. 车棚光伏

分布式光伏的另一个应用场景是光伏车棚，其通常与直流充电系统、储能系统打造光储充一体化项目，既可以提高城市空间利用率，又能最大化方便用户用能。

车棚光伏效果图如图 2-10 所示，光伏车棚主要由钢结构车棚与光伏系统搭配而成，它不仅有传统车棚的所有功能，而且能够通过太阳能发电给业主带来收益。光伏车棚几乎没有地域限制，安装便捷，运用非常灵活方便，其可充分利用原有场地，无须另外占用土地资源。在常规停车位上建设车棚光伏时，主要设计内容包括车棚地基基础方案及上部结构方案，并在车棚上最大程度地引入分布式光伏发电，扩大光伏装机容量，实现绿色电力供应。

图 2-10　车棚光伏效果图

（二）按应用规模分类

1. 小型太阳能供电系统

小型太阳能供电系统是只有直流负载且功率很小的光伏系统，整个系统结构简单、操作方便。该系统多为户用，负载为各种民用的直流产品及相关的直流设备。在区域型综合能源项目中，小型太阳能供电系统可以耦合多种供配电情况，提供高效、简洁的供电系统。

2. 简单直流太阳能供电系统

在我国西北部地区的区域型综合能源项目中，已大规模推广使用了这种类型的光伏系统。简单直流太阳能供电系统的负载为直流节能灯、电视机、收录机等，用来解决无电地区家庭的基本照明问题。

3. 交直流供电系统

交直流供电系统与上述两种供电系统相比，其系统能够同时为交流负载和直流负载提供电力，在系统结构上比上述两种系统多了逆变器。逆变器的主要作用是将直流电转换为交流电，以满足负载的需求。

通常情况下，交直流供电系统的负载耗电量比较大，从而系统规模也比较大，因此，此系统适合规模较大的综合能源系统。在同时具有交流负载和直流负载的通信基站及其他含有交直流负载的分布式光伏电站中得到应用。

4. 并网光伏系统

并网光伏系统是分布式光伏项目中最常用的一种系统。并网光伏系统最大的特点是太阳能电池组件产生的直流电经过并网逆变器转换成符合电网要求的交流电之后，直接接入公共电网，并网系统中光伏方阵所产生的电力除了供给交流负载外，多余的电力反馈给电网，因此这种模式也多被称为“自发自用，余电上网”。

在阴雨天或夜晚，太阳能电池组件没有产生电能或者产生的电能不能满足负载需求时就由电网补充供电。由于这种系统直接将电能输入电网，免除了配置蓄电池，省掉了蓄电池储能和释放的过程，可以充分利用光伏方阵所发的电力，从而减小了能量的损耗，降低了系统成本。但这种系统需要专用的并网逆变器，以保证输出的电力满足电网电力对电压、频率等电性能指标的要求。由于逆变器的效率问题，会有部分的能量损失。

并网光伏系统通常能够并行使用市电和太阳能电池组件阵列作为本地交流负载的电源，降低了整个系统的负载缺电率，且可以对公用电网起到调峰作用。并网光伏系统作为一种分散式发电系统，对传统的集中供电系统的电网会产生一些不良的影响，如谐波污染、孤岛效应等。

5. 混合供电系统

混合供电系统是太阳能光伏系统与其他供电系统的耦合系统。这种太阳能光伏系统中，除了使用太阳能电池组件阵列之外，还使用燃油发电机作为备用电源。使用混合供电系统的目的是综合利用各种发电技术的优点，避免各自的缺点。

（1）混合供电系统的主要优点。

1）使用混合供电系统可以使可再生能源得到更好利用。由于可再生能源是变化的、不稳定的，因此系统必须按照能量产生最少的时期进行设计。由于系统是按照最差的情况进行设计的，因此在其他时间系统的容量过大。在太阳辐照最高峰时期产生的多余能量由于无法使用而被浪费，从而使整个独立系统的性能降低；如果最差月份的情况和其他月份差别很大，有可能导致浪费的能量等于甚至超过设计负载的需求。

2）具有较高的系统实用性。可再生能源的变化和不稳定会导致独立系统出现供电不能满足负载需求的情况，即存在负载缺电情况，但使用混合系统则会大大降低负载缺电率。

3）与单用一种单一发电系统相比，具有维护较少和使用燃料较少的优点。

4）较高的发电效率。在低负荷的情况下，燃气轮机的利用率很低，会造成燃料浪费。在混合系统中则可以进行综合控制，使得柴油机在额定功率附近工作，从而提高发电效率。

5）负载匹配更佳。使用混合系统之后，由于燃气轮发电机组可以即时提供较大的功率，因此混合系统可以适用于范围更加广泛的负载系统，如可以使用较大的交流负载、冲击载荷等。此外，使用混合系统还可以更好地匹配负载和系统的发电，只要在负载的高峰时期打开备用能源即可。有时负载的大小决定着是否需要使用混合系统，因为大的负载需要很大的电流和很高的电压，若只使用太阳能成本会很高。

（2）混合供电系统的主要缺点。

1）控制比较复杂。因为使用了多种能源，所以系统需要监控每种能源的工作情况，处理各个子能源系统之间的相互影响，协调整个系统的运作，从而导致其控制系统比独立系统复杂。因此，综合能源系统中多使用协同管理系统进行精细化管理。

2）初期工程较大。混合系统的设计、安装、施工工程都比独立工程要大。

3）比独立系统需要更多的维护。燃油发电机需要的维护工作较多，比如更换机油滤清器、燃油滤清器、火花塞等，还需要给油箱添加燃油等。

4）污染和噪声。光伏系统是无噪声、无排放的洁净能源利用，由于混合系统中使用了动力机组，因此不可避免地会产生噪声和污染。由于偏远无电地区的通信电源和民航导航设备电源对电源的要求高，因此多采用混合系统供电，以求达到最好的性价比。中国新疆、云南建设的很多乡村光伏电站采用的是光伏柴油混合系统。

6. 并网混合供电系统

随着太阳能光伏产业的发展，出现了可以综合利用太阳能光伏阵列、市电和备用供电系统的并网混合供电系统。这种系统通常将控制器和逆变器集成一体化，使用电脑芯片全面控制整个系统的运行，以综合利用各种能源，达到最佳的工作状态。此外，此系统还可以配备使用蓄电池，以进一步提高系统的负载供电保障率，如SMD逆变器系统。

SMD逆变器系统可以为本地负载提供合格的电源，并可以作为在线不间断电源（UPS）工作。它可向电网供电，也可从电网获得电力，是一个双向逆变/控制器。SMD逆变器系统的工作方式是将市电和光伏电源并行工作，对于本地负载而言，如果太阳能电池组件产生的电能足够负载使用，它将直接使用太阳能电池组件产生的电能供给负载的需求。如果太阳能电池组件产生的电能超过即时负载的需求，还能将多余的电能返回给电网；如果太阳能电池组件产生的电能不够用，则将自动启用市电，使用市电供给，以满足本地负载的需求。当本地负载功耗小于SMD逆变器额定市电容量的60%时，市电就会自动给蓄电池充电，保证蓄电池长期处于浮充状态，如果市电产生故障，即市电停电或者市电的供电品质不合格，系统就会自动断开市电，转成独立工作模式，由蓄电池和逆变器提供负载所需的交流电能，且当市电恢复正常，即电压和频率都恢复到正常状态以内，系统就会断开蓄电池，改为并网模式工作，由市电供电。有的并网混合供电系统中还可以将系统监控、控制和数据采集功能集成到控制芯片中。

二、主要设备

（一）太阳能电池组件

太阳能电池可直接把光能转化成电能，目前已经发展到第三代。第一代太阳能电池主要基于硅晶和硅材料，特点是转换效率高、寿命长、稳定性好和量产成本低。目前生产的大部分商用电池仍是第一代的单晶硅和多晶硅太阳能电池。第二代太阳能电池主要基于薄膜技术，将很薄的光电材料铺在非硅材料的衬底上，大大减少了半导体材料的消耗，降低了太阳能电池的成本。薄膜太阳能电池主要有多晶硅、非晶硅、碲化镉等薄膜太阳能电池。第三代太阳能电池具有优越的光吸收特性、带隙可调、载流子寿命长、迁移率高、制备工艺简单等优点，在光伏领域具有重要的应用前景。

此处主要介绍第三代太阳能电池，包括热光电池、中间带电池、叠层电池、热载流子电池。

1. 太阳能热光电池

太阳能热光电池主要依靠可见光和近红外光的光电转换，其原因是太阳光谱的峰值位于可见光范围。由于热源和热光源都能在远红外范围内产生辐射，因此在某些场合可以将这种辐射转换为电能。热光的温度远低于可见光的温度，因此其辐射的平均热光能量远小于阳光。这些热光中能量较高的被电池吸收转化成电能，而其中能量较小的又被反射回来被吸热装置吸收，用以保持吸热装置的温度。这种方法的最大特点是电池不能吸收的那部分能量可以反复利用，为此需要采用带隙很小的半导体。

2. 中间带电池

光子是电磁辐射的载体，而在量子场论中光子被认为是电磁相互作用的媒介。一个被吸收的光子产生一个电子空穴对，如果某种材料在导带和价带之间存在一个中间带，并且将其插入两种一般半导体之间，那么这种材料就有可能吸收两个能量较低的光子并产生具有这两个光子组合能量的一个电子空穴对。第一个光子将一个电子提升到中间带并在价带产生一个空穴，而第二个光子则将电子由中间带提升到导带。

3. 叠层电池

叠层电池是指采用很多层的叠层结构的电池，其是通过将带隙最大的材料放在最上层，而往下各层的带隙逐层递减，可达到的理论转换效率为 86.8%。分析已制作的 4 层电池可知，其效率为 35.4%，而其理论最大效率为 41.6%。

4. 热载流子电池

热载流子电池采用避免光生载流子的非弹性碰撞的方式来减小能量的损失，达到提高效率的目的，其极限效率约为 86.8%。光子的多余能量赋予载流子较高的热能，这些热载流子在被激发后约几皮秒内，首先通过载流子之间的碰撞达到一定的热平衡，这些载流子自身的碰撞并不造成能量损失，只是导致能量在载流子之间重新分配；随后，经过几纳秒，载流子才与晶格发生碰撞，把能量传给晶格，而光照几微秒以后，如果电子和空穴不能被有效分离到正负极，它们就会重新复合。热载流子电池要更快地在电子和空穴冷却前把它们收集到电池的正负极，因此吸收层必须很薄，约为几十纳米。采用超晶格结构作为吸收层可以延缓载流子冷却，增加吸收层的厚度，提高对光的吸收。

（二）光伏逆变器

光伏逆变器也称逆变电源，是将光伏组件所产生的直流电能转变成交流电能的变流装置，是光伏系统中的重要组成部件。光伏逆变器由升压回路和逆变桥式回路构成。升压回路将直流电压升压至逆变器输出时所需的直流电压，逆变桥式回路将升压后的直流电压转换为固定频率的交流电压。

光伏逆变器根据工作原理可分为集中式逆变器和组串式逆变器，根据接入电网的电压等级可分为单相逆变器和三相逆变器。

1. 光伏逆变器的选择原则

（1）10kV 项目的屋顶一般为大型屋面，单个屋面布置屋顶容量可达兆瓦级，当单台逆变器同一最大功率点跟踪（MPPT）回路下的光伏组件倾角、朝向及受阴影遮挡一致时，推荐选用集中式逆变器。

（2）屋顶光伏电站的设计相对较为复杂，受屋顶结构、大小、布局、材料、承重及阴影遮挡等因素影响，需要通过光伏组件铺设和逆变器选型规划实现收益最大化。屋面光伏组件布置多存在遮挡或朝向不一致的情况，为简化设计，推荐选用组串式逆变器。

（3）厂房的屋顶多为彩钢屋顶，承重有限，无法安装组串式逆变器，同时需要满足日常维护、不影响正常生产运行等要求，可选用集中式逆变器。

2. 光伏逆变器的单体容量

（1）集中式光伏逆变器是将并行组串连到同一台集中逆变器的直流输入端，做最大功率峰值跟踪后经过逆变并入电网，单体容量通常在 500kW 以上，主要适用于光照均匀的集中性地面大型光伏电站等。

（2）组串式光伏逆变器是对一到多组光伏组串进行单独的最大功率峰值跟踪，经过逆变后并入交流电网，单体容量一般在 100kW 以下，主要适用于分布式发电系统。

（3）微型光伏逆变器是对每块光伏组件进行单独的最大功率峰值跟踪，经过逆变后并入交流电网，单体容量一般在 1kW 以下，主要适用于分布式户用和中小型工商业屋顶电站等。

3. 光伏逆变器的主要技术概念和指标

（1）最大功率点跟踪技术。最大功率点跟踪（MPPT）控制是指实时检测太阳能电池的电压、电流等输出特性，采用一定的控制策略来检测当前工况下太阳能电池可能的最大输出功率。通过改变当前的阻抗情况来满足最大功率输出的要求，这样即使在光照不良、太阳能输出功率减少时，系统仍然可以运行在当前工况下的最佳状态。

（2）拓扑类型。光伏逆变器的拓扑类型分为三种，其中单级式无工频变压器结构和两级式升压逆变结构是相对较好的拓扑设计。光伏逆变器的拓扑类型见表 2–1。

表 2–1　　光伏逆变器的拓扑类型

拓扑类型	单级式	两级式	多级式
变换级数	1	2	3 或以上
效率	高	较高	较高
变换器成本	较高	较高	高
控制算法复杂程度	高	较低	低
系统设计灵活性	低	高	高

（3）光伏并网发电中的孤岛效应。孤岛效应是指当电力公司的供电因故障事故或停电维修而跳脱时，各个用户端的太阳能并网发电系统未能及时检测出停电状态而将自身切离市电网络，从而由太阳能并网发电系统和周围的负载形成的一个电力公司无法掌控的供电孤岛。

（4）反孤岛策略。在并网光伏发电系统中，基于并网逆变器的反孤岛策略主要分为两类：第一类为被动式反孤岛策略，如不正常的电压和频率相位监视和谐波监视等；第二类为主动式反孤岛策略，如频率偏移和输出功率扰动等。

被动式反孤岛策略只能在电源负载不匹配程度较大时才能有效，在其他情况（例如逆变器输出负载并联电容）下可能会导致反孤岛检测的失效。

主动式反孤岛策略如频率偏移法，则是通过在控制信号中人为注入扰动成分从而使频率或者相位偏移。主动式反孤岛策略虽然使系统的反孤岛能力得到加强，但仍存在不可检测区，即当电压幅值和频率变化范围小于某一值时，系统无法检测到孤岛的存在。

（5）功率密度。逆变器功率密度是指逆变器额定输出功率与逆变器设备的质量比值，随着电力电子器件的升级及逆变器生产厂家在逆变器结构上的创新，逆变器的功率密度显著提升。2020 年组串式逆变器功率密度达到 2.14kW/kg，单相用户光伏逆变器功率密度为 0.57kW/kg，三相用户逆变器功率密度为 1.00kW/kg。预计 2030 年组串式逆变器的功率密度将提升至 3.03kW/kg。

（三）基础支架

分布式光伏电站的屋面可分为琉璃瓦屋面、彩钢瓦屋面和混凝土屋面三类，其光伏系统基础及支架可分为琉璃瓦屋面基础及支架、彩钢瓦屋面基础及支架、混凝土屋面基础及支架三种。

1. 琉璃瓦屋面基础及支架

琉璃瓦是碱土、紫砂等软硬质原料经过挤制、塑压后烧制而成的建筑材料，材质脆、承重能力差。在安装支架时一般采用特殊设计的主支撑构件与琉璃瓦下层屋面固定，用来支撑支架主梁及横梁，支撑构件（如连接板）等通常设计成多开孔模式，可灵活有效地实现支架位置调整。组件与横梁之间采用铝合金压块压接。

2. 彩钢瓦屋面基础及支架

彩钢瓦是薄钢板经冷压或冷轧成型的钢材。屋面彩钢瓦一般分为直立锁边型、咬口（角驰式）型、卡扣（暗扣式）型、固定件连接（明钉式）型。在彩钢瓦屋面安装光伏系统时，要充分考虑彩钢瓦形制及其承重能力，以确定支架固定方式。彩钢瓦屋面通过夹具固定，夹具与铝合金导轨进行固定，光伏组件则均匀地固定在导轨上，组件通过铝合金压块固定，从而与彩钢瓦屋面形成一个整体。

3. 混凝土屋面基础及支架

混凝土屋面光伏系统为了保证高发电量，一般而言支架常采用最佳倾角安装，但采用最佳倾角时风荷载产生的水平力较大，会导致屋面配重增加，同时根据混凝土屋面可利用面积的情况，大多时候需要降低组件倾角。混凝土屋面光伏系统组件采用钢结构支架支撑，而钢结构支架的立柱一般通过钢筋混凝土预制块进行固定。这种固定方式不会对混凝土屋面产生破坏，尤其不会对屋面防水产生破坏，因此得到了广泛的应用。

（四）防雷接地

分布式光伏一般放置于屋面顶部，其建筑物一般都是先前建设完成的，因此需要考虑防雷接地的问题。如果光伏设备处于原有屋面防雷系统的保护范围内，可以不用另外增加防雷接地系统，反之则要另外增加外部防雷系统，避雷针的布置既要考虑光伏设备在保护范围内，又要尽量避免阴影投射到光伏组件上。

良好的接地系统使接地电阻减小，才能把雷电流导入地下，减小设备与地电位的电势差，各接地装置都需要通过接地绑扎或焊接相互连接，以实现共同接地，防止电位反击。独立避雷针应设置独立的集中接地装置。太阳光伏发电设备和建筑的接地系统通过镀锌扁钢相互连接，在焊接处要进行防腐处理，这样既可以减小总接地电阻，又可以通过相互网状交织连接的接地系统形成一个等电位面，显著减小雷电作用在各地线之间所产生的过电压。

三、设计要点

（一）辐射能量和最佳倾角

地球每自转一周（360°）为一昼夜，一昼夜又分为 24h，所以地球每小时自转 15°。地球除了自转外，还绕太阳循着偏心率很小的椭圆形轨道（黄道）运行，称为公转，其周期为一年。地球的自转轴与公转运行的轨道面（黄道面）的法线倾斜成 23°27′ 的夹角，而且地球公转时其自转轴的方向始终不变，总是指向北极。因此，地球处于运行轨道的不同位置时，阳光投射到地球上的方向也不同，从而形成地球四季的变化。

光伏方阵安装设计根据所选太阳能电池组件、并网逆变器性能参数和太阳能电池组件，在满足项目实施地气候环境的条件下，经计算确定光伏方阵的串并联数及发电单元容量。

光伏阵列间距的设计计算、并网光伏电站场区设计的原则：尽量减少占地面积，提高土地利用率和光伏阵列之间不得相互遮挡。下面介绍辐射能量和最佳倾角的计算过程。

1. 大气层外的太阳辐射强度

大气层外的太阳辐射强度即当太阳光垂直入射在大气上界时其太阳辐射强度，表

示为

$$I_0 = S_0\left[1+0.33\cos\left(2\pi\times\frac{N}{365}\right)\right] \tag{2-1}$$

式中　S_0——太阳辐射常数，是地球大气上界垂直于太阳直射方向单位面积上的太阳辐射通量，取 $S_0=1367\mathrm{W/m^2}$；

N——日序，即一年中从元旦算起的天数。

2. 太阳赤纬角

日地中心连线与赤道的夹角称为赤纬角，赤道以北为正、以南为负，变化范围为 $-23.5°\sim+23.5°$。赤纬角 δ 可由库伯近似公式得到

$$\delta = \frac{2\pi\times 23.45°}{360°}\sin\left(2\pi\times\frac{284+N}{365}\right) \tag{2-2}$$

3. 时角

描述太阳在一天内的变化情况，在当地时间（T）正午时为 0，每走经度 1h 为 15°，上午为正，下午为负，即

$$\omega = \frac{2\pi\times 15°}{360°}(T-12) \tag{2-3}$$

4. 日出、日落时刻

日出、日落时刻，水平面上太阳高度角为 0，即

$$\sin\alpha = \sin\varphi\sin\delta + \cos\varphi\cos\delta\cos\omega_0 \tag{2-4}$$

式中　α——太阳高度角；

φ——当地纬度；

ω_0——水平面上日出、日落时角。

求解式（2-4）可得

$$\omega_0 = \arccos(-\tan\varphi\tan\delta) \tag{2-5}$$

在北半球，纬度为 φ、朝向正南、与水平面成 β 倾斜角的太阳能电池组件上，太阳光的入射角与纬度为 θ 的水平面上太阳光入射角是相等的，即

$$\cos\theta = \sin(\varphi-\beta)\sin\delta + \cos(\varphi-\beta)\cos\beta\cos\omega_e \tag{2-6}$$

式中　ω_e——倾斜面上日出、日落时角。

$$\omega_e = \arccos[-\tan(\varphi-\beta)\tan\delta] \tag{2-7}$$

综合考虑式（2-6）和式（2-7），得到

$$\omega_e = \min\begin{cases}\arccos(-\tan\varphi\tan\delta)\\ \arccos[-\tan(\varphi-\beta)\tan\delta]\end{cases} \tag{2-8}$$

由此得到倾斜面上日出时刻 T_{sr} 和日落时刻 T_{ss}

$$T_{sr}=12\left(1-\frac{\omega_e}{15}\right) \tag{2-9}$$

$$T_{ss}=12\left(1+\frac{\omega_e}{15}\right) \tag{2-10}$$

5. 太阳直接辐射和散射透明度系数（τ_b，τ_d）

$$\tau_b=0.56(e^{-0.56AM_h}+e^{-0.95AM_h}) \tag{2-11}$$

式中　τ_b——太阳直接辐射；

AM_h——一定地形高度下的大气量，可表示为

$$AM_h=AM_0\frac{p^h}{p^0} \tag{2-12}$$

式中　AM_0——海平面上的大气量，其值取决于太阳高度角；

p^h/p^0——大气修正系数。

AM_0 可表示为

$$AM_0=[1229+(614\sin\alpha)^2]^{\frac{1}{2}}-614\sin\alpha \tag{2-13}$$

p^h/p^0 与当地海拔 h 有关，可表示为

$$\frac{p^h}{p^0}=\left(\frac{288-0.0065h}{288}\right)^{5.256} \tag{2-14}$$

太阳散射辐射 τ_d 与直接辐射 τ_b 存在线性关系，可表示为

$$\tau_d=0.271-0.294\tau_b \tag{2-15}$$

6. 太阳总辐射能

某一时刻，倾斜放置的太阳能光伏板上接收的总辐射能 I_t 主要由直接辐射 I_b、散射辐射 I_d 和反射辐射 I_r 三部分组成，即

$$I_t=I_b+I_d+I_r \tag{2-16}$$

由于太阳能单晶硅电池光谱响应主要集中在短波区，而地表的反射辐射主要以长波辐射为主，所以很大一部分的地面反射辐射对太阳能硅电池来说是无效的。因此，在以下讨论中，将倾斜放置太阳能电池组件的瞬时总辐射能改写为

$$I_t=I_b+I_d \tag{2-17}$$

式（2-17）中太阳能电池组件上太阳瞬时直接辐射能 I_b 表示为

$$I_b=I_0\tau_b\cos\theta \tag{2-18}$$

电池板上瞬时太阳散射辐射 I_d 表示为

$$I_{\mathrm{d}} = I_0 \tau_{\mathrm{d}} \frac{\cos^2 \beta}{2\sin\alpha} \tag{2-19}$$

1 天内，电池板表面接收的总辐射能 Q_{N} 表示为

$$Q_{\mathrm{N}} = \int_{T_{\mathrm{ss}}}^{T_{\mathrm{sr}}} I_{\mathrm{t}} \mathrm{d}T = Q_{\mathrm{B}} + Q_{\mathrm{D}} \tag{2-20}$$

式中　Q_{B}——日直接辐射能；

Q_{D}——日散射辐射能。

1 年内，电池板表面接收的总辐射能 Q_{y} 为

$$Q_{\mathrm{y}} = \sum_{N} Q_{\mathrm{N}} \tag{2-21}$$

7. 辐射量最佳倾角计算

在理论上，给定地理纬度、地形高度等参数以后，倾角为 β 的太阳能光伏板表面 1 年内接收的总辐射 Q_{y} 是一个关于变量 β 的函数 $Q_{\mathrm{y}}(\beta)$，对 $Q_{\mathrm{y}}(\beta)$ 关于变量 β 求导并取值为 0，即

$$\frac{\mathrm{d}Q_{\mathrm{y}}(\beta)}{\mathrm{d}\beta} = 0 \tag{2-22}$$

求解式（2-22）即可得到年辐射量最佳倾角 β_{y}。

（二）并网的技术要求

在确保电网和分布式电源安全运行的前提下，综合考虑分布式电源项目报装装机容量和远期规划装机容量等因素，合理确定接入电压等级、接入点。对于单个并网点，接入的电压等级应按照安全性、灵活性、经济性的原则，根据分布式电源容量、导线载流量、上级变压器及线路可接纳能力、地区配电网情况综合比选后确定。

分布式电源并网电压等级应根据装机容量进行初步选择，分布式光伏单点接入系统典型方案分类见表 2-2。参考标准如下：8kW 及以下可接入 220V；8～400kW 可接入 380V；400kW～6MW 可接入 10kV。最终并网电压等级应综合参考有关标准和电网实际条件，通过技术经济比选论证后确定。

表 2-2　　分布式光伏单点接入系统典型方案分类

运营模式	接入点	送出回路数	单个并网点参考容量
统购统销（接入公共电网）	接入公共电网变电站 10kV 母线	1 回	1MW～6MW
	接入公共电网 10kV 开关站、配电室或相变	1 回	400kW～6MW
自发自用，余量上网（按接入用户电网）	T 接公共电网 10kV 线路	1 回	400kW～2MW
		1 回	400kW～6MW

续表

运营模式	接入点	送出回路数	单个并网点参考容量
统购统销（接入公共电网）	公共电网配电箱、线路	1回	≤100kW，8kW以下可单相接入
	公共电网配电室或相变低压母线	1回	20kW～400kW
自发自用，余量上网（按接入用户电网）	用户配电箱、线路	1回	≤400kW，8kW以下可单相接入
	用户配电室或相变低压母线	1回	20kW～400kW

（三）阵列排布设计

阵列间距可根据建设地的地理位置、太阳运动情况、支架高度等因素，并由公式计算可得。固定式支架前后排距离 D 计算示意如图 2-11 所示，D 可表示为

$$D=\frac{0.707H}{\tan[\arcsin(0.648\cos\beta_{\mathrm{y}}-0.399\sin\beta_{\mathrm{y}})]} \tag{2-23}$$

式中 β_{y}——最佳倾角（在北半球为正，南半球为负）；

H——阵列前端最高点与后排最低的高度差。

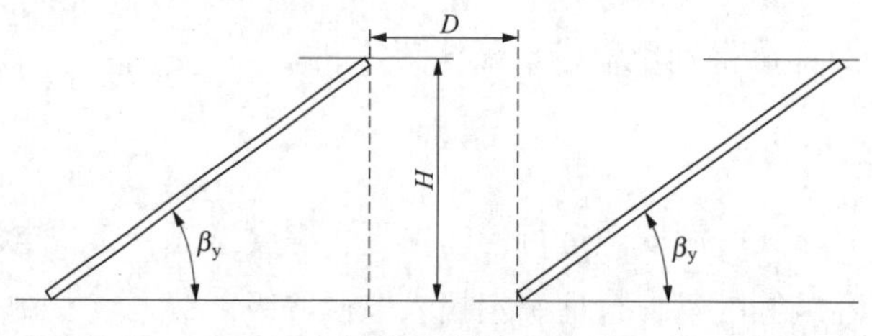

图 2-11 固定式支架前后排之间距离 D 计算示意图

太阳能电池组件串联的数量由逆变器的最高输入电压、最低工作电压和太阳能电池组件允许的最大系统电压确定。太阳能电池组件并联的数量由逆变器的额定容量确定。

在条件允许时，应尽可能提高直流电压，以降低直流部分线路的损耗，同时还可减少汇流设备和电缆的用量。

在计算组件串联数量时，需要考虑太阳能电池组件的开路电压温度系数。光伏方阵中，同一组件串中各光伏组件的电性能参数宜保持一致，光伏组件串的串联数量应根据 GB 50797《光伏发电站设计规范》中提供公式计算，具体如下

$$N\leqslant\frac{V_{\mathrm{dcmax}}}{V_{\mathrm{oc}}\times[1+(t-25)\times K_{\mathrm{v}}]}$$

$$\frac{V_{\mathrm{mpptmin}}}{V_{\mathrm{pm}}\times[1+(t'-25)\times K'_{\mathrm{v}}]}\leqslant N\leqslant\frac{V_{\mathrm{mpptmax}}}{V_{\mathrm{pm}}\times[1+(t-25)\times K'_{\mathrm{v}}]} \tag{2-24}$$

式中 N——太阳能电池组组件的串数，N 取整数；

V_{dcmax}——逆变器允许的最大直流输入电压，V；

V_{oc}——组件的开路电压，V；

t——组件工作条件下的极低温度，℃；

t'——组件工作条件下的极限高温，℃；

K_v——组件的开路电压温度系数；

K'_v——组件的工作电压温度系数；

V_{pm}——组件的工作电压，V；

$V_{mpptmin}$——逆变器 MPPT 电压最小值，V；

$V_{mpptmax}$——逆变器 MPPT 电压最大值，V。

根据组件的串联方式选择，可以得出每个方阵由各并联支路形成，并联方式的选择与组串式逆变器进出线回路数及逆变器容配比及线路损耗息息相关。为减小线路的损耗，子方阵至逆变器及升压变压器之间的距离不宜过大。

（四）电气系统设计

1. 主要设备选择原则

（1）主接线。

1）380V：采用单元或单母线接线。

2）10kV：采用线变组或单母线接线。

3）分布式电源内部设备接地形式：分布式电源的接地方式应与配电网侧接地方式一致，并应满足人身设备安全和保护配合的要求。

（2）光伏升压变压器。升压变压器容量宜采用 315～2000kVA 或多台组合，电压等级为 10/0.4kV（二次侧电压可能根据逆变器的输出电压有所变化，可能为 0.5kV、0.54kV、0.8kV 等）。若变压器同时为负荷供电，可根据实际情况选择容量。

（3）分布式电源送出线路导线截面。

1）分布式电源送出线路导线截面需根据所需送出的容量、并网电压等级选取，并考虑分布式电源发电效率等因素。

2）分布式电源送出线路导线截面一般按持续极限输送容量选择。

（4）断路器型式。

1）380V 断路器：分布式电源并网点应安装易操作、具有明显开断指示、具备开断故障电流能力的断路器。断路器可选用微型、塑壳式或万能断路器，根据短路电流水平选择设备开断能力，并需留有一定裕度，应具备电源端与负荷端反接能力。其中，逆变器类型电源并网点应安装低压并网断路器，该断路器应具备失压跳闸及检有压合闸功能，失压跳闸定值宜整定为 20%U_N、10s，检有压定值宜整定为大于 85%U_N（U_N 为额定电压）。

2）10kV 断路器：分布式电源并网点应安装易操作、可闭锁、具有明显开断点、带接地功能、可开断故障电流的断路器。当分布式电源并网公共连接点为负荷开关时，需改造为断路器。根据短路电流水平选择设备开断能力，并需留有一定裕度，一般宜采用 20kA 或 25kA。

（5）无功配置。

1）380V 无功配置：通过 380V 电压等级并网的光伏发电系统，应保证并网点处功率因数在超前 0.95～滞后 0.95 范围内连续可调；通过 380V 电压等级并网的其他分布式电源，应保证并网点处功率因数在超前 0.95～滞后 0.95 范围内连续可调。

2）10kV 无功配置：分布式发电系统的无功功率和电压调节能力应满足相关标准的要求，选择合理的无功补偿措施；分布式发电系统无功补偿容量的计算，应充分考虑逆变器功率因数、汇集线路、变压器和送出线路的无功损失等因素。

3）接入用户系统、自发自用（含余量上网）的分布式光伏发电系统，功率因数应实现超前 0.95～滞后 0.95 范围内连续可调。

4）接入公共电网的分布式光伏发电系统，功率因数应实现超前 0.98～滞后 0.98 范围内连续可调；并网同步电机分布式电源，功率因数应实现超前 0.95～滞后 0.95 范围内连续可调。

5）并网感应电机及除光伏外逆变器并网分布式电源，功率因数应实现超前 0.98～滞后 0.98 范围内连续可调。

6）分布式发电系统配置的无功补偿装置类型、容量及安装位置应结合分布式发电系统实际接入情况确定，必要时安装动态无功补偿装置。

（6）并网逆变器。分布式电源并网逆变器应严格执行现行国家、行业标准中的规定，包括元件容量、电能质量和低压、低频、高频、接地等涉网保护方面要求。

（7）反孤岛装置。分布式光伏接入公网 380V 系统，当接入容量超过本台区配电变压器额定容量 25% 时，在公网配电变压器低压侧处应采用熔断器式低压隔离开关，并在配电变压器低压母线处装设反孤岛装置；低压总开关应与反孤岛装置间具备操作闭锁功能，母线间有联络时，联络断路器也应与反孤岛装置间具备操作闭锁功能。

（8）电能质量在线监测。

1）10kV 接入时，需在并网点配置电能质量在线监测装置；必要时，需在公共连接点处对电能质量进行检测。电能质量参数包括电压、频率、谐波、功率因数等。

2）380V 接入时，计量电能表应具备电能质量在线监测功能，可监测三相不平衡电流。同步机类型分布式发电系统接入时，不配置电能质量在线监测装置。

（9）防雷接地装置。在分布式电源接入系统设计中应充分考虑雷击及内部过电压的危害，按照相关技术规范的要求，装设避雷器和接地装置。

1）系统一次部分：10kV 系统采用交流无间隙金属氧化物避雷器进行过电压保护。220V/380V 各回出线和中性线可采用低压阀型避雷器。

2）系统二次部分：为了防止雷击感应影响二次设备安全及可靠性，全部金属物包括设备、机架、金属管道、电缆的金属外皮等均应单独与接地网可靠连接。

（10）安全防护。

1）通过 380V 电压等级并网的分布式电源，连接电源和电网的专用低压开关柜应有醒目标识。标识应标明“警告”“双电源”等提示性文字和符号。标识的形状、颜色、尺寸和高度应按照 GB 2894《安全标志及其使用导则》的规定执行。

2）通过 10（6）kV～35kV 电压等级并网的分布式电源，应根据 GB 2894《安全标志及其使用导则》的要求在电气设备和线路附近标识“当心触电”等提示性文字和符号。

（11）安全自动装置。根据分布式电源接入系统方案，提出安全自动装置配置原则及配置方案。提出频率电压异常紧急控制装置配置需求及方案。

当分布式电源不具备稳定功率输出的能力，接入系统时需提出防孤岛检测配置方案，提出防孤岛与备用电源自动投入装置、自动重合闸等自动装置配合的要求。根据分布式电源类型及接入系统运营方式，提出防逆流保护配置方案。

（12）其他。提出继电保护及安全自动装置对电流互感器、电压互感器（或带电显示器）、对时系统和直流电源等的技术要求。

2. 系统调度自动化设计

主要包括调度关系确定、远动系统配置方案、远动信息采集、通道组织及二次安全防护、电能质量在线监测、线路同期等内容。

（1）根据配电网调度管理规定，结合发电系统的容量和接入配电网电压等级确定发电系统调度关系。

（2）根据调度关系，确定是否接入远端调度自动化系统并明确接入调度自动化系统的远动系统配置方案。

（3）根据调度自动化系统的要求，提出信息采集内容、通信规约及通道配置要求。

（4）根据调度关系组织远动系统至相应调度端的远动通道，明确通信规约、通信速率或带宽。

（5）提出相关调度端自动化系统的接口技术要求。

（6）根据工程各应用系统与网络信息交换、信息传输和安全隔离要求，提出二次系统安全防护方案、设备配置需求。

（7）根据相关调度端有功功率、无功功率控制的总体要求，分析发电系统在配电网中的地位和作用，确定远动系统是否参与有功功率控制与无功功率控制，并明确参与控制的上下行信息及控制方案。

（8）明确电能质量监测点和监测量。

（9）暂不考虑光伏发电功率预测系统。

（10）有同期要求线路，应提出同期方案。

3. 系统通信设计

主要包括明确调度管理关系、介绍通信现状和规划、分析通道需求、提出通信方案、确定通道组织方案、提出通信设备供电和布置方案等。

（1）叙述与分布式电源相关的电力系统通信现状，包括传输型式、电路制式、电路容量、组网路由、设备配置、相关光缆情况等。

（2）根据调度组织关系、运行管理模式和电力系统接线，提出线路保护、安全自动装置、调度自动化等相关信息系统对通道的要求，以及分布式电源站至调度等单位的信息通信要求。

（3）根据一次接入系统方案及通信系统现状，提出分布式电源系统通信方案，包括电路组织、设备配置等。一般需提出多方案进行比较，并明确推荐方案。

（4）根据分布式电源的信息传输需求和通信方案，确定各业务信息通道组织方案。

（5）提出通信设备供电和布置方案。

4. 计量与结算

（1）电能表按照计量用途分为关口计量电能表和并网电能表两类。关口计量电能表装于关口计量点，用于用户与电网间的上、下网电量分别计量；并网电能表装于分布式电源并网点，用于发电量统计，为电价补偿提供数据。

（2）每个计量点均应装设电能计量装置，其设备配置和技术要求应符合 DL/T 448《电能计量装置技术管理规程》的要求。10kV 及以下电压等级接入配电网，关口计量装置一般选用不低于Ⅱ类电能计量装置；380/220V 电压等级接入配电网，关口计量装置一般选用不低于Ⅲ类电能计量装置。

（3）通过 10kV 电压等级接入的分布式发电系统，关口计量点应安装同型号、同规格、准确度相同的主、副电能表各一套。380V/220V 电压等级接入的分布式发电系统电能表单套配置。

（4）10kV 电压等级接入时，电能量关口点宜设置专用电能量信息采集终端，采集信息可支持接入多个的电能信息采集系统。380V 电压等级接入时，可采用无线集采方式。多点、多电压等级接入的组合方案，各表计计量信息应统一采集后，传输至相关主管部门。

（5）10kV 电压等级接入时，计量用互感器的二次计量绕组应专用，不得接入与电能计量无关的设备。

（6）电能计量装置应配置专用的整体式电能计量柜（箱），电流互感器、电压互感器宜在一个柜内，在电流互感器、电压互感器分柜的情况下，电能表应安装在电流互感器柜内。

（7）以 380/220V 电压等级接入的分布式发电系统的电能计量装置，应具备电流、电压、电量等信息采集和三相电流不平衡监测功能，具备上传接口。

四、风险因素防范

光伏电站是一项新型投资方式，在其长达 20 多年的运营期间，除去不可抗力等会造成电站毁损的风险因素，其长期收益非常稳定可观，因此吸引了越来越多的投资者。但光伏电站存在的风险同样贯穿整个电站项目建设及运营期间，其主要风险因素及防范措施如下。

1. 房屋产权人与用电人不同

在实际操作中，经常会出现用电人与产权人不一致的情况，合同能源管理（EMC）合同不能对抗产权人的所有权，因此必须经产权人同意，投资人合法使用厂房屋顶并出具建设场地权属证明，从而排除投资人侵犯第三人权益的风险。

2. 设备质量问题

光伏组件是光伏发电站最重要的设备，一般是独自招投标。光伏组件较易发生隐裂、闪电纹等问题，造成上述问题的原因很多，因此需要特别关注组件的质量问题。组件质量问题的风险主要在交付后。对投资者而言，虽风险不转移，但交付后发现质量问题仍会对投资者产生不利影响，因此，在组件采购合同中要严格规定保质期、质量问题的范围和发生质量问题后的救济方式，以便于事后维护自身权益。

3. 企业拖欠电费

分布式光伏发电项目收取电费首先需确定电表计量装置起始时间和起始读数，但因计取电费直接关系 EMC 合同双方利益，在实际操作中，投资者较难就计取电费的起始时间和起始读数与用电人达成一致。因光伏电站需并网，有供电部门介入，此时可借助其公信力，在 EMC 合同中约定以供电部门计量的起始时间和起始读数为参照。

在电站进入稳定运营期间后，用电人也可能因经营状况恶化或与投资者产生冲突等原因而拒交或拖欠电费。因此，在项目实施前必须充分了解该用电人的财务状况和信用度，综合评估其拖欠电费的可能性，同时在 EMC 合同中也要明确约定拖欠电费的违约责任。

4. 电站设施被破坏

电站设施被破坏的原因很多，如不可抗力、意外事故、人为破坏等，其损失可大可小，小则需维修发电设备，大则电站损毁。一般遭受上述不可抗力、意外事故等非人力控制因素破坏的，电站所依附的屋顶也会遭受致命损害，通常这种情况的发生并非用电人过错，且用电人自身也遭受了极大损失，此时要求用电人承担责任也不实际，因此应购买电站财产保险。而在人为破坏的情况下，则可根据过错责任要求破坏者承担相应责任，而用电人也需尽到通知和减少损失的义务。

5. 用电低于预期

自发自用比例低即用电低于预期。投资者在项目实施前需了解用电人的行业发展前景及用电人自身经营状况，如能在EMC合同中约定最低用电量则能有效避免这一风险给投资者带来损失。但通常情况下，在EMC合同中投资者仍处于劣势地位，用电人一般不会接受最低用电量，所以投资者必须在项目实施前精确评估单体项目的自发自用比例，将该风险控制在可控范围内。

6. 发电低于预期

新建筑物遮挡阳光、系统转换效率降低、组件损坏和太阳辐照降低等均会导致电站发电量低于预期值。针对以上情况可采取的措施：首先，购买发电量保险；其次，可在组件采购合同中对系统效率作出约定，由供应商对系统效率做出保证；然后，需要到工业园区等机构了解园区发展规划，预判合同期内项目场地周边的开发情况，并由技术部门判断其对电站发电情况的影响程度，从而更精确地计算每年发电量和电站收益。

7. 建筑物产权变更

屋顶业主破产、建筑物转让和国家征收征用等都可能导致建筑物产权发生变更。首先，投资者需了解用电人经营状况，评估其合同期内破产、转让建筑物等的风险，并通过当地政府等途径了解合同期内有无征地规划等情况；其次，要求用电人在建筑物产权变更情况下先与新产权人达成协议，由新产权人替代用电人继续履行合同，即债权债务的概括转移。

8. 建筑物搬迁

用电人生产发展等需要、国家征收征用等均可能出现建筑物搬迁的需要，因此投资者需了解用电单位的发展规划，评估合同期内其搬迁的可能性，并在EMC合同中约定发生建筑物搬迁事宜的，光伏电站随建筑物搬迁或由用电人提供同等条件的新建筑屋顶给投资者。

第三节 储　　能

储能即能量储存，包含对一次能源和二次能源的能量储存。广义上储能是指通过某种介质或设备，将一种能量用相同或不同形式的能量储存起来，在需要的时候以特定形式进行稳定高效释放。狭义上储能是指利用机械、化学等方式将能量储存起来的技术，储电、储冷热、储氢等都属于狭义储能。

本节介绍与综合智慧能源系统有关的储能技术，包括储能方式、抽水蓄能、电化学储能、电力系统储能、电力系统典型储能投资及回报分析。

一、储能方式

根据储能载体的类型可分为机械能储能、电化学储能、电气类储能、蓄热储能、蓄冷储能和氢储能。

1. 机械能储能

机械能储能主要包含抽水蓄能、压缩空气储能和飞轮储能。

（1）抽水蓄能。是以水为能量载体的一种储能技术，在电力系统低谷时通过电动机把下水库的水抽到上水库，将过剩的电能转换为水的势能，在负荷高峰时，上水库水流向下水库驱动发电机水的势能转换为电能，以供应电力系统的用电高峰。抽水蓄能系统可以调峰、调相、备电，其技术成熟，在电力系统应用最为广泛。

（2）压缩空气储能。是一种以空气为储能载体的储能技术。储能时通过压缩机把电能转换为压缩空气的内能和势能，能量释放时压缩空气进入膨胀机做功发电。压缩空气储能可完成调峰、调频、备电、无功补偿等。

（3）飞轮储能。是电能与飞轮机械能的一种转换装置，储能时，电动机驱动飞轮旋转，电能转换为机械能储存起来；放电时，飞轮驱动电机发电，将机械能转换为电能。飞轮储能寿命长、充电时间短、功率密度大，但储能密度低、损耗较大。飞轮储能一般应用于电能质量控制，不间断电源等对调节速度要求高但持续调节时间短的场景。

2. 电化学储能

电化学储能主要指电池储能，通过电化学反应实现电能与化学能之间的相互转换。电化学储能主要包含铅酸电池储能、锂电池储能、液流电池储能和钠硫电池储能。其中钠硫电池属于高温电池，工作温度为300～350℃。目前铅酸电池和锂电池都已实现大规模产业化，特别是锂电池在集装箱式储能、分布式储能、电动汽车等领域得到了广泛的应用。

（1）铅酸电池。利用铅在不同阶态的固相反应来实现充放电，传统铅酸电池的电极为铅及其氧化物，电解液为硫酸溶液。铅酸电池安全可靠、价格低廉、性能优良，是目前应用较为广泛的一种电池，但铅酸电池能量密度相对较小，且铅属于非环保材料，需要进行专业回收分解。

（2）锂电池。主要利用锂离子在正极和负极之间移动进行能量储存和释放。充电时正极锂原子变为锂离子，通过电解质向负极移动，在负极与外部电子结合后还原为锂原子完成能量储存；放电过程与充电过程相反。锂电池能量密度高、自放电率低、寿命长，易用于快充快放场景，相对铅酸电池，锂电池价格偏高。近年来锂电池在储能、电动汽车等领域有大规模的应用。

（3）液流电池。指氧化还原液流电池，正负储液罐含有活性物质，利用液泵使电解液循环并在正负极发生氧化还原反应，从而实现电池的充放电。液流电池具有寿命长、自放电率低、环境友好、安全等优点，但液流电池的能量效率和能量密度都比较低，目前液流电池已实现商业应用。

（4）钠硫电池。以熔融金属钠为负极、以液态硫和多硫化钠熔盐为正极，采用陶瓷管作为固体电解质。钠硫电池体积小、容量大、寿命长、效率高、稳定，但工作温度要求在300℃以上，操作运维要求较高。

3. 电气类储能

电气类储能主要包含超导储能和超级电容储能。

超导储能利用超导线圈将电能通过整流逆变器转换为电磁能储存起来，在需要时再通过整流逆变器把电磁能转换为电能发电。超导储能响应速度快，可达到毫秒级，且具有质量功率大、储能密度大、转换效率高等优点，几乎对环境没有污染，目前主要在示范项目应用，离大规模的商用还有一些距离。

超级电容是利用活性炭多孔电极和电解质构成的法拉级以上的电容。超级电容储能充电速度快、功率密度高、对环境友好，但储存能量有限，一般用于需要提高电能质量的场景。

4. 蓄热储能

蓄热储能主要是指对热能的储存和释放，主要包含显热储能、潜热储能和热化学储能。热能的采集传递效率和储存损耗是热储能系统好坏的重要指标。

（1）显热储能。利用储能材料温度变化对热量储存和释放，分为固体和液体显热储能。显热储能发展较早，技术成熟，应用案例相对较多，但同时缺点也比较多，如储能密度低、储能时间短、温度波动大等。

（2）潜热储能。利用物质在不同形态的变化中释放或吸收相变潜热的原理，所以也被称为相变储能。相变分为“固－液”“液－气”“气－固”等，其中“固－液”相变最为常见。潜热储能密度高、稳定性强，适用于废热回收、太阳能供暖、空调系统等。

（3）热化学储能。通过可逆的化学吸附或化学反应来储存或释放热能。热化学储能能量密度远高于显热储能和潜热储能，可实现长期储存并且热量损失较小。热化学储能目前还处于研究和试验阶段，暂时没有商业化应用。

5. 蓄冷储能

蓄冷储能是指电力负荷低时用电动制冷机制冷，并利用蓄冷介质将冷量储存起来。蓄冷储能分显热蓄冷和潜热蓄冷两类，蓄冷介质包含水、共晶盐、气体水合物等。

蓄冷储能主要用于对制冷有需求的场景，利用电价低的时候进行蓄冷可以减少制冷系统的运行费用，可有效减少制冷主机的装机容量，同时可以作为应急制冷源对外供冷。以水为材料的蓄冷系统结构简单、技术要求低、运维成本低，在蓄冷系统中可使用常规的制冷机组。但水的蓄冷能量密度较低，蓄冷系统占地面积大，损耗也相应较大。蓄冷系统不仅可以减少制冷系统的用电成本，还可有效地调节峰谷用电。

6. 氢储能

氢储能的基本原理是将水电解得到氢气，以高压气态、低温液态和固态进行能量储存。氢气具有燃烧热值高、可转换形式广、环境友好等特点，具有较大的发展潜力。目前氢储能技术能量转换率低、成本较高，在一定程度上制约了氢储能技术的规模化应用。

7. 各种储能方式的应用

上面介绍的各种储能方式中，只有抽水蓄能和电化学储能具有较多的应用，其余技术适应的场景受到限制，在实际应用中面临包括高能耗、安全性等一系列问题。

抽水蓄能在传统电力系统调频调峰中发挥着重要作用，但抽水蓄能电站建设需要兼具水能和势能，选址限制较大，可能对生态环境造成潜在的负面影响。此外，抽水蓄能与新能源发电不能很好适配，需要发展新型储能。

电化学储能是应用范围最为广泛、发展潜力最大的储能技术。电化学储能中，锂电池占比最大，其中磷酸铁锂电池为最主流的电池形式。截至 2020 年底，电化学储能中，锂离子电池的累计装机规模最大，达到了 13.1GW，电化学储能和锂离子电池的累计规模均首次突破 10GW 大关。综合来看，电化学储能，尤其是锂电储能技术，具有综合性能出色、应用场景广泛的优点，在规模效应驱动下，有望迎来快速扩容和发展阶段。

从储能在电力系统的实际用途来看，有新能源配套、调峰、调频、其他辅助服务、峰谷套利、需求侧响应等多种用途。按照安装位置和投资主体划分，储能应用场景可分为发电侧储能、电网侧储能和用户侧储能。储能在这些场景所起作用有部分重叠，通常调峰和调频主要由电源侧和电网侧储能提供。在用户侧，储能通常用于峰谷调节及提升用电可靠性等场景，通过对电能在时间维度上的调度进行削峰填谷，从而为终端用户节省用电成本。储能应用场景见表 2-3。

表 2-3　储能应用场景

应用场景	发电侧	电网侧	工商业	户用
位置	新能源电站	大型火电站	工商业企业园区	家庭住宅
核心功能	减少弃电、调峰、平滑输出	调频、调峰	削峰填谷、备用电源	储存光伏发电、保证能源自给
收益模式	增加发电收入 + 获取调峰补贴	获取调频补贴 / 获取调峰补贴	峰谷套利、节省用电成本	节省用电成本

目前我国储能仍然以抽水蓄能为主，电化学储能发展势头良好。截至 2022 年，中国已投运电力储能项目累计装机规模 59.8GW，年增长率 38%。抽水蓄能累计装机占比首次低于 80%，与 2021 年同期相比下降 8.3 个百分点；新型储能高速发展，累计装机规模首次突破 10GW，达到 13.1GW/27.1GW・h，功率规模年增长率达 128%，能量规

模年增长率达141%。2022年中国投运储能项目装机结构如图2-12所示。

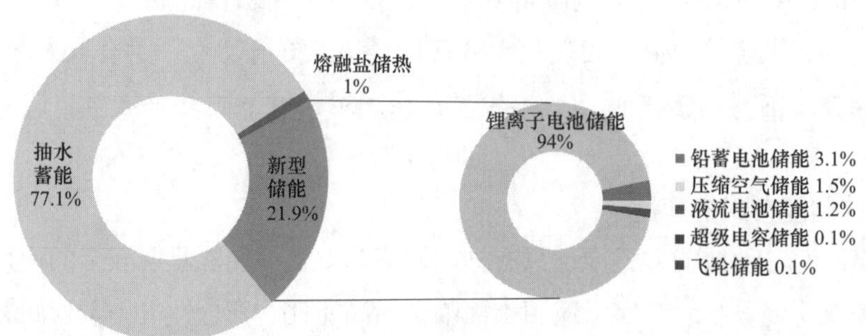

图2-12　2022年中国投运储能项目装机结构

二、抽水蓄能

抽水蓄能是一种以水为能量载体进行能量储存的方式，一般用于电网调峰、调频、调相和事故备用。抽水蓄能电站由上水库、抽水（发电）系统、输水系统、下水库、平压塔等组成。抽水蓄能电站利用电能把下水库的水抽到上水库，把电能转换为重力势能；在需要放电时，将上水库的水放至下水库，驱动发电机发电。抽水蓄能的原理简单，技术相对成熟。

抽水蓄能电站可有效对电网进行调节，可在一定程度上平衡电网供需关系，提高电网安全运行，降低输配电损耗，吸纳新能源发电等。抽水蓄能电站日常可以进行削峰填谷、调频、调相（调压）等电网调节工作。在电网负荷高峰时段向电网放电，在用电低谷的时段消纳电网中过剩的电量（风电、光伏发电等）；抽水蓄能电站蓄水电站启动快、转换速度快，可以随时迅速调整，以消除功率不平衡实现调频；抽水蓄能电站通过调节发电机运行相位达到输出感性无功功率或吸收感性无功功率，补偿电网功率因数提高电网质量，达到调相（调压）的目标。

抽水蓄能电站还可以作为备用发电资源在必要的时候发电，以支撑电网运行。抽水蓄能电站发电原理是重力势能转换为电能，在外界没有电力供应的情况下，可以完成启动并发电，为其他发电机组提供启动功率，可协助电力系统在较短时间内完成启动并恢复电力供应，保证电网可靠运行。

1. 抽水蓄能电站分类

抽水蓄能电站有以下7种典型的分类。

（1）按开发方式分类，可分为引水式抽水蓄能电站和抬水式抽水蓄能电站。

引水式抽水蓄能电站，一般要求建造现场有较大的天然落差，常建在山区或者丘陵地区水流量不大的河流。此种电站往往容量较小，根据现场的自然环境，发电厂房可建造在上水库、下水库或输水道。发电厂房布置在上水库的电站，一般上水库和下水库的落差不大；针对输水道较长的电站，一般发电厂房布置在输水系统的中部。目前应用较多的蓄水电站是将发电厂房布置在下水库位置。

抬水式抽水蓄能电站，一般拦河修建，人为抬高水库水位作为上水库，下水库位于拦河坝外侧。发电厂房根据现场的实际情况可以布置在河岸边或者堤坝下。布置在堤坝下的发电厂一般不承受水压，也可布置在河岸边利用山体隧洞作为输水管道。

（2）按自然环境分类，可分为纯抽水蓄能电站和混合式抽水蓄能电站。

纯抽水蓄能电站有以下特点：天然水量较少、上水库和下水库容量基本一致并且水位落差一般较大。

混合式抽水蓄能电站，一般上水库建立在天然的湖泊或者河川上，有天然的径流汇入，根据发电机组功能一般分为常规发电机组和抽水蓄能发电机组，正常情况下常规发电机组发电，如果需要调节时抽水蓄能发电机组投入运行。

（3）按水库数量分类，可分为两库式抽水蓄能电站和三库式抽水蓄能电站。

两库式抽水蓄能电站，由 2 个水库组成，包含一个上水库和一个下水库，是最常见的抽水蓄能电站。

三库式抽水蓄能电站，由 3 个水库组成，一般包含一个上水库和两个下水库。当下水库在同一流域（阶梯分布）时，称为同流域抽水蓄能；当下水库属于不同流域时，称为跨流域抽水蓄能。

（4）按发电厂房位置分类，可分为地面式抽水蓄能电站、半地下式抽水蓄能电站和地下式抽水蓄能电站。

地面式抽水蓄能电站，一般应用于下水库水位变化较小并且不适合做地下发电机组的电站，由于此种电站限制较多，实际应用案例较少。

半地下式抽水蓄能电站，采用半地下发电机组，可以在一定范围内有效工作，允许下水库水位有较大的变化，部分电站应用此种方案。

地下式抽水蓄能电站，地下发电机组能够适应下水库水位大幅变化，特别是在枯水期也可正常运行，实际应用中此类电站数量最多。

（5）按水位落差分类，可分为低落差抽水蓄能电站、中落差抽水蓄能电站和高落差抽水蓄能电站。

低落差抽水蓄能电站，上下水库落差小于 100m，典型的应用有潘家口抽水蓄能电站。

中落差抽水蓄能电站，上下水库落差为 100～700m，典型的应用有广州抽水蓄能电站。

高落差抽水蓄能电站，上下水库落差大于 700m，典型的应用有河北丰宁抽水蓄能电站。一般情况下落差越高，单位造价越低，具有较大的经济性。

（6）按机组类型分类，可分为分离式抽水蓄能电站、串联式抽水蓄能电站和可逆式抽水蓄能电站。

分离式抽水蓄能电站，分离式指的是水泵、水轮机、电动机、发电机这 4 个主要部件是分开的，此种电站占地面积大、方案复杂、工程施工困难，实际应用中较少被采用。

串联式抽水蓄能电站，电动机和发电机功能被集成到同一台机组中，抽水电机与水轮机、水泵相连。串联式电站运行效率较高，但工程造价也相对较高。

可逆式抽水蓄能电站，在串联式方案基础上进一步将水泵和水轮机合并，可逆水轮机可分为贯流式、轴流式、斜流式、混流式 4 种结构类型，应用于不同的水流场景。

（7）按调节周期分类，可分为日调节抽水蓄能电站、周调节抽水蓄能电站、季调节抽水蓄能电站和年调节抽水蓄能电站。

日调节抽水蓄能电站，以日为单位循环运行，一般纯抽水蓄能电站都属于日调节电站。

周调节抽水蓄能电站，一般以周为单位循环运行，如果容量满足，可以完成附近电网一周左右的调峰需求。

季调节抽水蓄能电站，一般以季为单位循环运行，一般是较大的抽水蓄能电站，可以完成附近电网季度左右的调峰需求。

年调节抽水蓄能电站，一般以年为单位循环运行，一般为大小混合式蓄水电站，储能机组主要针对一年的调峰需求进行运行。

2. 抽水蓄能电站的工作原理

抽水蓄能电站在电网低谷负荷时消耗电能，将电网过剩的电能通过水轮机转换为机械能，再通过机械能转换为水体的重力势能完成能量的储存。在电网负荷高峰，将水体的重力势能转换为机械能，通过机械能转换为电能，用于调节电网的尖峰负荷，为电网调峰。

抽水蓄能电站的水位落差特性主要量化了电站水位落差和蓄水位之间的变化规律。电站在完成一次完成的储能（抽水）和发电的循环过程中，电站的水位与蓄水位将在一定范围内发生变化。

抽水蓄能电站的水位落差与储水位变化规律主要与水库容量大小与形状有关。发电时上水库放水，水位下降，此时下水库接收到上水库放水，水位上升；当上水库水位达到最低水位时，抽水蓄能电站不能继续放水发电，此时下水库水位到下水库正常水位，此时电站水位落差最小。一般而言，蓄水容量越大，水头变化特性曲线就越平缓。

3. 抽水蓄能电站的运行工况

抽水蓄能机组的运行工况包含静止工况、放水发电工况和抽水蓄能工况。

（1）静止工况。抽水蓄能机组在不运行的情况为静止工况，此时可运行在预备状态，在电网紧急情况下快速投入运行。静止工况下也可以进行机组检修，提高运行性能。一般情况下，放水发电和抽水蓄能间会利用静止工况作为过渡。

（2）放水发电工况和抽水蓄能工况。抽水蓄能电站可用于调相，调相一般指通过调节电压波形调节电网无功功率，以提高电网质量。抽水蓄能电站的调相可以在放水发电和抽水蓄能时进行。发电调相和抽水蓄能有以下主要区别：① 转子方向不同，放水发电调相转子的旋转方向与抽水蓄能调相方向相反；② 保护设置不同，放水发电和抽水蓄能由于电流方向不同，需要针对放水发电和抽水蓄能的工况分开配置电流保护、相序保护等保护参数。

4. 启动方法

对于抽水蓄能和放水发电相对独立的电站，不需要特殊的启动方法；对于放水发电和抽水蓄能共用一套设备的电站，需要一定的启动和自动流程。主要有以下几种启动方法：异步起动、同步起动、半同步起动、变频器同步起动。其中，变频器具有同步启动耗时短、对电网冲击小、启动成功率高的特点，是抽水蓄能电站主要的起动方式。抽水蓄能电站从放水发电和抽水蓄能工况切换到静止工况，由于转子惯性机械制动难以在短时间内停止转动，影响机组制动时间。因此，需要增加电气制动配合完成机组制动，需要注意的是在转速过低时，由于定子感应电流太小会导致电气制动转矩下降为零，进而导致电气制动存在失效点。

5. 抽水蓄能电站项目效益分析

抽水蓄能电站建设周期长，一个项目从预可行研究到建成投产正常情况下需要 8～10 年，成本为 6000～7000 元/kW，项目回收期为 13～14 年。以下以中国华电集团福建省周宁抽水蓄能电站为实例进行技术经济分析。

（1）项目概况。周宁抽水蓄能电站项目是 2020 年新建抽水蓄能电站三个站点之一，是首个开工建设的抽水蓄能电站。电站装机容量 120 万 kW，年发电量 12 亿 kW·h，概算总投资 67 亿元，安装 4 台 30 万 kW 立轴单级可逆混流式抽水蓄能机组。

（2）项目的社会经济效益。电站建成后主要承担福建电网的调峰、填谷、调频、调相及紧急事故备用等任务，可有效优化福建电源结构，改善核电、风电机组的运行条件，提高电网运行的经济性、安全性和稳定性。项目预计增加发电装备制造业产值约 3.8 亿元，开工以来累计完成投资 17.6 亿元，对改善当地基础设施建设、助力地方经济增长具有重要意义。

（3）项目的环保效益。电站投产后，每年可节约标准煤约 16 万 t，减少二氧化碳排放 20.6 万 t，减少二氧化硫及粉尘排放 1765t，能有效改善生态环境。

（4）对国内其他抽水蓄能项目的基本情况分析。国内 7 个抽水蓄能项目基本情况分析见表 2–4。

表 2-4　国内 7 个抽水蓄能项目基本情况分析

项目名称	储能类型	投产时间 / 预计投产时间（年）	项目总投资（亿元）	项目容量（万 kW）	单位成本（元 / kW）
周宁抽水蓄能电站	抽水蓄能	2022	67	120	—
江苏溧阳抽水蓄能电站	抽水蓄能	2017	89	150	5933
广东清远抽水蓄能电站	抽水蓄能	2016	49.98	128	—
天荒坪抽水蓄能电站	抽水蓄能	2000	73.77	180	4111
仙游抽水蓄能电站	抽水蓄能	2014	44	120	3704
河北易县等 6 座抽水蓄能电站	抽水蓄能	2026	524	840	6200
河北抚宁等 5 座抽水蓄能电站	抽水蓄能	2026	386.87	600	6500

6. 发展趋势

（1）未来增长空间巨大。按照国家能源局发布的《水电“十三五”规划》，我国抽水蓄能电站的占比明显偏低，国内抽水蓄能电站建设明显加速，未来仍有巨大的发展空间。

（2）电价机制有待市场化。我国目前电力行业市场化的交易机制与价格机制仍然缺失，两部制电价并没有解决电价机制的市场化问题。目前两部制电价中的容量电价相对固定，而抽水蓄能电站运行成本的回收是通过电量电价实现的，电网企业向抽水蓄能电站提供的抽水电量，目前核定的抽水电价按燃煤机组标杆上网电价的 75% 执行，抽水蓄能电站需研究电价机制付费主体和补偿机制的发展方向及途径。

（3）需综合考虑商业模式。发电企业投资建设抽水蓄能电站综合考虑其商业模式，发电企业投资建设抽水蓄能电站要积极做好中长期发展规划，积极协调好所在区域和电网企业之间的并网等相关问题，并预先规划好抽水蓄能的商业模式（多方联合租赁经营、独立参与市场经营、委托电网经营），可以考虑租赁给电网企业或其他发电企业，也可以考虑自用，利用峰谷差值获利，以确保发电企业达到既定目标。

三、电化学储能

电化学储能可应用于发电侧、电网侧、用户侧，常见的应用包含削峰填谷、电网调频、平滑新能源波动、备用电源等。电化学储能的能量、功率配置灵活，可满足电网对功率型和能量型的多种应用场景。

1. 电化学储能系统组成

电化学储能系统由储能变流器（PCS）、电池管理系统（BMS）和能源管理系统（EMS）组成。

（1）储能变流器。由双向 DC/AC 变流器、控制器组成。PCS 通过 RS-485 或以太网口接收 EMS 的控制指令，根据指令进行充电、放电、无功调节等。部分电化学储能系统，通过 PCS 与 BMS 建立通信，综合 BMS 上报数据对 PCS 进行控制。

（2）电池管理系统。主要是针对电池进行管理，实时采集分析电池单体数据，对电池进行分层管理，实现电池系统的告警、保护和均衡管理，主要对电池安全状态进行管理。

（3）能源管理系统。是储能能源管理系统，主要负责储能电站应用业务的执行，EMS 可以控制储能电站的充放电运行，根据调度指令分发各个储能模块的执行指令。一般的集中式储能电站，其 EMS 具备数据采集、网络监控、控制调度和数据分析的功能；对于分布式储能电站，EMS 一般集成在储能设备内部，通过本地策略及网络指令来控制储能设备的运行。一般的电化学储能系统需要配置电池热管理系统，常见的有风冷和液冷两种，电池热管理系统的好坏直接影响了储能系统的运行效率及使用寿命。

2. 常用电池

电化学储能系统常用的电池有铅酸电池、锂电池、液流电池、钠硫电池等。

（1）铅酸电池。应用较为广泛。铅酸电池的电极由铅及其氧化物制成，电解液常用硫酸溶液。铅酸电池维护简单、性能稳定可靠。目前单位投资为 1200 元/（kW·h）、充放电度电成本为 0.5 元/（kW·h），这使得铅酸电池在许多应用中可不借助任何补贴实现盈利。以工商业用户单纯用于电价差套利测算，当峰谷电价差大于 0.8 元/（kW·h）时，无杠杆投资回收期可低至 5 年，若考虑节省的容量费和参与需求响应等电力服务辅助所获得的额外收益，则投资回收期将更短。

（2）锂电池。以锂离子为活性离子，锂离子在充放电过程中通过电解液在正负极流动，锂离子电池能量密度较高。锂电池放电时，在初始阶段电压快速下降，电流越大电压下降越快。在电池发电一段时间后，电池电压不再快速下降进入相对稳定的放电时间段，当电池电量较少时，电池电压下降加快直到放电截止。锂电池越来越多地应用在电动汽车、储能等领域。综合考虑性价比、安全性、使用寿命和产业成熟度等方面因素，磷酸铁锂电池是现阶段最适合用于新能源储能的技术路线，目前已投建的新能源储能项目大多采用这一技术。锂离子电池虽然成本高于铅炭电池，但可以通过承接动力电池梯次利用技术来节省成本。

（3）液流电池。其正极和负极分别装有正负极电解液，正负极电解液在电池内部用交换膜隔开，利用正负极泵循环正负极电解液。液流电池的活性物质储存在电解液中，有较强的流动性，电池功率与容量设计相对独立，适合大规模蓄电池储能应用场景。常见的液流电池有全钒液流电池、铁烙液流电池、锌溴液流电池。液流电池储能系统相对比较复杂、能量密度偏低、技术成熟度较低，大多处于示范阶段。由于液流电池的功率单元和能量单元是分开的，被普遍认为最合适的长时电化学储能技术。液流电池可以细分为很多种技术路线，其中有商业化应用的锌溴液流电池和全钒液流电池具有几乎相同的功率等级和容量等级，而锌溴液流电池由于原材料便宜，被普遍认为最具成本优势的长时储能技术。

（4）钠硫电池。是一种高温运行电池，一般在300～350℃温度下运行，以金属钠为负极、硫为正极。钠硫电池系统由于温度较高、金属钠反应剧烈需要增加额外的防渗透密封设计，操作运维要求也相对严格。由于全钒液流电池的特点，其应用领域一开始即定位于大规模储能，如风电场和备用电源。全钒液流储能电池与风电、光伏发电组合成离网或微电网发电系统，对于孤岛、离网的边远地区来说，是一种绿色能源组合。尽管其在技术上已经较为成熟，但全钒液流储能电池的成本相对较高，离储能电池市场化的目标成本差距不小。随着整个储能行业规模的扩大，由此带来的规模效应将逐步拉低液流电池的成本，在建设成本与磷酸铁锂技术大致相当的条件下，可考虑采纳。

3. 特性

储能应用需要考虑系统规模，对能量密度和功率密度有一定的要求，同时也需要兼顾效率、经济性、安全性、环保等。电化学储能需要做到高效率、低成本、长寿命、安全且低污染等要求。

铅酸电池和锂电池属于固态电池，对场地无特殊要求，使用灵活。近年来出现的铅炭电池在寿命和性能方面得到了较大提升。锂电池是目前应用最广泛的储能电池，我国在锂电池上具有一定的产业优势，近年来随着工艺的不断改进和产量的增加，单位价格不断下降。电池的梯次利用技术为降低电池全寿命成本提供了有价值的思路和手段。在电池成本和循环寿命短期无法取得革命性突破的情况下，电池梯次利用技术从另外的角度延长了电池的使用寿命，降低了其价格寿命比，充分挖掘了电池价值。

4. 运行模式

在电力系统中，按储能系统安装的位置不同，主要分为发电侧储能系统、电网侧储能系统、用户侧储能系统。发电侧储能系统在输配电起点作为发电站重要组成模块，主要作用是平滑新能源功率、减少弃风弃光、调峰、ACG调频、提供备用能源等。电网侧储能安装在输配电网，主要作用是缓解输配电阻塞、延缓输配电设备扩容、无功补偿等。用户侧储能在用户用电终端就近安装，一般在低压侧，可以通过削峰填谷降低现场用户用电成本；针对大工业用户，可通过调峰降低现场变压器需量，从而降低基本电费的成本。另外，用户侧储能还可以提升现场电网质量、作为备用电源在电网故障时给用电现场供电。

四、电力系统储能

储能是电力系统中的关键一环，本质是为了解决供电生产的连续性和用电需求的间断性之间的矛盾，可以应用在发电、输电、配电、用电任意一个环节，实现电力的经济稳定运行。随着“双碳”目标的提出，新能源发电作为清洁发电技术得到快速发展，然而新能源的波动性与电网的安全性矛盾凸显，发展储能成为解决电力能源供需匹配问题的关键。在前文描述的储能技术中，电化学储能由于其应用场景限制较少、综合性能出色等特点，成为目前增长扩容最快的类别。发电侧、电网侧、用户侧应用场景分类及适应储能技术类别见表 2–5。

表 2–5　　发电侧、电网侧、用户侧应用场景分类及适应储能技术类别

应用领域	储能时长	应用场景分类	适应储能技术类别
发电侧	≥4h	削峰填谷、离网储能	抽水蓄能、压缩空气储能、蓄热、蓄冷、氢储能及各类容量型电化学储能
	1～2h	复合储能，要求储能系统能够提供调峰调频和紧急备用等多重功能	电化学储能
电网侧	≤30min	调频、平滑间歇性功率波动	超导储能、飞轮储能、超级电容器和电化学储能
用户侧	≥15min	提供紧急电力	铅酸电池、梯级利用电池、飞轮储能等

（一）发电侧储能

1. 与新能源发电配套

随着传统发电方式逐渐被新能源发电取代，风光装机容量不断增长，弃风和弃光问题随之而来。用电侧日负荷曲线如图 2–13 所示，随着新能源装机容量占比持续提升，由于光伏发电、风电等新能源具有波动性、间歇性与随机性等特性，属于不稳定功率的电源，因此装机占比或发电占比达到一定程度时，发电侧日内电压 / 频率变得不稳定，会给电网的稳定性带来挑战。

新能源发电出力特征曲线如图 2–14 所示，光伏发电高峰集中在白天，无法直接匹配傍晚和夜间用电需求高峰；风电发电高峰在一日内不稳定，且存在季节性等差异。除此之外，能源本身还存在地区分布的巨大差异等。电网为避免不稳定，会限制部分新能源的功率，从而引发弃风、弃光现象。储能是新能源发电解决弃风弃光和调峰调频需求的有效方案。

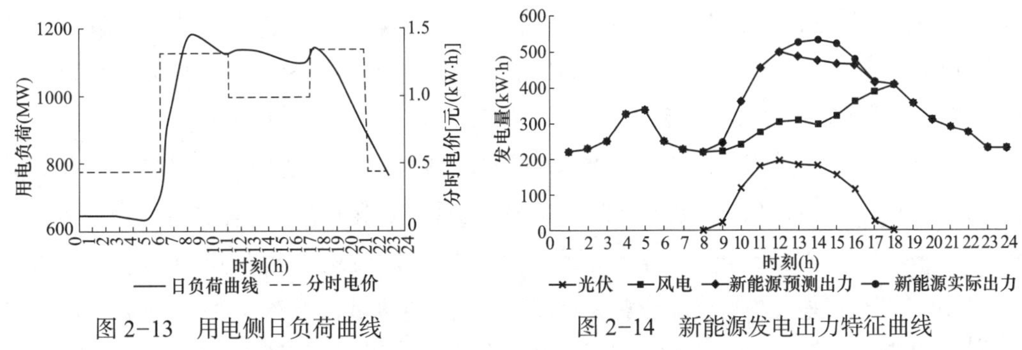

图 2–13　用电侧日负荷曲线　　　图 2–14　新能源发电出力特征曲线

截至 2021 年，全国弃风弃光电量上网价值达 100 亿元，亟待通过储能解决。我国部分地区弃风电量见表 2–6，2021 年全国光伏发电量同比增长 25.1%；平均弃光率为

2%，与2020年持平；风电发电量同比增长40.5%，弃风率3.1%；弃电总量约为267.48亿kW·h，较2020年增长约22.7%。由于新能源发电量大幅上涨，弃电量将在未来一段时间保持上升趋势。储能系统通过对谷时发电的储存并在峰时放电，可以有效降低弃光弃风率。

表2-6　我国部分地区弃风电量

省份	累计弃风电量（亿kW·h）	弃风率
新疆	49.7	10.3%
内蒙古（东）	6.3	2.3%
内蒙古（西）	33.3	7.0%
甘肃	16.8	6.4%
青海	4.1	4.7%
宁夏	4.4	2.2%
陕西	3.2	3.3%
山西	8.1	3.0%
河北	18.3	4.1%
辽宁	1.9	1.0%
吉林	3.2	2.4%
黑龙江	0.7	0.5%
山东	8.4	3.2%
河南	0.2	0.2%
湖南	5.8	5.5%
云南	1.5	0.6%
贵州	0.3	0.3%

根据国家电网公司的测算，2035年前，风电、光伏发电装机规模分别将达到7亿kW、6.5亿kW。发电侧储能工作原理如图2-15所示，全国风电、光伏发电日最大波动率预计分别达1.56亿kW、4.16亿kW，大大超出电源调节能力，迫切需要重新构建调峰体系，以具备应对新能源5亿kW左右的日功率波动的调节能力。

消纳问题在一定程度上影响了新能源的发展。由于消纳问题的存在，如果不配套储能，光伏发电、风电达到一定渗透率时将失去继续发展的条件。国家能源局发布的最新预警结果显示，风电红色预警区域包括新疆（含兵团）、甘肃，光伏发电红色预警区域为新疆、甘肃、西藏等地。根据国家能源局政策，红色预警区域在预警解除前，暂停相应光伏发电、风电项目的开发建设，橙色预警区域当年暂停新增光伏发电、风电项目。而日本、印度等海外市场的消纳问题给光伏发电、风电带来的负面影响也逐渐开始显现。

在风电和光伏发电装机量不断提升的大背景下，发展储能技术是解决供需匹配问

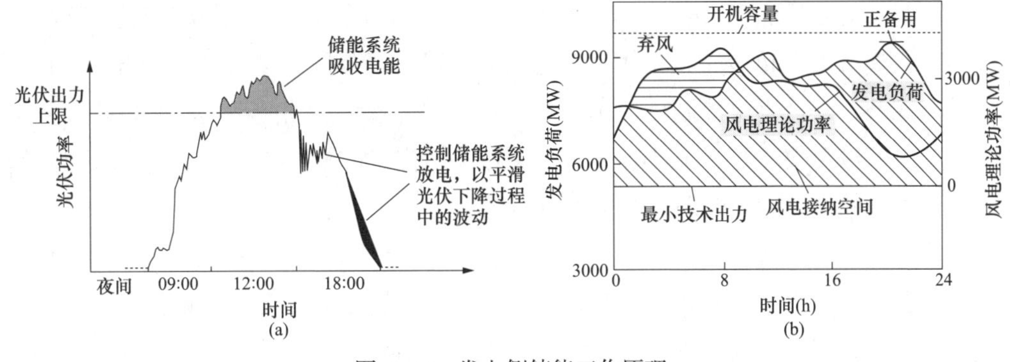

图 2-15 发电侧储能工作原理

（a）风力发电场储能工作原理；（b）光伏发电场储能工作原理

题、减小风光波动性对电网冲击的必由之路。一方面，通过削峰填谷，可以解决峰谷时段发电量与用电负荷不匹配的问题；另一方面，可以参与提供电力辅助服务，解决风光发电的波动性和随机性导致的电网不稳定。此外，通过储能系统的储存和释放能量，提供了额外的容量支撑，在一定程度上，储能可以增加电量本地消纳，减少输电系统的建设成本，储存弃风、弃光电量，为电网调度、电网的稳定性起到有力的调节支持作用。

储能配合新能源已有大量成熟案例。我国首个风光储输示范工程位于河北省张家口市北部，于 2011 年底并网，综合运用了磷酸铁锂、液流、钛酸锂、阀控铅酸等多种技术路线，每年可以提升 200h 的利用小时数，有效解决了新能源的消纳问题。近年来，还有青海共和光伏发电储能项目、鲁能集团海西州多能互补集成优化示范工程等大量新能源配套储能项目投入使用。

2. 火电厂联合调频

储能在发电侧的另一大应用是与火电机组联合参与电网调频等辅助服务，获得相应的调频补偿收益。应用储能进行发电调频，能有效改善部分火电机组运行条件，使其从压荷状态变为稳定运行，减少火电厂运行费用和发电成本，提高调峰火电机组效率，延缓电源建设，提高能源和资源利用率。

保持电力的输出与负荷端的实时平衡是电网重要的任务。频率表示交流电网中每秒电流方向变化的次数，经过漫长的产业演进，各国电力系统基本确定 50Hz 或 60Hz 作为频率标准（我国为 50Hz）。对于交流电网来说，稳定的频率是电网稳定的重要指标之一，发电小于用电会导致频率上升，反之亦然。

火电厂是调频市场最重要的参与者，新能源增长提升了调频需求。全球范围内，火电仍是主要的电力供应来源，因此火电厂也是目前调频市场最重要的参与者。随着新能源的发展，电力系统的调频需求也在不断增长。一方面，以风电、光伏发电为主的新能源功率波动较大，增加了对于调频的需求；另一方面，新能源渗透率的提升挤压了传统火电的空间，进而影响了电网整体的调频能力。

储能调频的效果优于火电。火电机组由锅炉、汽轮机、发电机及众多辅机组成，系统惯性大，调频效果也较差，具体表现为调节延迟、调节偏差（超调和欠调）、调节反向、单向调节、自动发电控制（AGC）补偿效果差等现象。储能系统的调频效果更好，表现为响应速度更快（几十至几百毫秒）、调节精度更高（99%）。火电厂在使用储能调频后，可以有效提升调频效果，增加调频收益。

储能调频目前以独立运营商为主。目前储能参与火电调频，一般由独立运营商负责投资和运营，火电厂负责提供场地和接入，双方按照商定的比例对调频收益进行分成。储能系统配置方面，一般功率配置为火电机组额定功率的 3%，容量一般按 0.5h 配置。

发电侧储能除了解决弃风弃光问题外，另可将多余的储能空间用于电网侧调频 / 调峰等储能服务，从而实现储能的充分利用，取得更高经济性。

光伏发电和风电的发电侧可将储能的应用场景分为：① 储能仅解决弃光问题；② 储能解决弃光问题，经储能系统上网的电量可得补贴；③ 储能解决弃光问题，同时将多余空间用于电网侧辅助服务；④ 储能解决弃光问题，经储能系统上网的电量可获得补贴，同时将多余空间用于电网侧辅助服务。

目前来看，对发电侧储能给予补贴的省份依然较少，因此可认为储能解决弃光 + 提供辅助服务将是未来最为常见的发电侧储能应用场景。

（二）电网侧储能

调频示意如图 2-16 所示，频率波动会给电网带来巨大压力，频率不稳定可能损坏用电设备及电网设施。我国交流电频率为 50Hz，为保证电网稳定，要求频率的上下波动在 0.2Hz 以内。电网侧储能的应用场景较为单一，主要以电网调频等辅助服务为主。储能用于电网侧，还可以有效节约电网投资、延缓电网扩容，但价值相对难以衡量。

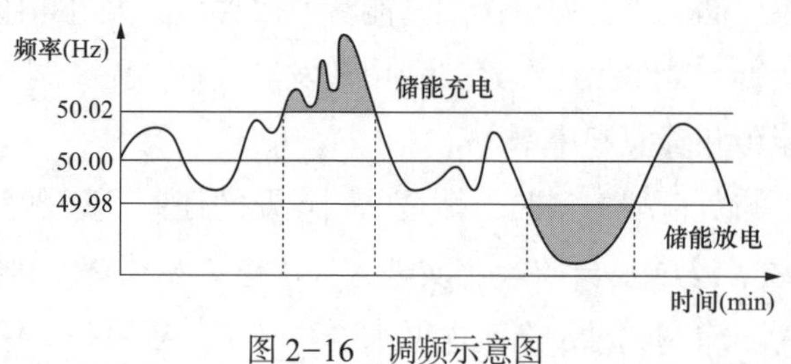

图 2-16　调频示意图

1. 辅助服务

电力市场的辅助服务是指维护电力系统安全运行、保证电能质量的服务，包括调峰、调频、调压和备用等。辅助服务的供给方包括有调节能力的发电方（如火电、水电等）、有调节能力的需求方（需求侧响应）和储能电站。辅助服务的需求方是整个电力系统，是一种公共产品。

新能源发展与火电机组的退役关停提升了对调峰调频等辅助服务的需求。一方面，随着能源清洁化的发展，光伏发电、风电等新能源逐渐成为新增装机的主力军，这些能源由于波动性较强，提升了电网对于调峰调频等辅助服务的需求；另一方面，随着老旧火电机组或小火电的退役关停，电网辅助服务水平下降。中国 2017 年火电退役关停容量为 929 万 kW，预计在 2035 年将迎来一次火电机组退役潮，将有一半以上的火电机组面临退役。美国过去十年有 17% 的燃煤机组退役，是电站退役的主力军。

应用在电网调频的储能形式以抽水蓄能和电化学储能为主。电化学储能调峰响应速度等部分性能指标虽然优于抽水蓄能，但其调峰容量远低于抽水蓄能，难以满足电网侧调峰需求，因此建设电化学储能电站专门用于电网侧储能调峰经济性较弱，其规模一般远小于抽水蓄能电站，低成本使得抽水蓄能成为当前的主要储能方式。抽水蓄能度电成本约 0.21～0.25 元，磷酸铁锂电池度电成本约 0.62～0.82 元，为抽水蓄能的 3～4 倍，电化学储能度电成本高、规模小，但短时调峰作用不容忽视且建设周期短，可以用于短时应急调峰，或因地理位置等原因无法布置抽水蓄能电站且电力短缺的地区，未来依旧具备很大发展潜力。

根据国家能源局公布信息，2022—2025 年，电网侧储能装机增长主要为储能调频装机，储能调频装机量分别达到 0.80、1.54、2.15、2.28GW·h，随着电网对频率稳定的要求不断提高，且电化学储能调频的性能优势不断凸显，有望大幅推动调频辅助市场下的电化学储能需求。

2022—2025 年，电网侧调峰装机新增分别为 0.87、1.08、1.31、1.55GW·h。电网侧备用电源、应急电源等应用对电网侧调峰装机的需求逐渐增加，预计 2022—2025 年的储能调峰渗透率分别为 0.025%、0.03%、0.035%、0.04%。

2. 节约电网投资

传统电网面临投资成本较高、利用率较低的问题。传统的电网设计和建造遵循最大负荷法，即新建或增容改造时，变压器、开关设备、电缆等设备的选型必须考虑最大负荷，即使该负荷出现的概率较小、持续时间较短，由此也带来了电网投资成本过高、资产利用率较低等问题。

储能可以有效节约电网投资（节约新建投资或延缓配电网扩容）。电网侧储能的出现，打破了原有的最大符合法的设计原则，在新建电网或旧电网增容改造时，可以有效节约电网的投资成本，并提升电网资产利用率。据河南平高电气股份有限公司测算，额定能量 1.5 万 kW 的 10kV 配电线路，假设线路最小容量裕度已达到 3%，考虑负荷年增长率 2%，若增配 0.3 万 kW 储能设备，可将馈线改造扩容时限推迟三年。

（三）用户侧储能

如随着我国分时电价机制进一步完善，设立尖峰电价，拉大峰谷价差，则储能技术可以多种应用需求的优势在用户侧得到快速发展。用户侧储能的应用场景如图 2-17 所示，更多的工商业电力用户通过配置储能、开展综合能源利用等方式降低高峰时段用电负荷、增加低谷用电量，通过改变用电时段来降低用电成本。

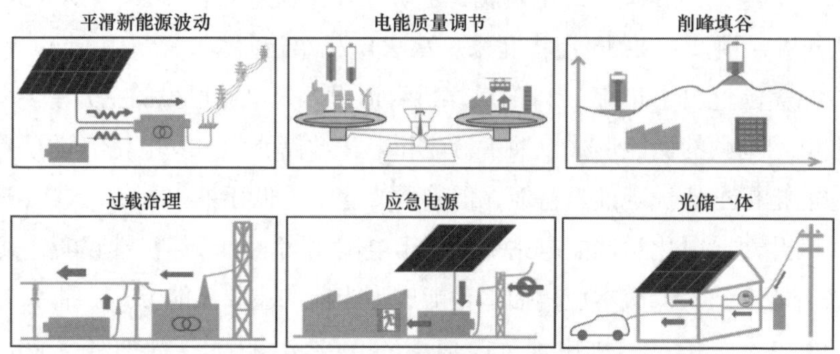

图 2-17 用户侧储能的应用场景

1. 削峰填谷降费

削峰填谷即利用电力价格峰谷价差，使储能系统在谷时电价时段从电网充电，在峰时电价时段放电，从而降低用户用电的成本，并获取相应收益。我国大部分地区实施峰谷电价制度，白天用电高峰期电价较高，夜间用电低谷期电价较低，以鼓励缩小峰谷差维持电网平衡，国内峰谷价差较大的地区主要为北京、长三角、珠三角等地，也是国内用户侧储能发展较好的地区。2022 年 2 月国内各地峰谷电价差汇总见表 2-7。

表 2-7　2022 年 2 月国内各地峰谷电价差汇总

地区	分类	最大峰谷电价差［元/(kW·h)］	地区	分类	最大峰谷电价差［元/(kW·h)］
广东	珠江三角洲	1.2548	山东	单一制 1.5 倍	0.7046
广东	惠州	1.2252	山东	单一制	0.7046
广东	深圳深汕	1.1113	黑龙江	—	0.6917
广东	深圳深汕	0.8175	北京	郊区开发区	0.6783
湖南	—	0.9942	山西	工商业 1.5 倍	0.6607
辽宁	—	0.9392	山西	工商业	0.479
浙江	工商业	0.917	甘肃	—	0.6397
浙江	大工业	0.8915	四川	单一制 1.5 倍	0.8331
江苏	工商业	0.8745	四川	工商业单一制	0.6465
江苏	大工业	0.8551	上海	大工业	0.8259
内蒙古	蒙西	0.2179	上海	工商业两部制	0.7145
安徽	单一制	0.7145	上海	工商业单一制	0.467
河南	—	0.7079	河北	单一制 1.5 倍	0.8087

续表

地区	分类	最大峰谷电价差［元/（kW·h）］	地区	分类	最大峰谷电价差［元/（kW·h）］
河北	单一制 1.5 倍	0.5391	福建	—	0.6116
天津	—	0.7894	贵州	两部制 1.5 倍	0.5641
吉林	—	0.7396	贵州	两部制工商业	0.376
内蒙古	蒙东	0.7171	云南	工商业	0.4922
北京	城区	0.6316	宁夏	单一制	0.4682
陕西	榆林电网	0.627	江西	—	0.4067
陕西	陕西电网	0.5955	青海	单一制	0.2513

我国部分省区工商业峰谷价差超 0.7 元/（kW·h），电化学储能峰谷价差套利已具备经济性。电化学储能通过峰谷价差套利的收益取决于各地区峰谷价差、储能充放电策略和储能循环次数等。根据测算，按照每日两充两放的充放电策略，在峰谷价差超过 0.7 元/（kW·h），且电化学储能循环次数超过 4500 次时，电化学储能通过峰谷套利收益足以覆盖自身增加的成本。在该充放电策略下电化学储能使用年限会缩短，该策略更适合循环次数更高的电化学储能电池。对比每日两充两放策略和每日一充一放策略，在 5000 次循环次数和 0.7 元/（kW·h）峰谷价差的同等条件下，每日两充两放策略通过增加日循环次数缩短投资回收期至 6.1 年，而每日一充一放策略的投资回收期达 7.5 年；但由于每日两充两放策略会缩短电化学储能使用年限，且多出的一充一放对应的峰时、平时电价差较小，因此，每日两充两放策略的投资净现值小于同样条件下的一充一放策略。据北极星储能网汇总的 2022 年 1 月电网代购电峰谷价差数据，我国多个省区的一般工商业和大工业峰谷价差超过 0.7 元/（kW·h），且广东、浙江等地区的工商业峰谷价差甚至超过 1 元/（kW·h）。即使考虑到用户侧峰谷电价波动，电化学储能在我国部分省区工商业用户情景已具备经济性。

2. 节约基本电费与用户扩容

节约基本电费可以作为用户侧储能的辅助盈利模式。在我国，大部分地区针对大工业用户适用两部制电价，除了根据用电量缴纳电度电费之外，还需要缴纳基本电费，基本电费是大工业用户所应缴纳的输配电费的一部分，用户可以自行选择按变压器容量或按最大需量来缴纳基本电费。储能适用于负荷尖峰明显且尖峰位于白天的电力用户，可以通过在低谷时段以低电价充电并在用电负荷较高时放电，从而削减负荷尖峰，降低申报的最大需量，起到节约基本电费的作用。对于负荷曲线比较平坦或者负荷曲线与正常情况相反的电力用户，不适合通过安装储能节约基本电费。

大工业电力客户一般需要配置变压器，而变压器的额定容量是固定的，一旦后期用户负荷增长造成变压器满额运行，便需要进行变压器扩容，扩容费用一般较高，安装储能系统后，可以在尖峰时段放电降低用户的需求负荷，起到动态扩容的作用，从而节约变压器扩容的投资成本。

节约基本电费带来收益相对较小，无法成为独立的商业模式，只能作为峰谷套利的辅助盈利来源。变压器扩容的需求相对刚性，但整体市场偏小，且一般以电力用户自投为主。

3. 平滑负荷潜在空间广阔

对于用电负荷间歇性较强的场合，如新能源汽车充电桩、体育场等，配备储能系统可以在用电尖峰时刻放电，削减负荷的变化率，起到平滑负荷的作用。

以新能源充电为代表的平滑负荷需求较为刚性。随着新能源汽车的快速发展，相应的充电桩等基础设施必须跟上。而新能源汽车的集中充电会对电网造成较大冲击，而这也将成为新能源汽车充电桩发展的重要制约。因此，一方面，新能源汽车充电桩要发展，必须配合储能；另一方面，新能源汽车消费者对于电价的承受能力较强，即使充电费用中加上储能成本，新能源汽车的单位使用成本仍然远远低于燃油车，充电运营商可以将储能成本回收。

4. 光储一体系统

储能可以与用户侧分布式光伏发电（分散式风电）等结合，形成分布式光储一体系统，形成低成本、灵活可控的绿色电力供应系统，为工商业提供更多清洁能源，同时减少其对电网的依赖性。在 2021 年 9 月的限电情况下，部分地区工商业企业被迫减产限产，从而承受巨大损失。由于面临着“双碳”目标背景下能源结构转型的需要，停产成本较高的企业会更有意愿寻求备用电源，以避免突发事件带来的损失。储能可使工商业企业在无法从电网获电力时，将储能作为备用电源，使工厂能够最大程度保持生产，避免停产损失。

光储一体化系统的本质是微电网布局。光储一体化系统示意如图 2-18 所示，目前的光储、光充储一体化项目以光伏发电作为电能的主要来源。通过在房顶或者空地布置分布式光伏发电设备，将发出的电力供应给微网内的用电负荷和充电桩，并且将光伏发出的电力储存进储能系统，以在需要时放电，减少资源的浪费。

此外，用户侧储能还有需求侧响应、移动储能车、后备电源场景，以及在电网不能覆盖的区域如海岛、油田、通信基站等微电网应用场景。储能结合光伏、柴油或燃气发电机、风电分布式能源，在上述场景中可以大幅度提高微网系统的供电稳定性，解决动态电能质量问题，降低运行成本。

（四）发电侧储能实例

1. 储能电池选择技术路线

火电厂储能辅助调频应用对储能电池性能有较高要求。AGC 调频对储能电池高频

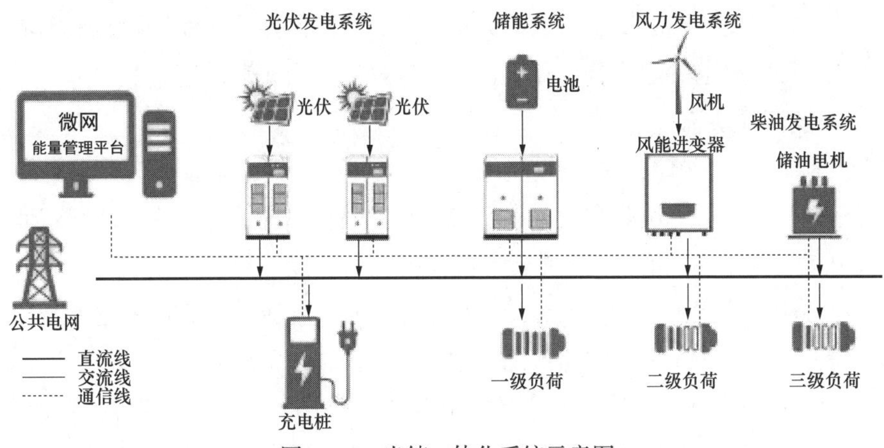

图 2-18　光储一体化系统示意图

度、高强度电能吞吐的要求包括高倍率特性、高爬坡特性，快速响应能力，能效比强、温升安全可控、寿命长等。磷酸铁锂电池和三元锂电池是目前在调频应用领域中比较成熟的选项。

国内前期火储联合调频应用项目中储能电池以三元锂电池为主，近期应用磷酸铁锂电池的储能调频项目已经占绝大多数。从调频效果上看，根据山西省已投入储能联合火电机组调频典型项目数据上看，机组与储能系统配合效果良好。磷酸铁锂电池与三元锂电池性能对比分析见表 2-8。

表 2-8　　磷酸铁锂电池与三元锂电池性能对比分析

项目	磷酸铁锂电池	三元锂电池	对比小结
能量密度	90～120W·h/kg	200W·h/kg	三元锂电池能量密度比磷酸铁锂电池高 50% 以上
安全性	正极材料分解温度：700℃	正极材料分解温度：200℃	三元锂电池的温度、充放电管理要求更高，着火风险相对较大
温度适应性	-20℃以下放电容量下降 45%	-20℃以下放电容量下降 29%	正常温度下几乎没有区别，三元锂电池更能适应低温环境
充放电效率	10℃以上充放电效率下降较快	10℃以上充放电效率下降缓慢	10℃以内的效率无明显差别，三元锂电池更适合 10C 以上高倍率充放电
循环寿命（1C、80%）	4000～5000 次	2500～3500 次	磷酸铁锂电池循环寿命明显优于三元锂电池

综上，磷酸铁锂电池较三元锂电池安全性更高，成本上也具有一定优势。整体而言，火电联合储能调频项目上电池的安全性始终是方案决策时的首要和决定性因素。对于电芯内因引起的安全风险，一方面需要加强电芯生产过程中的品质管理、工艺管理；另一方面还要从根本上选用安全性较高的电芯。磷酸铁锂电池在高温或过充时不会发热或是形成强氧化性物质，也不会因过充、温度过高、短路、撞击而产生爆炸或燃烧，基

于电芯安全特性对比和电芯安全事故的分析，电力调频储能系统使用磷酸铁锂电池更加安全。因此，针对火电储能联合调频项目，推荐采用磷酸铁锂电池。

2. 电储能调频系统

利用大容量锂离子电池系统辅助机组进行调频服务。通过储能系统来承担绝大部分的负荷折返调节，把机组从此类任务中解放出来。储能系统反应速度、调节精度高，可以弥补机组此类性能的不足，极大地提升机组的调节性能。

电储能调频系统主要包括电池储能系统、储能双向变流器、高压配电系统、能量管理系统、监控系统等。通常将储能单元分成两个模块，分别接入厂内两台机组，厂用变压器用 6/10kV 母线 A 段 / B 段，对应的 A/B 段两台断路器之间互为闭锁，从而使电储能装置在双机 / 单机模式下都能实满容量运行，防止电储能装置环网运行。

通过利用电池储能系统快速、精确响应的特点，辅助发电机组进行 AGC 方式下的负荷调整，对机组负荷进行削峰填谷。进而提高调度侧发电机组的调节性能，同时不对机组自身的调节带来扰动。机组调频降低负荷时，电储能装置处于充电运行状态，消耗电能；当机组调频增加负荷时，电储能装置处于放电状态，释放电能。储能联合 AGC 调频系统结构拓扑图如图 2-19 所示。

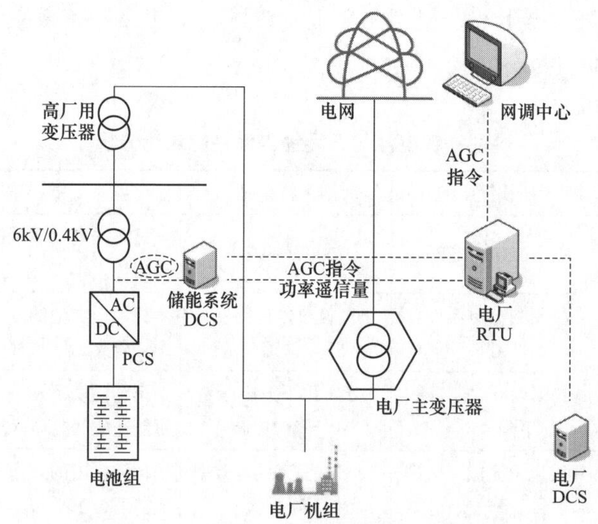

图 2-19　储能联合 AGC 调频系统结构拓扑图

为保证现有远程终端控制系统（RTU）改造过程的平滑过渡，电储能系统应有硬接线接口，省调下发的 AGC 指令可通过 AO 遥调隔离端子硬接线（4～20mA）接至电储能系统，从而实现 RTU 向分散控制系统（DCS）发送调峰指令时，能够将指令同时发送给储能系统能量控制系统。RTU 将机组有功功率与储能系统有功功率进行计算合并，并将合并后的功率信号上传远方调度，作为调频考核依据。

电储能系统总控制单元需要从 DCS 获得的数据至少应包括调频指令、发电机组功率反馈、发电机组实际负荷指令、发电机组调频投入反馈、发电机组一次调频动作标志、发电机组功率限幅、发电机组调节速率限幅等。同时电储能系统可根据电厂运行要求上传电储能系统运行状态信息，包括储能系统并网连接状态反馈、储能系统并网功率、储能系统辅助调频投入反馈、储能系统充放电状态、蓄电池运行状态等。

3. 项目配置实例

在进行储能电池功率容量配置时，应参照当地电网调频的特性，满足调频指令。一般情况下，储能系统功率配置越大，机组综合调频性能指标的提升效果越明显，但为了兼顾储能系统的整体经济性，应就具体项目选择功率配置。

根据储能容量配置原则，储能容量大于机组调节死区，小于单时段最大调频容量，且满足 80% 以上的 AGC 响应指令偏差值范围，一般按照火电单机功率的 3% 进行储能系统功率配置。容量方面，考虑电网的 AGC 调频指令发送周期大部分以 5min 为限，为了保证储能系统的调节能力，储能系统设计电池的容量能够在满功率的情况下支持 3 个周期［即 15min（1/4h）］的满功率输出容量，可以得出电池的有效容量为功率 ×1/4h，但此容量电池工作状态为全容量的充放，为保证储能系统同时具备正向和反向调节的能力，储能系统电池簇剩余电量（SOC）应维持在 60% 左右，考虑电池具有有效利用系数（放电深度 × 放电效率），因此储能容量应当冗余配置，若采用循环寿命和安全性能好的 1C 磷酸铁锂电池，容量配置为功率 ×1h。

以中国华电集团的坪石公司储能项目为例，坪石公司 2 台 300MW 火电机组进行 AGC 辅助调频，建设 9MW/9MW·h 电化学储能电站，电池采用亿纬锂能 1C 磷酸铁锂电池，实际配置容量为 9MW/9.288MW·h。项目以单机 AGC 为交易模式进行设计，单台机组为一个发电单元参与调频市场，单台机机组配置 9MW/4.5MW·h 储能装置，机组在覆盖单机 80% 以上的 AGC 调频偏差的同时能有效提高调频响应效果。

五、电力系统典型储能投资及回报分析

（一）对发电侧和电网侧的分析

新能源发电在电力系统中占比将逐步提高，未来将成为我国发电主体，新能源大规模并网对电力系统调节能力提出更高要求。光伏发电与风电在我国发电量的占比在 2020 年已超过 9%，根据全球能源互联网发展合作组织预测，在“双碳”目标下，这一比例有望在 2030 年达到 27%，2060 年达到 66%。由于新能源发电设备存在转动惯量低、动态无功支撑能力弱、电压耐受能力不足等问题，导致系统抗扰动能力下降，影响系统的稳定性。

新能源发电的瞬时波动和日内波动特性增大了系统调频、调峰需求。新能源发电具有较强的随机性、波动性，系统需要增加灵活性资源来应对其产生的调频、调峰需求。且风电的随机性、波动性远超光伏发电，因此进一步增大了系统调频、调峰需求。

由于风电与光伏发电合计发电量与全社会用电量存在季节性错配，系统需要火电机组和储能技术协同来保障电力供应。我国全年用电情况与新能源发电量均具有周期性，根据2021年统计，全社会用电量在7—9月和12月处于高峰，在2—4月和11月处于低谷。然而风电与光伏发电合计发电量在3—5月和11月处于高峰，在7—9月和12月处于低谷，两者峰谷错位。在未来光伏发电和风电发电量占比提高的背景下，由于新能源发电与用电需求的季节性供需错配，在新能源发电低谷月份，需要大量火电机组保障电力供应；在新能源发电高峰月份，由于火电机组的开机数量大幅降低且新能源调节能力弱，火电机组难以满足调峰、调频需求，需要更多储能设施来维持电网安全稳定。随着传统发电方式逐渐被新能源发电取代，风光装机容量不断增长，弃风和弃光问题随之而来。同时随新能源装机占比持续提升，发电设备总体的间歇性和不稳定性增强，调峰调频需求愈加强烈。

综上，储能成为解决弃风弃光和调峰调频需求的有效方案。以下对发电侧和电网侧储能的投资及回报进行简要分析。

1. 调峰收益

调峰是在用户负荷较低的时段，部分机组需要减少功率，但发电机组偏离额定工况运行时，发电效率会随负荷的降低而降低，导致发电煤耗增加，单位发电成本增加，参与启停调峰的机组会产生额外的燃料成本，对机组造成额外的寿命损耗。目前，我国调峰的主力机组仍是经过灵活性改造的火电机组。

电化学储能参与调峰辅助服务收益取决于平均调峰电价和循环天数的乘积，根据测算，当平均调峰电价达0.7元/(kW·h)，且循环天数达300d以上时，电化学储能参与调峰辅助服务收益可以覆盖自身增加的成本。

根据《甘肃省电力辅助服务市场运营暂行规则的通知》，火电厂负荷率30%～35%对应的调峰报价上限仅为0.4元/(kW·h)，在该调峰电价下，电化学储能即使每天参与调峰服务也无法覆盖自身增加的成本，这表明火电灵活性改造（对应负荷率30%）的成本经济性优于电化学储能。

由于调峰辅助服务需求具有显著的季节性特征，如“三北”地区的调峰辅助服务需求缺口主要出现在冬季，大部分时候系统调峰资源相对充足，调峰价格较低。电化学储能参与调峰辅助服务的单位容量收入和收入成本比见表2-9。

表2-9　电化学储能参与调峰辅助服务的单位容量收入和收入成本比

调峰天数200d							
调峰电价［元/(kW·h)］	0.1	0.2	0.3	0.4	0.5	0.6	0.7
单位容量收入［元/(kW·h)］	0.17	0.35	0.52	0.69	0.86	1.04	1.21
收入成本比（%）	11.36	22.72	34.08	45.44	56.79	68.15	79.51

续表

调峰电价 0.3 元/(kW・h)							
调峰天数（d）	50	100	150	200	250	300	350
单位容量收入［元/(kW・h)］	0.13	0.26	0.39	0.52	0.65	0.78	0.91
收入成本比（%）	8.52	17.04	25.56	34.08	42.6	51.12	59.63
调峰电价 0.5 元/(kW・h)							
调峰天数（d）	50	100	150	200	250	300	350
单位容量收入［元/(kW・h)］	0.22	0.43	0.65	0.86	1.08	1.29	1.51
收入成本比（%）	14.20	28.4	42.60	56.79	70.99	85.19	99.39
调峰电价 0.7 元/(kW・h)							
调峰天数（d）	50	100	150	200	250	300	350
单位容量收入［元/(kW・h)］	0.30	0.60	0.91	1.21	1.51	1.81	2.12
收入成本比（%）	19.88	39.76	59.63	79.51	99.39	119.27	139.15

2. 调频收益

调频是指由于用户负荷波动，引起电力系统供需不平衡，导致电网频率改变，为了维持频率稳定，需要发电侧调整功率。我国电网频率为 50Hz，允许的波动偏差为 ±0.2Hz。可以通过负荷特性曲线和发电特性曲线理解调频过程。

由于电网侧系统灵活性电源发展滞后，调峰调频能力受限，因此，电网侧储能目前多用于电网调频。我国电源结构以灵活性不高的燃煤机组为主，灵活性较好的燃气机组占比低，燃气机组在 2018 年占比不足 6%。作为对比，美国、西班牙、德国的灵活电源装机容量占比达到了 49%、34%、18%，远超我国水平。用各国灵活电源装机量占比与光伏发电、风电发电量占比相除得到的比值作为衡量各国灵活电源对新能源发电调节能力的指标，我国的此指标也远低于美国与西班牙。灵活性调节能力直接关系到电力系统安全稳定运行和新能源消纳利用水平，当前灵活性资源挖潜不足，体现在常规火电改造推进迟缓，抽水蓄能等灵活性调节电源建设缓慢，水电、核电等清洁能源提供灵活性资源的不确定性高，导致电力系统调峰调频压力不断增大。储能调频的目的在于稳定电网、提高电能质量，多位于火电厂旁，以满足火电厂的储能调频需求。在中国当前的发电方式中，火电因其输出稳定占主导地位，占据了大量的电网资源。因此，其频率波动会给电网带来巨大压力，频率不稳定可能损坏用电设备及电网设施。

调频市场为辅助服务市场的一部分，该市场最大的特点为市场化交易程度高。以南方电网公司为例，南方电网公司调峰服务市场交易模式：所有上网主体均要按照上网电量缴纳调频费，形成资金池；电站投资方通过与火电厂签订合约的方式在火电厂旁建设储能调频电站。根据提供的调频服务，电网将资金池中资金以调频补贴方式给予电站，随后电厂与电站分成。

传统调频市场容量较小但火储联合调频仍有空间，同时光伏发电等新能源快速发展有望推动调频市场扩容。在新能源装机比例不高时，传统电力系统具有较强的调频能力，以山东为例，山东具备调频能力的燃煤机组达80台，但调用的不到20台。当前电化学储能参与调频辅助服务以火储联合调频为主，电化学储能主要用于改善传统燃煤机组调频性能，并非增加市场调频容量。2021年，火储联合调频发展较好的山西、北京、天津、唐山、蒙西已无新增项目出现，近年来这几个地区及广东的调频补偿额常年稳定在月均3000万元左右，市场呈现饱和趋势。在广东等传统优势区域发展暂缓的情况下，火储联合调频却在不断开拓新的市场。据储能与电力市场统计，2021年新增项目（规划、建设、投运）涵盖广东、江苏、浙江、福建等15个省市。同时，对于新能源装机占比较高的区域，光伏发电等新能源功率的短时波动将增大系统调频需求，推动电力系统调频辅助服务市场扩容。

在调频方面，测算表明电化学储能参与调频辅助服务具有较好的经济性，但面临调频里程价格下降风险。电化学储能参与调频辅助服务收益取决于平均调频里程价格和年运行比例的乘积，根据测算，当平均调频里程价格达10元/MW，且年运行比例在0.9以上时，电化学储能参与调频辅助服务收益足以覆盖自身增加的成本。尽管近几年以广东为代表的火储联合调频发展迅速，不少项目获益颇丰，但同时可以看到调频市场规则调整和竞价范围下调正不断降低调频补偿价格和补偿费用。以广东为例，2021年，广东省月均调频补偿额为7933万元，相较于2020年月均值（10873万元）下降了27%。电化学储能参与调频辅助服务的单位容量收入和收入成本比见表2-10。

表2-10　电化学储能参与调频辅助服务的单位容量收入和收入成本比

年运行比例0.3								
里程价格［元/MW］	4.0	6.0	8.0	10.0	12.0	14.0	16.0	18.0
单位容量收入［元/（W·h）］	0.24	0.36	0.48	0.60	0.72	0.84	0.96	1.08
收入成本比（%）	15.83	23.75	31.67	39.59	47.50	55.42	63.34	71.25
年运行比例0.6								
里程价格［元/MW］	4.0	6.0	8.0	10.0	12.0	14.0	16.0	18.0
单位容量收入［元/（W·h）］	0.48	0.72	0.96	1.20	1.44	1.68	1.93	2.17
收入成本比（%）	31.67	47.50	63.34	79.17	95.00	110.84	126.67	142.51
年运行比例0.9								
里程价格［元/MW］	4.0	6.0	8.0	10.0	12.0	14.0	16.0	18.0
单位容量收入［元/（W·h）］	0.72	1.08	1.44	1.81	2.17	2.53	2.89	3.25
收入成本比（%）	47.50	71.25	95.00	118.76	142.51	166.26	190.01	213.76

随着新能源电站日益增多，发电侧储能也可以通过新能源电站配储解决弃电现象，

提高发电收入。我国风电、光伏发电消纳困难的“三北”地区，主要采用集中式风光电站，储能应用于这一领域的主要作用是调峰调频、平滑功率、跟踪计划功率曲线、辅助电网安全稳定运行等。目前锂电池、铅酸（铅炭）电池、全钒液流电池、超级电容技术路线应用较多。其中，2011 年由财政部、科技部和国家电网公司共同启动的国家风光储输示范项目可谓是行业的风向标，项目一期工程位于河北省张北县，建设风电 100MW、光伏发电 40MW、储能 20MW，从某种程度上也代表了国家电网公司对储能电池的技术选择。

3. 补贴政策

电力辅助服务用于维持电力系统安全稳定运行，保证电能质量，促进清洁能源消纳。目前，调峰、调频是储能参与电力辅助服务的主要领域，且辅助服务相关费用由发电侧承担，制约着储能在辅助服务领域获得补偿的可持续性。

2021 年 12 月修订印发的《电力辅助服务管理办法》进一步强调了“谁受益、谁承担”的有偿化改革方向，规定了辅助服务按服务对象分摊的原则，强化了辅助服务的市场化配置方式。

费用分摊改革方面，《广东省电网企业代理购电实施方案（试行）》首次在国内实践中明确提出，辅助服务的相关费用由直接参与市场交易和电网企业代理购电的全体工商业用户共同分摊，具有里程碑的意义。

辅助服务品种方面，随着新能源装机占比提升，一次调频和备用市场有望成为独立储能新的价值增长点。《山西独立储能电站参与电力一次调频市场交易实施细则（试行）（征求意见稿）》允许储能电站通过参与电力一次调频市场获取收益，《南方区域电力备用辅助服务市场交易规则（征求意见稿）》允许储能电站作为第三方辅助服务提供者参与跨省备用市场交易，扩展了储能的收益来源。结合我国电力辅助服务市场建设情况，一次调频、二次调频、备用和调峰是电化学储能收益机制的重点。

目前我国参与电力辅助服务的机组以火电和抽水蓄能为主。为了实现“双碳”目标，火电机组面临转型压力，电化学储能与火电相比，碳排放少，更加清洁，响应时间更短，调节更灵活。抽水蓄能是比较优质的灵活性资源，但抽水蓄能受到地理条件的限制，装机规模增长有限。因此，未来增长的电力辅助服务需求将有很大的空间由电化学储能替代。我国逐渐开始重视电化学储能的发展，尤其是为了电化学储能在电力辅助服务市场的应用，新版《电力并网运行管理规定》《电力辅助服务管理办法》（简称“两个细则”）中将新型储能作为独立市场主体提出。各省市都出台了配套政策，支持储能发展。储能参与调峰的政策中，大部分省市对于可以参与调峰的储能规模进行了限定，目前不利于小规模储能的应用。在储能调频的政策中，规定了储能的补偿机制，目前大多数省市采用里程补偿，部分省市采用“容量补偿 + 里程补偿”的方式。

我国因省而异的电力价格和市场机制决定各省电化学储能收益情况差别大。我国各省电力系统发展情况差别大，其系统调节需求也相应存在显著差别。各省的电力价格和市场机制也各有差别，如“三北”地区调峰辅助服务市场较为发达，广东则以电力现货市场取代调峰辅助服务市场。电力价格和市场机制是决定电化学储能收益机制的基础，因此各省电化学储能收益情况差别大。

从政策差异性来看，电化学储能参与调峰辅助服务适合辽宁、黑龙江、山东等省。电化学储能参与调频辅助服务适合浙江、江苏、山西、蒙西、宁夏等省区。调频辅助服务主要用于解决短时供需不匹配问题，保证电力系统安全稳定。此外，由于光伏发电存在短期功率变化极其剧烈的特性，光伏发电装机容量占比较高的地区更为容易出现调频问题，相应调频辅助服务费用相对较多，主要包括我国华北、西北和华东地区。结合各省 2018 年和 2019 年上半年调峰辅助服务费用看，调峰也适用于蒙西、北京、天津、唐山、山西、陕西、新疆、宁夏、浙江等地区。当前我国各省储能参与调频辅助服务几乎是指二次调频辅助服务，储能参与一次调频有偿服务的地方政策首次出现在国家能源局山西监管办公室 2021 年 12 月发布的《山西独立储能电站参与电力一次调频市场交易实施细则（试行）（征求意见稿）》。相较二次调频，一次调频的响应时间要求更短，更有利于发挥电化学储能优势。各省在储能调峰调频方面已出台的相关政策文件见表 2-11。

表 2-11　　各省在储能调峰调频方面已出台的相关政策文件

省份	政策文件
福建	《福建省电力调峰辅助服务交易规则（试行）（2020 年修订版）》
青海	《青海省电力辅助服务市场运营规则》
湖南	《湖南省电力辅助服务市场交易规则》
山东	《山东电力辅助服务市场运营规则（试行）（2020 年修订版）》
新疆	《新疆电网发电侧储能管理暂行规则》
辽宁、吉林、黑龙江	《东北电力辅助服务市场运营规则（试行）》
江苏	《江苏电力辅助服务（调峰）市场启停交易补充规则》
江西	《江西省电力辅助服务市场运营规则（试行）》
湖北	《湖北电力调峰辅助服务市场运营规则（试行）》
浙江	《浙江电力现货市场第三次结算试运行工作方案》

4. 现货市场

峰谷分时电价或现货电能量市场还原了电力商品的分时价格差异，价差套利是电化学储能的重要生存基础。峰谷分时电价和现货电能量市场反映了电力供需变化下的电价波动，两者实质相近，都是通过峰谷价格差实现套利。两者区别在于峰谷分时电价采用行政定价方式，且主要针对用户侧；现货电能量市场采用市场定价方式，可只用于发电侧，也可用于发电和用户两侧。值得注意的是，现货电能量市场可以替代调峰辅助服务。根据《电力辅助服务管理办法》规定，现货电能量市场运行期间，已通过电能量市场机制完全实现系统调峰功能的，原则上不再设置与现货电能量市场并行的调峰辅助服务品种。

国外的电力现货市场发展较成熟，电力辅助服务通常与电力系统调度联合运营。在产品方面，与我国情况不同，国外电力现货市场较为成熟，因此通常调峰不作为辅助服务产品，可以通过日内市场和实时市场竞价获得。国外市场中调频是主要的产品类型，此外也包括备用、无功调节、黑启动等。在市场组织形式方面，采用集中竞价或长期协议，一般竞争程度较高的产品如调频、备用，采用竞价或招标的方式，其他服务如无功调节、黑启动则采用长期协议双边合同的模式。国外市场辅助服务的费用主要由终端电力用户承担。国内现货市场以广东为例，广东以电力现货市场取代调峰辅助服务市场。

目前，我国共有 14 个省和地区出台了新能源保障利用小时数政策，21 个省长期组织含新能源的可再生能源参与电力直接交易，山西、山东、甘肃、蒙西还组织可再生能源参加电力现货交易。新能源固有的不确定性使得新能源难以像传统电源按市场交易约定合同进行发电，新能源发电交易合同偏差部分面临现货市场价格风险。电化学储能可增加新能源场站功率可控性，可一定程度上规避现货市场价格风险。同时，新能源较低的边际成本使得电力市场在新能源功率较多时出清价格较低，新能源功率不足时出清价格偏高，增大了电力市场价格波动。电化学储能可将部分低价时段的新能源电量转移到高价时段售出，增大价格套利收益。

（二）对用户侧的分析

1. 用户特点

用户侧包含工商业用户和户用用户。国内户用装机较少，海外市场户用和工商业储能装机并重发展。

（1）工商业用户。分布式光伏配置储能、独立削峰填谷储能。工商业光伏配置储能，可节省工商业企业的用电费用，并保证特殊情况下的电力供应；独立削峰填谷电站则纯粹通过峰谷价差套利，通过电价谷时充电和电价峰时放电节省企业用电成本。经济性通过节省用电成本体现。

（2）户用用户。家用光伏配置储能。目前中国户用储能装机仍较少；海外户用储能通过储存光伏发电为家庭用户提供电力，使得在光伏发电无法工作的时段如夜间或阴雨天依然可以保证电力自给自足。经济性通过节省用电费用实现。

2. 储能与峰谷套利模式

2021 年 9 月，由于《全国能耗双控目标完成情况晴雨表》发布，21 个省级行政区开始实施紧急性的工商业限电政策，催生了对备用电源的强烈需求。“双碳”目标下对绿色能源更大的需求使得中国分布式光伏装机量快速提升，国家能源局提出，2023年底，试点地区党政机关建筑屋顶总面积可安装光伏发电比例不低于50%，学校、医院、村委会等公共建筑屋顶不低于40%，工商业厂房屋顶不低于30%，农村居民屋顶不低于20%。预计工商业分布式光伏的发展将有力带动光储一体化微网的发展。以目前市场储能系统成本分析，经数据测算当峰谷价差约为0.75元/（kW·h）时，储能系统可以在其使用年限内带来成本节省，经济性显现。目前，国内已经有部分地区达到了0.75元/（kW·h）以上的峰谷价差，如广东、上海、河北等。

在诸多储能系统中，电化学储能具备地理位置限制小、建设周期短、成本持续下降等优势，是用户侧储能的绝对主力。锂电池因使用寿命长、能量密度高等优点，在电化学储能中应用最广。

2021年7月26日，国家发展改革委发布《关于进一步完善分时电价机制的通知》，指出合理确定峰谷电价价差，上年或当年预计最大系统峰谷差率超过40%的地方，峰谷电价价差原则上不低于4：1，其他地区原则上不低于3：1。用户侧储能主要通过峰谷套利模式获取收益，拉大峰谷价差将极大地促进用户侧储能发展。2021年各地区峰谷电价差见表2-12。

表2-12　　2021年各地区市峰谷电价差

地区	不满1kV				1～10kV			
	峰值［元/（kW·h）］	谷值［元/（kW·h）］	价差值［元/（kW·h）］	价差比	峰值［元/（kW·h）］	谷值［元/（kW·h）］	价差值［元/（kW·h）］	价差比
北京	1.4	0.3	1.1	4.9	1.4	0.28	1.1	5.0
新疆	0.7	0.2	0.5	3.9	—	—	—	—
江苏	1.1	0.3	0.8	3.7	1.07	0.29	0.8	3.7
广东	1.1	0.3	0.8	3.4	1.07	0.31	0.8	3.5
青海	0.6	0.2	0.4	3.3	0.61	0.19	0.4	3.2
山东	1.0	0.3	0.7	3.3	1.01	0.32	0.7	3.2
浙江	1.2	0.4	0.8	3.2	1.16	0.35	0.8	3.3
云南	0.7	0.3	0.5	3.0	0.72	0.24	0.5	3.0
甘肃	0.9	0.3	0.6	2.9	0.88	0.31	0.6	2.8
河南	—	—	—	—	0.94	0.32	0.6	2.9
上海	0.9	0.3	0.6	2.7	0.86	0.31	0.6	2.8
安徽	1.0	0.4	0.6	2.6	0.95	0.36	0.6	2.6
河北	0.9	0.3	0.5	2.5	0.84	0.33	0.5	2.5
陕西	0.8	0.3	0.5	2.5	0.74	0.3	0.4	2.5
宁夏	—	—	—	—	0.6	0.27	0.3	2.2
天津	0.7	0.4	0.3	1.7	0.66	0.39	0.3	1.7
平均	0.9	0.3	0.6	—	0.9	0.3	0.6	—

3. 削填谷减少用户费用

用户侧储能系统通过对电网电力的削峰填谷，依据峰谷价差可获得经济收益。我国目前绝大部分省市工业大户均已实施峰谷电价制，通过降低夜间低谷期电价，提高白天高峰期电价，鼓励用户分时计划用电，从而利于电力公司均衡供应电力，降低损耗和成本，保证电力系统的安全与稳定。用户可以在电价较低的谷期用储能系统充电储备电能，在用电高峰电价较高时使用储存的电能，避免大量使用高价电，从而降低用户的用电成本，实现峰谷电价套利。峰谷价差套利取决于各地区峰谷价差、储能充放电策略和储能循环次数等。根据测算，按照削峰填谷的充放电策略，在峰谷价差超过某一数值［目前约 0.75 元/(kW·h)］时，目前主流的电化学储能系统通过峰谷套利收益足以覆盖自身增加的成本。值得注意的是，我国居民电价属于民生保障问题，其电价远低于工商业电价，居民侧短期内难以通过峰谷价差套利发展电化学储能。

4. 虚拟电站下的聚合调峰收益

随着电力市场化改革的推进，售电侧将逐步放开，工商业用户将大量进入电力市场，分时电价机制完善、高耗能用电成本上升将刺激工商业用户的电化学储能配置需求。随着工商业用户储能的大量增长，用户侧储能在大数据、智能控制的支持下已可以以聚合虚拟电站的方式参与大规模的调峰，并从中获得额外收益。以浙江省为例，浙江省颁布了《2022 年浙江省迎峰度夏电力保供攻坚行动方案》，其建立了需求响应和有序用电用户侧共享机制，扩大了参与需求响应的用户侧范围，探索了综合能源服务商、虚拟电厂运营商、负荷聚合商等多种负荷聚合模式，实现了负荷智能柔性调节，有效调动了储能用户侧削峰响应能力，并同时给广大储能用户带来了可观的经济收益。

第四节 氢 能

氢（H）在元素周期表中位于第一位，其通常的单质形态是氢气，氢气在常规燃料中的热值最高（约 140MJ/kg）。由于氢能具有来源广、可再生、无污染、零碳排等优点，有潜力替代化石燃料，优化能源结构，因此其受到广泛关注。2006 年，国际氢能领域专家联名提交的《百年备忘录》指出，氢能是控制地球温升、解决能源危机的最优方案，不仅因为氢能的用途广泛，可涉及传统能源的方方面面，也源于氢能本身所具有的非常优秀的储能属性。此外，无论是从能源发展历史的角度还是氢能生命周期的角度去分析，氢能源都将会是未来能源的主角。

本节介绍与综合智慧能源系统有关的氢能技术，包括氢能产业链的主要环节，有氢气制备、氢气储运、氢气加注、氢能应用、制氢成本估算和氢能的安全问题。

一、氢气制备

氢气制备是氢能发展和利用的基础和前提。氢是元素周期表中的第一个元素，广泛存在于水、煤炭、天然气等化合物中，但氢很难从自然界中直接大量获取，需要依靠不同的技术路径和生产工艺进行制备。目前，主要制氢路径包括化石能源制氢、工业副产氢和电解水制氢三种，生物质制氢、光解水制氢技术尚不成熟。行业内通常会根据氢气的不同制取来源进行种类的划分，主要包括：① 灰氢：制取自化石燃料的氢，如来源于煤炭和天然气的氢，排放相对较高，但成本更低；② 蓝氢：制取自化石燃料且配备碳捕集装置，可以实现相对低碳排放；③ 绿氢：即可再生氢，通过光伏发电、风电、水电等可再生电力供能的电解槽制取的氢，可以实现零排放，但目前成本较高；④ 粉氢：通过核电供能的电解槽制取的氢，通常可以实现近零排放，但规模化发展较依赖核电的技术和发展。

氢作为化工生产的原料和中间产品，通常会通过煤炭焦化气化、天然气重整等化工生产的方式进行制取。以焦炉煤气、轻烃裂解副产氢气和氯碱化工尾气等为主的工业副产氢，由于产量相对较大且相对稳定，成为现阶段氢气的主要供给来源之一；以可再生能源电解水制氢为代表的低碳氢气十分有限，所占比例不到当前氢气总产量的 1%。

1. 化石能源制氢

化石能源制氢技术路径选择与最终制氢的经济性直接相关，由于资源禀赋的差异，国内外化石能源制氢原料的选择存在差异，我国以煤炭为主，而国外则主要为天然气。

（1）煤制氢。煤制氢技术路线成熟高效，可大规模稳定制备，是当前成本最低的制氢方式，由于制备过程中会排放大量的二氧化碳，目前结合 CCS 技术实现低碳氢生产的技术正在得到关注和推广。按煤在气化炉中的流体力学行为，可分为移动床（固定床）气化、流化床气化、气流床气化 3 种，工艺成熟并得到了广泛应用，煤气化工艺分类及典型的煤气化技术如图 2-20 所示。

煤制氢过程复杂、工艺多样，对于不同的煤种、产品，需采用适合的煤气化工艺。煤制氢工艺流程主要包括煤气化、一氧化碳耐硫变换、酸性气体脱除、氢气提纯等关键环节，其中煤气化是核心技术，通常还需配套空气分离系统以提供氧气。

除传统的煤气化制氢工艺外，还出现了新的煤制氢技术，目前主要有利用煤气化的电导膜制氢、煤液化残渣气化制氢和煤超临界水气化制氢等技术。其中，电导膜制氢利用掺杂二氧化锆（ZrO_2）等的陶瓷材料在高温下传递氧离子的能力，将煤气化产生的一氧化碳和水在高温电解槽中转化为氢气和二氧化碳，反应前无须深度脱硫，反应后无须像常规过程那样去除二氧化碳，但高温电解膜还未实现商业化；煤液化残渣气化制氢技术及煤超临界水气化制氢技术也处于研究中。新型煤制氢技术可有效减少污染物排放，正成为发展方向。煤制氢是煤炭清洁化利用的重要过程，既可实现对劣质煤的利用，也

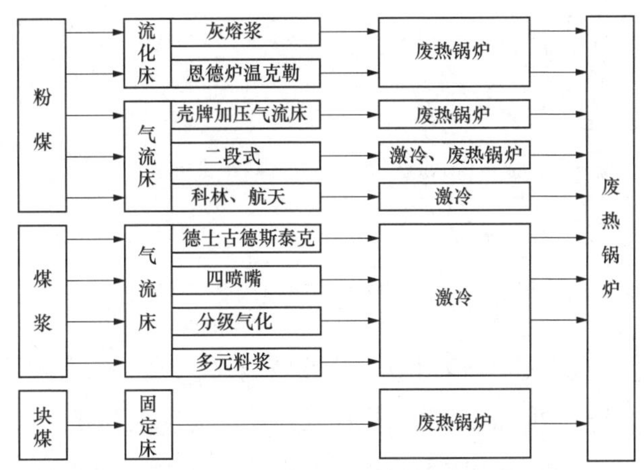

图 2-20 煤气化工艺分类及典型的煤气化技术

可从制氢源头实现集中的碳捕捉，并利用变压吸附（PSA）技术将氢气提纯到燃料电池用氢标准。

我国煤化工行业发展成熟，具有煤制氢规模化应用经验和自主技术，我国煤超临界水气化制氢等新型煤制氢技术已居于世界先进水平，具有降低污染物排放、产氢纯度更高的特点。2018 年，“煤炭超临界水气化制氢发电多联产技术”首个示范项目在西安正式启动。

我国煤制氢产量大且产能分布广。2020 年，全球范围内的煤制氢产量占制氢总量的 19%，基本集中在我国。我国煤炭资源丰富，远景煤炭资源总量为 5.82 万亿 t，而资源禀赋也决定了在今后很长一段时间内煤制氢仍将占据主导地位。

目前，澳大利亚等国也在考虑依托劣质煤成为国际重要的低碳氢供应国，在其氢能源供应链（HESC）项目中，利用高压部分氧化褐煤生产氢，并配合碳捕集、利用与封存（CCUS）技术降低碳排放，所产低碳氢气将被液化并出口到日本，该项目生产的液氢在 2022 年 2 月 25 日已成功抵达日本神户港，完成相关示范验证。

（2）天然气制氢。相较于煤制氢，天然气制氢前期投资规模较低、技术成熟、操作维护简单、生产运行平稳，因此在全球范围得到了广泛应用。天然气制氢的典型工艺包括天然气蒸汽重整制氢、天然气部分氧化制氢、天然气自热重整制氢、天然气催化裂解制氢。以下介绍天然气蒸汽重整制氢技术。

天然气蒸汽重整制氢是目前工业领域天然气制氢应用最广的方法，其工艺流程主要为天然气脱硫→重整反应→一氧化碳变换→变压吸附（PSA）提纯，天然气蒸汽重整制氢工艺流程如图 2-21 所示。

天然气蒸汽重整制氢的核心设备是转化炉，目前主要有顶烧炉和侧烧炉两种炉型。天然气经脱硫后进入转化炉，并在转化炉中与蒸汽发生重整反应生成氢气、一氧化碳、二氧化碳，转化炉通常工作压力为 2MPa，入口温度为 500～600℃，出口温度为 650～

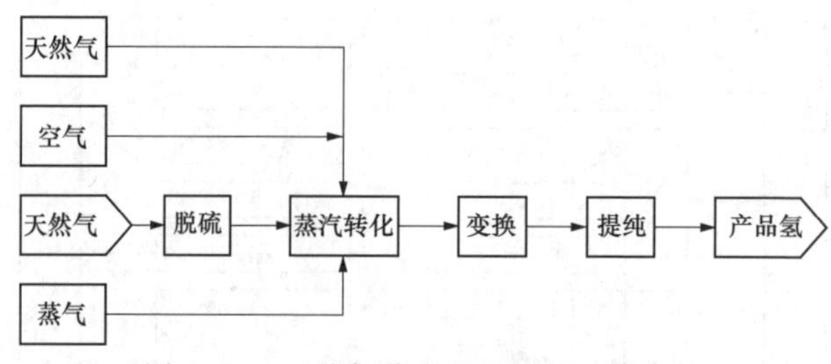

图 2-21　天然气蒸汽重整制氢工艺流程

800℃，水碳比控制在 3.5 左右；转化炉内的高温转化气经余热锅炉回收热量后进入变换反应器，在转化炉中一氧化碳与蒸汽发生变换反应生成氢气和二氧化碳。变换气经换热冷却后进入提纯单元，经变压吸附提纯可获得纯度不低于 99.99% 的氢气。

国外以美国 KBR、丹麦 Topsøe、德国 Linde、英国 ICI 等为代表的技术供应商，在工艺技术、能量回收、催化剂性能及转化炉型等方面获得了较大进展，使烃类蒸汽转化技术日趋成熟，装置供氢可靠性、灵活性得到了大幅度提升，生产成本和燃料消耗进一步降低，同时工业化装置不断大型化，目前单系列最大规模已达到 $2.36\times10^5 m^3/h$（标况下）。我国在研发设计、施工建设天然气制氢装置的能力已接近世界先进水平。国内多家科研单位已成功研制出多种催化剂，并在工业装置上得到广泛应用，其主要指标均已达到国际先进水平。目前我国以轻烃类为原料制取氢气的大型装置有 60 多套，国产化率已达到 60% 以上。

2. 工业副产氢

工业副产氢因来源广泛、成本相对较低，是当前发展氢能和氢燃料电池产业的重要资源。应用工业副产氢不仅可以提高资源利用效率，实现经济效益，而且能起到降低污染、改善环境的效果。我国工业副产氢来源主要有焦炉气、氯碱尾气、丙烷脱氢（PDH）、乙烷裂解、合成甲醇、合成氨等多种路径，副产氢通过变压吸附（PSA）技术制取的高纯度氢可达到燃料氢标准。

在副产氢中，焦炉煤气规模大，含氢量高，制取纯氢成本最低；氯碱副产氢含杂质较少，纯化成本较低，被视为理想的燃料用氢；丙烷脱氢以鲁姆斯的 Catofin 工艺和 Uop 公司的 Olefex 工艺为主，副产氢气用于延产原料或燃烧供热。目前，国内工业副产氢总体产量达 1300 余万 t，约占氢气总体供应量的 40%，但大多数已有下游应用，在不增加产能前提下，需要考虑所在产业链的其他价值替代。

3. 电解水制氢

从能源产业的长远发展看，通过风光等可再生电力制氢，获得新能源载体的"绿氢"模式（即"P-to-G"模式）将是规模化发展氢能产业的必然选择，而电解水制氢则是主要的技术实现方式。电解水制氢可以实现可再生能源的大规模就地消纳，同时由于制氢的原料和生产过程都以清洁能源为主，制氢环节可实现零碳排放（在 100% 使用可再生电力的情况下）。因此，近年来电解水制氢技术已成为氢能发展的重点研究领域，在关键技术突破、核心装备开发、技术应用示范等方面都取得了长足进展。

电解水制氢是在直流电与催化剂的共同作用下水发生电化学反应，在阴极生成氢气，在阳极生成氧气。目前，电解水制氢技术主要有碱性（ALK）、质子交换膜（PEM）、固体氧化物（SOEC）、阴离子交换膜（AEM）等电解水技术，电解水制氢主要技术路线的特点比较见表 2-13。其中，ALK 电解水技术是最早工业化的电解水技术，已有数十年的应用经验，最为成熟；PEM 电解水技术近年来产业化发展迅速，SOEC 电解水技术处于初步示范阶段，而 AEM 电解水技术的研究刚刚起步。

表 2-13　电解水制氢主要技术路线的特点比较

项目	ALK	PEM	SOEC	AEM
电解质	30% 浓度 KOH 水溶液	PFSA 聚合物膜	固体氧化物	四胺聚砜
电荷载体	OH^-	H^+	O^{2-}	OH^-
阳极催化剂	混合金属氧化物，Ni/Co/Fe，$NiCo_2O_4$，Ni−MnO_2，La−Ar−CoO_3，Co_3O_4	Ir/IrOx/Ru（黑色，或负载在导电纳米非腐蚀材料上）	镧锶锰 / YSA 复合材料	CoO_2
阴极催化剂	Ni	Pt	氧化钇稳定氧化锆（YSZ）和金属镍组成	CeO_2−La_2O_3
双极 / 隔板材料	不锈钢	钛或金和铂涂层钛	—	不锈钢
相对设备体积	1	1/3	—	—
工作温度（℃）	80～90	80～90	700～1000	40～70
工作压力（MPa）	0.2～3.0	通常 1.5～5.0，设计最高 35	1.0～4.0	≤3.5
电流密度（A/cm^2）	＜0.8	1～4	0.2～0.4	1～2
直流电耗（$kW\cdot h/m^3$，标况）	4.5～5.5	4.0～5.0	3.6	4.8
负荷范围（%）	20～110	5～125	5～100	3～105
启动时长	冷启动：60～120min；热启动：1～5min	冷启动：5～10min；热启动：＜10s	＜10min	冷启动 30min，热启动数秒
系统效率（%）	65～80	70～80	85～95	74
设备生命周期（年）	20～30	10～20	验证中	20（预计）
技术成熟度	充分产业化	初步商业化	初期示范	实验室阶段

（1）碱性电解水制氢。碱性电解水制氢是研发最早、最成熟的电解制氢技术，20 世纪中期就已实现工业化，目前已有成熟的产业化基础。该技术通常以一定浓度的 KOH 水溶液为电解质，采用聚合物类、陶瓷类隔膜，利用直流电将水电解成氢气和氧气，生成的氢气和氧气随电解液一起进入附属设备框架进行冷却、气液分离；分离出的

碱液经循环泵返回电解槽继续进行电解；氧气直接排空或经处理后送至用户，氢气进入后续纯化系统进一步脱除杂质。纯化装置通常包括 1 个脱氧塔、3 个吸附塔，3 塔循环工作，交替吸附、再生。在脱氧塔中，氢气和氧气在催化剂的作用下反应生成水，达到除氧的目的；在吸附塔中装有分子筛，脱除水分，经纯化处理后的氢气纯度可达到 99.999%。碱性电解水制氢及氢气纯化的工艺流程示意如图 2-22 所示。

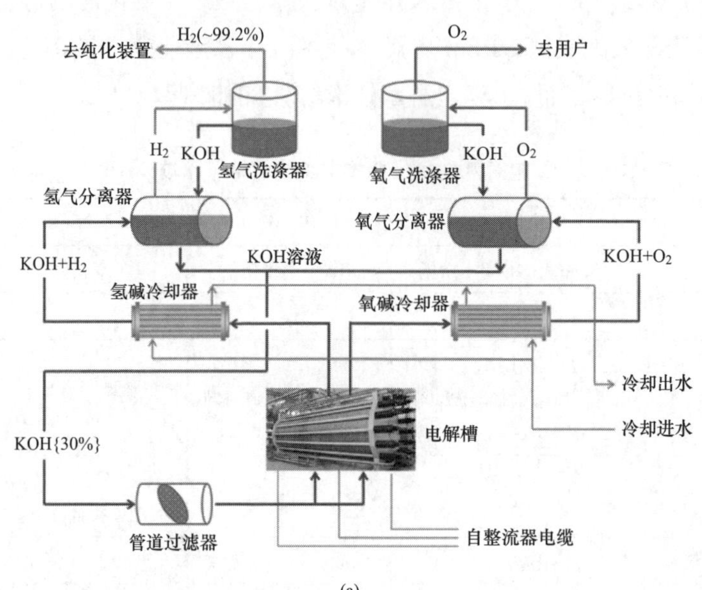

(a)

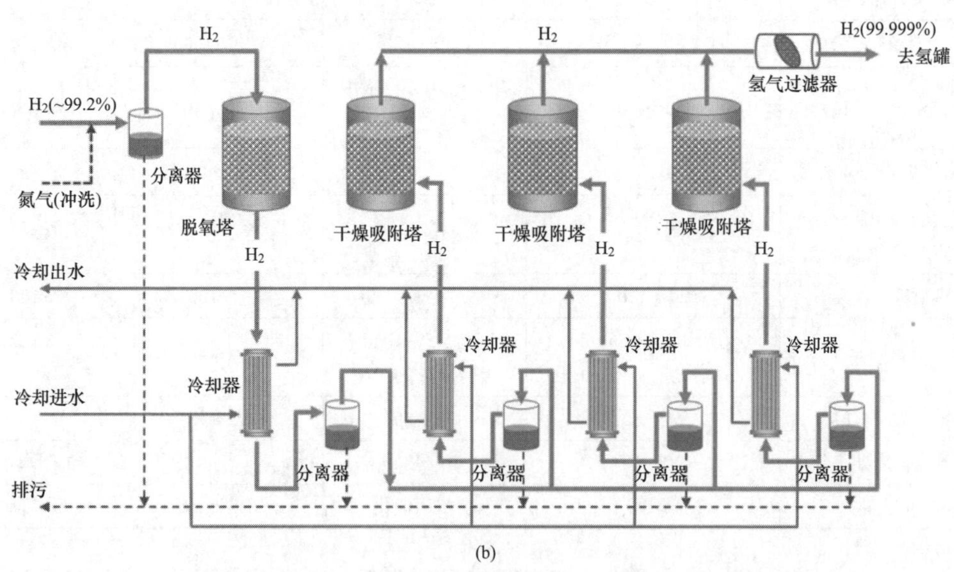

(b)

图 2-22　碱性电解水制氢及氢气纯化的工艺流程示意图

（a）碱性电解水制氢；（b）氢气纯化

碱性电解水制氢作为商业化中最成熟的电解水制氢技术，已在全球范围内实现了工业规模化产氢，装机容量亦占全球电解水装机容量首位。国外的碱性电解水技术供应商主要有挪威的 Nel、法国 McPhy、德国 Sunfire（原瑞士 IHT 技术）、德国 thyssenkrupp 等。我国的碱性电解水制氢已完全产业化。目前，国内的碱性电解水装备的总产能约为 4GW/年，商业化的制氢设备单台产氢量已达 $1200m^3/h$（标况下），更大规模的设备正在开发中，主要性能指标均达到国际先进水平，产品已实现对外出口。国内的碱性电解水制氢设备制造厂家包括中国船舶集团有限公司第七一八研究所、考克利尔竞立（苏州）氢能科技有限公司、华电重工股份有限公司、西安隆基氢能科技有限公司等。

（2）质子交换膜电解水制氢。质子交换膜技术可提供更宽的工作范围并且响应时间更短，被视为耦合可再生能源制氢的最佳选择，是未来绿电制氢的重要发展方向。典型的 PEM 电解槽主要部件包括端板、双极板、气体扩散层、催化层和质子交换膜等，端板、双极板起固定电解池组件、传导电和水气分配等作用；气体扩散层起集流、促进气液的传递等作用；催化层的核心是由催化剂、电子传导介质、质子传导介质构成的三相界面，是电化学反应发生的核心场所；质子交换膜作为固体电解质，起隔绝阴阳极生成气、阻止电子传递并传递质子的作用。PEM 电解槽及电解小室结构示意如图 2-23 所示。

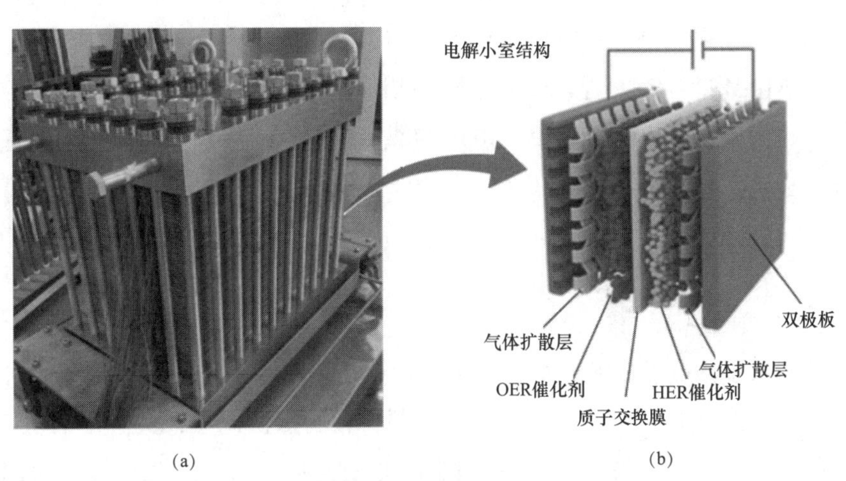

图 2-23　PEM 电解槽及电解小室结构示意图

（a）PEM 电解槽；（b）电解小室结构示意图

与 ALK 电解槽相比，PEM 电解槽具有结构更为紧凑、能耗更低，无须腐蚀性碱液、灵活性较高、可以快速启停、可以快速响应等特点，与风光等可再生能源耦合适配性更好，但初始设备投资相对较高。目前，PEM 电解槽的核心材料——质子交换膜仍是行业研发重点，业内普遍采用全氟磺酸高分子膜，市场主要产品有 Nafion 膜、Flemon 膜、Aciple 膜和 Dow 膜，其中杜邦公司生产的 Nafion 膜效果最好，目前仍为市场主流产品，但价格较高。较为廉价的聚苯并咪唑（PBI）、聚醚醚酮（PEEK）、聚砜

（PS）等聚合物膜正在研发当中。

20 世纪 70 年代，PEM 电解槽首次用于电解水制氢领域。近年来许多国家在 PEM 电解水制氢领域取得了显著的技术进步。

国内 PEM 电解技术正从实验室研发向市场化、规模化应用转变。国网安徽省电力公司的兆瓦级电解制氢示范工程于 2021 年 7 月建成投运，并于同年 9 月实现满功率运行，该系统额定产氢 220m^3/h（标况下），峰值产氢达到 275m^3/h（标况下）。目前，国内的 PEM 电解槽产品相较于国外主流产品，仍存在功率较小、成本高、材料自主水平低等问题，特别是质子交换膜、催化剂等关键材料仍依赖进口。

（3）固体氧化物电解水制氢。SOEC 电解槽是 4 种电解槽中效率最高的设备，较适合于产生高温、高压蒸汽的光热发电等系统，同时反应后的废热可与汽轮机、制冷系统进行联合循环利用，提升效率达 90% 以上，目前仅有少数公司实现商业化，国内仅在实验室规模上完成验证示范。

德国 Sunfire 公司是世界领先的高温电解水公司，其 SOEC 电解槽用蒸汽代替液态水生产氢气，并利用工业过程中的废热降低了电力需求，从而大幅降低运营成本。Sunfire 公司的制氢容量达 750m^3/h（标况下），能耗 3.6kW·h/m^3（标况下）。目前，固体氧化物电解技术尚存在关键材料要求高、寿命短等问题。

（4）阴离子交换膜电解水制氢。与 ALK 或 PEM 工艺相比，AEM 技术结合了两者的优势。AEM 电解槽的结构与 PEM 电解槽相似，由离子传导塑料制成的膜（又称离聚物）将电极分隔于膜的两侧，电极由掺入催化剂颗粒的离聚物制成。AEM 电解槽可以依靠镍基等非贵金属催化剂，在碱性的环境中进行水电解反应，有效减少材料成本。AEM 技术还具有可承载高电流密度、效率高、灵活性强的特点，可解决可再生能源制氢的适应性问题。

4. 制氢发展趋势

当前全球范围内化石能源制氢占据主导地位。根据国际能源署（IEA）统计，2020 年，全球氢气需求量达 9000 万 t，几乎全部源自化石能源制氢，其中约 7200 万 t 氢气来自专门的制氢工厂，其余的 1800 万 t 则来自工业副产氢，如炼油厂石脑油重整制汽油副产氢气。天然气是制氢的主要原料，而甲烷蒸汽重整制氢工艺在合成氨、甲醇及炼油厂得到了广泛应用。2020 年，全球产量 59% 的氢气是由天然气制氢获得，消耗天然气 2400 亿 m^3（占全球天然气耗量的 6%）；19% 的氢气源自煤化工，消耗标准煤 1.15 亿 t（占全球煤炭耗量的 2%）；21% 的氢气为工业副产氢；电解水制氢占比不足 1%。2020 年，化石能源制氢所排放二氧化碳约 9 亿 t，占全球能源与工业二氧化碳排放总量的 2.5%，约等于印尼与英国碳排放之和。

能源安全、碳减排等综合需求拉动了可再生能源的发展，而可再生能源装机促进了制氢端产业技术发展。2021 年，全球可再生能源总装机规模达到 3064GW，新增装机规模接近 257GW，在此基础上，绿氢被视为可替代传统能源的重要方案，受到多个国家和地区的重视。全球各大能源公司多倾向于将化石能源制氢和副产氢配备碳捕集装置作为向绿氢过渡阶段的主要制氢技术，同时低碳制氢取代传统能源制氢的速度在加快，电解设备运营规模及大型制氢装置建成增速明显。全球电解水制氢项目数量和规模不断攀升，单个项目规模达到百兆瓦级，亚太地区逐渐成为可再生氢项目部署的引领者。据统计，截至 2021 年底，全球已建成电解水制氢项目 217 个，总规模为 372MW。全球单厂规模最大、单台产能最大的电解水制氢项目——光伏电解水制氢综合示范项目已在中国宁夏建成投产。

近两年，在“双碳”目标驱动下，我国的可再生能源发展迅速，消纳问题随之凸显。作为可再生能源大规模消纳的重要手段，可再生能源制氢迎来了窗口期。2022 年 3 月，国家发展改革委和国家能源局联合发布了《氢能产业发展中长期规划（2021—2035）》，强调了以可再生能源制氢和清洁氢为核心的氢能发展方向。基于对零碳转型情景下中国氢能供给侧的分析，中国氢能联盟预测到 2060 年全国氢总产量有望超过 1 亿～1.3 亿 t，且至少 75%～80% 由可再生氢供给，并在《可再生氢 100 行动倡议》中提出，力争 2030 年全国可再生能源制氢电解槽装机规模达到 100GW 的目标。目前，国内相关企业已规划 161 个可再生能源制氢项目，其中 12 个项目已投产，合计制氢能力约为 2.31 万 t/年，有 22 个项目在建。中国华电集团、国家能源集团、中国石化、国家电投等央企加速推动氢能全产业链发展，在内蒙古、宁夏、新疆、吉林等风光资源优势地区布局“大基地”项目。可以预见，未来 5～10 年我国的可再生能源制氢产业规模必将迎来“井喷式”增长。

二、氢气储运

氢气储存是解决氢气规模运输和应用的重要环节。2019 年 6 月北京“未来能源大会”期间，英国石油（BP）首席技术官大卫·艾顿在接受媒体专访时表示，氢能利用的瓶颈不是氢气的供应，主要挑战是储存、运输和使用。

氢是所有元素中最轻的，在标况下的密度仅为 $0.0899kg/m^3$，不到水的万分之一，因此其高密度储存一直是世界级难题。目前，氢的储存方式主要分为高压气态储存、低温液态储存、固态金属储存和有机液体储存四种，典型储氢方式比较见表 2-14。根据实际应用距离衍生出不同储氢方式下的运输模式，主要有高压气态运输、管道运输、低温液态运输、固态储氢运输等，运输工具根据距离远近可分为车辆、管道、轮船等。

表 2-14 典型储氢方式比较

储氢方式	单位质量储氢密度	优点	缺点	备注
高压气态储存	1.0%～5.7%	技术成熟，成本低	质量储氢密度低	目前车用储氢主要采用的方法

续表

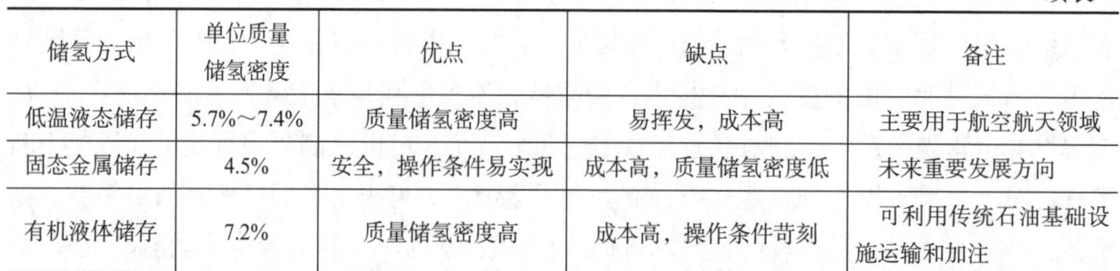

储氢方式	单位质量储氢密度	优点	缺点	备注
低温液态储存	5.7%～7.4%	质量储氢密度高	易挥发，成本高	主要用于航空航天领域
固态金属储存	4.5%	安全，操作条件易实现	成本高，质量储氢密度低	未来重要发展方向
有机液体储存	7.2%	质量储氢密度高	成本高，操作条件苛刻	可利用传统石油基础设施运输和加注

1. 氢气储存

（1）高压气态储存。主要以高压气罐进行储存，具有成本低、能耗小、充放气速度快、动态响应好等优点，是氢燃料电池汽车领域技术最成熟、应用最为广泛的储氢方式。但由于储氢密度低，更适合小规模、短距离、高频次的应用场景。针对不同使用场景，高压气态储氢设备分为车载储氢瓶、固定式储氢罐、运输储氢罐等，欧美针对大规模储氢需求也研究并成熟应用了地下洞穴储氢的低成本方案。

1）车载储氢瓶。是燃料电池汽车上用于储存高压氢气的容器，高安全性、轻量化和高储存密度是车载储氢瓶的研究重点。目前，车载储氢瓶主要分为纯钢制金属瓶（Ⅰ型）、钢制内胆纤维缠绕瓶（Ⅱ型）、铝内胆纤维缠绕瓶（Ⅲ型）及塑料内胆纤维缠绕瓶（Ⅳ型），车用高压氢气容器分类见表 2-15。

表 2-15　车用高压氢气容器分类

类型	最高压力等级（MPa）	典型应用场景	特点
纯钢制金属瓶（Ⅰ型）	20	叉车	质量储氢密度低，存在“氢脆”风险
钢制内胆纤维缠绕瓶（Ⅱ型）	35	叉车	质量储氢密度低，存在“氢脆”风险
铝内胆纤维缠绕瓶（Ⅲ型）	70	商用车	一般多为铝内胆，质量储氢密度一般为 4%～5%（与压力、容积有关），实现国产
塑料内胆纤维缠绕瓶（Ⅳ型）	70	商用车、乘用车、加氢站	一般内胆为尼龙或聚乙烯材质，质量储氢密度一般大于 5%，但存在渗漏，国内小规模量产

由于Ⅲ型、Ⅳ型瓶采用材质及结构明显降低了瓶重，提高了单位质量储氢密度，特别是采用非金属内胆纤维全缠绕的Ⅳ型瓶，储氢压力 70MPa 时，储氢质量密度达到 5.7%，因此目前车载储氢瓶大多采用Ⅲ型、Ⅳ型瓶。Ⅳ型轻质高压气态储氢瓶示意如图 2-24 所示。

国外Ⅳ型瓶已在氢燃料电池乘用车中得到广泛应用。Ⅳ型瓶供应商中，法国佛吉亚（Faurecia）作为国际储氢瓶技术产品代表，已成功推出 35MPa 和 70MPa 产品。此外，日本 JFE、韩国 ILJIN Composite、美国的沃辛顿（Worthington）、挪威海克斯康（Hexagon）和荷兰 NPROXX 也已开发了Ⅳ型储氢瓶产品。

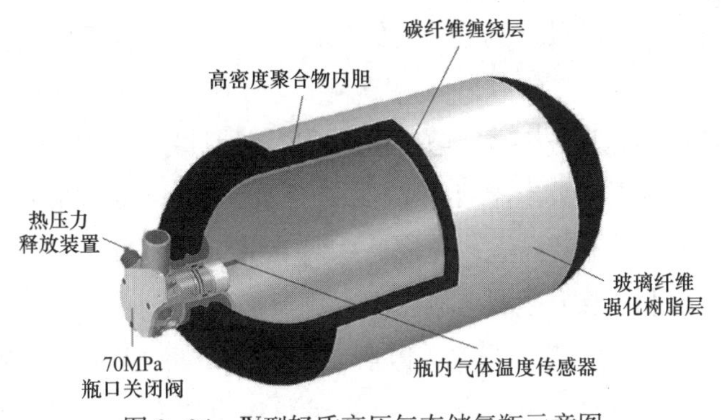

图 2-24 Ⅳ型轻质高压气态储氢瓶示意图

国内主流的车载储氢瓶以 35MPa 压力等级的Ⅲ型瓶为主，70MPa 压力等级的Ⅲ型瓶为辅。现阶段国内 35MPa 压力等级的Ⅲ型瓶基本可以实现全套零部件国产化，70MPa 压力等级的Ⅲ型瓶部分原材料与关键零部件，如碳纤维瓶口阀、管路连接器和碳纤维缠绕工艺等尚不成熟。70MPa 压力等级的Ⅳ型瓶由于加工工艺复杂、材料要求严格，仍存在金属与塑料间隙密封性、无损检测方案、碳纤维缠绕内胆变形等问题，虽已有相关团体标准发布，但尚未在车载储氢系统上应用。

2）固定式储氢罐。固定式高压气态储氢罐主要应用在固定场所，如制氢厂、加氢站及其他需要储存高压氢气的场所。储氢罐的形式应根据所需储存的氢气容量、压力状况确定，当氢气压力小于 6kPa 时，应选用湿式储罐；当氢气压力为中、低压，单罐容量不小于 5000m^3（标况下）时，宜采用球形储罐；当氢气压力为中、低压，单罐容量小于 5000m^3（标况下）时，宜采用筒形储罐；氢气压力为高压时，宜采用长管钢瓶式储罐等。国内在固定式储氢罐研发上已取得显著成果，目前高压储氢罐压力等级可分为 45、77MPa 和 98MPa，相关技术指标达到国际领先水平，相关产品已在国内制造和应用。

3）运输储氢罐。高压氢气运输储氢罐主要用于将氢气从产地运输到使用地或加氢站。目前，管束式长管拖车和瓶组式集装格是国际上主流的高压气态氢储运装备，国外已有采用 50MPa 瓶组式集装格的案例。国内目前以 20MPa 钢制管束式长管拖车为主，这种方法在技术上已经相当成熟，但以质量储氢分数计，运氢效率仅有 1%，有效运氢质量在 300kg 左右。管束式长管拖车的发展方向将以 30MPa 为主；而匹配高压力、轻量化、高安全的Ⅲ型瓶或Ⅳ型瓶将是瓶组式集装格的发展方向。

（2）低温液态储存。低温液态储氢是先将氢气液化，然后储存在低温绝热容器中的储氢方式。由于液氢密度为 70.78kg/m^3，是标况下氢气密度的近 800 倍，因此从储能密度方面考虑，低温液态储氢是一种十分理想的方式。但氢气液化能耗高，目前液化 1kg 氢气耗电 10～13kW·h，约占自身能量的 30%，另外液氢储存容器绝热及耐压要求严格、制造难度大、成本高，现有先进的液氢储存设备的日蒸发率达 0.3%。在高频使用和长途运输中，液氢表现出具有竞争力的优势，此外在大规模商业化应用中也表现出了潜力。

液氢技术已在欧洲地区、日本、美国等得到广泛应用，国外50%以上的加氢站选择液氢储存技术。全球现有数十座液氢工厂，总产能达480t/d，北美地区占85%以上。此外，氢液化设备规模正不断扩大，规模已达到100t/d。

国内液氢储运技术在航天领域已成熟应用数十年，在民用领域的应用还处于推广阶段，且氢气液化的核心技术尚需攻关。截至2021年底，我国在运行的大型氢液化设备均为国外进口设备，国产单套氢气液化设备的液化能力约为1.5t/d，氢液化系统核心设备仍依赖进口，应用的液氢储罐以圆柱形储罐为主，最大储量300m^3；针对已开发的民用液氢汽车罐车，其液氢静态日蒸发不超过0.73%，维持时间12d，真空寿命不少于15年，同时，氢液化设备中的大型氢膨胀机、液氢泵等关键设备的国产化率尚待提升。

2021年11月，GB/T 40045《氢能汽车用燃料　液氢》、GB/T 40061《液氢生产系统技术规范》、GB/T 40060《液氢贮存和运输技术要求》三项标准正式实施，使民用液氢有标可依，为指导液氢生产、贮存和运输，加强氢燃料质量管理，促进氢能产业高质量发展提供了重要标准支撑。

（3）固态金属储存。固态金属储氢是利用氢气与储氢材料之间发生物理或者化学变化从而转化为固溶体或者氢化物的形式来进行氢气储存的一种储氢方式。该储氢方式拥有比高压气态储存更高的安全性和体积储氢密度、比低温液态储存更低的前期投入，被认为是极具应用前景的储氢技术之一。固态金属储氢材料种类繁多，主要可分为物理吸附储氢和化学氢化物储氢，其中物理吸附储氢又可分为金属有机框架（MOFs）和纳米结构碳材料；化学氢化物储氢可分为金属氢化物和非金属氢化物，固体储氢材料分类如图2-25所示。

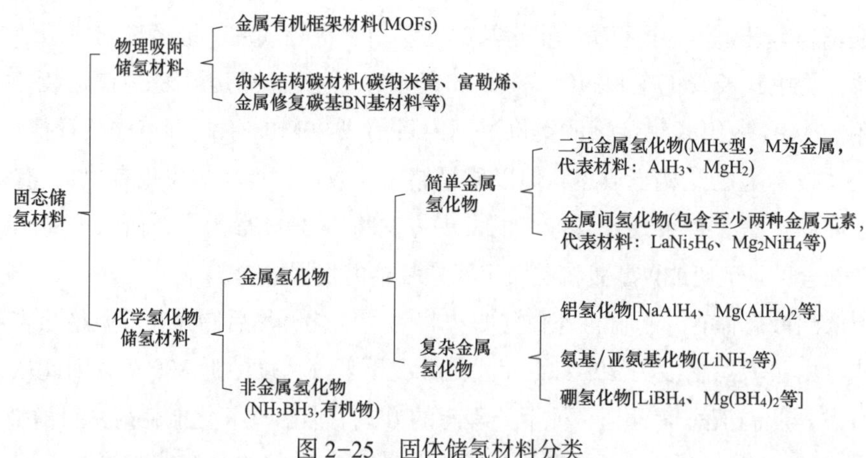

图2-25　固体储氢材料分类

物理吸附储氢是借助气体分子与储氢材料间的较弱的范德华力来进行储氢的。纳米结构碳材料包括碳纳米管、富勒烯、纳米碳纤维等，在一定温度（77K）下最大可以吸附约 4%（质量密度）的氢气。金属有机框架材料（MOFs）具有更高的储氢密度，可以达到 4.5%，并且 MOFs 的储氢容量与其比表面积大致成正比关系。由于物理吸附储氢借助的是气体分子与储氢材料间的范德华力，根据热力学推算其只能在低温下才能大量吸附氢气。

化学氢化物储氢的最大特点是储氢量大，目前所知至少有 16 种材料理论储氢量超过 7.5%，有超过 6 种材料理论储氢量大于 12%。由轻元素组成的轻质高容量储氢材料，如硼氢化物、铝氢化物、氨基氢化物等，理论质量储氢密度达到 5%～19%。并且在这种储氢材料中，氢是以原子状态储存于合金中，输运更加安全。但由于这类材料的氢化物过于稳定，热交换较为困难，加 / 脱氢只能在较高温度下进行，成为制约氢化物储氢实际应用的主要因素。

迄今为止，趋于成熟且具有实用价值的固态储氢材料主要有稀土系 AB_5 型、Ti-Fe 系 AB 型、Ti-Mn 系 AB_2 型、Ti-V 系固溶体型等。全球已有多个研究机构开发出多种类型的储氢合金体系，第三代 Mg_2Ni 储氢合金以其资源丰富、质量轻、价格便宜、相对吸氢量大（3.6%）的特点表现出应用潜力，但由于吸放氢温度高、活化困难、动力学性能差，也制约了其商业化应用。GKN Hydrogen 的固态金属储氢技术已成为市场上可靠、安全的储氢解决方案，具有灵活性的模块化系统和基于 Web 的数字化管理工具，已被选为美国能源部 H2@scale 合作项目的一部分，GKN Hydrogen 固态金属储氢装置如图 2-26 所示，其储氢系统达到金属 100% 可回收、系统低压运行、15 年寿命和生命周期内几乎无金属损失的水平。

图 2-26　GKN Hydrogen 固态金属储氢装置

目前，固态储氢装置已小批量应用于跨季节储能分布式发电、移动通信基站备用电源、加氢站用静态压缩与高密度储氢一体化装置、车载储氢装置、固态储氢运输等，储氢容量从几升到上千立方米。储氢合金技术领域还需进一步提高质量储氢密度、降低分解氢的温度和压力、降低生成热、提高使用寿命等。

（4）有机液体储存。有机液体储氢技术是通过不饱和液体有机物的可逆加氢和脱氢反应来实现储氢。有机氢载体在常压下呈液态，储存和运输简单易行，具有不易燃的安全特性等特点。输送到目的地后，通过催化脱氢装置使寄存的氢脱离，储氢载体经冷却后储存、运输，并可循环利用。液态有机氢载体（LOHC）方式需要加氢和脱氢转化，所需要的能量约占氢本身能量的35%～40%。常用的储氢载体主要包括苯、甲苯、甲基环己烷等。以甲苯为载体分子，质量储氢密度可达6.18%，目前已得到示范应用，在远程运输中表现出竞争优势。常用储氢载体还有四氯化萘、顺（反）式－十氯化萘、环已基苯、咔唑等，常见有机液体储氢载体见表2-16。

表2-16　　常见有机液体储氢载体

序号	储氢载体	脱氢温度（℃）	催化剂	储氢质量密度（%，质量百分数）	代表公司
1	苯	≥400	贵金属	7.19	日本Chiyoda
2	甲苯	≥400	贵金属	6.18	日本Chiyoda
3	二苄基甲苯	320～350	铂	6.23	德国Hydrogenious
4	乙基咔唑	200	未公开	5.8	武汉氢阳
5	四氯化萘	—	—	3	—
6	顺（反）式－十氯化萘	—	—	7.29	—
7	环已基苯	—	—	3.8	—
8	4-氨基哌啶	—	—	5.9	—

国际上LOHC技术已进入产业化推广阶段，以德国Hydrogenious和日本千代田为代表。Hydrogenious的氢载体储氢密度达到54kg/m^3，可提供规模为5t/d的储氢装置或0.9kg/h氢吸收量的集装箱系统。日本千代田的技术已于2020年在文莱到日本的跨洋运氢中得到应用，正在成为构建日本氢能贸易链的重要技术。

在国内商业应用中，2017年，武汉氢阳联合汽车厂商推出有机液体储氢技术的燃料电池客车；2019年，其储氢材料项目一期工程正式投产。

2. 氢气运输

目前已具备成熟商业化的氢运输形式主要有长管拖车运输、管道运输、低温液态运输、固态储氢运输4种。有机液体储运已进行示范，但尚未得到规模商业应用。

（1）长管拖车运输。集装格、长管拖车适合需求量较小的用户。集装格由多个水容积为40L的Ⅳ型储氢瓶组成，充装压力通常为30MPa或50MPa；集装格运输灵活，可根据用户需求进行运输量的调整。长管拖车以管束作为储氢容器，一般由9个直径约0.5m、长约10m的钢瓶组成，其设计的工作压力为20MPa，可储存氢气约300kg。集装格和长管拖车技术成熟、规范完善，主要服务于围绕工业副产氢和可再生能源制氢产地附近（小于200km）的氢能应用示范。未来气态氢拖车运输将向30MPa及以上的高压力等级发展。

（2）管道运输。管道运输以高压气态输送为主，适合大规模点对点的氢气输送，技术较为成熟，已有标准化产品，且在运输成本方面具有一定优势，据测算，正常运能利用率下，不到长管拖车运输运费的20%，是实现长距离、大规模输氢的重要手段。

专用氢气管道输氢技术集中于对管道材质的选择，需考虑氢脆问题，对材料有特殊要求。氢气管道设计标准 ASME B31.12—2019《氢气管道和管线（ASME 压力管道规范 B31）》中限定了 X42、X52、X56、X60 等几种可用于氢气管道的钢材类型，其规定的管道材料本身投入成本较高。研究表明，天然气掺氢比例控制在23%以内不会对天然气管道结构和燃烧性能造成不利影响。考虑到现有设备对氢气的适应性，目前大多数国家和地区设置掺氢比例不超过2%，少数国家和地区设定为4%～6%。

国外氢气管道发展相对成熟，且多服务于化工领域。目前，美国氢气管道总里程超过2700km，最高运行压力达到10.3MPa。美国墨西哥湾沿岸建有全球最大的氢气供应管网，全长超过900km，连接22个化工企业，输氢量达到 113×10^4t/年。另外，欧洲也已建成超过1500km的输氢管道，管径规模为100～500mm。2020年，德国 GETH2 团队联合英国石油公司（BP）、德国诺维加（Nowega）等公司打造了世界首条绿氢专用管道，全长130km。

目前，我国尚未形成大规模的管道运输网络，氢气管网仅有400km，其中纯氢管道为110.4km，最长的纯氢输送管线为“巴陵—长岭”氢气管道，全长约42km、压力为4MPa。乌海—银川焦炉煤气输气管线，全长为216.4km，年输气量达 $16.1\times10^8m^3$（标况下），主要用于输送含氢气比例达70%焦炉煤气。在天然气掺氢方面，国内已开展技术研究和应用示范，但标准、监管等体系尚不完善。2019年9月，辽宁省朝阳市完成可再生能源掺氢示范项目第一阶段工程，且于2021年完成初步试验。

（3）低温液态运输。以液氢运输车（船）为核心，与充装设备、卸车（船）设备和安全管理系统共同构成液氢储运系统。目前，液氢一般采用公路拖车、铁路槽车和船舶等运输。其中，公路拖车应用最多，容积为30～50m^3，铁路槽车容量一般为98～129m^3，液氢运输船容积可达1000m^3。在结构设计上，液氢运输拖车的储罐与固定式液氢储罐存在显著差异，需满足运输途中承受冲击和振动的要求，以及频繁装卸需求。实际运输中，使用前要对液氢储罐进行预冷处理和置换处理，避免因液氢挥发造成事故。现阶段，有效装载量4t的液氢运输槽车已经规模化应用。

（4）固态储氢运输。固态储氢运输一般采用车或船输送。由于固态储氢的充氢压力一般为0.1～1.0MPa，因此固态储氢方式无须压缩机或液化装置即可完成充氢，充氢完成后的固态储氢装置装载到运输车上，直接运送到加氢站等用氢端。由于固态储氢材料的吸放氢特性，在运输车运行过程中，储氢装置内的温度和压力为常温常压，这确保了固态储氢装置在运输过程中的安全性，其运输成本也相对较低。在运输到加氢站、用氢工厂、氢发电站等目的地时，使用辅助升温装置对固态储氢装置进行加热，释放出储存的氢气。

1996 年，丰田推出首款搭载固态储氢系统的燃料电池汽车；2001 年，其新一代固态储氢燃料电池车 FCVH-2 行驶里程可达 300km。澳大利亚 Hydrexia 公司于 2015 年开发了基于镁基合金的材料，单车储运氢量 700kg。国内已开发出单套大于 670m^3 的镁基固态储氢装置，并成功用于氢的储运。

3. 我国氢能储运技术发展趋势

目前，国内氢能的储运仍按照危化品进行管理，相关部门正在研究氢能管理、运输等多项政策标准。氢气储运形式、储运规模和相应的安全管理尚未明确，除 20MPa 高压管束车得到了广泛应用外，有机液体储运和固态金属合金储运仅开展了小范围示范，而民用液氢相关标准刚刚出台，尚未得到相关部门的上路批准。

基于对氢气储运技术成熟程度与经济性分析，中国产业发展促进会氢能分会预测未来氢能储运将按照“低压到高压”“气态到多相态”的技术发展方向，逐步提升氢气的储存和运输能力。对于近期（2021—2025 年）国内氢储系统，70MPa 气态储氢瓶占比会逐渐增加，辅以低温液态和固态储氢等，Ⅳ型瓶、液氢瓶等新产品新技术将会逐渐推广应用；运输端将以 45MPa 长管拖车运输、低温液态运输、管道运输等方式，因地制宜，协同发展。中期（2030 年），车载储氢将以气态、低温液态为主，其他多种储氢技术相互协同，氢的输运将以高压、液态氢罐和管道输运相结合，针对不同细分市场和区域同步发展。远期（2050 年），氢气管网将密布于城市、乡村，车载储氢将采用更高储氢密度、更高安全性的储氢技术。

三、氢气加注

氢气加注是连接能源供给和用能终端的重要环节，目前氢能领域的基础设施主要指加氢站。加氢站按照储氢类型的不同可分为高压气态储氢加氢站和低温液态储氢加氢站，按照供氢方案不同又可分为外供氢加氢站和站内制氢加氢站，两种分类存在交叉。国外加氢站多采用液氢储存，外供氢加氢站和站内制氢加氢站均有一定规模，而国内主要为高压气态储氢加氢站，且多以外供氢为主。

外供氢高压气态储氢加氢站通常包括卸气操作柱、氢气压缩机、顺序控制盘、储氢瓶组、加氢机、冷水机组（配套换热器）、氮气吹扫 / 仪表风、放散塔及阀门管件、连接电缆及接头等。长管拖车运送氢气至加氢站后，通过卸气操作柱及管道与压缩机撬相连，经氢气压缩机增压后进入储氢瓶组储存；通过加氢机给燃料电池汽车加注氢气。

1. 主要系统

（1）压缩系统。氢气压缩机的性能决定了加氢站的加注能力。考虑氢气的特殊性，要求氢气压缩机工作压力大、压缩效率高、流量范围广、操作安全、密封性好，同时需保证被压缩氢气的纯度。目前加氢站的氢气压缩机通常选用隔膜式压缩机。主要生产商有美国 PDC Machines、美国 Hydro-PAC、德国 Maximator、德国 Linde 等。

隔膜式压缩机国产化发展很快，已实现小流量隔膜式压缩机自主化，87.5MPa 压力等级压缩机的试验样机已完成开发；液驱氢气压缩机技术已有部分公司实现自主化，45MPa/650kg 级压缩机已投放市场。

（2）储氢系统。高压气态储氢技术是国内外现有加氢站的主流储氢方式。35MPa 加氢站的储气瓶压力通常为 40～45MPa，70MPa 加氢站的储气瓶压力则为 80～90MPa。目前，高压气态储氢加氢站所用的多为无缝压缩氢气钢瓶。这种钢瓶国外一般按照美国机械工程师学会锅炉压力容器规范的相关规定进行设计制造；国内一般按照 TSG R0004《固定式压力容器监察规程》和 JB 4732《钢制压力容器 应力分析法设计标准》的有关规定执行，采用无缝钢管经过两端收口而成，属于整体无焊缝结构。也有加氢站的高压储氢罐采用碳纤维复合材料或纤维全缠绕铝合金制成的新型轻质耐压内胆，外加可吸收冲击的坚固壳体。此外，国外建有大量低温液态储氢加氢站，主要分布在美国、德国和日本。而国内目前液氢大规模生产和储存、加注技术尚不成熟，液氢生产和运营管理成本较高，低温液态储氢加氢站仍处于示范阶段。

（3）加氢系统。氢气加注系统是为燃料电池汽车加注氢燃料的核心设备，主要技术指标是加注压力。其中，加氢机的主要结构和工作原理与天然气加注机相似，包括压力传感器、温度传感器、计量装置、取气优先控制装置、安全装置等一系列部件。目前加氢机部件供应商主要为国外企业，其中德国韦氏（WEH）、日本日东工器（NITTOKOHK）、日本龙野株式会社等国外知名企业在加氢枪领域率先投入技术研发并推出相关产品。国内 35MPa 的加氢枪国产化程度较高，70MPa 的实验样机已开发完成，但加氢枪、流量计等核心零部件仍依赖进口。

（4）冷却系统。氢气在快速增压过程中升温迅速。因此，加氢站需配套工业冷水机组，对隔膜式压缩机入口、出口和加氢机处氢气进行冷却。采用闭式冷却系统，冗余冷量设计，充分考虑管道的冷量损失；换热器采用套管式换热器。

1）隔膜式压缩机入口氢气冷却：满足压缩机入口氢气温度冷却至 5℃（压缩机入口压力在 5～7.5MPa 时气动预冷器 / 冷水机组）。

2）隔膜式压缩机出口氢气冷却：满足压缩机出口氢气温度冷却至环境温度（不高于 40℃）。

3）加氢机快速加注冷却：为加氢机快速加注配套，可满足快速加注需求。在夏季高温 40℃的情况下，加注时车载瓶的温度不得超过 70℃。

（5）吹扫及仪表气系统。吹扫及仪表气系统为整站提供吹扫及气动阀门提供驱动气，气源为压缩氮气，供气压力为 0.6～1.0MPa，通常采用氮气集装格供气。

2. 加氢站技术趋势分析

（1）合建站模式将提速。加氢 / 加油、加氢 / 加气、加氢 / 充电、氢油气电综合补给、液氢加油等合建站发展模式，是我国发挥联合建站集约优势的重要途径。2019 年 7 月，中国石化佛山樟坑油氢合建站正式建成投入使用，是全国首座集油、氢、电“三位一体”能源供给及连锁便利服务新型网点。目前，多个省市政府出台了相关支持政策，大型能源央企、国企也利用既有基础设施建设领域的优势，加快加氢站布局。

（2）加氢站技术逐步提升。我国已经开始主攻 70MPa 加氢站技术，高压领域的气体专用压缩机一直是国内相对薄弱的环节，通过对国外技术的消化吸收和自主创新，国内领先企业已完成高压气体专用液驱活塞式压缩机的全部产品设计和工艺准备，部分产品在加氢站和检测项目中得到了应用，并取得了良好的测试结果。

（3）高压氢气专用阀门自主进程加快。除了压缩机，适用于高压气体的专用阀门也大多被国外企业垄断。目前，国内企业自主研发的第二代阀门类产品已完成，正在接受各项性能测试，即将进入实用阶段，第三代产品已在预研中。

四、氢能应用

在氢能产业链中，氢能的高效利用是最终目的。长期以来，氢气主要作为化工原料用于传统石化等工业领域。随着“双碳”目标的确立，氢能有潜力在绿色发电、分布式能源建设、绿色交通等领域发挥作用。目前氢能在发电领域的应用主要有燃料电池和氢（混）燃机两种途径。

1. 燃料电池的应用

燃料电池是一种把燃料所具有的化学能直接转换成电能的化学装置，又称电化学发电器，是继水力发电、热能发电和核能发电之后的第四种发电技术。燃料电池最早于 20 世纪 60 年代成功应用于航天飞行领域。历经 60 余年发展，根据电解质的不同，陆续发展形成了五种不同的技术路线，即碱性燃料电池（AFC）、磷酸燃料电池（PAFC）、熔融碳酸盐燃料电池（MCFC）、固体氧化物燃料电池（SOFC）和质子交换膜燃料电池（PEMFC），各类燃料电池比较见表 2-17。

表 2-17　　各类燃料电池比较

燃料电池类型	碱性燃料电池（AFC）	磷酸燃料电池（PAFC）	熔融碳酸盐燃料电池（MCFC）	固体氧化物燃料电池（SOFC）	质子交换膜燃料电池（PEMFC）
电解质	KOH	磷酸	$Li_2CO_3-K_2CO_3/Na_2CO_3$	YSZ 氧化钇稳定化氧化锆	全氟磺酸膜
电解质形态	液体	液体	液体	固体	固体
阳极催化剂	Ni 或 Pt/C	Pt/C	Ni（含 AlCr）	金属（Ni，Zr）	Pt/C 或金属合金
阴极催化剂	Ag 或 Pt/C	Pt/C	Li/NiO	$Sr/LaMnO_2$	Pt/C

续表

燃料电池类型	碱性燃料电池（AFC）	磷酸燃料电池（PAFC）	熔融碳酸盐燃料电池（MCFC）	固体氧化物燃料电池（SOFC）	质子交换膜燃料电池（PEMFC）
燃料	精炼氢气、电解氢气	天然气、甲醇、轻油	天然气、甲醇、石油、煤	天然气、甲醇、石油、煤	氢气
极板材料	镍	石墨	镍、不锈钢	石墨、金属	石墨、复合材料、金属
工作温度（℃）	65～220	180～220	约 650	500～1000	室温～80
启动时间	几分钟	几分钟	＞10min	＞10min	＜5s
系统电效率（%）	50～60	40	60	60	60
特点	需要高纯氢气作为燃料、高纯氧作为氧化剂；低腐蚀性及低温较易选择材料；成本高	对 CO 敏感，对 CO_2 不敏感；废热可利用；启动慢	反应时需要循环使用 CO_2；废热可利用；进气可用空气作氧化剂，可用天然气或甲烷作燃料；工作温度较高	可用空气做氧化剂，可用天然气或甲烷作燃料；工作温度过高；废热可利用	对 CO 敏感；功率密度高，体积小，质量轻；低腐蚀性及低温较易选择材料；可用空气做氧化剂；室温工作；启动迅速
适用领域	航天、潜艇、AIP 系统	热电联供厂、分布式电站	热电联供厂、分布式电站	热电联供厂、分布式电站、移动电源	交通动力、便携或移动电源、分布式电站

氢能在交通领域的利用（包括乘用车、商用车、物流车、叉车、轨道车等）和在发电领域的应用（包括热电联供分布式发电、发电储能、备用电源等）均可通过燃料电池系统实现。

（1）车用燃料电池。PEMFC 被认为是短期内最有可能大规模商业化应用的燃料电池技术。2014 年以来，各大车企将 PEMFC 应用于燃料电池汽车，已陆续在交通、分布式发电等领域小规模示范。以 PEMFC 为核心的氢燃料电池系统包括电堆、辅助系统（BOP）和控制系统。其中，电堆内又包含双极板和膜电极，膜电极又细分为气体扩散层、催化剂和质子交换膜；辅助系统包括氢循环系统和空气供应系统，燃料电池电堆结构示意如图 2-27 所示。

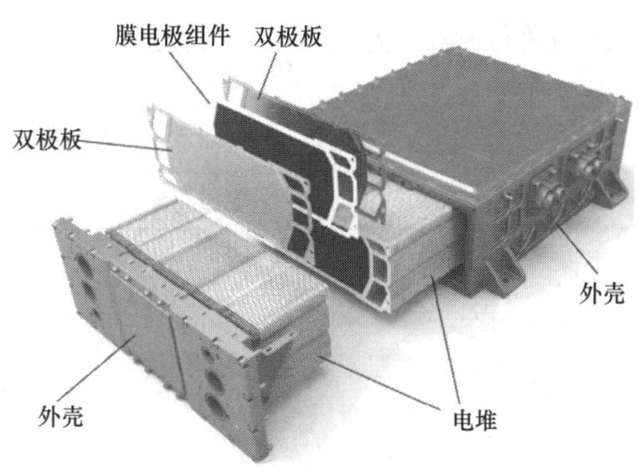

图 2-27　燃料电池电堆结构示意图

世界已有多家知名汽车公司生产氢燃料电池汽车，例如，本田公司 2007 年推出的 FCX Clarity，奔驰公司 2010 年推出的 F-Cell、现代公司 2014 年推出的 Tucson 和 2018 年推出的 Nexo、丰田公司 2015 年推出的 Mirai 等。此外，燃料电池火车和城市轻轨也是各国的关注点。近年来，日本、德国、英国等国氢能利用计划中均包含燃料电池火车和城市轻轨相关内容。

我国已初步掌握了燃料电池电堆、动力系统与核心部件、整车集成技术。系统及整车产业发展较好，配套厂家较多且生产规模较大。截至 2022 年 5 月，我国燃料电池汽车累计销量已近万辆，建成加氢站已达 242 座。2019 年 11 月，国内首条氢能有轨电车在佛山高明正式运行，线路长约 6.5km，设车站 10 座，换乘站 1 座。国内燃料电池系统集成技术已经成熟，但关键材料、部件方面尚未完全解决“卡脖子”问题，仍依赖进口，加上尚未实现大规模的量产，总体成本要高于国际同类产品。此外，国内产品的体积功率密度、使用寿命等关键参数与国际先进水平仍存在差距。目前，国内全面推进燃料电池研发和规模化生产，预计 2025 年前将完成 100% 国产化燃料电池系统的量产，性能和关键指标接近国外领先水平，并有望在 2030 年全面达到国际先进水平。

（2）固定式发电用燃料电池。固定式发电又主要分为分布式发电、家用热电联产、备用电源等几种场景，适用的燃料电池技术也有所不同。分布式发电以兆瓦级规模应用为主，通常采用熔融碳酸盐燃料电池（MCFC）和固体氧化燃料电池（SOFC）热电联产技术，综合效率可达 85% 以上。100kW 氢燃料电池热电联供系统示意如图 2–28 所示。

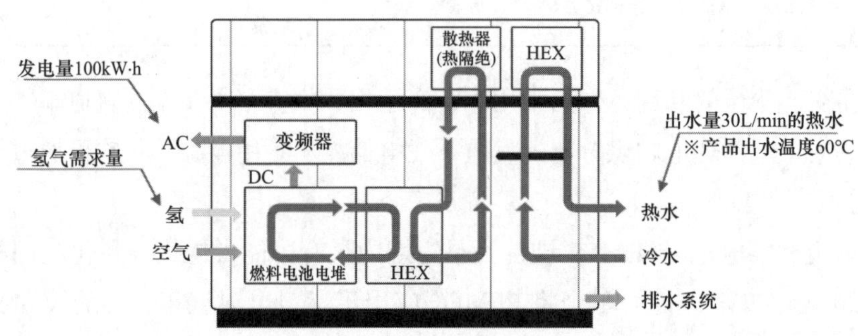

图 2–28　100kW 氢燃料电池热电联供系统示意图

2020 年，全球固定电站燃料电池出货量达到 5.3 万台，占总出货量的比重为 64%。2021 年，家庭用热电联供设备出货约 40 万套，商用大型分布式发电设备则贡献了主要装机容量。国际开展氢燃料电池分布式发电的公司概况见表 2–18。

表 2–18　　国际开展氢燃料电池分布式发电的公司概况

企业	产品类型	主要技术参数	累计装机规模	服务客户
Bloom Energy	SOFC	200kW～1MW，发电效率 53%～65%	大于 500MW	苹果、谷歌、eBay、Adobe、Intel、沃尔玛、摩根士丹利、美国国防部、AT&T、Fedex
三菱动力	SOFC–MGT2	250kW 正在测试 1MW 产品	—	计划推向市场

续表

企业	产品类型	主要技术参数	累计装机规模	服务客户
Fuel Cell Energy	SOFC、MCFC	千瓦级 SOFC 和兆瓦级的 MCFC	大于 300MW（浦项能源 POSCO 入股后在韩国装机 170MW）	公用电网、大学、医院、工厂、数据中心等
斗山集团 Fuel Cell	PEMFC、PAFC、SOFC	600W、1kW、5kW、10kW（PEMFC），400kW（PAFC，发电效率 42%，热效率 52%）	PAFC：运营约 330.94MW（758 个发电单元），建设约 176.52MW（398 个发电单元）	英国、韩国、美国的公用事业和工商业建筑等领域

在备用电源领域，国外通信用燃料电池应急备用电源已实现成熟商业化应用，而国内也已在通信基站等场所实现少量应用。近年来燃料电池在数据中心、银行、医院等不间断电源中的应用也变得更加重要。2020 年 7 月，微软宣布已经成功测试了 250kW 的氢燃料电池，实现数据中心一部分服务器连续供电 48h。

目前，在 400～1400kW 的工业应用中，固定式燃料电池系统的资本支出是传统燃气轮机和燃气内燃机的 3 倍，而使用寿命尚未达到后者水平。小型固定式燃料电池系统的资本支出甚至高于光伏耦合储能电池系统的成本。因此，燃料电池在固定式发电领域的广泛应用尚需设备成本的进一步下降。

2. 氢（混）燃机

目前，氢在电力领域应用规模很小，占发电总量不到 0.2%。除了燃料电池的发电应用外，还可以在燃气电厂掺入氢共燃发电。富氢燃气轮机发电是在天然气中掺混一定比例的氢气作为燃气轮机的燃料，进行电力生产。

由于氢气单位体积的低位热值小于天然气，保持出力不变必将使进入燃烧器的燃料体积流量增大，同时氢气在空气中的火焰速度高于天然气，因此燃用氢气或其混合物需解决如下问题：① 解决回火和火焰震荡问题，以增加透平的安全和可操作性；② 解决在高温和高压下富氢 / 纯氢燃料的自动点火问题；③ 改进燃烧室结构，以应对较高的燃料体积流量；④ 燃烧系统的设计需要考虑减少氮氧化物排放技术。

氢气和天然气的燃料特性差异决定了燃气轮机采用含氢燃料时，需要通过相应的升级改造以适应燃料的变化。从需求侧考虑，该升级应是在已有燃气轮机的平台上做出有限的改造，即能满足由 100% 的天然气到富氢燃料甚至纯氢燃料稳定运行，同时氮氧化物排放又在可控范围内，不会大幅增加脱氮的成本，因此，干式低氮氧化物燃烧器（DLN）愈发受到青睐。

目前，富氢燃烧的燃气轮机技术在全球范围内已经逐步趋于成熟。西门子、通用电气、三菱日立等电力设备公司均在氢燃气轮机领域进行了探索，并在技术和业绩上均取得可观成果。氢（混）燃机生产厂家的产品概况见表 2-19。

表 2-19　　氢（混）燃机生产厂家的产品概况

公司名称	机型	允许氢气含量（%）	主要解决的问题
三菱日立	M701F/J	30～90	氮氧化物排放及回火问题
西门子	SGT-600/SGT-800	<60	氮氧化物排放
安萨尔多	GT26/GT36	0～100	先进的燃烧系统
通用电气	6B/7E/9E/9H	0～100	环形燃烧器、多喷嘴燃烧器

在氢（混）燃机应用方面，包括韩国、意大利、美国、日本等多个国家都开展了应用示范。世界首个可再生能源制氢与氢燃机发电结合示范工程项目——HYFLEXPOWER采用西门子基于G30燃烧室技术的SGT-400型燃机，该项目验证了通过可再生能源制氢和发电能够有效解决可再生能源波动性带来的冲击问题。

五、制氢成本估算

制氢成本是影响氢能和燃料电池产业发展的重要因素之一。制氢成本主要由原料成本、固定资产折旧和运行维护费用（运行、人员、维护费用）构成。《中国氢能产业基础设施发展蓝皮书（2018）》给出了制氢成本的估算方法，氢气成本可按式（2-25）计算。

$$P_{H_2}=\frac{C_{GD}\times(1-\delta)+C_{YL}+C_{YX}}{AD_{H_2}}\times\vartheta \tag{2-25}$$

式中　P_{H_2}——单位质量氢气生产成本，元/kg；

C_{GD}——制氢系统固定资产投入，包括设备和厂房等，元；

C_{YL}——折旧年限内制氢原料成本（原料到厂价），元；

C_{YX}——折旧年限内制氢系统动力成本、人员工资、维护成本等，元；

δ——残值率，%；

AD_{H_2}——折旧年限内氢气总产量，kg；

ϑ——基于能量法的分配系数，即产品氢气具有的能量占产品氢气和副产品总能量的比例。

由于氧气为助燃剂，其自身不具备能量，在计算水电解制氢成本时，副产氧能耗按照低温法空气分离制氧平均能耗为0.8kW·h/m^3（标况下）O_2计。

通过上述方法对典型技术的制氢成本进行估算，煤制氢成本约6.72～13.44元/kg（受工艺、规模、煤价等因素影响），成本相对较低，但生产过程中会排放大量的二氧化碳，若利用CCS（或CCUS）技术实现低碳氢生产，则制氢成本将会增加70%～80%；天然气制氢成本约8.96～16.8元/kg，其中原料（天然气）成本的比重达到70%以上，由于天然气制氢同样会排放较多的二氧化碳，若添加CCUS设备，其成本会进一步增加；工业副产气提纯制氢的综合制氢成本为10～16元/kg；可再生能源（风电、光伏发电、水电）电解水制氢，结合当前电价制氢成本约为 17.9～25.8 元/kg。

在“双碳”目标大背景下，发展可再生能源电解水制氢将是未来的必然趋势。随着未来可再生能源发电成本的继续下降，以及电解水制氢的关键设备——电解槽的生产成本进一步降低，可再生能源电解水制氢的成本存在较大的下降空间。美国能源部计划在 2025 年前通过大幅度降低投资成本和电力成本的方式使制氢总成本降低 60%，达到 2 美元/kg，并计划在 2030 年通过大量降低电力与运行和维护成本使制氢总成本降为 1 美元/kg。

六、氢能的安全问题

在氢能的应用和推广中，氢能安全是必须考虑的问题，也是大规模商业化推广应用的前提和条件。随着氢能逐渐走进大众视野，氢能的安全问题引起了高度关注。由于氢气无色无味且易燃易爆，加之涉氢重大事故时有发生（尽管事故本身可能与氢能并无关联），因此会引起“氢能到底安不安全”的疑问。在对氢缺乏足够了解的前提下，大多数人依然“谈氢色变”。

1. 氢能风险总体可防可控

实际上，凡是燃料都具有能量，都存在着火和爆炸的潜在危险，除了氢气，目前广泛应用的天然气、汽油都是如此。常见燃料的物理化学性质见表 2-20，由表可见，氢气易燃，在空气中氢气的最小点火能量仅为 0.019MJ，不到汽油的 8%、天然气的 7%，该能量远小于化纤织物摩擦产生的放电能量，这足以说明氢的易燃性，且氢气具有更宽的燃烧、爆炸浓度范围，但这并不意味着氢气比其他燃料更危险。首先，氢气的密度小，仅为空气的 7%，且与汽油、天然气相比，氢气的扩散性更强，一旦泄漏氢气会快速向上扩散，在开放空间中氢气不易形成聚集，从而降低了由于局部浓度达到燃烧、爆炸浓度范围引发事故的风险。其次，由于空气中可燃性气体的积累必定从低浓度开始，因此就安全性来讲，爆炸下限浓度比爆炸上限浓度更重要，与汽油相比，氢气的爆炸下限浓度更高，发生爆炸的风险更小。因此，业内通常将氢气视为一种安全性较高的气体。

表 2-20　常见燃料的物理化学性质

物性	汽油	天然气	氢气
颜色	有	无	无
气味	有	无	无
最小点火能量（MJ）	0.24	0.29	0.019
爆炸浓度范围（%，体积百分数）	1.3～7.6	5.0～15.0	4.0～75.0
扩散系数（m^2/s）	5×10^{-6}	1.6×10^{-5}	6.1×10^{-5}
比重（空气=1）	3.4～4.0	0.55	0.07

续表

物性	汽油	天然气	氢气
自燃温度（℃）	228	540	527
单位体积发热量（MJ/m^3，标况）	242.7	55.5	12.8

实际上，欧洲、美国、日本、韩国等国家和地区已将氢能作为能源进行管理，而不是作为危化品管理。但目前国内仍将氢气列入《危险化学品目录（2015 版）》，按危化品进行监管。2020 年 4 月，国家能源局发布《中华人民共和国能源法（征求意见稿）》，拟将氢能列入能源范畴，这意味着氢能有望从危化品中“摘帽”。

2. 风险因素分析

在众多涉氢事故原因中，设备质量问题、氢能系统设计缺陷和人为原因占据了前三位，占到了事故原因的近六成，其中主要还是与氢系统有直接关系的设备问题。

（1）制氢设施风险因素分析。在灰氢、蓝氢的制备过程中，原材料（天然气、重油、煤等）均为可燃、易燃物质，且制氢工艺流程较多，设备设施复杂，大多涉及高温、高压和多种相态转化，恶劣的反应环境容易导致反应容器完整性失效发生泄漏，一旦安全监测技术不到位，极易引发火灾、爆炸等事故。

在绿氢制备过程中，电解水制氢是首选技术。目前，可再生能源与电解水深度耦合、灵活性控制、制氢装备国产化等技术仍处于研究阶段，这些方面存在的新兴安全风险仍缺乏系统性研究。目前已知的风险主要包括：① 制氢电解槽隔膜出现破损等问题，氢气向氧侧渗透引发的事故风险；② 压力容器使用过程中由未知因素导致壳体裂纹、管口根部焊缝撕裂、法兰垫片损坏引发的泄漏问题；③ 由于冲蚀磨损、化学反应等导致压力容器、管道材质腐蚀速率过快，实际寿命达不到设计寿命，导致装置在使用过程中出现泄漏，甚至爆炸等恶劣安全事故。

（2）储氢设施风险因素分析。储氢是氢能产业链中的重要环节，也是影响氢能向大规模方向发展的重要因素。典型储氢过程中存在的主要风险因素介绍如下。

1）在储存过程中，气态储氢向高压力等级发展，临氢零部件、管路和储罐长期处于高压临氢环境中，易造成局部塑性下降，裂纹拓展速度增快，疲劳寿命变短；当储存的氢气含有腐蚀性杂质时，储氢容器的内胆腐蚀和氢脆，使得容器的储存安全性能降低，最终导致氢气泄漏；储氢系统需要重复装载氢气，但容器的抗疲劳性能不足造成损坏，最终导致氢气泄漏；氢气在快速充装过程中会出现显著升温，对复合材料的树脂黏合剂产生影响，从而导致其出现剥离现象，使得容器承载能力及使用安全性降低。

2）在装卸过程中，储氢罐多次重复利用，产生细微裂缝或磕碰摩擦，易发生爆炸；反复装卸过程中，储氢罐中的杂质（如氧气）会逐渐累积，若不及时检查余气，可能会形成易燃混合气体。

3）在液化过程中，氢气液化储存是在 −253℃的临界温度下进行，一旦保温层破坏使得温度升高，会导致储存容器内部的液氢快速气化，压力瞬间增大引发爆炸。

4）金属材料长期在氢环境下会出现性能劣化现象，从而严重威胁氢系统的服役安全。

（3）氢气运输风险因素分析。长管拖车气态输运、液氢罐车输运过程中，交通状况、人员操作及周边环境多变，突发事件具有随机性，美国、韩国、挪威等都曾在氢输运、加注等过程发生过氢安全事故。而对于管道掺氢输送，掺氢后对管道材料、压缩机和管件等附属设施的影响，对居民、燃气轮机和燃气内燃机等下游用户的影响，对管道泄漏与运行安全的影响等风险及其演化与灾变机理尚缺乏科学系统的认知；同时，管道的服役年限、材料等都会对掺氢比例有不同影响，对已有设施和下游用户的影响也不相同，这无疑增大了掺氢可行性评估的难度。

（4）氢气应用风险因素分析。氢燃料电池汽车是氢能的重要用户，其最大的潜在风险是在密闭的车库内氢气发生缓慢泄漏，逐渐累积导致着火或爆炸。产生氢气泄漏的原因主要有燃料管路或元件的密封失效、探测氢和切断氢管路的传感系统失效、储氢瓶上的流量阀失效、控制燃料电池氢流量的计算机程序失效等。氢气在隧道、地下停车场、社区车库等受限空间的泄漏扩散规律仍有待深入研究。

3. 氢能安全现状与展望

目前，许多国家已成立了专门的研究机构，在氢能源安全保障领域开展前沿技术研究，如澳大利亚麦考瑞大学的可持续能源研究中心（MQ-SERC）、日本供氢及氢应用技术协会（Hy-SUT）、日本氢能检测研究中心（HyTReC）、美国圣地亚国家实验室（SNL）、欧盟燃料电池和氢气联合协会（FCH2-JU）、北爱尔兰氢安全工程研究中心（HySAFER）、加拿大电力科技实验室（PowerTech）等。国际上也专门成立了国际氢安全协会（IA-Hysafe）来推动氢能安全的发展。IA-Hysafe 每两年组织一次国际氢安全会议（ICHS），为展示和探讨氢能安全领域的最新研究成果，以及分享氢能安全相关信息、政策和数据提供了一个开放的平台。

相比之下，我国氢能安全技术研究基础薄弱，氢能安全技术研究主要集中在氢燃料电池安全、氢 / 液氢泄漏与扩散行为、涉氢设备材料失效特性等基础领域，研究力量分散，研究深度仍待加强。有学者从氢泄漏与扩散、氢燃烧与爆炸、氢与金属材料相容性及氢风险评价等方面，系统总结了国内外氢安全研究面临的挑战，并对我国氢能安全的发展提出了建议；还有学者围绕氢能产业链中的重要生产环节与关键基础设施，系统性分析了我国氢能基础设施面临的风险因素以及安全保障技术瓶颈，从事故风险演化与灾变机理、安全评估与完整性、安全检测与监测预警，以及事故应急与保障机制等方面提出技术需求与建议，为完善我国氢能制、储、运安全与应急保障技术体系提供了参考。我国 2020—2035 年氢能安全与应急保障技术发展建议见表 2-21。

表 2-21　　我国 2020—2035 年氢能安全与应急保障技术发展建议

时间（年）	发展阶段	任务与目标
2020—2025	支撑能力建设	1）总体规划设计，加大科技投入； 2）组建国家氢能安全重点实验室； 3）修订与完善氢能安全标准体系
2025—2030	机理与技术装备研究	1）氢能制、储、运事故与风险演化机理； 2）安全应急与风险防控技术与装备； 3）氢能全生命周期安全智能管控平台技术
2030—2035	融合应用与保障体系研究	1）氢能基础设施人工智能与大数据技术融合应用； 2）氢能基础设施本体安全与完整性保障体系

通 用 技 术

综合智慧能源系统通用技术的特点是常规、成熟、应用广泛，具有普遍性和普适性。本章介绍的通用技术包括常规冷热源、热泵、调峰、节能。

第一节 常规冷热源

综合智慧能源系统涉及冷、热、电等多种能源供应，其中冷热源主要包括常规冷热源系统、燃气冷热电三联供系统（分布式供能系统）、蓄冷蓄热（夜间低谷电利用）、低位能源利用（土壤、地下水、地表水等）、可再生能源利用（风能、太阳能、生物质能等）5 大类。

本节介绍与综合智慧能源系统有关的常规冷热源技术，包括蒸气压缩式制冷和吸收式制冷、燃气锅炉和中央热水机组。

一、常规冷源

根据制冷设备工作原理及构成的不同，可分成蒸气压缩式制冷、吸收式制冷等，常用制冷设备的分类见表 3-1。

表 3-1　　常用制冷设备的分类

类型	驱动能源的形态	内部原理	制冷设备实例
蒸气压缩式制冷	电能或化学能	蒸气压缩 / 节流	活塞式、涡旋式、螺杆式、离心式制冷机组
吸收式制冷	热或化学能	吸收 / 解吸过程	溴化锂 / 水、氨 / 水等吸收式制冷机组

（一）蒸气压缩式制冷

1. 蒸气压缩式制冷的工作原理

（1）理论循环。蒸气压缩式制冷是技术成熟、应用普遍的冷源设备。它由压缩机、冷凝器、膨胀阀、蒸发器 4 个主要部分组成，工质循环于其中。蒸气压缩式制冷的核心单元是压缩机，压缩机的驱动设备为电动机、内燃机（燃油或燃气）或蒸汽机。

蒸气压缩式制冷理论循环流程如图 3-1 所示，蒸气压缩式制冷理论循环可分为单级压缩制冷理论循环和双级压缩制冷理论循环，在图 3-1 中，工质在较低压力（p_1）下的蒸发器中从低温热源（T1）吸取汽化热（Q_1）而蒸发。气态工质经压缩机压缩，接受轴功（W）而升压（$p_1 \rightarrow p_2$）、升温（$T_1 \rightarrow T_2$），在冷凝器中冷凝液化，向高温热源（T2）释放冷凝热（Q_2）。当液态工质通过节流阀减压膨胀（$p_2 \rightarrow p_1$）时，将会降温（$T_2 \rightarrow T_1$）且有部分液化发生，再进入蒸发器吸取低温热源的热量蒸发，从而形成单机无回热制冷循环。这一过程既有对低温侧的冷却（制冷）效果，也具有对高温侧的加热（制热）能力。

单级压缩制冷理论循环的压-焓图如图 3-2 所示。

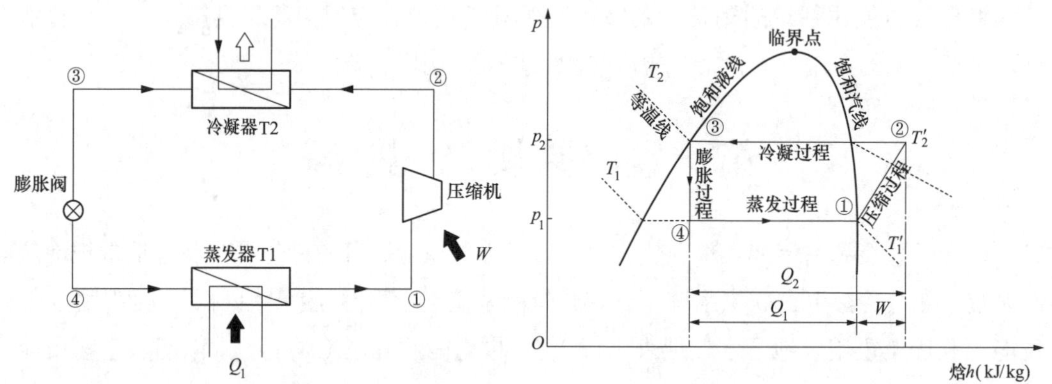

图 3-1 蒸气压缩式制冷理论循环流程　　图 3-2 单级压缩制冷理论循环的压-焓图

（2）单级与双级压缩制冷循环。制冷机运转时的冷凝温度取决于环境温度及冷凝器的传热温差，蒸发温度取决于被冷却物体需要达到的温度及蒸发器的传热温差。对于单级压缩制冷机，当制冷剂选定后，在一定的冷凝温度下，随着蒸发温度的降低，冷凝压力和蒸发压力之差增大，压力比也增大，排汽温度升高，性能系数减小。常规制冷系统里使用的制冷压缩机，都是制造厂定型生产的。因此，使用这些压缩机的制冷系统，必须满足压缩机所规定的设计和使用条件。如果要制取更低蒸发温度下的冷量，就需要选用两级以上的制冷循环或复叠式制冷循环。

1）单级压缩制冷循环。单级压缩制冷循环的系统流程与单级压缩制冷循环的压-焓图分别如图 3-3 和图 3-4 所示。在图 3-4 中，吸气过程由三部分组成：① 0 → 01 过程是在蒸发器中发生的，这是采用热力膨胀阀供液时的过热过程；② 01 → 02 过程发生在气-液热交换器；③ 02 → 1 过程处于吸气管道中。过热过程 01 → 02 和节流前液体的过冷过程 4 → 5 是在特设的气-液热交换器中同时进行的。习惯上，称这种单级压缩循环为带回热的单级压缩制冷循环。

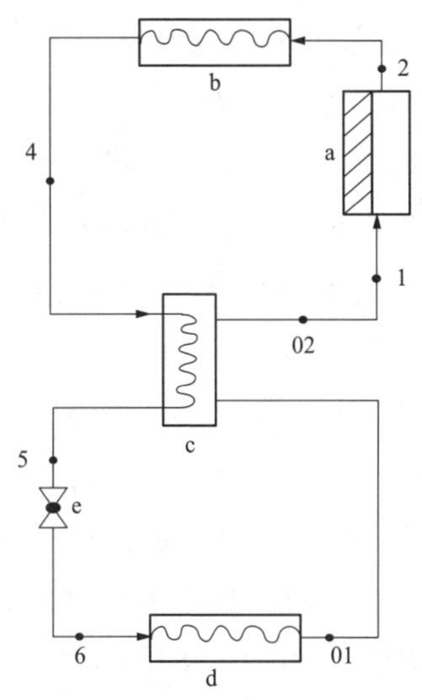

图 3-3　单级压缩制冷循环流程

a—压缩机；b—冷凝器；c—气-液热交换器；
d—蒸发器；e—节流阀

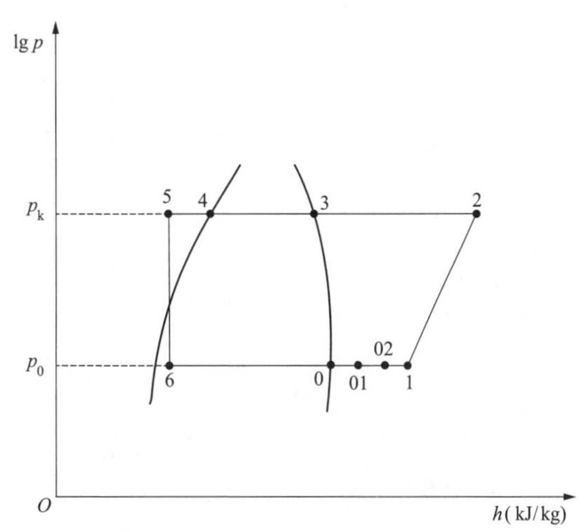

图 3-4　单级压缩制冷循环的压-焓图

2）双级压缩制冷循环。双级压缩制冷循环流程如图 3-5 所示。双级压缩制冷循环的特点是压缩过程分两个阶段进行，并在高压级和低压级之间设置了中间冷却器。由于节流级数和中间冷却程度的不同，双级压缩制冷循环有多种不同的形式。图 3-5 所示的系统采用了一级节流、中间完全冷却、节流前液体过冷的循环，该双级压缩制冷循环的压-焓图如图 3-6 所示。

在上述双级压缩制冷循环中，经高压级压缩机压缩后的制冷剂蒸气在冷凝器中冷凝，冷凝后的制冷剂液体分成两部分：一部分经第一节流阀 c1 节流后进入中间冷却器，与低压级压缩机排出的气体混合，完全冷却成为中间压力 p_m 下的饱和蒸汽，与中间冷却器中产生的饱和蒸汽混合后进入高压级压缩机；另一部分液体制冷剂在中间冷却器的盘管内冷却变成过冷液体，然后经第二节流阀 c2 节流后进入蒸发器，蒸发进入低压级压缩机。

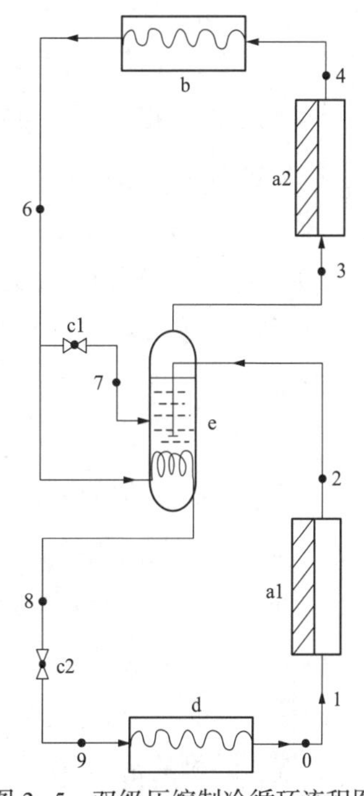

图 3-5　双级压缩制冷循环流程图

a1—低压级压缩机；a2—高压级压缩机；
b—冷凝器；c1—第一节流阀；c2—第二
节流阀；d—蒸发器；e—中间冷却器

2. 常用的蒸气压缩式制冷机组

在蒸气压缩式制冷装置中，制冷压缩机是实现制冷循环的主要设备，完成制冷剂气体从低压向高压的增压过程。根据压缩机的工作原理，压缩机可分为容积型和速度型两类。

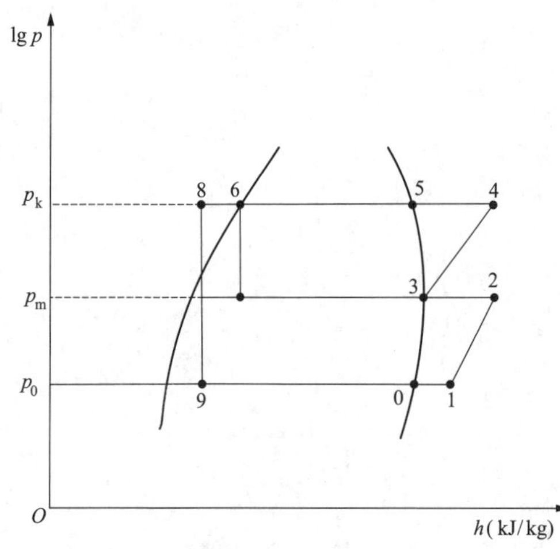

图 3-6 双级压缩制冷循环的压-焓图

容积型压缩机是通过改变工作容积完成气体压缩和输送，它又可分为活塞式和回转式两种。活塞式（又称往复式）压缩机是活塞在气缸内作往复运动，故称为往复活塞式；回转式压缩机是转子在气缸内做旋转运动，主要有螺杆式压缩机、涡旋式压缩机和滚动转子式压缩机。速度型压缩机是气体在高速转动的叶轮中提高速度，而后通过导向器使气体的动能转化为压力能，从而完成气体的压缩和输送过程，目前常用的是离心式（透平）压缩机。实际应用中的蒸气压缩式制冷机组主要是活塞式、螺杆式和离心式等类型。

（1）活塞式冷水机组。

1）特点。蒸气压缩式冷水机组中以活塞式压缩机为主机的称为活塞式冷水机组，活塞式冷水机组的压缩机、蒸发器、冷凝器和节流机构等设备都组装在一起，安装在一个机座上，其连接管路已在制造厂完成了装配，因此用户只需要在现场连接电气线路及外接水管（包括冷却水管路和冷水管路），并进行必要的管道保温，即可投入运行，根据机组配用冷凝器的冷却介质的不同，活塞式冷水机组又可分为水冷和风冷两种。

活塞式冷水机组具有结构紧凑、占地面积小、安装快、操作简单和管理方便等优点。对于想加装空气调节，但已经落成的建筑物及负荷比较分散的建筑群，制冷量较小时，采用活塞式冷水机组尤为方便。

2）活塞式制冷压缩机及分类。活塞式制冷压缩机是应用曲柄连杆机构，带动活塞在气缸内作往复运动而进行压缩气体的，其应用最广，具有良好的使用性能和能量指标。但是，往复运动零件引起了振动和机构的复杂性，限制了其最大制冷量，一般小于500kW。活塞式制冷压缩机的分类如下：

a. 按使用的制冷剂分类。可分为氨压缩机、氟利昂压缩机、二氧化碳压缩机等。不同制冷剂对材料及结构的要求不同。如氨对铜有腐蚀，故氨压缩机中不允许使用铜质零件（磷青铜除外），氟利昂渗透性较强，对有机物有膨胀作用，故对压缩机的材料及密封机构均有较高的要求。

b. 按气缸布置方式分类。可分为卧式、直立式和角度式 3 种类型。

c. 按压缩机的密封方式分类。可分为开启式和封闭式 2 类。其中，封闭式分为半封闭式和全封闭式两种结构形式。

d. 按气体压缩的级数分类。可分为单级制冷压缩机和多级（一般为两级）制冷压缩机，两级制冷压缩机可由两台压缩机来实现，也可由一台压缩机来实现，即单机双级压缩机。

3）国产活塞式冷水机组的主要性能。国产活塞式冷水机组常用的制冷剂为R22，大多采用70、100、125系列制冷压缩机组装。当冷凝器进水温度为32℃、出水温度为36℃、蒸发器出口冷水温度为7℃时，冷量约为35～580kW。在冷水机组的冷凝器和蒸发器中，采用了各种高效传热管，提高制冷剂与冷却水或制冷剂与冷水的换热效果，降低传热温差，提高运行的经济性。

（2）螺杆式冷水机组。

1）特点。以各种形式的螺杆式压缩机为主机的冷水机组称为螺杆式冷水机组，它是由螺杆式制冷压缩机、冷凝器、蒸发器、节流装置、油泵、电气控制箱及其他控制元件等组成的组装式制冷系统。螺杆式制冷压缩机性能稳定、运行平稳，用途广泛，螺杆式制冷压缩机有以下主要特点：

a. 具有较高转速（3000～4400r/min），可与原动机直联。因此，其单位制冷量体积小，质量轻，占地面积小，输气脉动小。

b. 无吸气阀、排气阀和活塞环等易损件，故结构简单，运行可靠，寿命良好。

c. 因向气缸中喷油，油起到冷却、密封、润滑的作用，因而排气温度低（不超过90℃）。

d. 没有往复运动部件，故不存在不平衡质量惯性力和力矩，对基础要求低，可提高转速。

e. 具有强制输气的特点，排气量几乎不受排气压力的影响。

f. 对湿行程不敏感，易于操作管理。

g. 没有余隙容积，也不存在吸气阀片及弹簧等阻力，因此容积效率较高。

h. 输气量调节范围宽，且经济性较好，小流量时也不会出现像离心式压缩机的喘振现象。

2）螺杆式制冷压缩机及分类。螺杆式冷水机组在供冷系统中应用广泛，适用于中小型用冷场合。螺杆式制冷压缩机按照转子形式不同可分为单螺杆和双螺杆型；按压缩机与电机连接方式不同可分为开启式和封闭式。目前冷水机组中单螺杆压缩机的制冷量较小，通常采用多机头冷水机组的设计模式，一般采用有级调节。双螺杆与单螺杆压缩机的结构差别较大，代表两种不同的发展方向，由于双螺杆具有技术成熟、结构简单、运行可靠等优点，成为制冷市场的主流产品。

螺杆式冷水机组具有结构紧凑、运转平稳、操作简便、体积小、质量轻及占地面积小等优点。然而，螺杆式制冷压缩机也存在油系统复杂、耗油量大、油处理设备庞大且结构较复杂、不适宜变工况下运行（因为压缩机的内压比是固定的）、噪声大、转子加工精度高、需要专用机床及刀具加工、泄漏量大，只适用于中、低压力比下工作等一系列缺点。

螺杆式制冷压缩机的制冷量介于活塞式制冷压缩机和离心式制冷压缩机之间。螺杆式制冷压缩机从形式上看有开启式、半封闭式和全封闭式之分，从级数上看有单级、双级、单机双级等区别。

（3）离心式冷水机组。

1）特点。以离心式制冷压缩机为主机的冷水机组，称为离心式冷水机组。根据离心式制冷压缩机的级数，目前使用的有单级压缩离心式冷水机组和两级压缩离心式冷水机组；按照配用冷凝器的形式不同，离心式冷水机组有风冷和水冷之分。

离心式冷水机组将离心式压缩机、蒸发器、冷凝器及节流机构等设备组成一个整体，使设备紧凑，节省占地面积。由于离心式制冷压缩机的结构及工作特性，其输气量一般希望不小于3500m^3/h，因此，离心式冷水机组常用于制冷量大的场合，制冷量为350～7000kW时采用封闭式离心压缩机，制冷量为7000～35000kW时多采用开启式压缩机。此外，离心式冷水机组的工况范围比较狭窄。在单级离心式制冷机中，冷凝压力不宜过高，蒸发压力不宜过低。其冷凝温度一般控制在40℃左右，冷凝器进水温度一般在32℃以下；蒸发温度为0～10℃，用得最多的是0～5℃，蒸发器出口冷水温度一般为5～7℃。

2）离心式制冷压缩机及特点。大型制冷系统和石油化学工业对冷量的需求很大，离心式制冷压缩机正是适应这种需求而发展起来的。离心式制冷压缩机是一种速度型压缩机，是通过高速旋转的叶轮对在叶轮流道里连续流动的制冷剂蒸气做功，使其压力和流速增高。然后再通过机器中的扩压器使气体减速，将动能转换为压力能，进一步增加气体的压力。

离心式制冷压缩机的单级压缩比一般比较小，当需要较大的压缩比时，常采用多级叶轮结构的离心机组。此外，离心式冷水机组在流量特性上，具有压头与流率的适宜操作范围。偏离这个范围，机组效率将大大降低。离心式制冷压缩机具有制冷量大、体积小、质量轻、运转平稳和无油压缩等特点。

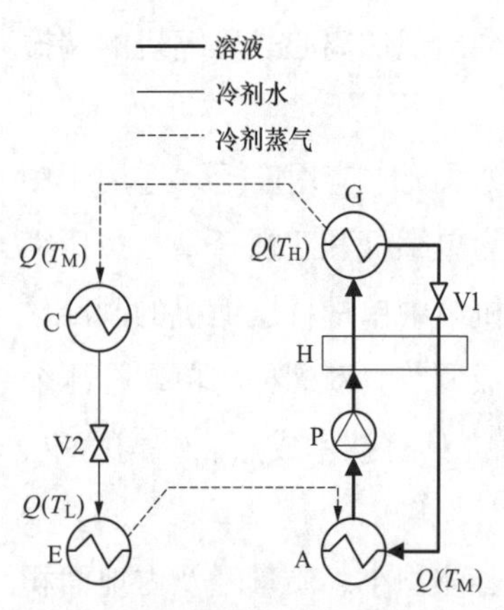

图3-7　吸收式制冷循环流程
C—冷凝器；E—蒸发器；G—发生器；A—吸收器；P—溶液泵；V1—溶液调节阀；V2—冷剂调节阀；H—换热器

（二）吸收式制冷

1. 吸收式制冷循环的工作原理

吸收式制冷循环流程如图3-7所示，吸收式制冷循环主要由发生器、冷凝器、蒸发器和吸收器4个具有热交换功能的装置，辅以其他设备连接组成。

在吸收式制冷循环中，发生器和吸收器所起的作用相当于蒸气压缩式制冷系统中压缩机的作用，借助从溶液中分离制冷剂蒸气及其被溶液的吸收混合，达到使制冷剂蒸汽压力增加的目的。

在图 3-7 中，虚线和细实线相连的是制冷剂循环回路，由冷凝器 C、冷剂调节阀 V2 和蒸发器 E 组成。在制冷剂循环中，气态制冷剂在冷凝器中向冷却水释放热量凝结成为液态制冷剂，经冷剂调节阀节流进入蒸发器。在蒸发器中，液态制冷剂又被汽化为低压冷剂蒸气，同时吸收外界冷媒的热量产生制冷效应。

图 3-7 中粗实线相连的是溶液循环回路，由吸收器 A、溶液泵 P、溶液调节阀 V1 和发生器 G 组成。溶液循环中，离开吸收器的稀溶液被泵送到发生器。在发生器中，稀溶液吸收外界热媒的热量，将稀溶液中的制冷剂汽化分离，浓缩后的浓溶液经溶液调节阀减压，返回吸收器。在吸收器中，浓溶液吸收来自蒸发器的冷剂蒸气，释放热量从而转变成稀溶液。

由于吸收式制冷循环以热驱动制冷，吸收过程要释放出大量的热。通常，吸收式制冷机的排热量约为蒸气压缩式制冷机的 2 倍，而溴化锂吸收式制冷机组本身的排热量一般约为该机制冷量的 2.4 倍，所以制冷所需用的冷却水量比较大。

2. 溴化锂吸收式制冷机组

溴化锂吸收式冷水机组有蒸汽型、热水型、直燃型和烟气型。

（1）蒸汽型、热水型吸收式制冷机组。蒸汽型、热水型吸收式制冷机组又可分为单效、双效 2 种。单效、双效蒸汽型吸收式制冷机规格、性能见表 3-2、表 3-3，单效、双效热水型吸收式制冷机规格、性能见表 3-4、表 3-5。

表 3-2　单效蒸汽型吸收式制冷机规格、性能

机型代号	制冷量（kW）	冷水量（7/12℃，m^3/h）	冷却水量（37/30℃，m^3/h）	蒸汽耗量（0.1MPa，kg/h）	耗电量（kW）	运行质量（t）
BDS 20	233	30	48.9	349	1.8	3.6
BDS 50	582	100	163	1163	2.2	7.1
BDS 100	1163	200	326	2325	5.0	12.5
BDS 200	2326	400	652	4625	8.4	25.2
BDS 500	5815	1000	1630	11025	13.5	55.0
BDS 1000	11630	2000	3260	23251	27.2	95

表 3-3　双效蒸汽型吸收式制冷机规格、性能

机型代号	制冷量（kW）	冷水量（7/12℃，m^3/h）	冷却水量（37/30℃，m^3/h）	蒸汽耗量（0.1MPa，kg/h）	耗电量（kW）	运行质量（t）
BS 20	233	30	36.7	189	1.4	4.0
BS 50	582	100	123	633	2.5	8.2
BS 100	1163	200	245	1267	4.3	15.1

续表

机型代号	制冷量（kW）	冷水量（7/12℃，m^3/h）	冷却水量（37/30℃，m^3/h）	蒸汽耗量（0.1MPa，kg/h）	耗电量（kW）	运行质量（t）
BS 200	2326	400	624	2535	6.6	29.7
BS 500	5815	1000	1220	6343	17.4	63.8
BDS 1000	11630	2000	2452	12685	34.6	113

表 3-4　　单效热水型吸收式制冷机规格、性能

机型代号	制冷量（kW）	冷水流量（7/12℃，m^3/h）	冷却水流量（37/30℃，m^3/h）	热源水流量（98/88℃，m^3/h）	配电量（kW）	运行质量（t）
BDH 20	233	26	43	18.1	1.8	3.9
BDH 50	582	88	147	61.1	2.2	7.4
BDH 100	1163	176	293	122	5.0	13.4
BDH 200	2326	352	587	244	8.4	26.0
BDH 500	5815	880	1467	611	13.5	59
BDH 1000	11630	1760	3933	1222	27.2	101

表 3-5　　双效热水型吸收式制冷机规格、性能

机型代号	制冷量（kW）	冷水流量（7/12℃，m^3/h）	冷却水流量（37/30℃，m^3/h）	热源水流量（170/155℃，m^3/h）	配电量（kW）	运行质量（t）
BH 20	233	30	36.7	76	1.4	4.2
BH 50	582	100	123	256	2.5	9.1
BH 100	1163	200	245	512	4.3	15.2
BH 200	2326	400	490	102	6.6	29.4
BH 500	5815	1000	1226	256	17.4	67
BH 1000	11630	2000	2452	512	34.6	117

（2）直燃型溴化锂吸收式冷（热）水机组。直燃型溴化锂吸收式冷（热）水机组按其利用的能源可分为燃油型、燃气型和油、气两用型；按功能可分为三用型（具备制冷、采暖、卫生热水三种功能）、空调型（具备制冷、采暖功能）和单冷型（只具备制冷功能）。

用于制冷时，由于减少了中间环节及能回收一部分烟气热，直燃型比蒸汽型的性能系数要高 15% 左右，如考虑锅炉效率，这个数值还要高。用于供热时，直燃型溴化锂吸收式冷（热）水机组相当于燃油或燃气锅炉。

直燃型溴化锂吸收式冷（热）水机组的制冷原理与蒸汽型双效溴化锂机组相同，也是由高压发生器、低压发生器、吸收器、蒸发器、冷凝器和溶液换热器组成，只是其高压发生器不是采用蒸汽为热源，而是利用燃料燃烧产生的热直接加热，相当于将锅炉和高压发生器合为一体。现在生产的直燃型溴化锂吸收式冷（热）水机组大多为冷热水型，可同时提供供热热水和卫生热水，在制冷工况时利用在高压发生器上部的换热管对卫生热水加热，可同时提供卫生热水；而在供热工况时，将制冷流路关闭，并在低压发生器、吸收器、蒸发器、冷凝器等低压容器内充入氮气，以防止这一部分在不运行时由于空气的漏入而被溴化锂溶液腐蚀。

直燃型溴化锂吸收式冷（热）水机组共有 21 种型号，其主要技术参数的范围如下：① 制冷量：233～6980kW，制热量：198～5862kW；② 冷水进出口温度：12/7℃，热水进出口温度：55.8/60℃；③ 冷却水温度：32/38℃，冷却水流量：60～1800m^3/h；④ 天然气耗量（标况下）：制冷时为 14.7～441m^3/h，制热时为 18.2～546m^3/h；⑤ 天然气压力：3.0～45kPa；⑥ 耗电量：3.2～34.9kW；⑦ 运行质量：3.7～66t。

（3）烟气型溴化锂吸收式冷（热）水机组。烟气型溴化锂吸收式冷（热）水机组是一种以 200～600℃高温烟气的热能为动力的制冷（制热）设备。溴化锂水溶液作为循环工质，其中溴化锂为吸收剂，水为制冷剂。烟气型溴化锂吸收式冷（热）水机组主要由高压发生器、低压发生器、冷凝器、蒸发器、吸收器、高温热交换器、低温热交换器、自动抽气系统、燃烧器、真空泵、屏蔽泵等组成。

烟气型溴化锂吸收式冷（热）水机组共有 18 种型号，其主要技术参数的范围如下：① 制冷量：580～6980kW，制热量：407～4884kW；② 冷水进出口温度：12/7℃，热水进出口温度：55/60℃；③ 冷却水温度：32/38℃，冷却水流量：143～1710m^3/h；④ 烟气耗量（标况下）：3188～38250m^3/h，烟气进出口温度：500/170℃；⑤ 耗电量：2.8～13.2kW；⑥ 运行质量 9.2～67.2t。

3. 氨水吸收式制冷机组

氨水吸收式制冷机组是以氨为制冷剂、水为吸收剂构成类似溴化锂吸收式制冷循环的制冷装置。由于制冷剂是氨，因此可以获得 0℃以下（最低温度可以到达 -50℃以下）的冷量。制冷温度范围的延伸，使得氨吸收制冷在过程工业、冷冻冷藏甚至建筑热力系统都有广泛的应用。虽然存在一定的安全性问题，但没有溴化锂吸收式制冷机那样严重的腐蚀与结晶问题。目前氨水吸收式制冷机组主要应用于食品加工、石油炼制、合成化学等工业部门，具有多种流程形式。近年来国内外的开发利用引人关注，这显示了氨水吸收式制冷技术的良好发展前景。

（1）氨水吸收式制冷循环流程。单级氨水吸收式制冷机组的基本工作流程如图 3-8 所示，与溴化锂吸收式制冷机组比较，氨水吸收式制冷机组也具有发生、冷凝、蒸发和吸收等基本过程，也利用回热提高循环的性能系数。但是，由于氨与水的沸点比较接近，为了获得较纯的制冷剂以提高制冷效率，必须设置精馏装置。图 3-8 中的主要设备有精馏塔、冷凝器、节流阀、蒸发器、吸收器、溶液循环泵和溶液换热器。精馏装置从下到上，由提馏段、精馏段和回流冷凝器组成，其中的加热用再沸器部分又可称为发生器。

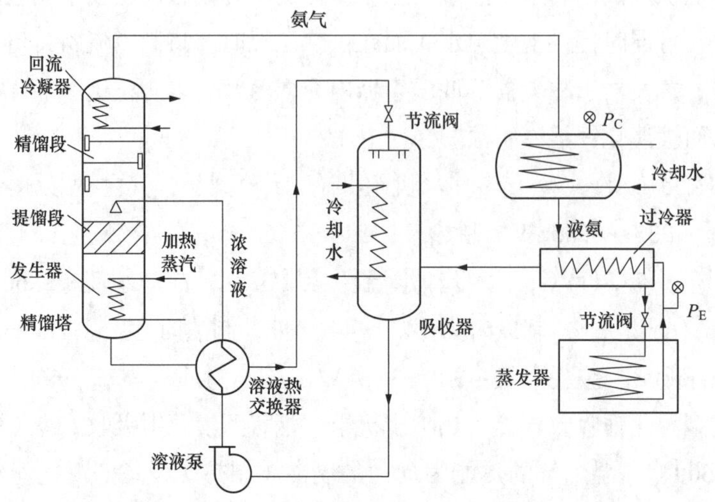

图 3-8　单级氨水吸收式制冷机组的基本工作流程

从精馏塔顶产生出来的蒸汽是比较纯的氨气，一般浓度可达 99.8% 以上。氨气进入冷凝器中冷凝，冷凝热被冷却水带走。冷凝后的液氨经过过冷器与来自蒸发器的氨气进行热交换，成为过冷液体。过冷液体经节流阀减压节流（自冷凝压力 P_C 下降至蒸发压力 P_E），形成湿蒸汽后进入蒸发器内蒸发，制冷效应即在此产生。完成制冷后的氨气经过冷器加热，进入吸收器。在吸收器中，氨气被稀溶液吸收。此不饱和的稀溶液来自精馏塔中的发生器，在溶液热交换器中被来自吸收器的浓溶液冷却，再经减压阀减压（自发生压力下降至吸收压力）后得到。吸收过程放出的吸收热被冷却水带走。稀溶液吸收氨气后成为浓溶液，用溶液泵升压，再经溶液热交换器加热送入精馏塔中进行发生、精馏。

浓溶液在精馏塔中的发生、精馏过程：浓溶液进入精馏塔的提馏段，与精馏段流下的溶液一起沿提馏段下流至发生器。在此过程中与发生器蒸发上升的蒸气相接触，进行热、质交换。下降溶液的浓度逐渐变稀，上升蒸汽的浓度逐渐变浓。蒸汽继续上升至精馏段，与来自回流冷凝器的冷凝液（又称回流液）接触，继续进行热-质交换，浓度进一步提高，最后获得较高纯度的氨气。回流液是由精馏段顶部的氨气在回流冷凝器中部分冷凝得到。冷凝热由冷却水或其他冷却介质带走。回流液在回流时浓度逐渐降低，在到达精馏段的底部时，其浓度理论上应与进精馏塔的浓溶液浓度相同。发生器的加热热源可用蒸汽、废气和其他废热。精馏塔底部排出的稀溶液，经溶液热交换器，循环至吸收器吸收氨气。

（2）热源温度的限制。氨吸收制冷所能达到低温和单、双、多级流程的选择，与热源温度及冷却水温度有密切的关系。当蒸发温度与冷凝温度一定时，单级氨吸收器在热源温度的允许范围：其下限是使发生终了稀溶液浓度等于吸收终了浓溶液浓度、放气范围 $\Delta x=0$ 时的热源温度；其上限为发生终了稀溶液浓度为 $x_p'=0$ 时的热源温度。同时，这个最高热源温度也受到发生器的材质限制，一般发生终了稀溶液的温度不超过180℃，所以最高热源温度为185～195℃。

在热源允许的温度范围内，存在着一个最佳的热源温度。最佳热源温度意味着在此热源温度下，运行费用最低或能量消耗最小（性能系数最大），同时还意味着一次投资最小。确定这一最经济的热源温度，需要根据具体情况权衡考虑，目前比较常用的是根据放气范围来确定这一数值，即选用的热源温度能满足放气范围大于或等于0.06～0.08。

（3）氨水吸收式制冷机组的运转特性。氨水吸收式制冷机组在实际运行中往往受到一些外界条件变化的影响。例如冷却水的温度随季节、区域差异很大，热源温度有时也会波动。这时虽能控制制冷量保持不变，但制冷装置的一系列参数将产生变化，其经济消耗指标也随之改变。

通常，热源温度决定了发生器内溶液蒸发时的最终温度，当冷凝压力一定时，也决定了系统中稀溶液的浓度。因而，热源温度、冷却水温度与蒸发温度均和放气范围有关。在蒸发温度和冷却水温度已确定的情况下，蒸发压力和吸收器内溶液吸收终了温度均可确定，浓溶液浓度也成定值。在选定放气范围后，溶液温度和热源温度也随之确定。如果这时升高热源温度，发生终了的稀溶液浓度就要降低，放气范围增大，而循环倍率降低，溶液循环量减小。这时发生器、吸收器热负荷要发生变化，先是降低，性能系数增大；当热源温度继续升高，则发生器、吸收器热负荷又会上升，性能系数下降，其中有一个最佳的发生终了温度。

同样，在冷却水温度发生变化时，随着冷却水温度的降低，发生压力下降，吸收终了溶液温度要降低，浓溶液浓度就会上升，结果放气范围增大，循环倍率降低，此时所有发生器、吸收器、冷凝器热负荷均相应降低，这对制冷机工作有利。

当用户冷负荷发生变化时，对采用载冷剂（盐水）系统，表现在载冷剂温度的变化；对直接蒸发系统，则表现为蒸发器压力、蒸发温度的变化。由于蒸发压力的降低，使吸收终了浓溶液浓度降低，放气范围减小，循环倍率增大，其他设备热负荷均增大。因而，系统性能系数降低。这时，为使装置制冷量也随之相应改变，必须对氨循环量、溶液循环量等做相应调节。

二、常规热源

综合能源系统中常用的制热设备有燃气锅炉、中央热水机组、吸收式热（冷）水机组等。以下介绍燃气锅炉、中央热水机组。

（一）燃气锅炉

燃气锅炉根据锅炉的结构形式分为卧式锅炉和立式锅炉，根据出口介质分为蒸汽锅炉和热水锅炉，根据炉膛内是否承压分为承压锅炉和真空锅炉。

燃气承压锅炉是以天然气为燃料的锅炉，其结构与普通锅炉一样，是由锅和炉两部分组成。锅是指吸热部分，高温烟气通过锅的受热面将热量传给锅内工质，锅通常由汽包、管束、省煤器、空气预热器和再热器组成；炉是指放热部分，燃气在其中燃烧，将化学能转化为热能，炉通常由炉膛、烟道、燃烧器、燃气供应系统组成。

燃气真空锅炉是在封闭的炉体内部形成一个负压的真空环境，在机体内填充热媒水，利用水在低压情况下沸点低的特性，快速加热密封的炉体内填装的热媒水，使热媒水沸腾蒸发出高温水蒸气，通过水蒸气凝结在换热管上加热换热管内的冷水，实现热水供应。真空锅炉内的热媒水是经过脱氧、除垢等特殊处理的高纯水，在锅炉出厂前一次充注完成，使用时在机组内部封闭循环。真空锅炉正常工作温度低于 90℃，真空度低于 −30kPa。

真空锅炉的下半部结构与普通锅炉一样，由燃烧室与传热管组成；其下半部装有热媒水，上部为真空室，其中插入了 U 形热交换器。由于锅炉整体是在负压状态下，性能安全。锅炉运行的过程中，炉内的热媒水封闭在锅炉的真空室内，在锅炉的传热管与热交换器之间传递热量。

1. 燃气锅炉主要系统

（1）燃气供应系统。燃气经站外燃气管道输送来，经过手动关断阀、电磁快关阀、燃气流量计、燃烧调节阀组进入锅炉的燃烧器。

（2）锅炉给水系统。锅炉给水经除氧器除氧后，送至锅炉给水泵，再经锅炉给水泵加压后输送至燃气锅炉。

1）给水泵选型。能适应锅炉房全年热负荷变化的要求，且不应少于 2 台；当流量最大的 1 台给水泵停止运行时，其余给水泵的总流量应能满足所有运行锅炉在额定蒸发量所需给水量的 110%。

2）给水泵扬程计算。扬程计算如下

$$H = k(H_1 + H_2 + H_3) \tag{3-1}$$

式中 H——给水泵扬程；

H_1——锅炉锅筒设计使用条件下安全阀的开启压力；

H_2——省煤器和给水系统的压力损失；

H_3——给水系统的水位差；

k——裕量系数，一般取 1.1。

（3）蒸汽系统。

1）当采用多管供汽时，锅炉房宜设置分汽缸；当采用单管供汽时，锅炉房可不设置分汽缸。

2）锅炉房内运行参数相同的锅炉，蒸汽管宜采用单母管制，对常年不间断供汽的锅炉房宜采用双母管。

3）蒸汽系统上应设置安全阀，安全阀的形式和规格应满足相关规范要求。

（4）热水系统。

1）锅炉房宜设置分水器和集水器；每台热水锅炉与热水供、回水母管连接时，在锅炉的进水管和出水管上应装设切断阀；在进水管的切断阀前，宜装设止回阀。

2）运行参数相同的热水锅炉和循环水泵可合用一个循环管路系统，运行参数不同的热水锅炉和循环水泵应分别设置循环管路系统。

3）循环水泵的扬程计算如下

$$H = k(H_1 + H_2 + H_3 + H_4) \tag{3-2}$$

式中　H——循环水泵扬程；

H_1——热水锅炉的流阻压力降；

H_2——锅炉房内循环水管道系统的流阻压力降；

H_3——室外热网供、回水管道系统的流阻压力降；

H_4——最不利用户内部循环水系统的流阻压力降；

k——裕量系数，一般取 1.1。

（5）热水系统定压。热水系统的定压方式，应根据系统规模、供水温度和使用条件等具体情况确定。通常可采用高位膨胀水箱定压或补给水定压。定压点设在循环水泵的进口端。

1）采用高位膨胀水箱定压时，应符合下列要求：

a. 高位膨胀水箱的最低水位，应高于热水系统的最高点 1m 以上，并宜使循环水泵停止运行时系统内水不汽化。

b. 设置在露天的高位膨胀水箱及其管道应采取防冻措施；高位膨胀水箱应设置自循环水管，自循环管接至热水系统回水母管上，与其膨胀管接电应保持 2m 以上的间距。

c. 高位膨胀水箱与热水系统的连接管上，不应装设阀门。

2）采用补给水泵作为定压装置，应符合下列要求：

a. 除突然停电的情况外，循环水泵运行时，应使系统内水不汽化；循环水泵停止运行时，宜使系统内水不汽化。

b. 当引入锅炉房的给水压力高于热水系统静压线，在循环水泵停止运行时，宜采用给水保持热水系统静压。

c. 采用间歇补水的热水系统，在补给水泵停止运行期间，热水系统压力降低时，不应使系统内水汽化。

d. 系统中应设置泄压装置，泄压排水宜排入补给水箱。

2. 燃气锅炉选型

燃气锅炉的选型应满足以下要求：

（1）燃气锅炉的容量应根据设计热负荷需求特性最终确定，并保证当其中最大一台供热设备故障时，系统供热能力满足连续生产用热、采暖通风和生活用热所需的60%～75% 热负荷。

（2）燃气锅炉供热介质和参数应根据具体工程情况，经技术经济比较后确定，锅炉台数不宜少于 2 台，宜选择容量和燃烧设备相同的锅炉。

（3）燃气锅炉的选择和布置应充分考虑有害物排放和噪声的要求，满足有关标准、规范的规定和项目环境影响评价报告的要求。

3. 典型燃气锅炉产品

燃气锅炉结构简单，造价相对较低，应用较广泛的有以下几类。

（1）WNS 系列卧式锅炉。WNS 系列卧式锅炉是一种应用广泛、品种齐全、效率较高的燃气锅炉，其主要特点如下：

1）烟气流程一般采用三回程布置，烟气流程长，传热效果好。

2）采用先进的燃烧器，燃烧技术先进完善，启停快速，热效率高，No_x 排放符合国家标准要求。

3）配置完善的自控装置，可对锅炉锅筒水位、蒸汽压力、燃烧等实现自动控制及保护。

4）锅炉采用组合式快装结构，布局紧凑、质量轻、占地少、安装简便。

（2）SZS 系列双锅筒水管式锅炉。SZS 系列双锅筒水管式锅炉容量大、效率高，其主要特点如下：

1）双锅筒纵向布置，炉体由上下锅筒、燃烧器、炉墙、省煤器等组成，有快装和组装两种形式。

2）锅炉采用机械雾化微正压（或负压）燃烧，对流管束管径较小，强化传热，提高锅炉效率。

（3）ZWNS 真空锅炉。ZWNS 真空锅炉是一种卧式真空锅炉，运行安全、高效节能、结构紧凑，其主要特点如下：

1）真空锅炉不是压力容器，始终在负压状态下运行，永无膨胀爆炸的危险，具有常压和承压锅炉无法比拟的安全可靠性。

2）热媒水采用高纯水，确保炉体内部不结垢、腐蚀。

3）锅炉与换热器的一体化设计，节省空间，大大减少占地面积。

4）进口燃烧器，高效燃烧，噪声低、废气排放低。

（二）中央热水机组

中央热水机组分电热式、燃气（油）常压式、中央真空式 3 类。

1. 电热式中央热水机组

电热式热源设备按生产介质可分为热水机组和蒸汽机组；按生产热源介质可分为常压和承压热水机组。

电热式常压热水机组一般为开式结构，被加热的热水与大气直接相通，并有足够的泄压能力，热水机组在常压下运行，一般不存在爆炸隐患；整个热水机组采用优质锅炉钢材制造，主要焊接部位采用自动埋弧焊和气体保护焊；炉体整机做保温处理，外部采用喷塑或不锈钢板包装，造型美观大方。按国家工业锅炉制造规范要求组织生产和检测，质量稳定可靠。

电热式常压热水机组由于不能承压运行，在低位设置时，循环水泵的电能消耗增大，运行费用增加。电热式承压热水机组可以弥补这种不足，其结构和电热式常压热水机组基本相同，但由于其强度大为提高，其设计、生产及检验必须按国家工业锅炉制造规范和压力容器制造规范要求执行。总装后要求做水压试验，每台锅炉出厂前必须由锅炉压力容器监督机构检验鉴定。某公司电热式中央热水机组性能参数见表 3-6。

表 3-6　　某公司电热式中央热水机组性能参数

额定热功率（MW）		0.12	0.23	0.35	0.47	0.58	0.70	0.81	0.93	1.05	1.16	1.40	1.75
热水出口温度（℃）		95											
热水产量（t/h）	Δt=10℃	10	20	30	40	50	60	70	80	90	100	120	150
	Δt=25℃	4	8	12	16	20	24	28	32	36	40	48	60
	Δt=40℃	2.5	5	7.5	10	12.5	15	17.5	20	22.5	25	30	37.5
	Δt=50℃	2	4	6	8	10	12	14	16	18	20	24	30
电源	电压 / 频率（V/Hz）	380/50											
	相数	3											
	装配功率（kW）	140	275	400	490	610	735	855	980	1105	1230	1475	1800
最高工作压力（MPa）		常压热水机组：0；承压热水机组：0.40/0.70/1.0											
热效率（%）		≥96											
设备净质量（kg）		1100	1140	1200	1950	2360	2630	2790	3570	3780	3940	4100	6900
设备运行质量（kg）		1500	1650	1980	2380	3540	4180	4290	5150	5470	6090	6700	9900

电热式中央热水机组具有以下特点：

（1）一般采用模糊控制，根据水温的变化自动调节电功率，可以任意设定出水温度，控制精度高；同时，启动速度快，不存在自身预热时间和停机后放热升温等问题。电热元件采用低热流密度设计，完全浸入水中，使用寿命和可靠性大为提高。

（2）由于没有燃料燃烧后排烟热损失，其热效率高达 96% 以上，且零排放、无噪声，是真正的绿色产品。

（3）电热式中央热水机组本体结构简单，无运动部件，运行中无突变过程，多重自动保护，采用梯级加载方式，分时启动加热元件，对电网没有冲击，运行安全可靠。

（4）可以充分利用峰谷电价差，实现蓄热运行。这样既有利于电网的平衡、削峰填谷，又能降低运行费用。

（5）电热式中央热水机组体积小、质量轻、安装方便、操作简单；电热元件采用模块设计，便于维护。

2. 燃气（油）常压式中央热水机组

燃气（油）常压式中央热水机组可分为直接式常压中央热水机组和间接式常压中央热水机组两种形式。

（1）直接式常压中央热水机组。直接式常压中央热水机组外形一般为方形，内部采用湿背式结构，对换流换热器为独立的立管形式，机组结构紧凑，热效率高，某公司常压中央热水机组性能参数见表 3-7。

表 3-7　　某公司常压中央热水机组性能参数

额定热功率（MW）		0.12	0.23	0.35	0.47	0.58	0.70	0.93	1.2	1.4	1.7	2.1	2.8	3.5	4.2
热水产量（95℃/70℃，t/h）		4	8	12	16	20	24	32	40	48	60	72	96	120	144
热效率（%）		88%～94%													
燃烧方式		微正压，室燃													
排烟温度（℃）		150～180													
工作压力（MPa）		≤0.09													
电源		220V/50Hz			380V/50Hz										
燃烧电机功率（kW）		0.11	0.20	0.25	1.10	1.10	1.10	220	2.20	3.0	3.0	3.50	7.50	7.50	7.50
燃料耗量	轻油耗量（kg/h）	10.6	21.2	31.8	42.5	53.0	63.7	85	106	127	159	191	255	318	382
	重油耗量（kg/h）	11.3	22.6	34.5	45.3	56.6	67.9	90.6	113	136	170	204	272	340	408
	天然气耗量（m^3/h）	129	25.9	38.8	52.0	64.7	77.6	104	129	155	194	233	311	388	466
	城市煤气耗量（m^3/h）	27.2	54.3	81.5	109	136	163	217	272	326	408	489	652	815	978

直接式常压中央热水机组在供热系统中应用方式一般有用于采暖系统和用于热水供应系统两种。

1）用于采暖系统。该系统中热水机组设置于高位，用循环水泵把高温水送至热用户，放出热量后返回至机组重新加热，锅炉补水可采用人工控制或自动控制。用于采暖系统的中央热水机组布置示意如图 3-9 所示。

2）用于热水供应系统。该系统中，热水机组设置于低位，冷水经机组加热后用水泵送至热水箱，热水流经用户干管后至泄压水，泄压后的水和补充的冷水汇合进入机组重新加热，冷水补充由水位显控仪表根据水位控制。用于热水供应系统的中央热水机组布置示意如图 3-10 所示。

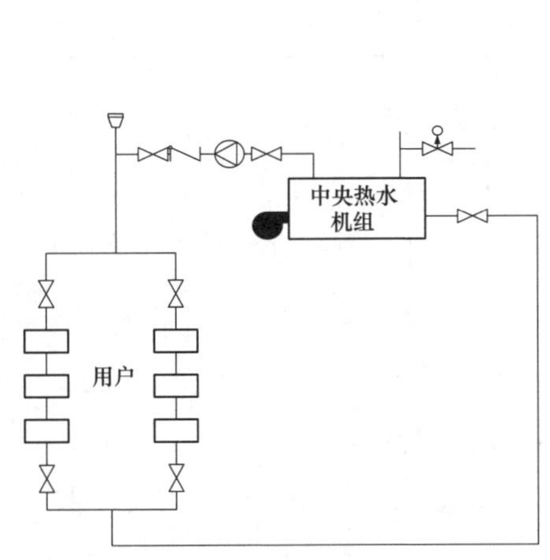

图 3-9 用于采暖系统的中央热水机组布置示意图

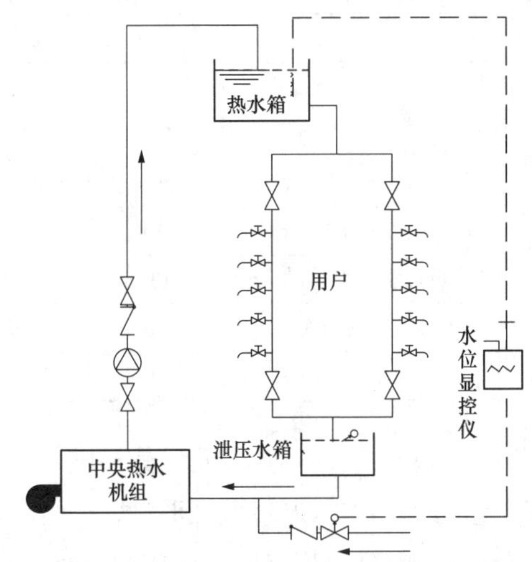

图 3-10 用于热水供应系统的中央热水机组布置示意图

（2）间接式常压中央热水机组。间接式常压中央热水机组是以间接加热方式产生热水，循环水和热媒水各自独立，热媒水不参与机组内部循环，从而保证了机组循环水的质量，减少了本体内的结构。热媒水通过水泵在本体内强制对流循环，提高了换热效率。

机组本体为开式结构，在常压下工作，运行安全可靠。采用进口燃烧器，以轻柴油、天然气等为燃料，排放物浓度低于国家标准，环境污染小。

根据换热器的形式不同可分为 P 形机和 B 形机。P 形机采用盘管式水 - 水换热器，设置在机组本体内，可承受 1.8MPa 压力，使供热循环系统可以承受高层建筑高水位的压力。根据要求可以设置两组盘管，同时实现采暖和卫生热水的功能。B 形机采用高效板式换热器，根据场地和用户的要求，可以设置在机组内部，也可设置在外部。

间接式常压中央热水机组由于可以承受高层建筑的水位压力，因此可以安装在建筑物的首层或地下室，通过水泵向用户供应热水或采暖热媒水。也可以和冷水机组并联，共用水泵、管网及末端设备、实现冬暖夏凉。某公司间接式常压中央热水机组技术参数见表 3-8。

表 3-8　　某公司间接式常压中央热水机组性能参数

额定热功率（kW）	116	233	465	582	1163	2791
燃烧电机功率（kW）	0.40	0.50	1.35	1.35	2.25	5.25

续表

电源电压（V）			220	220	220/380	220/380	220/380	220/380
自重（kg）			1180	1680	2100	2210	4080	8400
燃油机组	耗油量（kg/h）		10.8	21.7	43.4	54.3	108.5	260.4
	排烟压力（Pa）		35	40	470	360	160	140
	燃烧空气量（m^3/h）		139	276	550	681	1550	3460
燃气机组	耗气量（m^3/h）	液化石油气	4.6	9.3	18.5	23.1	46.3	111.1
		天然气	13.9	27.8	55.6	69.4	138.9	333.3
		城市煤气	29.1	58.1	116.3	145.3	290.6	697.5
	排烟压力（kPa）		50	230	380	300	190	120
	燃烧空气量（m^3/h）		133	266	532	665	1331	3193
进出水压降（Pa）			20	20	20	20	25	30
10℃温度热水产量（t/h）			10	20	40	50	100	240

间接式常压中央热水机组具有供应生活热水和采暖热媒水两种功能，可以同时使用，也可以分别单独使用。间接式常压中央热水机组应用示意如图 3-11 所示，图 3-11 中系统为两种功能可以同时使用的系统。

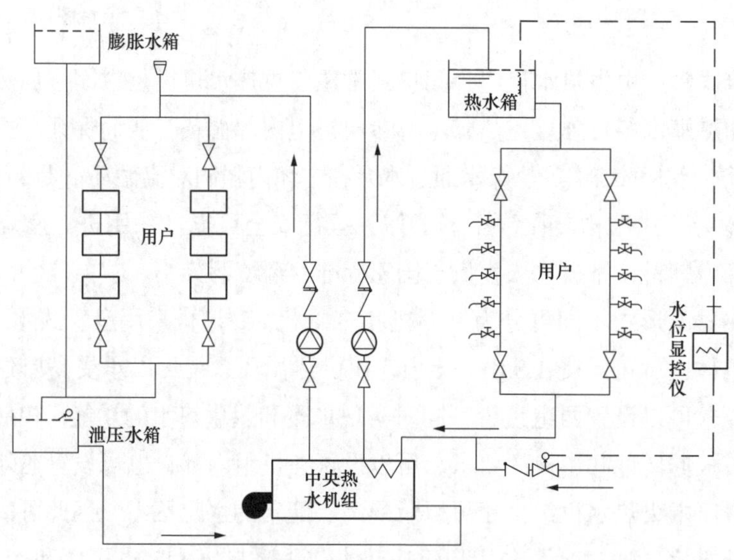

图 3-11　间接式常压中央热水机组应用示意图

3. 中央真空式热水机组

（1）工作原理。中央真空式热水机组（也称真空热水锅炉、真空相变锅炉）是利用水在不同的压力下对应的沸腾温度不同的特性来进行工作的。在常压（一个大气压）下，水的沸腾温度是 100℃，而在 0.008 个大气压下，水的沸腾温度只有 4℃。置于炉体中的热交换器管内的冷水被管外的水蒸气加热成为热水；而管外水蒸气则被冷却凝结成水，回到水面再被加热，从而完成整个供热循环过程。中央真空式热水机组的工作原理如图 3-12 所示。机组所用的燃料包括燃气、轻油和人工煤气。

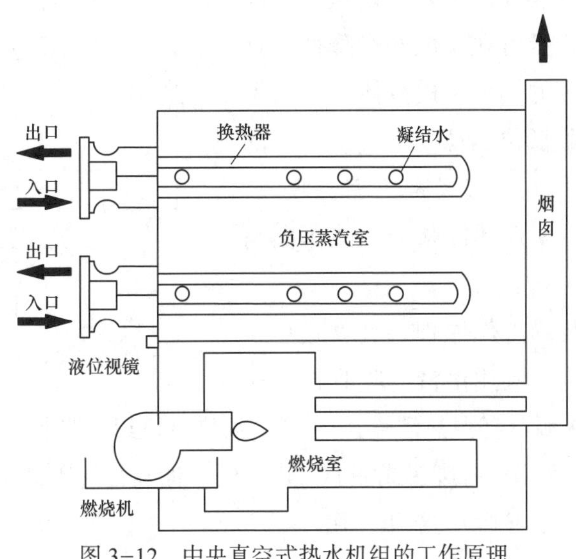

图 3-12　中央真空式热水机组的工作原理

（2）中央真空式热水机组的特点。

1）机组运行为负压运行，没有安全隐患，不属于特种设备，无须监控。

2）换热器管道承受循环水系统压力，系统设计安装简单可靠。

3）使用寿命长，整机使用寿命 20 年以上。

第二节　热　　泵

热泵是一种高效的节能技术，可以根据自身的供热、供冷能力调节冷热电系统的负荷，提高综合智慧能源系统运行效率，扩展其应用场景。

本节介绍与综合智慧能源系统有关的热泵技术，包括热泵的工作原理与热力学指标、热泵的分类和应用、空气源热泵系统设计、水源热泵系统设计、土壤源热泵系统设计。

一、热泵的工作原理与热力学指标

1. 热泵的工作原理

根据工作原理的不同，可分为蒸气压缩式热泵和吸收式热泵。

（1）蒸气压缩式热泵的工作原理。蒸气压缩式热泵工作原理如图 3-13 所示，蒸气压缩式热泵由压缩机、冷凝器、节流阀（或膨胀阀）和蒸发器组成。蒸气压缩式热泵工作过程：蒸发器内产生低压、低温热泵工质，经过压缩机压缩使其压力和温度升高后排入冷凝器，在冷凝器内热泵工质蒸气在压力不变的情况下与被加热的水或空气进行热量交换，放出热量而冷凝成温度和压力较高的液体；高压液体流经节流阀，压力和温度同时降低后进入蒸发器；低温低压的热泵工质液体在压力不变的情况下不断吸收低位热源（空气或水）的热量而又汽化成蒸气，蒸气又被压缩机吸入，如此不断循环往复，实现热能从低温热源向高温热源转移。

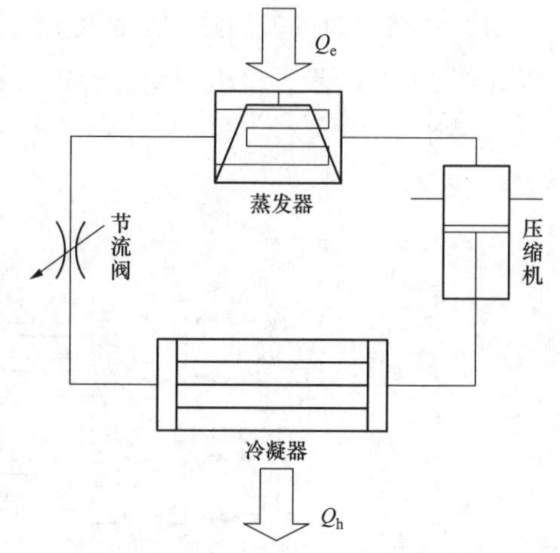

图 3-13　蒸气压缩式热泵工作原理

（2）吸收式热泵的工作原理。吸收式热泵是一种以热能为动力，利用溶液的吸收特性来实现将热量从低温热源向高温热源输送的水 - 水热泵机组。吸收式热泵是回收利用低位热能的有效装置，适用于有废热或能通过煤、气、油及其他燃料获得低成本热能的场合，具有节约能源、保护环境的双重作用。

吸收式热泵是利用两种沸点不同的物质组成溶液（通常称为工质对）的气液平衡特性来工作的。吸收式热泵工作原理如图 3-14 所示，其由发生器、吸收器、冷凝器、蒸发器、节流阀和溶液泵等组成。

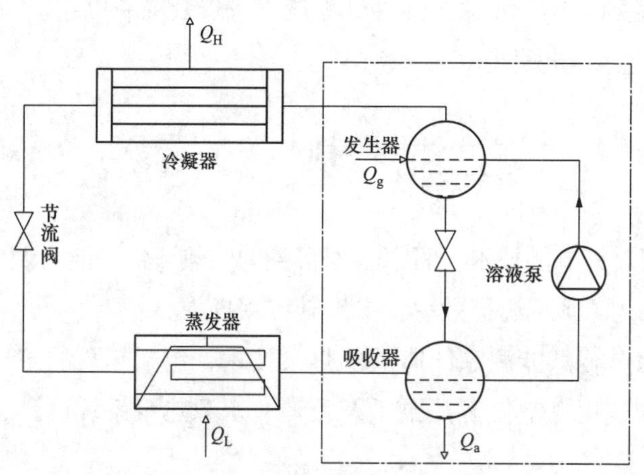

图 3-14　吸收式热泵工作原理

图 3-14 所示系统的工作过程：利用外部热源（如水蒸气、热水或燃料的燃烧产物等）在发生器中加热一定浓度的溶液（常用溴化锂水溶液）并使其沸腾；于是溶液中低沸点组分大部分被汽化出来，在冷凝器中凝结成液体；液体经节流阀降压进入蒸发器中，低温低压液体吸收低温热源的热量变为蒸气；在蒸发器中产生的低压蒸气直接进入吸收器中。在发生器中经过发生过程后的溶液称之为吸收液，其中低沸点组分的含量已大为降低；吸收液经溶液阀降压进入吸收器中与从蒸发器来的低压蒸气混合，并吸收这

些蒸气，溶液恢复到原来的低浓度；在吸收器中浓度复原了的溶液经溶液泵升压后送到发生器，继续循环使用。上述过程中，冷凝和吸收是两个放热过程。

从上述工作过程的说明可知，吸收式热泵与蒸气压缩式热泵的不同点在于将低压蒸气变为高压蒸气所采用的方式。蒸气压缩式热泵是通过压缩机完成的，而吸收式热泵则是通过发生器、节流阀、吸收器和溶液泵，即发生器－吸收器组合完成的，很显然，发生器－吸收器组合起着压缩机的作用，故称为热化学压缩机。

2. 热泵的热力经济性指标

常用的热泵系统热力经济性指标有性能系数（coefficient of performance，COP）、制热季节性能系数（heating seasonal performance factor，HSPF）和热泵的㶲效率。

（1）热泵的性能系数。热泵制热时的性能系数称为制热系数 COP_h，热泵制冷时的性能系数称为制冷系数 COP_c。

对于消耗机械功的蒸气压缩式热泵，其制热系数 COP_h 为制热量 Q_h 与输入功率 P 的比值，即

$$COP_h = \frac{Q_h}{P} \tag{3-3}$$

根据热力学第一定律，热泵制热量 Q_h 等于从低温热源吸热量 Q_c 与输入功率 P 之和。由于 Q_c 与输入功率 P 的比值称为制冷系数 COP_c，所以

$$COP_h = \frac{Q_c + P}{P} = COP_c + 1 \tag{3-4}$$

对于以消耗热能为代价的吸收式热泵，其热力经济性指标可用热力系数 ξ 来表示，即为制热量 Q_h 与输入热能 Q_g 的比值，表示为

$$\xi = \frac{Q_h}{Q_g} \tag{3-5}$$

（2）制热季节性能系数。由于热泵的经济性不仅与热泵本身的设计和制造情况有关，还与热泵运行时的环境温度有关，而环境温度又是随着地区与季节的不同而变化的。为了进一步评价热泵系统在整个采暖季节运行时的热力经济性，要用到热泵的制热季节性能系数（HSPF）。

$$HSPF = \frac{Q_z}{Q_{rb} + Q_{fz}} \tag{3-6}$$

式中 Q_z——供热季节总的供热量，kW；

Q_{rb}——供热季节热泵消耗的总能量，kW；

Q_{fz}——供热季节辅助加热的耗能量，kW。

美国能源部（DOE）制定的测定集中式空调机组能耗的统一实验方法中规定，用 HSPF 表示热泵的经济性。

二、热泵的分类和应用

（一）蒸气压缩式热泵的分类和应用

1. 根据压缩机类型分类

（1）离心压缩式热泵。

1）制冷剂。离心压缩式热泵一般采用 R134a 等环境友好型制冷剂。

2）特点。单台热泵制热量一般为 2～10MW；热泵 COP 为 4～6；热水出口温度为 60～80℃，热水出口与余热水出口温差为 30～50℃。

3）应用。离心压缩式热泵主要用于较大供热负荷需求的余热回收供热场合，离心压缩式热泵需要消耗大量的电能，在电厂使用，厂用电率增加较大，但 COP 较高。

（2）螺杆压缩式热泵。

1）制冷剂。螺杆压缩式热泵一般采用 R134a 等环境友好型制冷剂。

2）特点。单台热泵制热量为 0.5～2MW；热泵 COP 为 3～5；热水出口温度为 50～60℃；热水出口和余热水出口温差为 30～40℃。

3）应用。螺杆压缩式热泵主要用于独立建筑的供冷和供暖，与离心压缩式热泵相比设备投资较低，占地面积较大，可以采用多台压缩机并联组合，运行灵活。

（3）涡旋压缩式热泵。

1）制冷剂。涡旋压缩式热泵一般采用 R407C 制冷剂。

2）特点。单台热泵制热量为 0.3～0.7MW；热泵 COP 为 3～4；热水出口温度为 50～60℃；热水出口和余热水出口温差为 30～40℃。

3）应用。涡旋压缩式热泵主要用于小面积独立区域的供冷供暖场合，与离心压缩式热泵和螺杆压缩式热泵相比设备投资较低，占地面积大，运行噪声低，可以放置在屋顶等室外场合。

2. 根据压缩机驱动方式分类

（1）电驱动压缩式热泵。电驱动压缩式热泵是以电力为动力驱动压缩机，电驱动压缩式热泵的工作原理如图 3-15 所示。

电驱动压缩式热泵适用于具备用电容量的余热回收供热场合，当供热负荷较大时，热泵用电量也较大，需要较大容量的配电设施。大型电驱动压缩式热泵一般采用高压电动机。

（2）蒸汽驱动压缩式热泵。蒸汽驱动压缩式热泵是以蒸汽为动力通过汽轮机驱动压缩式热泵，蒸汽驱动压缩式热泵的工作原理如图 3-16 所示。

蒸汽驱动压缩式热泵适用于具有驱动蒸汽的余热回收供热场合，与电驱动压缩式热泵相比，无须大容量配电设施，但需要有 1.0MPa 以上的过热蒸汽，排汽可以直接作为热网加热器热源，驱动压缩机一般为离心式压缩机。

（3）燃气驱动压缩式热泵。燃气驱动压缩式热泵是以燃气燃烧产生的动力通过燃气轮机驱动压缩式热泵。燃气驱动压缩式热泵适用于具有天然气等可燃性气体的余热回收供热场合，与电驱动压缩式热泵相比，无须大容量配电设施，但需要有足够的气源，燃气轮机排烟可以深度利用，驱动压缩机一般为离心式压缩机。

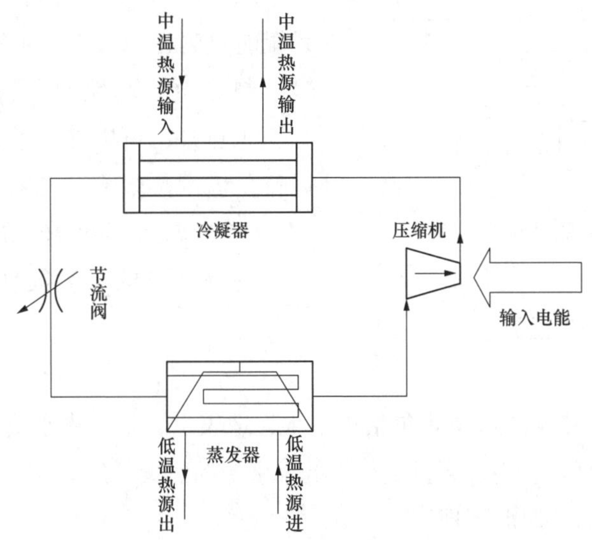

图 3-15　电驱动压缩式热泵的工作原理

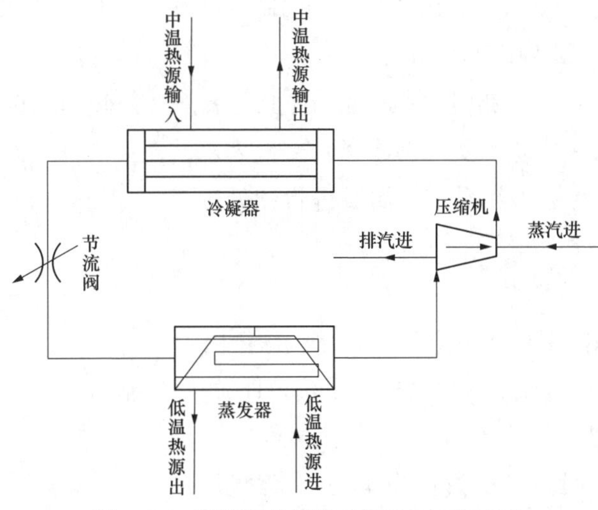

图 3-16　蒸汽驱动压缩式热泵的工作原理

3. 根据余热条件分类

根据余热条件进行分类是目前常用的分类，本节采用此分类进行介绍，压缩式热泵可以分为以下几类。

（1）空气源热泵。

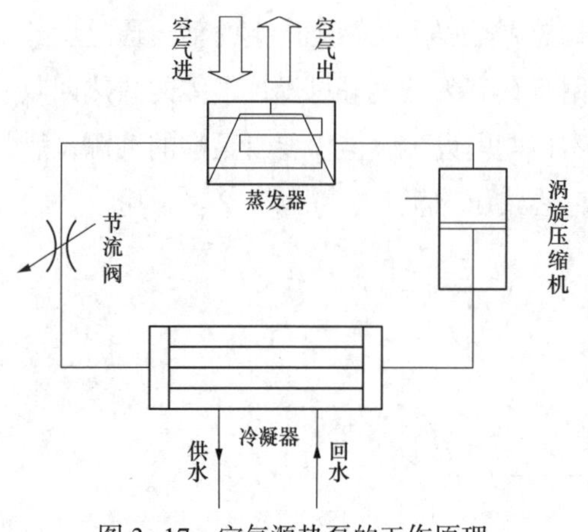

图 3-17 空气源热泵的工作原理

1）原理。空气源热泵是利用热泵机组吸收空气中的热量，通过压缩机升温升压后向建筑物供热。空气源热泵的工作原理如图 3-17 所示。

2）特点。供热时机组能效比为 2.5～4，系统能效比为 2～3.5；在环境温度低于 -5℃时，制热效率有明显下降。目前有低温型空气源热泵，可以在环境温度 -12℃时稳定运行，但制热效率一般约为 2，出水温度为 35～60℃，出水温度越高能效比越低。

3）适用领域。寒冷地区和夏热冬冷地区，独立建筑物的供暖和生活热水。

（2）水源热泵。

1）原理。水源热泵的低温水包括地下水、地表水、城市中水或者工艺循环水、工艺污水等，水源热泵是利用热泵机组吸收低温水源的热量，经压缩机升温升压后向建筑物供热的，地下水需要回灌到地下。

2）特点。供热时机组能效比为 4～5.5，系统能效比 3～4.5，可实现冬季供热，夏季供冷，夏季制冷能效比高于传统中央空调的制冷设备，地下水水源热泵对地下水资源要求较高，部分地区回灌困难。

3）适用领域。寒冷和夏热冬冷地区，有地下水、地表水、城市中水或者工艺循环水、工艺污水的冬季供暖和夏季供冷场合。地表水、城市中水和工艺污水进入热泵前，需要进行预处理，以避免换热堵塞。

（3）地源热泵。

1）原理。地源热泵是利用热泵机组吸取土壤中的热量，通过压缩机升温升压后向建筑物供热。地源热泵的工作原理如图 3-18 所示。

2）特点。供热时机组能效比为 4～5，系统能效比为 3～4.2，可实现冬季热泵供热、夏季供冷，制冷能效比高于传统中央空调制冷设备，但是需要打井埋管，因此初投资高。

3）适用领域。寒冷和夏热冬冷地区，有较大空地的冬季供暖和夏季制冷场合。

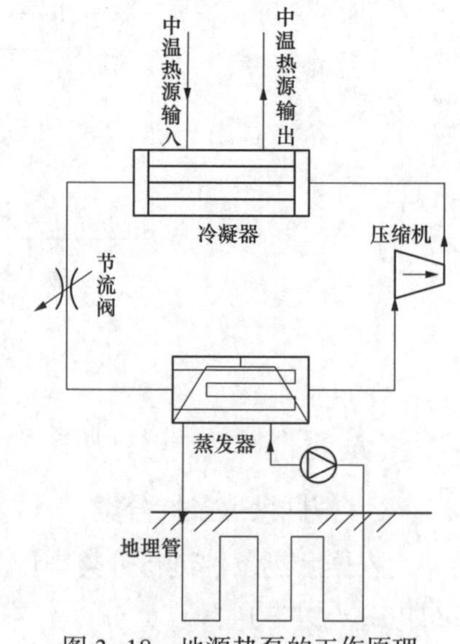

图 3-18 地源热泵的工作原理

（二）吸收式热泵的分类和应用

1. 根据不同工质分类

（1）氨－水热泵：氨为制冷剂，水为吸收剂。

（2）水－溴化锂热泵：水为制冷剂，溴化锂为吸收剂（目前常用的工质，以下提到的吸收式热泵均指溴化锂吸收式热泵）。

2. 根据内部流程和使用用途不同分类

（1）第一类溴化锂吸收式热泵（也称增热型热泵）。以增加热量为目的，利用部分高温热源，回收低温余热源的热量，产生高于余热源温度的中温热源。第一类吸收式热泵的 COP 一般为 1.3～2.4，在热电联产供热系统中应用，一般采用单效溴化锂吸收式热泵，热泵的 COP 为 1.65～1.8。

图 3-14 所示的吸收式热泵属于增热型热泵，也是目前最常用的一种形式，其输出的热能温度低于驱动热源（供热给发生器的热能）的温度。

（2）第二类溴化锂吸收式热泵（也称升温型热泵）。以提高热源温度为目的，利用中温热源和低温冷源的温差，将部分中温热源的热量转移到更高温度热源中，制取热量小于中温热源，但温度更高的高温热能。第二类吸收热泵的 COP 总是小于 1，一般为 0.3～0.6。

升温型热泵的工作原理如图 3-19 所示，升温型热泵可利用中温的废热作为驱动，其特点是热泵循环中发生器的压力低于吸收器的压力，冷凝器的压力低于蒸发器的压力，输出的热能温度高于驱动热源（供给发生器的热能）的温度。

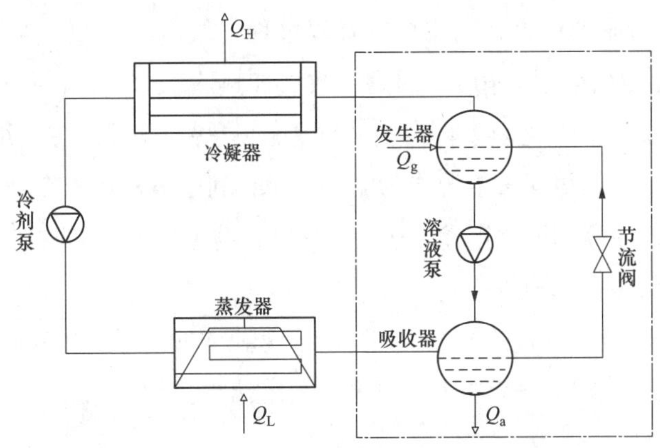

图 3-19 升温型热泵的工作原理

图 3-19 所示热泵系统的基本工作过程：溴化锂水溶液在发生器中被加热（消耗废热），随着溶液中工质水的不断汽化，溴化锂水溶液由稀溶液变为浓溶液；浓溶液经过溶液泵升压输送至吸收器；在吸收器中浓溶液因吸收了来自蒸发器的工质水蒸气，再次变化为稀溶液，所释放的吸收热被提供给高温热源；最后稀溶液经节流阀降压后返回发

生器，从而完成溶液循环。

在发生器中产生的压力较低的工质水蒸气进入冷凝器，向环境介质放出冷凝热而冷凝成液体。液体工质水由冷剂泵加压送入蒸发器，它在蒸发器中也被废热加热（消耗废热）汽化成压力较高的气态工质，再被输送至吸收器，来自溶液泵的浓溶液将其吸收后变成稀溶液，并经节流阀降压后回到发生器，从而完成工质循环。由于浓溶液吸收工质蒸气，吸收过程会产生高温吸收热，使得吸收器中的温度高于蒸发器、发生器的温度，所以 Q_a 的温度就会高于 Q_L 和 Q_g 的温度。

3. 根据驱动热源不同分类

根据驱动热源进行分类是目前常用的吸收式热泵的分类方法。根据驱动热源进行分类，吸收式热泵可以分为以下几类。

（1）蒸汽驱动型溴化锂吸收式热泵。蒸汽驱动型溴化锂吸收式热泵主要利用 0.1～0.9MPa 的蒸汽作为驱动热源，蒸汽在发生器内冷凝成蒸汽疏水，放出的热量加热进入发生器的溴化锂稀溶液，溴化锂稀溶液浓缩后再回到吸收器加热热水。

（2）热水驱动型溴化锂吸收式热泵。热水驱动型溴化锂吸收式热泵主要利用 90℃以上的热水作为驱动热源，利用热水在发生器中降温过程中放出热量，加热进入发生器的溴化锂稀溶液，溴化锂稀溶液浓缩后再回到吸收器加热热水。

（3）燃气驱动型溴化锂吸收式热泵。燃气驱动型溴化锂吸收式热泵主要利用天然气等可燃气体作为驱动热源，利用可燃气体的燃烧放出的热量，加热进入发生器的溴化锂稀溶液，溴化锂稀溶液浓缩后再回到吸收器加热热水。

（4）烟气驱动型溴化锂吸收式热泵。烟气驱动型溴化锂吸收式热泵主要利用 250℃以上的高温烟气作为驱动热源，利用烟气降温过程中放出的热量，加热进入发生器的溴化锂稀溶液，溴化锂稀溶液浓缩后再回到吸收器加热热水。

（5）复合热源驱动型溴化锂吸收式热泵。复合热源驱动型溴化锂吸收式热泵是指利用蒸汽、热水、烟气或燃气等多种能源作为驱动热源，利用多种能源冷凝或降温过程中放出的热量，加热进入发生器的溴化锂稀溶液，溴化锂稀溶液浓缩后再回到吸收器加热热水。

4. 根据余热热源不同分类

（1）循环水余热型吸收式热泵。循环水余热型吸收式热泵主要利用含有余热的低温循环水作为余热热源，在蒸发器换热管内循环水热量被管外的低温冷剂水获得，循环水温度降低后离开热泵。

（2）蒸汽余热型吸收式热泵。蒸汽余热型吸收式热泵主要利用低压缸排汽作为余热热源，在蒸发器换热管内乏汽冷凝产生的热量被管外的低温冷剂水获得，蒸汽冷凝成凝结水后送回机组。

（3）污水余热型吸收式热泵。污水余热型吸收式热泵主要利用城市污水或工业污水作为余热热源，在蒸发器换热管内污水的热量被管外的低温冷剂水获得，污水温度降低后送出热泵。

（4）地热尾水余热型吸收式热泵。地热尾水余热型吸收式热泵主要利用地热水换热利用后的尾水作为余热热源，在蒸发器换热管内地热尾水的热量被管外的低温冷剂水获得，尾水温度降低后送出热泵。

（5）锅炉烟气余热型吸收式热泵。锅炉烟气余热型吸收式热泵主要利用大型燃气供热锅炉、燃气－蒸汽联合循环电厂或燃煤锅炉净化处理后的烟气余热热源，通过直接或者间接方式利用热泵蒸发器回收利用烟气中的余热，将烟气温度降低后排放。

5. 根据结构和能效比分类

（1）单效溴化锂吸收式热泵。单效溴化锂吸收式热泵由一套发生器、冷凝器、蒸发器和吸收器组成。

单效溴化锂吸收式热泵的特点如下：

1）热泵 COP 范围：1.6～1.8。

2）驱动蒸汽压力范围：0.1～0.9MPa。

3）热水出口温度范围：50～95℃。

4）热水出口温度和余热水出口温差：30～60℃。

（2）双效溴化锂吸收式热泵。双效溴化锂吸收式热泵与单效溴化锂吸收式热泵相比，增加一个高压发生器。高压发生器利用驱动热源加热溴化锂稀溶液产生二次蒸汽，该二次蒸汽进入低压发生器换热管内，作为低压发生器的驱动热源，再次浓缩溴化锂溶液，低压发生器产生的冷剂蒸汽进入冷凝器加热热水。由于溴化锂溶液被二次利用，驱动热源的耗量减少 40%，热泵 COP 提高 40%。双效溴化锂吸收式热泵的工作原理如图 3–20 所示。

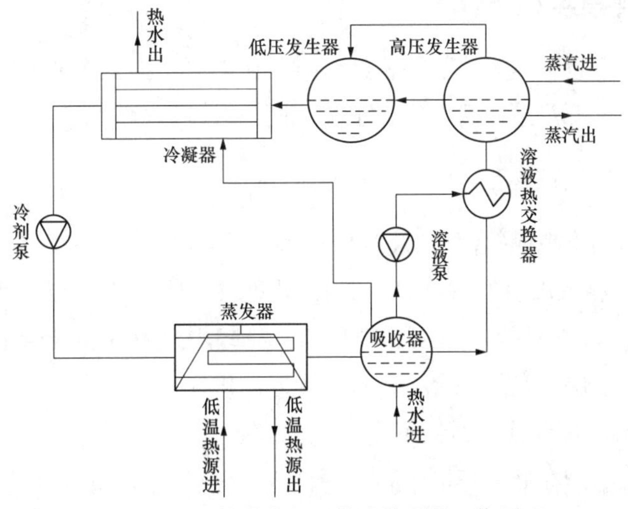

图 3–20　双效溴化锂吸收式热泵的工作原理

双效溴化锂吸收式热泵的特点如下：

1）热泵 COP 范围：2.3～2.5。

2）驱动蒸汽压力范围：0.6～0.9MPa。

3）热水出口温度范围：50～60℃。

4）热水出口和余热水出口温差：20～30℃。

由于双效溴化锂吸收式热泵的 COP 比单效溴化锂吸收式热泵高 40%，驱动热源耗量比相同制热量的单效溴化锂吸收式热泵节省 40%，对于部分对热泵热水出口温度要求不高的供热项目，具有较好的经济性。目前，有部分电厂循环水余热回收项目和燃气型热泵项目采用双效溴化锂吸收式热泵。

（3）多段多级溴化锂吸收式热泵。多段多级溴化锂吸收式热泵拥有一个以上的发生器、吸收器、蒸发器和冷凝器。与单段单效溴化锂吸收式热泵相比，增加的发生器、吸收器、冷凝器和蒸发器，可以最大限度地实现热水的升温和余热水的降低。

双级溴化锂吸收式热泵的特点如下：

1）热泵 COP 范围：1.3～1.4。

2）驱动蒸汽压力范围：0.1～0.9MPa。

3）热水出口温度范围：60～95℃。

4）热水出口和余热水出口温差：50～70℃。

5）余热水出口温度范围：10～30℃。

双级溴化锂吸收式热泵可以允许更低的余热水温度，适合于部分余热水温度较低，但又希望多回收余热的供热项目。目前，在电厂循环水余热回收项目中，有采用双级溴化锂吸收式热泵的案例。

三、空气源热泵系统设计

空气源热泵机组也称为风冷热泵机组，空气源热泵根据工作环境温度的不同可分为普通型和低温型空气源热泵，两者额定工况不同。

（一）空气源热泵机组特点

随着热泵技术的不断成熟，空气源热泵机组以其独特的优势在中小型建筑中得到广泛的应用。空气源热泵机组的特点有：① 一机两用，具有夏季供冷和冬季供暖的双重功能；② 不需要冷却水系统，省去了冷却塔、冷却水泵及其连接管道；③ 安装方便，机组可放在建筑物顶层或室外平台上，省去了专用机房。

1. 空气源热泵与压缩式热泵的不同

空气源热泵机组能在低温环境中高效、稳定、可靠地运行，在结构上与一般压缩式热泵系统有所不同，具体如下：

（1）制热与制冷循环采用独立的节流机构（热力膨胀阀、电子膨胀阀或毛细管），因此还需要多个单向阀辅助转换工质流向。

（2）除小型机组采用单台压缩机外，中大型冷热水机组均用两台或多台压缩机，每台压缩机可配有独立的空气侧换热器。

（3）为了平衡多路换热盘管的工质流量，空气侧换热器采用分液器，由多根细铜管连接换热器的各路换热盘管。

（4）系统除了使用常用的干燥过滤器、电磁阀等辅助件外，还要使用气液分离器和油分离器。

2. 空气源热泵机组的主要缺点

（1）由于空气的传热性能差，因此空气侧换热器的传热系数小，换热器的体积偏大，增加了整机的制造成本。

（2）由于空气的比热容小，为了交换足够多的热量，空气侧换热器所需的风量较大，风机功率相应增大，有一定的噪声污染。

（3）当空气侧换热器翅片表面温度低于0℃时，空气中的水蒸气会在翅片表面结霜，换热器的传热阻力增加使得制热量减小，所以风冷热泵机组在制热工况下工作时要定期除霜。除霜时热泵停止供热，影响空调系统的供暖效果。

（4）冬季随着室外气温的降低，机组的供热量逐渐下降，此时必须依靠辅助热源来补足所需的热量，降低了空调系统的经济性。

（二）空气源热泵机组的试验工况及参数

空气源热泵机组的额定制热量和额定制冷量是指标准试验工况下的数据，必须把额定数据转换成运行工况下的数据，才能供空气源热泵系统设计使用。GB/T 18837《多联式空调（热泵）机组》规定了多联式空调（热泵）机组的试验工况，多联式空调（热泵）机组试验工况见表3-9，实际运行时一般已超过此范围。

表3-9　　多联式空调（热泵）机组试验工况

单位：℃

<table>
<tr><th colspan="2" rowspan="3">试验条件</th><th colspan="2" rowspan="2">室内侧入口空气状态</th><th colspan="5">室外侧状态</th></tr>
<tr><th colspan="2">风冷式（入口空气状态）</th><th colspan="3">水冷式（进水温度/水流量状态）</th></tr>
<tr><th>干球温度</th><th>湿球温度</th><th>干球温度</th><th>湿球温度</th><th>水环式</th><th>地下水式</th><th>地埋管/（地表水）式</th></tr>
<tr><td rowspan="4">制冷</td><td>最大运行</td><td>32</td><td>23</td><td>43</td><td>26①</td><td>40/–②</td><td>25/–④</td><td>40/–②</td></tr>
<tr><td>最小运行</td><td rowspan="2">21</td><td rowspan="2">15</td><td>18</td><td>—</td><td rowspan="3">20/–②</td><td rowspan="3">10/–④</td><td rowspan="3">10/–②</td></tr>
<tr><td>低温运行</td><td>21</td><td>—</td></tr>
<tr><td>凝露、凝结水排除</td><td>27</td><td>24</td><td>27</td><td>24①</td></tr>
</table>

续表

试验条件		室内侧入口空气状态		室外侧状态				
				风冷式（入口空气状态）		水冷式（进水温度 / 水流量状态）		
		干球温度	湿球温度	干球温度	湿球温度	水环式	地下水式	地埋管 /（地表水）式
制热	最大运行	27	—	21	15	30/–②	25/–④	25/–②
	最小运行	20	15	−7	−8	15/–②	10/–④	5/–②
	融霜		≥15③	2	1	—	—	—

注 1. "—" 为不做要求的参数，"–" 为水流量参数。

2. 室内机风机转速档与制造商要求一致。

3. 若室外机标称有机外静压的，按室外机标称的机外静压进行试验。

4. 试验时，若室外机风量可调，则按照制造商说明书规定的风机转速档进行；若室外机风量不可调，则按照其名义风速进行试验。

① 适应于湿球温度影响室外侧换热的装置。

② 采用名义制冷试验条件确定的水流量，按单位名义制冷量水流量 0.215m³/（h·kW）计算得到。

③ 适应于湿球温度影响室内侧换热的装置。

④ 采用名义制冷试验条件确定的水流量，按单位名义制冷量水流量 0.103m³/（h·kW）计算得到。

低温空气源热泵指可以在不低于 −20℃的环境温度里抽取热量的整体或分体设备。根据室内端介质的不同可以分为热水机和热风机。按照制冷量划分，其中制冷量在 50kW 以上称为商用机组，50kW 以下称为户用机组。

低环境温度空气源热泵热水机组根据 GB/T 25127《低环境温度空气源热泵（冷水）机组》可知，热泵在额定工况（环境温度：干球温度 −12℃，湿球温度 −14℃，出水温度 41℃）下，COP 不低于 2.1（户用）或 2.3（商用）。JB/T 13573《低环境温度空气源热泵热风机》规定了低环境温度空气源热泵热风机的试验工况，低环境温度空气源热泵热风机试验工况见表 3−10。

GB/T 18836《风管送风式空调（热泵）机组》规定了风管送风式空调（热泵）机组试验工况和有关参数，风管送风式空调（热泵）机组试验工况见表 3−11，实际运行一般不超过此范围。

表 3−10　　低环境温度空气源热泵热风机试验工况

工况条件	室内机组入口空气状态	室外机组入口空气状态	
	干球温度（℃）	干球温度（℃）	湿球温度（℃）
名义制热	20	−12	−13.5
低温制热	20	−20	—
最小运行制热	≥16	−25	—
除霜	20	2	1
制热均匀性与稳定性	—	−12	−13.5

表 3-11　　风管送风式空调（热泵）机组试验工况

<table>
<tr><th colspan="2" rowspan="3">试验条件</th><th colspan="2" rowspan="2">室内侧入口空气状态</th><th colspan="4">室外侧状态</th></tr>
<tr><th colspan="2">风冷式（入口空气状态）</th><th colspan="2">水冷式（进水温度 / 水流量状态）</th></tr>
<tr><th>干球温度</th><th>湿球温度</th><th>干球温度</th><th>湿球温度</th><th>进水温度</th><th>出水温度</th></tr>
<tr><td rowspan="3">制冷试验</td><td>最大运行</td><td>32</td><td>23</td><td>43</td><td>26①</td><td>34</td><td>–②</td></tr>
<tr><td>凝露、凝结水排除能力</td><td>27</td><td>24</td><td>27</td><td>24①</td><td>–②</td><td>27</td></tr>
<tr><td>低温运行</td><td>21</td><td>15</td><td rowspan="2">21</td><td>15①</td><td>—</td><td>21</td></tr>
<tr><td rowspan="2">制热试验</td><td>最大运行</td><td>27</td><td>—</td><td>15</td><td rowspan="4">—</td><td rowspan="4">—</td></tr>
<tr><td>融霜</td><td rowspan="3">20</td><td>15 以下③</td><td>2</td><td>1</td></tr>
<tr><td colspan="2">电热装置制热</td><td>—</td><td rowspan="2">—</td><td rowspan="2">—</td></tr>
<tr><td colspan="2">风量④</td><td>15</td></tr>
</table>

注 1. “—” 为不做要求的参数。

2. 空调机室内机需在标称的机外静压下进行试验；室内机风机转速档与制造商要求一致。

3. 若室外机标称有机外静压的，按室外机标称的机外静压进行试验。若室外机风量可调，则按照制造商说明书规定的风机转速挡进行；若室外机风量不可调，则按照其名义风速挡进行试验。

4. 试验时，若室外机风量可调，则按照制造商说明书规定的风机转速档进行；若室外机风量不可调，则按照其名义风速进行试验。

① 适应于湿球温度影响室外侧换热的装置。

② 采用名义制冷试验条件确定的水流量。

③ 适应于湿球温度影响室内侧换热的装置。

④ 风量测量时机外静压的波动应在测定时间内稳定在规定静压 ± 5% 以内，但是规定静压小于 98Pa 时应取 ± 3Pa。

GB/T 18430.1《蒸气压缩循环冷水（热泵）机组　第 1 部分：工业或商业用及类似用途的冷水（热泵）机组》规定了蒸气压缩循环冷水（热泵）机组工商业用和类似用途的冷水（热泵）机组的名义工况，蒸气压缩循环冷水（热泵）机组名义工况见表 3-12。

表 3-12　　蒸气压缩循环冷水（热泵）机组名义工况

单位：℃

<table>
<tr><th rowspan="3">项目</th><th colspan="2">使用侧</th><th colspan="6">热源侧（或放热侧）</th></tr>
<tr><th colspan="2">冷、热水</th><th colspan="2">水冷式</th><th colspan="2">风冷式</th><th colspan="2">蒸发冷却式</th></tr>
<tr><th>进口水温</th><th>出口水温</th><th>进口水温</th><th>出口水温</th><th>干球温度</th><th>湿球温度</th><th>干球温度</th><th>湿球温度</th></tr>
<tr><td>制冷</td><td>12</td><td>7</td><td>30</td><td>35</td><td>35</td><td>—</td><td>—</td><td>24</td></tr>
<tr><td>热泵制热</td><td>40</td><td>45</td><td>15</td><td>7</td><td>7</td><td>6</td><td>—</td><td>—</td></tr>
</table>

（三）空气源热泵机组的变工况特性

1. 热源温度变化对空气源热泵供热能力的影响

空气源热泵机组选型除了应了解额定参数，还应了解其变工况特性。为了便于用户选择使用空调器热泵机组，生产厂商一般都会提供机组的特性曲线。某型号空气源热泵机组性能曲线对应数据见表 3-13。

表 3-13　某型号空气源热泵机组性能曲线对应数据

出水温度（℃）	环境温度（℃）						
	—	−30	−25	−20	−12	0	7
35	制热量（kW）	—	—	97.180	98.930	133.000	143.770
	功率（kW）	—	—	37.010	37.400	38.560	38.690
	COP	—	—	2.626	2.645	3.449	3.716
41	制热量（kW）	62.980	80.927	93.390	108.100	129.850	158.760
	功率（kW）	35.550	40.673	40.850	40.740	42.920	43.780
	COP	1.772	1.990	2.286	2.653	3.025	3.626
45	制热量（kW）	—	79.971	93.220	105.740	125.220	153.490
	功率（kW）	—	44.302	44.930	44.130	43.820	45.300
	COP	—	1.805	2.075	2.396	2.858	3.388
50	制热量（kW）	63.123	—	95.610	102.980	128.770	150.950
	功率（kW）	43.200	—	47.790	47.040	48.540	50.420
	COP	1.461	—	2.001	2.189	2.653	2.994
55	制热量（kW）	—	81.020	97.470	101.740	127.900	148.270
	功率（kW）	—	53.210	53.270	50.850	54.320	52.020
	COP	—	1.523	1.830	2.001	2.355	2.850
60	制热量（kW）	65.200	—	—	—	132.943	—
	功率（kW）	48.700	—	—	—	60.962	—
	COP	1.339	—	—	—	2.181	—

在实际工作中，环境温度不同和空调系统中介质出水温度不同时，机组的制热量和输入功率会随之变化。从表 3-13 中可以看出，机组按制热工况运行时的变工况特性有：

（1）空气源热泵机组的制热量随室内温度的增高而减少。主要是由于室内温度增高相应提高了冷凝温度，当冷凝温度提高后的工质液体节流后其干度增加，液体量的减少必然导致系统从环境中吸收的汽化潜热减少，从而使制热量相应减少。

（2）空气源热泵机组的输入功率随室内温度的增高而增加。主要是由于冷凝压力相应提高后，压缩机的压力比增加，压缩机对每千克工质的耗功增加，导致压缩机的输入功率增加。

（3）空气源热泵机组的制热量随着环境温度的降低而减少。主要是由于环境温度降低相应降低了蒸发温度，当蒸发温度降低后的压缩机吸气温度也会下降，吸气比容增加使得系统的工质流量下降，制热量也就相应减少。当环境温度降低到 0℃左右，空气侧换热器表面结霜加快，此时蒸汽温度下降速率增加，机组制热量下降加剧。

（4）空气源热泵机组的输入功率随环境温度的降低而下降。当环境温度降低时系统的蒸发温度降低，使压缩机的工质流量减少，压缩机的输入功率也就下降。

2. 热源温度变化对空气源热泵供冷能力的影响

很多工程选择使用空气源热泵机组作为夏季空调系统的冷源，因此还需要校核制冷模式下变工况特性能否在设计范围内满足使用要求。此时，定义高温热源温度为室外环境温度，低温热源温度为室内空气的湿球温度。把湿球温度作为低温热源温度是因为在蒸发器表面有凝结水的缘故，湿球温度的高低决定了室内空气焓值的高低。空气源热泵机组制冷工况运行时的变工况热性有：

（1）机组的制冷量随室内湿球温度的上升而增加。主要是由于室内湿球温度的增加相应提高了机组的蒸发温度，当蒸发温度提高后的工质液体节流以后其干度下降，每千克工质的制冷量增加；压缩机的吸气压力提高，吸气比容减小，使得工质的循环量增加，所以机组的制冷量也就相应增加。

（2）机组的输入功率随着室内湿球温度的上升而增加。主要是因为蒸发温度提高后吸气比容减小，使得工质的循环量增加，导致压缩机的输入功率增加。在压力比约为 3 时对应的压缩机的输入功率最大。

（3）机组的制冷量随着环境温度的降低而增加。主要是由于环境温度的降低相应降低了冷凝温度，当冷凝温度降低后的工质液体节流以后其干度减少，液体量的增加导致系统从室内空气中吸收的汽化潜热增加，机组制冷量也就相应增加。

（4）机组的输入功率随环境温度的降低而下降。当环境温度降低时系统的冷凝温度降低，使系统的冷凝压力下降，压缩机对每千克工质的耗工减少，压缩机的输入功率下降。

（四）空气源热泵机组冬季除霜

1. 结霜的影响

冬季当室外侧换热器表面温度低于空气露点温度且低于 0℃时，换热器表面就会结霜，室外换热器出现的结霜现象是空气源热泵机组的一个复杂的技术难题。尽管在结霜初期霜层增加了传热表面的粗糙度及表面积，使蒸发器的传热系数有所增加，但随着霜层增厚导热热阻逐渐成为影响传热系数的主要因素，使蒸发器的传热系数开始下降。另外，霜层的存在加大了空气流过翅片管蒸发器的阻力，减少了空气流量，增加了对流换热热阻，加剧了蒸发器传热系数的下降。由于以上原因，空气源热泵在结霜工况下运行时，随着霜层的增厚，将出现蒸发温度下降、制热量下降、风量衰减等现象而使空气源热泵机组不能正常工作。

2. 除霜的方法

（1）对于容量较小的机组，建议采用传统的除霜方法——采用四通阀换向，将室外换热器转换成冷凝器来进行除霜；在冷暖空调的回路中，压缩机、四通阀、节流装置、室内外热交换器由管线连接。在制热模式下，如果设定的除霜条件达到后，通过四通阀改变工质的流向进入制冷工况，让压缩机排出的热蒸汽直接进入翅片管换热器以除去翅片表面的霜层，同时，室外机的风扇停止运转，等到霜层完全清除，停止除霜，开始正常的供热循环。

（2）对于容量较大的机组，可采用热气旁通除霜方式。热气旁通除霜是指利用压缩机排气管和室外换热器与毛细管之间的旁通回路，将压缩机的高温排气直接引入室外换热器中，通过蒸气液化放出的大量热将换热器外侧的霜层融化的除霜方法。在除霜时，四通阀不需换向，室内外换热器风扇停止运行。热气旁通除霜状态压–焓图如图 3–21 所示。

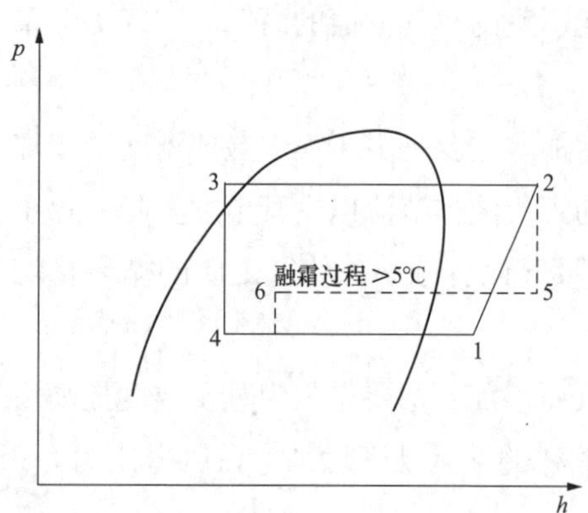

图 3–21　热气旁通除霜状态的压–焓图

（3）无论采用什么除霜方式，对空气–空气系统，因为系统的热容量小，很容易造成房间内温度下降，所以要充分利用压缩机的蓄热，也可通过在压缩机外壳处增加相变蓄热装置，用于除霜。对于空气–水系统，在除霜过程中，系统不需要从房间内取热，而是利用循环水箱的热容量。水箱的容量要保证在除霜运行时，其水温仅下降 1～2℃。

3. 除霜的控制

化霜的时刻、化霜时间的长短取决于霜层的厚度，也取决于环境温度、湿度等参数。因霜层变厚会影响室外换热器的工作温度、压力，也会影响空气的流动阻力、系统的产热量等，因此衍生出不同的化霜控制原理和系统。在空气源热泵的除霜控制方法上，早期的定时除霜弊端较多，目前常用的是时间–温度法，而模糊智能控制除霜法等逐渐成为除霜控制的主流方法。

（五）空气源热泵系统的平衡点

1. 热泵供热量与建筑物耗热量的供需矛盾

当建筑物的围护结构一定时，其耗热量取决于室内外的温差。随着室外温度的降低，建筑物热负荷逐渐增大。若冬季室内温度维持在设计值，则耗热量和室外温度组成线性函数关系，即

$$Q = KF(t_{\mathrm{i}} - t_{\mathrm{a}}) \tag{3-7}$$

式中　Q——建筑物围护结构的散热量，W；

K——建筑物围护结构的传热系数，W/(m²·℃)；

F——建筑物围护结构的外墙传热面积，m²；

t_{i}——建筑物内设计温度，℃；

t_a——室外环境温度，℃。

式（3-7）可以整理成

$$Q = K_a F_a (t_i - t_a) \tag{3-8}$$

式中 K_a——折合建筑面积的传热系数，W/(m^2 · ℃);

F_a——建筑面积，m^2。

另外，室外空气的温度和湿度随地区、季节和时间的不同而变化，这对空气源热泵的制热量和制热系数影响很大。特别是当冬季室外温度下降时，热泵的蒸发温度较低，制热系数就会随着蒸发温度下降而下降。

根据热力学第一定律，热泵的制热量等于室外换热器（此时为蒸发器）在炙热状态下在空气中的吸热量和压缩机功率消耗之和。若维持室内换热器的冷凝温度不变，随着室外温度的降低，机组的供热量逐渐减少。热泵的制热量与室外温度也呈近似线性关系，即

$$Q_h = A + Bt_a \tag{3-9}$$

式中 Q_h——热泵的制热量，W;

A、B——常数。

由以上分析可知，当室外空气的温度降低时，空气源热泵的供热量减少，而建筑物的耗热量却在增加，从而造就了空气源热泵供热量与建筑耗热量之间的供需矛盾。空气源热泵空调系统的供需特性关系如图 3-22 所示，图中 AB 线为空气源热泵供热特性曲线，CD 线为建筑物耗热量特性曲线，两条线呈反向变化趋势。热泵制热曲线 AB 和建筑物耗热量曲线 CD 的交点称为平衡点，相对应的室外温度 t_o 称为平衡点温度。

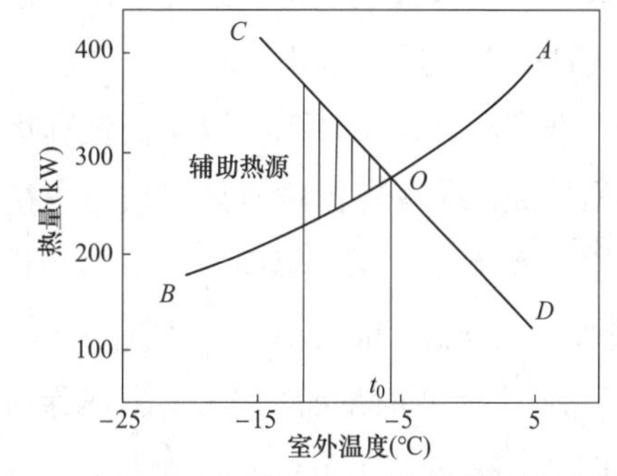

图 3-22 空气源热泵空调系统的供需特性关系

当室外温度为 t_o 时，热泵供热量与建筑物耗热量相平衡。当室外温度低于 t_o 时，热泵供热量小于建筑物的耗热量，则表示热泵供热量不足，必须用辅助热源来补充加热量。当室外空气温度高于 t_o 时，热泵的供热量大于建筑物的耗热量，表示热泵供热量有多余，可通过对热泵的能量调节来解决热泵供热量过剩的问题。当然，具有不同耗热特性的建筑物或采用不同容量的热泵机组，其平衡点也不同。

综上所述，空气源热泵空调机组供热量与建筑物耗热量的供需矛盾是系统设计中需要解决的重要问题。此时，应从三面着手：一是从经济性合理选择平衡点温度，二是合理选取辅助热源及其容量，三是调节热泵的能量。

2. 最佳平衡点

对于某一具体的建筑物，平衡点温度取得低，要求配置的热泵机组容量就大，则选用的辅助热源较小，甚至可以不加辅助热源，可以降低辅助热源的设备费和运行费，但热泵机组容量较大，机组的设备投资高且运行效率较低，经济上不一定合理。平衡点温度取得高的话，所选择的热泵机组容量较小，设备费和运行费用较低，但所必需的辅助热源较大，辅助热源的设备费和运行费用较高，也不利于节能。不同平衡点温度方案的比较如图 3-23 所示，方案 A 的热泵机组容量较大而辅助热源容量较小，平衡点温度较低；方案 B 的热泵机组容量较小而辅助热源容量较大，平衡点温度较高。

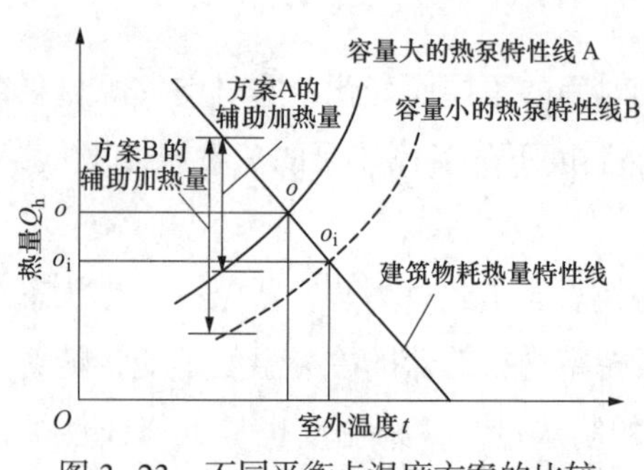

图 3-23　不同平衡点温度方案的比较

选择不同的平衡点温度，就会有不同容量的热泵机组和辅助热源配置方案。平衡点温度对于选择热泵机组容量及其运行的经济性和节能效果都有很大的影响，如何合理选择平衡点温度是一个技术经济比较问题。

以空气源热泵系统冬季运行耗能最少为目标确定的平衡点温度，称为最佳能量平衡点温度。如果按此平衡点选择热泵机组，就能够使整个系统获得最大的制热季节性能系数（HSPF），即输入相应的电能可获得最大的季节供热量。

在市场经济条件下，以初投资和运行费用之和最低为经济目标确定的平衡点温度成为最佳经济平衡点温度。如果按此平衡点来选择热泵机组和辅助热源的容量，能够使整个空调系统（热泵 + 辅助热源）的初投资和运行费用之和最小。影响最佳经济平衡点的主要因素是能源价格和气候特征。

为了更全面地评价空气源热泵系统，对于最佳能量平衡点还要用夏季能效比（SEER）核算是否节能；对于最佳经济平衡点，还应比较夏季的运行费用。一般情况下，只要空气源热泵系统冬季运行节能或经济，夏季运行时，若用单冷机组补充空气源热泵机组的冷量不足，则整个系统也是节能或经济的。

3. 辅助加热

当室外温度低于平衡点温度时，建筑物的散热量大于热泵机组的制热量，造成室内空气温度无法维持。因而必须在空气源热泵空调系统内加设辅助热源，热泵机组冬季供热量不足部分由辅助加热设备补足热量。辅助热源主要有电加热、用低谷电储存的热量、用燃料燃烧加热三种。

采用电加热能较好地调节工况，并灵活地适应不同的气候环境。在室外环境温度低于平衡点温度时，按补充热负荷量的需求，分档开启电加热器。电加热器体积小，无环境污染，安装使用方便，因此应用广泛。对于空气－空气热泵机组，电加热器可以直接安置在室内机送风侧。

对于空气－水热泵机组，电加热器可安装在热泵机组的出水管上，电加热器安装示意如图 3-24 所示，由系统电控部分依据热泵空调系统的出水温度要求自动控制。

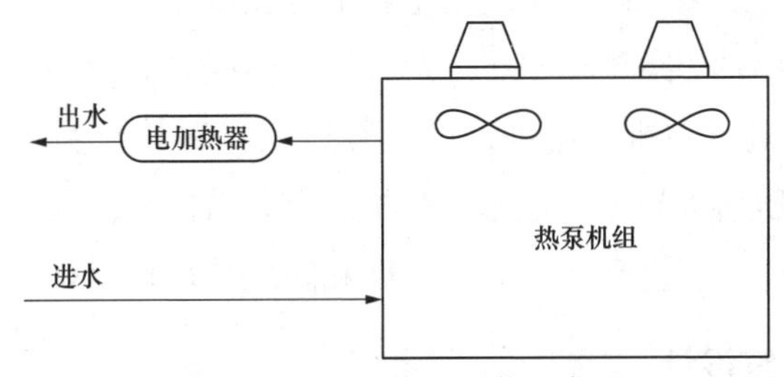

图 3-24　电加热器安装示意图

汽水换热器可安装在热泵机组的出水管上，蒸汽辅助热源安装示意如图 3-25 所示，来自辅助热源的热能通过汽水换热器，将流出空气－水热泵机组的热水再加热，以使送至房间内的末端装置的热水保持设计温度。

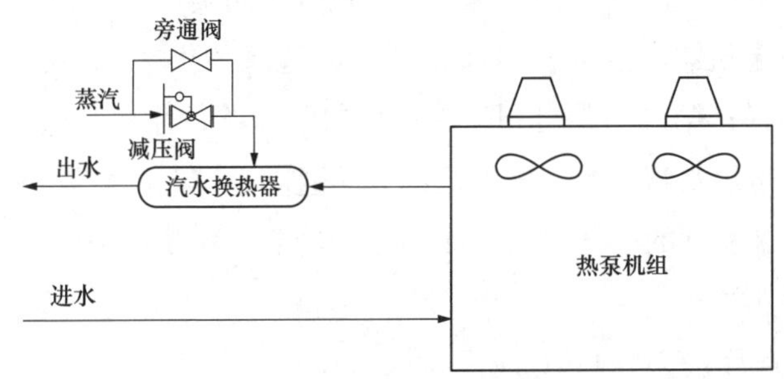

图 3-25　蒸汽辅助热源安装示意图

在有蒸汽的场合，可用蒸汽作为辅助加热热源。对峰值时电力较为短缺，而高低峰时电差价较大的地区，可采用蓄热方法储存热量。利用低峰时段电力，启动热泵机组将水箱内水加热储存至白天峰值时使用。在电力短缺、电费昂贵的场合，可用燃油、燃气热水锅炉作为空气－水热泵的辅助加热源。

4. 空气源热泵机组的能量调节

当空气源热泵空调系统在高于平衡点温度的条件下运行时，热泵机组制热能力大于建筑物的耗热量，这就要求调节机组制热能力以减少运行中的能耗。

能量调节方式以分级能量调节为主。在空气源热泵机组采用 3～5 台封闭式压缩机，当室内负荷减小或机组出水温度达到设定值后，自动停止部分压缩机运行，以此实现分级调节运行。为避免首台启动的压缩机长期处于工作状态而引起各台压缩机磨损不匀的现象，热泵机组的控制系统应能调节各台压缩机的运行时间，使各台压缩机的磨损均匀。应注意的是，由于压缩机的启动电流较大，开停机过于频繁会缩短压缩机的使用寿命。

分级能量调节不能实现热泵机组的制热量随建筑物的热损失及室外空气温度的变化同步调节。只有采用压缩机变容量柔性调节才能适应不同热负荷的要求，提高热泵的制热系数和制热季节性能系数，减少系统对电网的冲击和室内温度的波动。从节能和舒适性的角度来看，用变容量的柔性控制比定速分级启停控制有着明显的优越性。

目前常用的变容量压缩机有两种，即变频压缩机和数码涡旋压缩机。在热泵机组中，采用一台变容量压缩机与多台定速压缩机组合，就能实现大容量机组的连续能量调节，并且对增加机组寿命、提高房间的舒适性和降低噪声均有好处。

四、水源热泵系统设计

水源热泵机组是指以循环流动于地埋管中的水、井水、湖水、河水、海水，生活污水、工业废水，共用管路中的水为冷（热）源，制取冷（热）风或冷（热）水的设备。

（一）水源热泵机组的分类

目前常用的水源热泵机组冷热工况切换方式分为两类：第一类是小型的水－空气热泵机组和水－水热泵机组，这类机组通常通过四通阀的供能转换工质流向，来实现制冷、制热供能的转换；第二类是可用于集中供热、供冷的水－水热泵机组，以地下水、地表水、海水、城市污水为热源，该类机组无四通阀，其制冷、制热工况的转换是通过阀门转换水的流向来实现的，蒸发器和冷凝器的功能不切换。按照冷热源不同，水源热泵机组可分为以下几类。

1. 地下水源热泵系统

地下水源热泵系统根据换热器循环水与地下水的关系，可以分为开式环路地下水热泵系统和闭式环路地下水热泵系统。对于开式环路地下水热泵系统，地下水直接供给水源热泵机组；对于闭式环路地下水热泵系统，使用板式换热器把机组换热器循环水与地下水分开，地下水由配备水泵的水井或井群供给，然后排向地表（湖泊、河流、水池等）或者排入地下（回灌）。为保证地下水不受污染，且系统设备和管路不受地下水矿物质及泥沙的影响，均采用闭式环路循环。

2. 地表水源热泵系统

地表水源热泵系统的形式也分为开式和闭式环路地表水热泵系统。开式环路地表水热泵系统是将水通过取水口从河流或湖泊中抽出，并经简单污物过滤装置处理，直接送入机组换热器作为机组的热源，从热泵排出的水又排回到河流或湖泊中；闭式环路地表水热泵系统是通过中间换热器将地表水与机组换热器循环水隔开的系统形式。地表水体是一种很容易采用的能源，所以开式环路地表水热泵系统的费用是水源热泵系统中最低的。

3. 海水源热泵系统

海水源热泵系统一般由海水取水构筑物、海水泵站、热泵机组、供冷供热管网及用户末端组成。海水的比热容为 3996kJ/(m^3·℃)，而空气的比热容是 1.28kJ/(m^3·℃)，可以看出海水的比热容量较大，因而很适合作冷热源。海水取水构筑物为系统安全可靠地从海中取海水；海水泵站的功能是将取得的海水输送至热泵系统相关的设备（热泵机组或板式换热器）；热泵机组的功能是利用海水作为热源或冷源，制备冷热水，通过管网将冷热水输送至用户。

4. 污水源热泵系统

污水源热泵系统也可以分为间接开式和直接开式两种，间接开式污水源热泵比直接开式的运行条件好，热泵机组一般来说没有堵塞、腐蚀、繁殖微生物的可能性，但是中间水－污水换热器应具有防堵塞、防腐蚀等功能。

5. 水环热泵系统

水环热泵系统通过一套两管制水环路并联连接的热泵系统。当房间需要供暖时，水源热泵机组按供热模式进行，水源热泵机组从两管制水系统中吸取热量，向房间送热风；当房间需要供冷时，则按制冷模式运行，水源热泵机组向两管制水系统排放热量，向房间送冷风。当整个系统中有一部分房间需要供冷而另一部分房间需要供暖时，则按制冷模式供冷的水源热泵向两管制水系统排放热量，按制热模式供暖的水源热泵机组从两管水系统中吸取热量。排热和吸热同时在两管制水系统中发生，从而达到有效利用房间余热的目的，实现热回收。

（二）水源热泵系统设计要点

1. 水文地质工程勘查

工程场地的水文地质条件是否可以利用，是应用水源热泵系统的基础。在水源热泵系统设计的初期阶段，应根据建筑物设计供暖、供冷负荷的要求，对工程场地状况、水文地质条件、地层温度分布情况等进行勘查，为水源热泵系统的可行性评估和水源热泵工程设计提供依据。根据勘查情况，合理选择地表水、地下水热泵系统。完成工程勘查后，应编写工程勘查报告，为下一步设计水源热泵系统提供依据。

2. 地下水回灌设计

地下水源热泵系统主要利用浅层水。如果有足够的地下水量、水质较好，有开采手段，且当地法规允许时，应考虑采用地下水源热泵系统。由于大量开采会造成地下水层的减少和对地下结构的影响，因此，对地下水的利用必须十分谨慎，并应解决好地下水回灌问题。

由于开采的地下水要求回灌，且必须等量回灌，即抽出的水量与回灌的水量相等。回灌可以起到储能的作用，冬季回灌蓄冷为夏季所用，夏季回灌蓄热为冬季所用。

地下水源热泵主要是利用地下的冷（热）量，对地下水水质几乎没有影响，但由于换热设备自身的要求，一般要将地下水处理后进入水源热泵机组。若用物理方法处理地下水，对地下水水质影响不大；若用化学方法处理地下水，则需在回灌前进行水质检测，符合标准后再回灌。水处理不当，会引发二次污染。二次污染对环境的影响不容忽视，在水处理时，要尽量避免使用化学方法。即使使用化学方法，排放物也要经过处理达到排放标准才能排放。例如，闭式系统中常用的防冻液主要由乙二醇和水配兑构成，如果操作管理不当，就会进入自然水体，给环境和空气造成污染，进入人体容易使人体内酸碱平衡失调。

回灌井同抽水井一样，也由井管、滤水管、沉砂管组成。但由于回灌井要承受两个方面的水流作用和两重水质的影响，故要注意回灌井过滤网的强度和耐腐蚀能力。在渗透性好的含水层中，回灌井应布设在采井的上游，可以起到直接补给的作用；在渗透性较差的含水层中，回灌井可均匀分布，井距密集些，以达到补给效果。

合理的井间距对地下水源热泵非常重要，间距不能太小，否则会使抽水井与回灌井之间“热短路”。对渗透性较好的松散砂石层，两井间距应在100m左右，且回灌井宜在抽水井的上游；对渗透性较差的黏土层两井间距一般应在50m左右，不宜小于50m。

3. 地表水取水设计

地表水取水设计应考虑环境保护问题、冷热交替问题和冷热平衡问题。取水温差过大会破坏生态环境。水温是影响水生物生长繁殖和分布的重要环境因素。在适宜的环境温度内，生物的生长速度与温度成正比，超过适宜的环境温度范围时，生物的行为活动和生长繁殖都将受到抑制，甚至死亡。夏季，取水温差过大，即排水温度超过35℃时，水中浮游生物的种类和数量都会减少，群落的物种多样性也会降低；冬季，取水温差过大会出现较低的温度，不仅影响了水中的生物种类，还会冻坏空调水管。

取水、排水口位置不当，机组运行效率也会降低。制冷时，经过换热的水再次排放到水体中，如果取水口和排水口位置不当，排出的水还没有经过充分的自然冷却又从取水口进入系统，会降低机组的效率。制热工况亦然。取排水口的布置原则是上游深层取水，下游浅层排水。在池塘水体中，取水口和排放水口之间还要有一定的距离，保证排水再次进入取水口之间温度能最大限度的恢复。最好用CFD软件进行模拟计算，选择最佳的取水口和排水口。

地表水源热泵闭式系统常采用的换热装置是浸在水中的换热盘管。这些换热盘管如果放置在公共水域，很容易遭到人为的破坏。如果水域中水流速度过大，也会导致盘管变形甚至破裂。工程应用中可以在放置盘管的地方设置警示牌，并且把换热盘管放置在流速适当的地方，从而避免水流速度过大带来的负面影响。

4. 水源热泵系统设计中应注意的其他事项

（1）对大型商业或公共建筑开发的项目，需要解决系统水体的排水问题。

（2）地表水的表面面积和深度，要求满足供冷设计工况下的排热量和供热设计工况下的吸热量的要求。

（3）水源热泵机组选择时的进水温度，在我国供热时从北到南为 -1.1～12.8℃，供冷时从北到南为 26.7～35℃。

5. 与冷热源交换热量的计算

与冷热源交换的热量是计算水源热泵系统的重要参数，其是由建筑物的冷热负荷、水源机组效率和换热温差决定的。

（1）供冷设计工况下循环水最大吸热量计算。循环水最大吸热量发生在最大建筑冷负荷相对应的时刻，其确定过程如下：

1）确定各种型号水源热泵机组的数量。

2）确定各种型号水源热泵机组的总冷负荷。

3）确定水源热泵机组的制冷性能系数（COP）。

4）确定水源热泵机组释放到循环水中的热量，即冷负荷 x（1+1/COP）。

5）所有热泵机组水流量相加，得到所需的总水量。

6）确定其他向循环水释放的热量或吸收的热量，如加热生活水的热泵释放的热量。

7）确定水泵释放到循环水中的热量。

8）将所有热泵机组释放的热量、各种过程释放的热量及水泵释放的热量相加，就得到供冷设计工况下释放到循环水中的总热量。

（2）供热设计工况下循环水最大放热量计算。循环水最大放热量发生在最大建筑热负荷相对应的时刻，其确定过程如下：

1）确定供热设计工况下的热负荷。

2）所有热泵机组的水流量相加就得到所需要的总流量。

3）确定水源热泵机组的制热性能系数（COP_h）。

4）确定水源热泵机组从循环水中吸收的热量，即为热负荷 x（$1-1/COP_h$）。

5）确定水环路的热损失。这些损失可来自其他散热设备，或其他处理过程的附加热量。

6）确定水泵加到水环路中的热量。

7）热泵机组的吸热量、处理过程的吸热量（或散热设备）、水泵释放到水环路中热量的总和就是供热设计工况下循环水的总放热量。

6. 水源热泵机组的选择

在水源热泵系统选择、设备选型和进行水源热泵系统设计之前，必须对建筑物的冷热负荷进行计算。计算时首先应进行空调分区，然后确定每个区的冷热负荷，最后计算整栋建筑物的冷热负荷。分区负荷用于各分区的水源热泵机组的选型，也可以用总负荷选集中式水源热泵机组，总负荷也用于水源热泵系统需要的附属设备的选择。水源热泵机组选择时应注意以下问题：

（1）要根据不同的水源选择不同的水源热泵机组。可选择地表水源型、地下水源型和地埋管水源型。要考虑机组的工作温度是否与水源的温度相适应。在设计中要选用能效比高、部分负荷性能良好的水源热泵机组。

（2）要根据水源选择合适的换热器机组。板式换热器的换热效率高，但对水质要求也高，对水源水间接利用的系统可选择板式换热器。管壳式换热器的防堵能力较强，对水源水直接利用的系统可采用管壳式换热器，不同水源对换热器的材料要求不同。对含盐浓度高、有腐蚀性物质的水源，选择机组时要注意防腐问题。

（3）进水温度取决于所选择系统的类型。例如，当采用地下水时，其额定制冷工况的进水温度为18℃，额定制热工况的进水温度为15℃；当采用地表水时，其额定制冷工况的进水温度为25℃，额定制热工况的进水温度为0℃。这些进水温度可作为初始设计的进水温度。特别是在冬季，北方地区地表水温度很低，温度很低的水进入系统换热后温度会进一步降低，甚至结冰，会出现冰冻堵塞甚至胀裂管道的危险，从而影响整个系统的运行。所以热泵机组一般都会设置进水温度保护装置，进水温度过低会使机组频繁保护停机，将严重影响机组寿命。

（4）要根据水源热泵机组的实际运行工况和其特性曲线（或性能表）选用水源热泵机组。根据设计负荷选择热泵机组，机组的制冷量不应小于峰值冷负荷的95%，也不应超过峰值冷负荷的125%。机组制热量一般应比设计热负荷大些。

五、土壤源热泵系统设计

土壤源热泵系统是以土壤为低温热源，由土壤换热器系统、水源热泵机组系统、建筑物空调系统。土壤源热泵系统的3个组成部分对应3个不同环路，第一个环路为土壤换热器环路，第二个环路为热泵机组工质环路，这个环路与普通制冷循环的原理相同，第三个环路为建筑物空调末端环路系统，3个系统间用水或空气作为换热介质进行冷量或者热量的转移。土壤源热泵系统工作原理如图3-26所示。

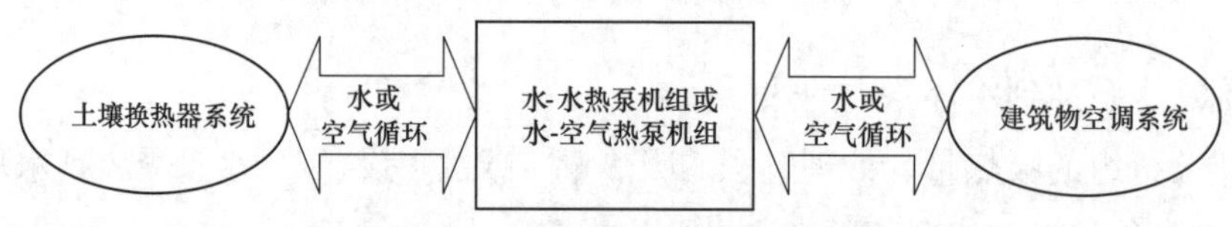

图3-26　土壤源热泵系统工作原理

在夏季，与土壤换热器相连的工质换热器为冷凝器，土壤起到热汇的作用，工质环路将建筑物冷负荷和压缩机、水泵等耗功量转化为热量一起通过土壤换热器将热量释放到地下土壤中；在冬季，与土壤换热器相连的工质换热器为蒸发器，土壤起热源作用，换热器环路中低温的水或防冻剂溶液吸取了土壤中的热量，然后通过工质系统将从地下吸取的热量和压缩机、水泵等耗功量转化为热量一起释放给室内空气或水系统，达到加热室内空气的目的。

（一）土壤源热泵系统的优缺点

土壤源热泵系统利用地下土壤作为热泵机组的吸热和排热物体。研究表明，在地下5m以下的土壤温度基本上不随外界环境及季节变化而改变，且约等于当地年平均气温，可以分别在冬夏两季保持热泵机组较高的蒸发温度和较低的冷凝温度，土壤源热泵系统性能稳定、效率较高，因此，土壤是一种比空气更理想的热泵冷热源。

1. 优点

（1）地下土壤温度全年波动较小且相对稳定，冬季比外界环境空气温度高，夏季比环境温度低，土壤的这种温度特性使得土壤源热泵的季节性能系数具有恒温热源热泵的特性，比传统空调系统运行效率要高40%～60%，节能效果明显。

（2）土壤具有良好的蓄热性能，冬夏季从土壤中取出的能量可分别在夏冬季得到自然补偿，从而实现冬夏季能量的互补性。

（3）当室外气温处于极端状态时，用户对冷热量的需求也处于高峰期，由于土壤温度相对地面空气温度的延迟和衰减效应，因此和空气源热泵相比，土壤源热泵系统可以维持较低的冷凝温度和较高的蒸发温度，从而在耗电量相同的条件下，可以稳定提供夏季的供冷量或冬季的供热量。

（4）土壤换热器无须除霜，没有融霜除霜的能耗损失。

（5）土壤换热器在地下静态吸放热，减小了土壤源热泵系统对地面空气的热、噪声污染。

（6）运行费用低。根据美国环保署（EPA）估计，设计安装良好的土壤源热泵系统，可以节约用户30%～40%的供暖空调系统的运行费用。

2. 缺点

从目前国内外的研究和实际使用情况来看，土壤源热泵也存在着一些缺点，主要表现在以下几个方面：

（1）土壤的热导率小而使土壤换热器的单位管长放热量仅为20～40W/m，一般取热量为25W/m左右。因此，当换热量较大时，土壤换热器占地面积较大。

（2）土壤换热器的换热性能受土壤的热物性参数的影响较大。

（3）初投资较高，仅土壤换热器的投资占系统投资的20%～30%。

（二）地埋管换热系统设计

1. 地埋管换热器埋管形式选择

地埋管换热器的埋管形式主要有水平埋管和垂直埋管两种。换热管路埋置在水平管沟内的地埋管换热器为水平埋管，换热管路埋置在垂直钻孔中的地埋管换热器为垂直埋管。选择哪种形式主要取决于现场可用地表面积、当地岩土类型及钻孔费用。当可利用地表面积较大，且浅层岩土体的温度及热物性受气候、雨水、埋设深度影响较小时，宜采用水平埋管换热器。否则，宜采用垂直埋管换热器。尽管水平埋管通常是浅层埋管，可采用人工挖掘，初投资比垂直埋管要少一些，但它的换热性能比垂直埋管差很多，并且往往受可利用土地面积的限制，所以在实际工程应用中，垂直埋管多于水平埋管。

水平埋管按照埋设方式，可分为单层埋管和多层埋管两种；按照埋管在管沟中的管形不同，可分为直管和螺旋管两种。由于多层埋管的下层管处于一个较稳定的温度场，换热效果好于单层。受造价等因素的限制，水平埋管的地沟深度不能太深。因此，多层埋管一般两层应用较多。据国外资料，单层管最佳深度为 0.8～1.0m，双层管为 1.2～1.8m，但无论何种情况，均应埋在当地冻土层以下。螺旋管的换热效果优于直管，如可利用大地面积较小，可采用螺旋管，但不易施工。

垂直埋管根据其形式不同，有单 U 形管、双 U 形管、小直径螺旋盘管、大直径螺旋盘管、立式柱状管、蜘蛛状管、套管式管、单管式管等，垂直埋管换热器还可以与建筑混凝土基桩结合，即将 U 形管捆扎在钢筋网架上，然后浇灌混凝土。按埋设深度不同分为浅埋（≤30m）、中埋（31～80m）和深埋（＞80m）。目前使用最多的是 U 形管、套管式管和单管式管。

U 形管在钻孔的管井内安装，一般管井直径为 100～150mm，井深 10～200m，U 形管直径一般在 50mm 以下，这主要是由流量不宜太大所限。由于其施工简单，换热性能较好等原因，目前应用最多。

套管式管的外管直径一般为 100～200mm，内管直径为 15～25mm。由于增大了管外壁与岩土的换热面积，可减少钻孔数和埋深，但内管与外腔中的流体发生热交换会带来热损失。单管式管在柜外成为“热井”，安装费和运行费较低，但这种方式受水温地质条件限制，使用有限。

2. 地埋管换热器环路形式选择

地埋管换热器中流体流动的环路形式有串联和并联两种。在串联系统中，几个井（水平管为管沟）只有一个流动通路；并联方式是一个井（管沟）有一个流动通路，数个井有数个流动通路。

串联方式一般需采用较大直径的管子，因此单位长度埋管换热器略高于并联方式，且管内积存的空气容易排出；由于系统管径大，在冬季气温低地区需充注的防冻液（如乙醇水溶液）多，因而成本高；管路系统不能太长，否则系统阻力损失太大。

并联方式一般采用较小管径的管子，所需防冻液少，成本低。但设计安装中必须注意确保管内流体流速较高，以充分排出空气；各并联管路的长度尽量一致（偏差应不大于 10%），以保证每个并联回路有相同的流量，确保每个并联回路的进口与出口有相同的压力，使用较大管径的管子做集箱，可达到此目的。

根据分配管和总管的布置方式，有同程式和异程式系统。在同程式系统中，流体流过各埋管的路程相同，因此各埋管的流动阻力、流量和换热量比较均匀。异程式系统中流体通过各埋管的路程相同，因此各埋管的阻力不相同，导致分配给每个埋管的液体流量也不均衡，使得各埋管的换热量不均匀，不利于发挥各埋管的换热效果。由于地埋管各环路难于设置调节阀或平衡阀，为保持系统环路间的水力平衡，在实际工程中多用同程式系统。

3. 地埋管换热器埋管选择

（1）管材特性。由于地埋管使用场所特殊，施工复杂，所选管材必须符合特定性能才可以保证施工顺利进行，系统才能正确运行。对管材特性要求有：

1）化学稳定性好。一般情况下地埋管一旦埋入地下，基本上不可能进行维修或者更换，这就需要保证埋入地下的管材具有较强的化学稳定性，能够在一定温度、一定压力下安全地使用几十年。

2）耐腐蚀。由于埋入地下的管材表面与地下土壤及地下水直接接触，易受到土壤或水中多种化学介质的侵蚀，易发生电化学腐蚀，因此需要地下管材具有卓越的耐腐蚀性。

3）流动阻力小、热导率大。管材中的水经过机组及地埋管换热器不断循环，这就要求管材内表面不会产生结垢层，防止因长时间运行，管道发生堵塞而影响系统正常运行。

4）较强的耐冲击性。管材应防止挤压造成管道破裂而导致系统无法运行，同时具有一定的承压能力。

5）管道连接处强度要高，密封性能要好。不会因施工、土壤移动或荷载的作用而导致接口处出现裂缝、断开。

6）管材必须易于施工且连接方便。

（2）管材质量要求。

1）选用管材和管件时，应有质量检验部门的产品合格证及认证证书。管材和管件上应标明规格、公称压力、生产厂家及商标。包装上应标有批号数量、生产日期和检验代号。

2）要求管材外观一致，内壁光滑平整，管身不得有裂纹，管口不得有破损裂口、变形等缺陷。管材端面应平整，与管中心轴线垂直，轴向不得有明显弯曲现象。管材外径及圆度必须符合规定。弹性橡胶圈外观应光滑平整，不得有气孔、裂缝、破损、重皮和接缝等现象；热收缩带应平整，无气泡、夹渣或裂口；管件表面应光滑无裂缝，无起皮及断裂，安装牢固。

3）地埋管质量应符合国家现行标准中的各项规定，管材公称压力不应小于1MPa。工作温度应为 −20～50℃。

4）埋入土壤中的地埋管，应能按设计要求长度成捆供应，中间不应有机械接口及金属接头。

5）管道材料构成、管材抵抗环境应力破裂的能力应能满足埋设在地下的要求。

6）高密度聚乙烯管应符合 GB/T 13663.2《给水用聚乙烯（PE）管道系统 第 2 部分：管材》的要求。聚丁烯管应符合 GB/T 19473.2《冷热水用聚丁烯（PB）管道系统 第 2 部分：管材》的要求。在保证要求情况下，宜选用薄壁管材，以减少热阻。

（3）地埋管的规格选择。在地埋管换热器中，推荐使用聚乙烯管（PE63、PE80、PE100）和聚丁烯管（PB），其中聚乙烯管的 PE63 系列分为 SDR11、SDR13.6、DR17.6、SDR33；聚乙烯管的 PE80 系列分为 SDR11、SDR13.6、SDR17、SDR21、SDR33 五个等级；聚乙烯管的 PE100 分为 SDR11、SDR13.6、SDR17、SDR21、SDR26 五个等级。

在选用管道时，地下环路尽量选薄壁管道，集管选壁厚较高的管道，以满足结构强度要求。

（4）地埋管的管径选择。应满足以下两个原则：

1）尽量降低循环泵的能耗。

2）满足管内流体处于紊流区，这样流体与管内壁之间的换热效果好。

根据上述两项原则，管径大小的选取应基于流体的压力损失和换热性能。选管时对两者进行折中。选管时应以安装成本最低、地埋管换热器中流体流量最小且能保持紊流状态为原则，在可选的管系中选择管子规格。兼顾上述考虑，地埋管管径通常采用 DN25～50mm，一般并联环路用小管径，集管用大管径。管内流速大小按照以下原则确定：① 对于小于 DN50mm 的管道，管内流速应为 0.46～1.2m/s；② 对于大于 DN50mm 的管道，管内流速应小于 8m/s，并使所有管道的压降小于 400Pa/m。

（5）地埋管的长度确定。地埋管管道的长度取决于流体流量和允许的压力损失。如果地埋管换热器中流体压力损失过大而影响泵的有效工作，可采取下述措施：① 采用较短的管道；② 采用较大管径的管道；③ 采用并联系统。

（三）其他辅助装置的设计

在某些建筑物的地埋管热泵系统中，系统的供冷量大于供热量，导致地埋管换热器十分庞大，价格昂贵。为节约投资，地埋管可以按照设计供热工况下最大吸热量来设计，同时增加辅助换热装置，如冷却塔 + 环式换热器（板式换热器主要使建筑物内环路可以独立于冷却塔运行），承担供冷工况下超过地埋管换热能力的那部分散热量。

第三节 调　　峰

在综合智慧能源系统的建设与运行中，调峰是一项重要的通用技术。本节介绍与综合智慧能源系统有关的调峰技术，包括集中供热热源调峰、天然气分布式冷热源调峰、天然气调峰、电网调峰。

一、集中供热热源调峰

集中供热热源调峰对大型城市集中供热系统的可靠性和经济性具有重要的影响，热源调峰可以提高大型城市集中供热系统的供热能力和经济效益。

（一）调峰热源的作用

供热系统调峰热源在大型城市集中供热系统中起两个重要的作用，其一是作为备用热源以保证供热系统的安全可靠性，其二是根据室外温度变化调峰运行以保证集中供热系统的经济性。

1. 备用

当供热系统主热源有故障时，调峰热源投入运行。GB 50049《小型火力发电厂设计规范》规定，热电厂当一台容量最大的锅炉停用时，其余锅炉出力应满足下列要求：①热用户连续生产所需的生产用汽量；②冬季采暖通风和生活用热量的60%～75%，严寒地区取上限。GB 50049《小型火力发电厂设计规范》规定，在无其他热源的情况下，热电厂一期工程，机炉配置不宜仅设置单台锅炉。GB 50660《大中型火力发电厂设计规范》中也有相似的规定。显然，调峰热源的作用之一是保证集中供热系统安全可靠运行。

2. 负荷调峰

为提高热电厂供热机组的设备利用率及经济性，首先要根据热负荷的大小及特性合理地选择供热式机组的容量和类型，还应有一定容量的调峰热源配合供热，构成以热电联产为基础，热电联产与热电分产相结合的能量供应系统。

在高峰热负荷时，热量大部分来自供热式汽轮机的抽汽或背压排汽，不足部分由调峰热源直接供给，前者为热化供热量（或称联产供热量），后者为分产供热量，热化供热量在总供热量中所占的比例是否合理，将影响热电联产供热系统的综合经济性，表示热化程度的比值称为热化系数。在热电联产建设中，应根据供热范围内的热负荷特性，选择合理的热化系数，以工业热负荷为主的热化系数宜控制为0.7～0.8；以采暖供热负荷为主的热化系数宜控制为0.5～0.6。这说明有30%～40%的供热负荷不依靠热电厂，直接由调峰热源供给。

（二）热源调峰的原理

集中供热热源供热系统存在多个热源，其中最大的一个热源称为主热源，较小的热源称为调峰热源（或峰荷热源），一般为区域供热锅炉房。调峰热源仅在当地气温低于采暖期室外平均温度后基本热源不满足供热需求时补充运行，其余采暖时间不投入运行。带有调峰热源的热网系统，其基本热源在采暖期可实现最大化对外供热，供热面积是无调峰热源的 1.4～1.5 倍。与热电联产基本热源相比，调峰热源有能耗及排放指标高等不利因素，但其具有投入时间短、增加的供热面积大，可以减少热电装机容量，提高热电机组循环热效率，实现能源利用效率最大化等有利因素，推荐采用调峰热源与热电联产基本热源联网运行的高效运行模式。

城市集中供热系统往往采用热电厂与外置一个乃至多个区域锅炉房联合供热方案，形成多热源联合供热系统。区域锅炉房可提前建设，也可与热电厂同期建设，而热电厂投运后，区域锅炉房转为调峰锅炉房（也含有备用热源作用）。

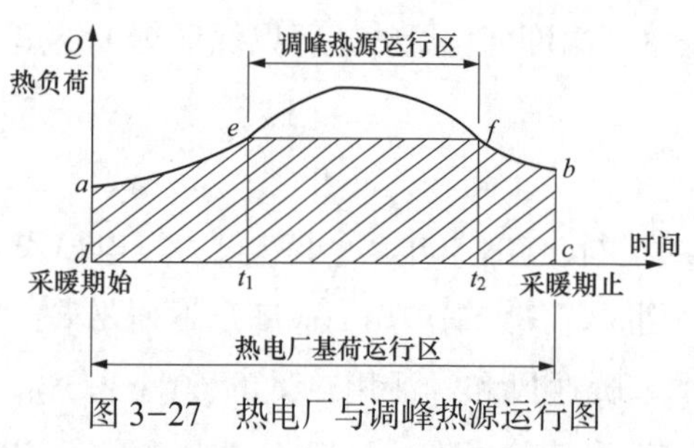

图 3–27　热电厂与调峰热源运行图

热电厂与调峰热源运行图如图 3–27 所示，其运行过程如下：从供暖期开始至供暖期结束，热电厂以基本负荷（图 3–27 中 *aefbcd* 所围的阴影区）运行，当室外气温下降，机组运行在 t_1～t_2 供暖期内时，调峰热源投运（图中曲线 *ef* 所围的白区），且在 t_1～t_2 供暖期内变负荷运行。

采用图 3–27 所示的运行方案，从理论上讲是最节能的，发电厂从供暖开始至结束，以基本负荷运行。调峰热源只在供暖中期（t_1～t_2 供暖期）投入运行，这可保证热电厂获取最大热效益，图 3–27 是研究供热系统调峰热源的理论基础。从图 3–27 中，可以得到以下结论：

（1）图的形状与不同地区（纬度）有关，其横轴长度与当地供暖期有关。

（2）图上部的曲线形状与当地的热化系数有关。

（3）图上部曲线顶端有一处平头，表示已扣除了每年最冷 5d（不保证天数）对应的热负荷。

（4）图的热化系数约为 0.66，调峰运行的总热负荷容量占总热负荷容量的 1/3，但实际运行消耗的热量（即曲线 *ef* 与直线 *ef* 所围的面积）约占供暖期总热量的 1/8。由于调峰热源运行时间少、热量少，可以不必过多考虑调峰运行的经济性。

（5）调峰热源每个供暖季理论上投入运行时间是横轴 t_1～t_2 的长度，这对于不同地区是变化的，例如北京地区，这一时间约为 1 个月。

（三）调峰热源的运行

1. 运行方式

调峰热源有两种运行方式：

（1）联网运行，与主热源同网运行，加热主网的水。

（2）脱网运行（又称为切块运行），脱开主网运行，只加热某分支热网的水。

2. 经济运行

根据上述内容，一般认为热电厂应负担 2/3 的总热负荷，而调峰热源担负 1/3 的总热负荷。例如：城市集中供热面积 1800 万 m^2，其理想的热源组成是 2 × 350MW 的热电联产机组（容量约占总热负荷的 2/3），外加一个调峰热源（容量约占总热负荷的 1/3）。以这种模式运行的集中供热热源是最经济和可行的。原因如下：

（1）初投资少。在相同的供热能力下，锅炉调峰热源的投资大约是热电厂的 1/4，调峰热网加热器调峰热源的投资额就更低了。

（2）可缓解电力消纳问题。针对北方集中采暖区的大中城市，冬季热电厂运行时，社会所需电负荷不多，如果完全靠热电厂解决供热热源问题，电力消纳将是难题。

（四）调峰热源的类型

从调峰热源所处的位置分类，可分为热电厂内和热电厂外（热电厂外又可分作一级热网上和换热站内部）；从燃烧种类分类，可分为燃煤和燃气；从调峰设备分类，可分为换热器和锅炉房。一般认为，根据重要性排序，以调峰热源所处的位置较为重要。以下将分别介绍几种主要的调峰热源类型，介绍时将着重讲其所处的位置，所起的作用，投资方、运行管理方和运行特点。

1. 第一种类型：热电厂内设置调峰热水锅炉

热电厂内设置调峰热水锅炉示意如图 3-28 所示，热网水经过基本热网加热器内送入热网，热电厂带基本负荷运行。如室外温度继续降低达到高峰热负荷时，把热网水通过旁路送入调峰热水锅炉加热至设计温度，再送入热网系统；当室外气温回升，调峰锅炉停运。这种类型的投资方和运行管理方均是热电厂。显然，这种类型的调峰热源加热的是供热系统主管网系统的水，调峰锅炉可以是单台或多台，可以燃煤或燃气。这种类型具有独立的热源，可以起到备用和调峰双重作用。

2. 第二种类型：热电厂内设置调峰热网加热器

热电厂内设置调峰热网加热器如图 3-29 所示，热网水经过基本热网加热器或经旁

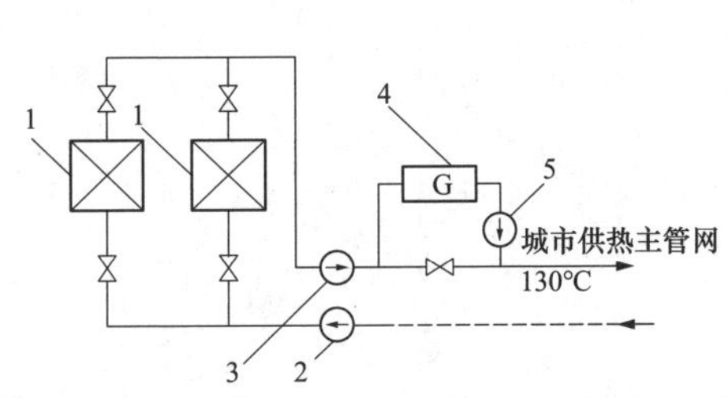

图 3-28 热电厂内设置调峰热水锅炉示意图

1—基本热网加热器；2、3—热网循环水泵；

4—调峰热水锅炉；5—调峰旁路循环水泵

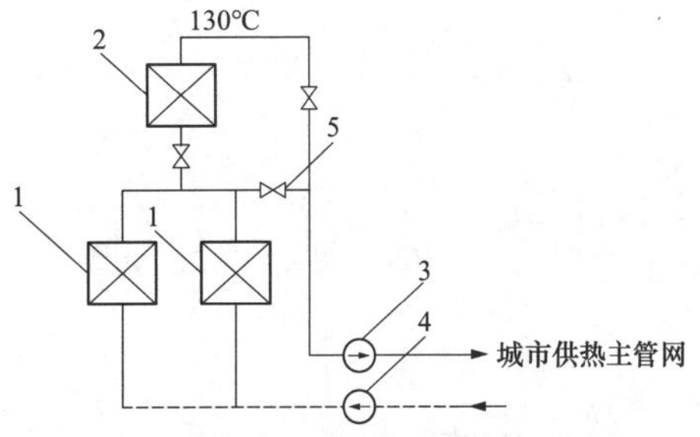

图 3-29 热电厂内设置调峰热网加热器

1—基本热网加热器；2—调峰热网加热器；

3、4—热网循环水泵；5—旁路阀

路管进入城市供热主管网。如室外温度降低，达到需高峰热负荷时，关闭旁路阀，热网水通过调峰热网加热器进一步加热至设计温度，再送入主热网系统。当室外气温回升，旁路阀开启，调峰热网加热器出入口阀门关闭，调峰热网加热器停运。这种类型的投资方和运行管理方均是热电厂。显然，调峰热源加热的是供热系统主管网的水。调峰热网加热器可以是单台或多台，其加热源来自汽轮机蒸汽，不是独立的热源，只有调峰作用不具有备用的作用，调峰热网加热器需较高参数的蒸汽，将影响发电量。这种类型易于实施，但只有调峰的作用，不可作为备用。

3. 第三种类型：热电厂外的主干管网上设置调峰锅炉房

热电厂外的主干管网上设置调峰锅炉房如图 3-30 所示，热网水经过基本热网加热器从热电厂送出，进入城市供热主管网。当室外气温降低，需高峰热负荷时，调节（或关闭）阀门，热网水经调峰锅炉进一步加热，送入城市供热主管网；当室外气温回升，开启阀门，关闭调峰锅炉出入口阀门，调峰锅炉停运。这种类型调峰热源的投资方和运营方均是热力公司。显然，该调峰热源加热的是主干管线上的热网水，调峰锅炉可以是单台或多台，在供热系统上，类似的调峰锅炉房可以设置多处，可以燃煤或燃气，并兼有备用和调峰的双重作用。

4. 第四种类型：热电厂外的分支管网上设置调峰锅炉房

热电厂外的分支管网上设置调峰锅炉房如图 3-31 所示，热网水经过基本热网加热器从热电厂送出进入城市供热管网。城市供热管网分几个分支管网区域，每个分支管网上设置一个调峰锅炉房，当室外气温降到需高峰热负荷时，开启分支管网上设置的 3 个调峰锅炉房，把热水加热至设计温度送入各分支管网；当室外气温回升，3 个调峰锅炉房停运。这种类型调峰热源的投资和运营方均是热力公司。调峰热源加热的是某一区域

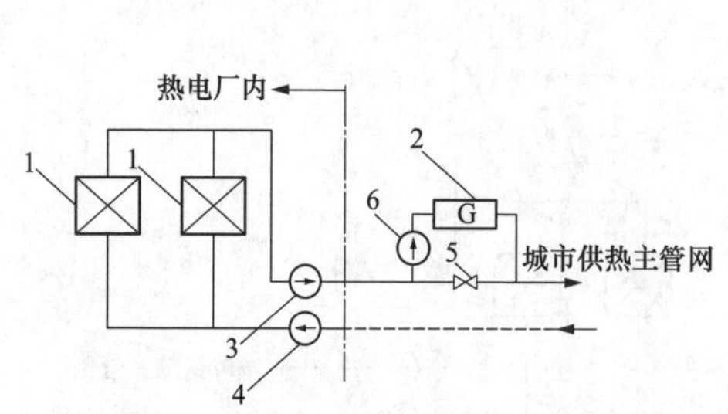

图 3-30　热电厂外的主干管网上设置调峰锅炉房

1—基本热网加热器；2—调峰锅炉；3、4—热网循环水泵；5—阀门；6—旁路调峰循环水泵

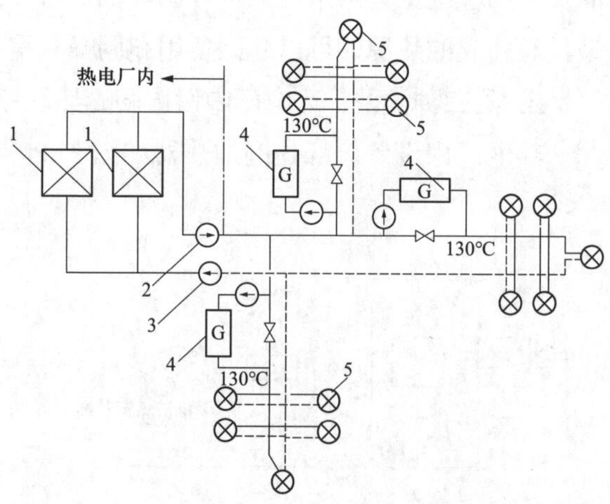

图 3-31　热电厂外的分支管网上设置调峰锅炉房

1—基本热网加热器；2、3—热网循环水泵；4—调峰锅炉；5—换热站

分支管网上的热网水；调峰锅炉房可以新建，也可以利用原有小区的采暖锅炉；调峰锅炉可以与主热网联网运行也可以在必要时与主热源切断，脱网运行。此类型调峰热源可燃煤或燃气，并有备用和调峰的双重作用。

5. 第五种类型：热电厂外各换热站设置调峰锅炉

在热电厂外各换热站内设置调峰锅炉，设置在各个换热站的调峰锅炉的运行方式与第四种类型相同，作用范围与换热站担负的面积相同，可以燃煤或燃气。显然，调峰热源加热的是二级管网的水，可以新建也可以采用原有的锅炉房。调峰热源的投资和运营方均是热力公司。

（五）集中供热系统调峰热源现存问题与解决措施

在我国，燃煤热电联产供热是刚性需求，涉及民生，是特殊行业，是起兜底保障作用的。从热源来看，我国北方地区清洁供热的热源基本形成以超低排放燃煤热电联产为主、天然气供暖为辅、其他热源补充的格局。

从现有技术发展看，在相当长的时段，我国难以出现可全面替代（可靠，有商业价值）燃煤热电联产的供热热源，明智的做法是依托燃煤热电联产为基础进行技术改造，即协同调峰、灵活性改造、在不增加发电机组出力的前提下扩大供热能力。调峰热源对大型城市集中供热系统的可靠性和经济性具有重要的影响，以下讨论集中供热系统调峰热源现存问题与解决措施。

1. 现存问题

（1）调峰热源的运营方亏损。由于调峰热源的运营时间短，且在运营中变负荷运行，当采用与基本负荷同等的热价时，如果调峰热源与热电厂是同一业主，尚可以平衡亏损，如果是单独业主，运营方将亏损，影响运营的积极性。

（2）调峰热源的投资难以落实。由于调峰热源运行亏损，导致调峰热源建设滞后或难以上马。

（3）城市缺少调峰热源。已建设的热电联产机组不能发挥最大供热能力。

（4）扩建热电厂电力难以消纳。重复建设扩大热电厂规模，导致投资浪费，使热电厂越建越多，电力消纳能力下降，效益反而下降。

（5）调峰热源不以调峰的方式运行。据调查，国内有相当数量的集中供热系统不采用调峰运行方式，调峰热源采用带基本负荷切块运行的方式运行。

2. 解决措施

（1）在电厂内调峰（设调峰热网加热器）由热电厂投资和管理，投资少、占地少，易于实施调峰运行。需进行以下研究：

1）研究适用于调峰运行的热力系统，例如：采用两级抽汽、采用减温减压器。

2）调峰热网加热器所需抽汽对发电量影响。

3）调峰运行方案的整体效益。

4）研究采用热泵系统进行调峰。

（2）组建城市热源管理公司，统一管理热源和热网，运行亏损可以从内部平衡，这是解决调峰热源投资、供热管理和集中供热系统经济运行的关键措施。目前，国内已有发电集团公司向下延伸业务，投资热网，管理热网，这是一个很好的发展趋向。但需进行以下研究：

1）城市热源管理公司统一管理热源与一级热网，城市热源管理公司负责调峰热源运行。

2）采用能源合同管理制的方式管理换热站和二级热网。

（3）热电联产规划设计中采取以下措施：

1）在热电联产规划中增补与调峰热源相关内容。

2）审查热电联产规划时，把调峰热源作为重点审查内容。

3）核准热电联产项目时，把调峰热源与主热源的建设捆绑核准。

4）修编与调峰有关的已有标准，在已有标准中增加、调整与调峰有关的内容，把集中供热系统调峰热源建设作为强制性条文。

5）在集中供热系统的初步设计时，组织相关设计单位开设计联络会，解决与调峰热源有关的设计接口问题。

（4）制定双部热价，对采用调峰运行的调峰热价予以价格补贴，包括以下问题：

1）确定当地合理的平均供热价格。

2）在城市热源管理公司统一管理热源和热网的情况下，确定采用调峰运行的热价。

3）在城市热源和热网分别由两个公司管理的情况下，确定采用调峰运行的热价补贴。

二、天然气分布式冷热源调峰

（一）冷热源调峰重要性

调峰设备在天然气分布式能源系统中具有重要作用。其原因如下：

（1）控制设备投资。在天然气分布式能源系统中，原动机的设备投资最大，原动机的容量影响项目的设备投资，因此，应控制原动机的容量，不应按冷热电负荷各自出现的最大值选择，造成投资和能耗增加等问题，原动机应根据冷热负荷特性和电网要求进行容量选择，不足的负荷由调峰设备承担。

（2）保证原动机经济运行。原动机不能频繁地启动停止，需要有连续稳定的负荷开机运行，不能按照最大设计负荷选择原动机的容量；在科学分析冷热负荷的基础上确定能源站的装机规模以及各供冷、供热设备容量的合理分配，保证能源站能够高效、稳定、长期运行。在系统配置选型时使发电余热能尽量全部利用，通过逐时、逐月负荷分析，对能源站的发电设备容量和由余热提供的冷热负荷进行合理优化配置，使发电余热能尽量全部利用，使能源站热力系统运行具有较好的经济性。

（3）承担尖峰期的冷热能。当发电余热不能满足设计冷热负荷时，应设置调峰设备补充冷热能；根据用户热（冷）负荷特性，控制原动机的容量，合理选取冷热调峰方式及调峰容量，以控制设备投资、保证机组运行的经济性。

（二）分布式能源系统冷热源调峰设备的配置

1. 冷热源调峰配置原则

（1）当用户冷热负荷具有较强的波动性时，应配置调峰设备。

（2）调峰设备包括燃气锅炉、电制冷机、热泵、直燃机。

（3）调峰设备的型式及容量的选择应根据冷热电负荷特性及项目边界条件、能源价格等经技术经济比选后确定。

（4）系统以“以冷热定电、欠匹配”为原则合理配置原动机容量，提高一次能源的能效水平和机组年利用小时数，从而提高系统经济性。

（5）在对冷热负荷分析确定设计冷热负荷时，宜适当考虑夏季和冬季冷热用户的历年不保证时间的因素，剔除峰值。例如：在供暖期，可以剔除120h的热负荷峰值；在空调期，可以剔除50h的冷负荷峰值。这样做可以降低能源站最大冷热负荷值，减小主机容量，有利于能源站经济运行。

2.“以冷热定电、欠匹配”原则

原动机发电并网项目，原动机和余热设备的容量宜按“以冷热定电、欠匹配”原则配置，为了尽量提高原动机组的发电年利用小时数，从而提高项目的经济效益，余热设备的容量按照用户连续稳定的冷热负荷配置，即相对稳定、可以使原动机稳定且连续开机运行的热（冷）负荷，原动机发电容量按照能提供的余热负荷与余热设备一致的原则配置。欠匹配的冷热负荷另配置调峰设备燃气锅炉、吸收式冷（温）水机组、电制冷机组、热泵等满足需求。

“以冷热定电、欠匹配”有下列4种类型：

（1）工业蒸汽负荷。欠匹配表示宜按约等于工业蒸汽用户连续稳定热负荷选择原动机和余热设备的容量，相对于设计最大工业蒸汽负荷的不足部分由热调峰设备（燃气锅炉）补充。工业蒸汽用户相对稳定的热负荷，主要与能源站年运行小时（4000～8050h）有关；工业蒸汽基本负荷原则上由基本热源（对于分布式能源项目是原动机与余热利用设备，对于热电联产项目是供热机组）供给。

（2）建筑空调冷负荷。欠匹配表示应按小于建筑空调用户连续稳定冷负荷选择原动机和余热制冷设备的容量，相对于设计最大建筑空调冷负荷的不足部分由冷调峰（电空调或蓄冷）设备补充。建筑用户相对稳定的空调冷负荷，主要与能源站制冷期运行小时（2000～2800h，低纬度地区取上限）有关；基本冷负荷原则上由基本冷源（利用余热的制冷设备）供给。

（3）建筑空调（或供暖）热负荷。欠匹配表示应按小于建筑空调或采暖用户连续稳定热负荷选择原动机和余热设备的容量，相对于设计最大建筑空调热负荷的不足部分由热调峰（燃气锅炉或蓄热）设备补充。建筑用户相对稳定的空调热负荷，主要与能源站采暖期运行小时（2000～2800h，高纬度地区取上限）有关；基本热负荷原则上由基本热源（原动机与余热利用设备）供给。

（4）采暖基本热负荷。采暖用户相对稳定的热负荷，主要与能源站采暖期运行小时（2150～3600h，高纬度地区取上限）有关；采暖基本热负荷原则上由基本热源（对于分布式能源项目是原动机与余热利用设备，对于热电联产项目是供热机组）供给，约为采暖设计热负荷值的 55%～65%（高纬度地区取下限）。

（三）典型的调峰机组配置

1. 冷热源调峰机组配置方式

在选择调峰冷热源机组时，需要根据使用能源种类、一次投资费用、占地面积、环境保护、安全问题和运行费用等方面综合考虑，确定调峰冷热源的配置。目前，分布式能源系统中常见的天然气分布式冷热源调峰组合方式见表 3-14。

表 3-14　　天然气分布式冷热源调峰组合方式

序号	组合方式	制冷设备	制热设备	特点
1	电动冷水机组制冷，燃气锅炉供热	活塞式冷水机组、螺杆式冷水机组、离心式冷水机组	燃气锅炉、燃油锅炉、电锅炉	（1）电动冷水机组能效比高； （2）冷源、热源一般集中设置，运行及维修管理方便； （3）对环境有一定的影响； （4）夏季电动冷水机组制冷，冬季燃气锅炉采暖
2	直燃型溴化锂吸收式冷热水机组	直燃型溴化锂吸收式冷热水机组	直燃型溴化锂吸收式冷热水机组	（1）直燃机夏季供冷冻水，冬季供热水，一机两用，甚至一机三用； （2）与独立锅炉房相比，直燃机燃烧效率高，对大气环境污染小
3	空气源热泵冷热水机组	空气源热泵冷热水机组	空气源热泵冷热水机组	（1）是一种具有显著节能效益和环保效益的空调冷热源，应合理使用高位能； （2）空气是优良的低位热源之一； （3）设备利用率高，一机两用； （4）不需冷水机组的冷却水系统和供热锅炉房； （5）可置于屋顶，节省建筑有效面积； （6）设备安装和使用方便； （7）应注意结霜和融霜问题
4	地下水源热泵冷热水机组	地下水源热泵冷热水机组	地下水源热泵冷热水机组	（1）一套设备实现夏季供冷，冬季供热； （2）地下水是热源优良低位热源之一，由于冬季地下水温度比空气温度高而稳定，故地下水热泵冷热水机组运行的使用系数高，运行稳定；

续有

序号	组合方式	制冷设备	制热设备	特点
4	地下水源热泵冷热水机组	地下水源热泵冷热水机组	地下水源热泵冷热水机组	（3）合理利用低位能源，能源利用率高； （4）适合用于地下水量充足、水温适当、水质良好、供水稳定的场合； （5）需注意使用后的地下水回灌到同一含水层中，并严格控制回灌水质量

2. 楼宇建筑典型的调峰系统

在楼宇建筑中，大多需要空调冷（热）水或生活热水，联合循环机组中烟气热水型溴化锂机组提供用户的基本冷（热）负荷，为满足用户的峰值负荷，在分布式能源站内设置调峰冷（热）源设备。调峰冷（热）源设备与烟气热水型溴化锂机组产生的空调冷（热）水进入分（集）水器或空调供冷（热）母管后，沿空调冷（热）水管网输送至各用户，满足用户的需要。调峰冷（热）源机组一般有电制冷机＋锅炉、直燃机组、热泵机组三种方式。

3. 工业供汽典型的调峰系统

在工业企业中，大多需要蒸汽作为热媒供应工艺热负荷，联合循环机组中余热锅炉产生的蒸汽或汽轮机抽汽对外供热，为保证热源的安全、可靠性，在分布式能源站内设置蒸汽锅炉作为备用热源，是一种普遍采用的形式。蒸汽锅炉产生的蒸汽，与余热锅炉产生的蒸汽或汽轮机的抽汽一同进入蒸汽联箱，沿蒸汽管网输送至各用户，满足不同用途热用户的需要。

三、天然气调峰

（一）天然气调峰的必要性

1. 天然气负荷的特点

（1）天然气用量变化。城市民用和商业性的公共建筑用气量随时在变化，高峰低谷差悬殊。引起天然气消费需求量不平衡的主要原因是季节性气温变化、人们生活方式造成的用气量变化，某些用气企业生产、停产检修及事故等也能引起用气量的不平衡。

（2）季节性的天然气供应紧张。从地理位置上看，西方主要工业国家大多处于北半球，其集中采暖期与我国相同（每年11月到次年3月），每到这一集中采暖期，就会出现全球性、季节性的天然气供应紧张，这种情况已成为一种常态。

（3）天然气生产和使用的不平衡性。由于天然气的生产和使用不可避免地存在不平衡性（即天然气生产、输送的均匀稳定与天然气使用不均匀之间的矛盾），而且系统越大，不平衡性越明显。随着天然气消费量的增长，天然气的平均运距和运时都大大增加，更使得供需不平衡的矛盾加剧。

2. 天然气利用模式存在问题

目前，我国天然气能源利用模式存在以下问题。

（1）夏季空调耗电尖峰。我国夏季的空调主要以电作为动力，有些城市制冷空调设备的用电负荷已占其夏季电负荷的 30% 以上。在夏季，由于电空调的运行，空调耗电增加，形成夏季尖峰电负荷。电力系统和发电厂的调峰任务繁重，在尖峰时段机组负荷调峰深度超过 50%。在电网中，季节性空调负荷的增大，增加了发电装机和电网建设的规模，电力系统的设备利用率降低，造成电力投资效益下降。

（2）夏季天然气使用低谷。我国冬季采暖使用较多的是天然气，但在夏季和过渡季，由于无采暖负荷，负荷量大大低于冬季，形成低谷负荷。这对于采用照付不议合同的管输天然气是十分不利的。

我国在能源利用模式方面的不足是多年的问题，已是积重难返，需要改革上述用能模式，寻求能在夏季多用天然气少用电，可在夏季填补天然气低谷、削减用电尖峰的能源使用模式。如果能合理利用天然气，优化能源利用模式，可以缓解（或部分解决）这一问题。

3. 天然气利用的社会效益

对天然气利用进行统筹规划，明确天然气利用顺序，提高资源利用效率，还应考虑以下问题。

（1）政策因素。应特别注意天然气的政策性用户，例如：为了在我国集中采暖区减少供暖煤耗，减少大气污染，发展以天然气为热源的供暖用户，这类用户只在冬季耗气，夏秋冬不耗气，从经济角度看不合适，但从环保角度看却是应适度发展的政策性用户。

（2）环保因素。随着大气污染防治、清洁取暖工作的深入推进，“煤改气”需求进一步增加。冬季用气峰值持续走高，保供压力较大。天然气供应有民生性质，收费列入物价指数，涨价需经繁杂的价格听证过程。所以只能采用财政补贴，这类补贴一般是补贴初始投资设备，运行费用补贴难以持续。天然气企业对此有忧虑，并不积极，以观望为主，推一下，动一下。如果各参与方只尽力、无收益，项目不可持续。

（3）社会效益。天然气合理利用，应充分考虑附加的社会效益问题。举例如下：

1）供暖热源调峰。我国集中采暖区的供暖热源以热电厂为主。为提高热电厂供热机组的设备利用率及经济性，在高峰热负荷时，热量大部分来自供热式汽轮机的抽汽或背压排汽，不足部分由调峰热源直接供给。根据经验，调峰热源以燃气电厂为佳，燃气调峰具有较好的附加社会效益。从天然气调峰电厂本身看，由于运行时间少，运行负荷随时调整波动，其效益差，甚至要亏损，但它使基础热源可连续经济稳定运行，对供热系统具有较大的整体效益，社会效益较大。

2）电力调峰。天然气调峰电厂承担电网调峰任务，由于只在用电高峰期运行，年

续表

运行小时数较少，本身效益不理想，但其对电网安全经济运行和对可再生能源电力入网起重大的保障作用，其社会效益较大。

综上所述，天然气调峰是把用气低峰时输气系统中富余的天然气储存在消费者附近，在用气高峰时用以补充供气量的不足或在输气系统发生故障时用以保证连续供气。天然气调峰是调节供气不均衡性的最有效的手段，可减轻季节性用量波动和昼夜用气波动所带来的管理上和经济上的损害；可保证系统供气的可靠性和连续性；可保证输供系统正常运行，提高输气效率，降低输送成本。

（二）天然气调峰措施

天然气调峰措施汇总见表 3–15。

表 3–15　　天然气调峰措施汇总

措施	特点	性质	经济性	备注
调配不同气源的生产能力	协调各气源厂在不同季节的生产能力	利用市场化原则进行生产能力调度	成本低、效果好	是一种较高层次的调配措施
利用液化天然气（LNG）为管输煤气调峰	提前征购一定数量的 LNG，在使用高峰期补充管输天然气量不足	季节性调度	LNG 的价格高于管输天然气价格	最常用的调峰措施
利用储气设施调峰	储备能力平均约为消费气量的 10%，其中发达国家和地区为 17%～27%	利用采后的枯竭油气田、地下含水砂层、盐穴和废弃矿井建设	储气密度大、单位造价和运行费用低，但总造价高	最可靠、最重要的调峰措施
地区之间的气量调配	利用输送气网进行地区间的调配	地区间的调配是战略性行为	成本较低、效果较好	在政府部门的协调指挥下实施
利用天然气用户的弹性进行调节	把可中断工业用户的设备检修时间安排在用气紧张期	对一些可中断性用户暂时停止供应	临时性措施，需付出代价	应事先做好规划和预案

（三）天然气用户与调峰的关系

综合考虑天然气利用的社会效益、环保效益和经济效益等各方面因素，应特别注意以下 6 类重要的天然气用户对天然气调峰的影响。

1. 天然气分布式能源系统

天然气分布式能源系统是指以天然气为燃料，通过冷热电三联供等方式实现能源的梯级利用，综合能源利用效率在 70% 以上，按照“分布利用、综合协调”的原则，重点在城市工业园区、旅游集中服务区、生态园区、大型商业办公设施等能源负荷中心建设的系统。此系统可在负荷中心就近实现能源供应的现代能源供应方式，是天然气高效利用的重要方式。显然，燃气分布式能源能在夏季多用燃气少用电，可在夏季填补燃气低谷、削减用电尖峰，可以优化我国能源利用模式。

2. 天然气溴化锂直燃机

直燃型吸收式制冷机在夏季直接燃烧天然气制空调冷水，具有以下特点：① 可在夏季耗用天然气，填补天然气的谷；② 可削减夏季空调用电的尖峰。如果在夏季大量使用这种制冷模式，对我国的能源利用模式可起优化作用。我国溴化锂吸收式制冷机组的研发、生产能力处于国际领先地位，在产品适用范围、生产质量、产品价格、售后服务等方面具有较大优势，已形成完整的国家标准，是一种十分成熟的规范化产品。

目前，影响直燃机使用的主要问题是我国的用电价格低，直燃机制冷的运行成本高于电制冷机的运行成本。如果要推行使用直燃机制冷方式，需具备如下两个条件：一是提高夏季用电尖峰期间的空调用电价格，二是降低夏季用天然气谷期的天然气价格。适合的空调电峰价格和谷气价格应根据不同城市的具体情况，由当地市政规划单位测算。

3. 天然气调峰电厂

燃气机组启动迅速，启动成功率高，运行灵活，适宜调峰，因此燃气凝汽机组主要承担电网调峰任务，也可承担部分气网调峰任务。天然气调峰电厂属于可中断性天然气用户，只在用电高峰期运行，年运行小时数较少，但其对电网安全经济运行起重大的保障作用，其社会效益较大。

4. 天然气调峰热源厂

对于热电厂集中供热系统，发电厂从采暖开始至结束，基本上以基本负荷运行。调峰热源只在采暖期中期投入运行，这可保证热电厂获取最大热效益。用天然气锅炉作为调峰热源可以获得很好的社会效益。

5. 一般性工业用户

工业用户属于大宗稳定的天然气用户，可以中断供气。我国的工业供汽主要涉及化工、冶金、建材、纺织等行业，均是地方财政的支柱、就业大户。对天然气供应部门来讲，这种用户是供气盈利的基础用户，这类用户多，对供气部门有利。

6. 民用采暖用户

我国的集中供暖区域分布在北纬 35°～52°，属于民生刚性需求，天气越冷，供暖量越大，不能停供。由于供热收费计入物价指数，不能随燃料价格联动，属于保本微利行业。民用采暖用户属于季节性（冬季）大宗稳定用户，不可以中断。

对于天然气供应部门来讲，这种用户是政策性用户，需在气源最紧张的冬季供气，且需动用储备气源，而其他三季不用气，是不经济的用户。为了对政策性用户保证供应，天然气供应企业在经济上是亏损的，应注意以下问题：

（1）适当考虑天然气供应企业的利益问题，使其用户中政策性用户与可盈利性用户的比例趋于一个合理的范围。

（2）应有计划、有顺序地拓展采暖用户，根据冬季气源供应能力，合理调配冬季采暖用户与大宗稳定用户的用气量比例。

（四）天然气调峰的影响因素

1. 建设储存设施的瓶颈

利用储气设施是最可靠、最重要的调峰措施。根据国际天然气联盟（IGU）的经验，一旦天然气对外依存度达到消费气量的30%，则地下储气库工作气量应大于消费气量的12%。当前世界供气调峰应急储备能力平均约为消费气量的10%，其中发达国家和地区为17%～27%。当前中国储气设施的储气量仅占年消费气量的3.3%，与国际天然气联盟（IGU）推荐的经验值相比，有较大的缺口。

储气设施主要包括储气罐、枯竭油气田、盐穴和含水层4类，国内主要以枯竭油气田作为储气库，即把开采完毕的油气田改造为储气库。储气库本身投资不菲，以某储气库为例，其总容量约为80亿m^3，工作气量约为40亿m^3，总的建设费用约为110亿元（不包括约40亿m^3垫底气的气价成本），据测算，当前工作气量单位储存空间投资额为3～6元/m^3。

储气库要投入工作，必须注入约占其总容量一半的气量作为垫底气，这部分气在正常工作时不能得到利用，因此，一个枯竭油气田改造建成的储气库，其工作容量仅为总容量的一半左右。此外，一个储气库从建成到完全投入运营，还需要5～6个采气－注气循环，才能利用其全部容量。

储气设施投资高昂，却没有任何价格激励措施，供气时的价格与其他气源无异，对投资建设储气库毫无吸引力可言，由于受困于价格机制，把储气设施的短板补上并不容易。

2. 天然气管网

天然气管网建设滞后，投资不足、创新不足、活力不足是天然气调峰方面存在的主要问题。

能源行业的发展趋势：谁控有网络，就有较大的话语权和调控权。如国家电网公司在电力行业的作用和地位，依赖于所掌控的电网。实际上，与天然气相比，电力很难储存，但电网管理部门可以较好地做到电力调峰；如果利用电网调峰的成功经验，应可以做好天然气调峰。我国已组建国家油气管网集团有限公司，可以从国家层面进行天然气调度，在天然气调峰方面发挥重要作用。

3. 天然气的照付不议协议

中国是全球最大的石油和天然气买家，如何确保进口天然气的稳定供应，是一个需要引起各方重视的重大问题。国际天然气供应的一个特点就是不够稳定，正是基于这一点，我国的天然气进口渠道才需要尽可能多元化。以下介绍天然气的照付不议协议。

（1）照付不议的概念。照付不议是货物买卖协议中的一种商业安排，指在合同履行过程中，如果买方由于其自身原因（可能是市场、技术、运营或其他原因）没有依约购买和提取货物，买方仍然需要依约付款。这种安排表面上有悖“一手交钱、一手交货”的观念，看似有失公平，但有深刻的商业逻辑作为支撑。

（2）照付不议的商业逻辑。在长期买卖协议项下，卖方为长期、稳定地供应货物，需要进行前期资本性投入（比如建设厂房、采购生产设备等），相关资本性投入需要摊销到未来长期的货物销售中才能实现投资的回收，并且需要足够数量的销售才能实现产品单价的经济性。如果新建项目产出的产品不存在一个具有充分流动性的市场（或者需要高额的交易成本才能销售给替代性买家），那么买方就是该项资本投入的唯一可能的稳定收入来源。如果买方的采购量不能保证，卖方的投资回收会受到影响；为了支持卖方前期的资本性投入（包括外部的项目融资），卖方需要通过某种方式来保证项目的收入稳定。

（3）天然气行业的照付不议协议。在天然气行业，这一商业逻辑体现得尤为明显。为支撑天然气的长期、稳定、充足供应，卖方通常需要进行天然气基础设施的开发和建设（例如气田开发、长距离输气管道、区域性管网、液化天然气站等），此类项目通常涉及长达数年的建设周期以及数十亿美元、上百亿美元的巨额前期投资。受限于天然气的物理性质和市场业态，大部分情况下天然气无法像其他大宗商品一样低成本、不受限制地转售和储存。因此，此类项目中的卖家需要与具备充足信用的买家签订长期买卖协议，以确保项目现金流的稳定，保证资本投入的回收（包括贷款还款）。在管输天然气和 LNG 行业的长期买卖协议当中，照付不议协议是一种行业通行的做法。

（4）照付不议协议与进口多元化。从中国天然气进口的未来趋势看，LNG 的比例将逐步加大，通过现货贸易市场价购买的 LNG 将逐步加大，但通过长期买卖协议进口的管输天然气仍将居主导地位。

（五）天然气调峰小结

综上所述，可以得出以下与天然气调峰有关的结论：

（1）天然气来源多元化，才能在降低进口成本的同时，利用气源调峰，实现“东方不亮西方亮”的效果。

（2）天然气调峰的第一目标是尽量避免进口管输天然气冬季不够用、夏季用不了、全年用不完，还需照付款的经济损失问题。

（3）天然气调峰的第二目标是优先考虑使用进口管输天然气，把进口管输天然气的额度用尽，使用 LNG 和国内气源可放在第二个层次考虑。

（4）根据天然气照付不议协议的特点，跨国天然气进口不是一个简单的贸易问题，需要将上游天然气田储量资源、中间运输管道、下游消费市场有效衔接。

（5）我国储气设施容量建设与国际天然气联盟推荐的经验值相比，有较大的缺口，应不惜代价把储气设施的短板补上。

（6）需要培育下游大宗稳定的天然气用户（大宗：年用气量约为 1 亿 m^3；全年用气量稳定：在一定时段内可稳定连续用气）。如果能培育出大量的大宗稳定用户，可以拓展下游用户扩大供气能力，可以成为供气部门调峰运行的压舱石，可以解决我国扩大天然气使用范围的瓶颈问题。

四、电网调峰

由于用电负荷是不均匀的，在用电高峰时段，电网往往超负荷，此时需要投入在正常运行以外的发电机组，以满足用电高峰需求，这些发电机组称调峰机组。对调峰机组的要求是启动和停止方便快捷，并网时同步调整容易。本节主要介绍燃煤机组灵活性改造技术。

（一）电网调峰措施

1. 发电电源

可分为不可调峰电源和可调峰电源两类。不可调峰电源包括风力发电机组、太阳能发电机组、生物质发电机组、地热发电机组、核能发电机组等；可调峰电源包括燃气轮发电机组、燃油发电机组、水轮发电机组、抽水蓄能发电机组、燃煤发电机组，可进行灵活性改造，减负荷运行、储电系统等。

2. 电网调峰措施

分为发电电源调峰措施和其他调峰措施，电网调峰措施特点见表 3-16。

表 3-16　　电网调峰措施特点

调峰措施	特点	备注
发电电源调峰措施		
抽水蓄能发电机组灵活性改造	改发电机状态为电动机状态	调峰能力接近 200%
水轮发电机组灵活性改造	减负荷调峰或停机	最小出力时，调峰能力接近 100%
燃油发电机组灵活性改造	减负荷运行	调峰能力 50%
燃气轮发电机组灵活性改造	启停调峰、减负荷运行	调峰能力 50%～100%
燃煤发电机组灵活性改造	减负荷、启停调峰、滑参数运行等	调峰能力 15%～100%
其他调峰措施		
用户侧负荷管理	关停可停电用户	削峰式调峰
储电系统	设在电源侧或用户侧	削峰填谷式调峰

（二）燃煤机组灵活性改造技术

1. 存在的问题

目前，我国风电、光电等新能源电源规模均居世界首位，新能源进入快速发展时期。但提高新能源发电上网比例问题仍待解决，其主要存在以下问题。

（1）风电、光电特性。具有很强的间歇性和随机波动性。

（2）热电约束。热电厂“以热定电”的运行模式，导致在冬季供暖时，为了满足供热的需求，机组出力被迫上升，使得发电量大于电负荷需求，或者热电机组大量占用电网上网容量。

（3）机组调峰能力不足。热电机组受锅炉最小稳燃负荷限制，调节空间较小；供热、供电负荷高峰期错位导致新能源消纳空间减少，供热期用电高峰通常集中在白天，夜间热负荷压力较大，但热电联产机组大功率供热时多余发电无法消纳，导致夜间大量富余风资源浪费。

（4）新能源消纳空间有限。电网项目核准滞后于新能源项目，新能源富集地区都存在跨省跨区通道能力不足问题。

2. 灵活性电源改造的必要性

当前我国“三北”地区的民生采暖主要依赖燃煤热电机组，冬季供暖期调峰困难。解决燃煤热电机组的调峰问题是未来相当长一段时期内减少弃风弃光，实现热电解耦的关键。在我国，煤电机组的发电容量大，其灵活性改造的潜力也十分可观，通过灵活性改造，煤电机组可以增加20%以上额定容量的调峰能力。同时，煤电机组灵活性改造的经济性也具有明显优势，灵活性改造单位投资远低于新建调峰电源投资。

目前，对电力系统的源、网、荷、储协同调控提出了更高的要求，规模化建设具有调峰功能的灵活性电源，将电能的刚性负载变成柔性负载，对改善能源供给侧结构、高比例消纳新能源、维护电网稳定性具有积极意义。

对大规模存量火电机组进行灵活性改造，挖掘火电机组调峰潜力，是破解当前新能源消纳困境，减少弃风弃光现象，实现规模化灵活性电源配置的较优方式，是符合我国实际的优化选择。

3. 灵活性电源改造的特点

（1）火电机组灵活性的改造技术分为纯凝机组和热电机组。

（2）火电灵活性改造即提升燃煤电厂的运行灵活性，具体涉及增强机组调峰能力、提升机组爬坡速度、缩短机组启停时间、增强燃料灵活性、实现热电解耦运行等方面。

（3）火电灵活性改造的主要措施中，与供热关系最为密切的是热电解耦，是指通过一定技术手段，减少机组对外供热量与机组出力之间的相互限制，实现机组电、热负荷的相互转移，大幅度提高机组热电比，改变热电机组“以热定电”的运行模式。

4. 灵活性改造技术

针对火电机组，可通过一定技术手段，减少机组对外供热量与机组发电出力之间的相互限制，实现机组电、热负荷的相互转移，大幅度提高机组热电比，改变热电机组“以热定电”的运行模式。以下简要介绍6种灵活性改造技术。

（1）配置储热装置。可通过安装大型热水蓄热器，通过削峰填谷方式及时补充机组热量缺口；当热电机组增加发电出力时，储存富余热量，实现热电解耦运行。蓄热装置可以解决电负荷和热负荷之间存在的时间上的矛盾，同时，蓄热装置还可以起到对热网负荷变化的实时调节功能。热水蓄热器以水为载热介质，低蓄高放，起到削峰填谷、调节热量平衡的作用，是较为可靠实用的成熟技术。

（2）配置电蓄热锅炉。在电源侧设置电锅炉、电热泵等，在低负荷抽汽供热不足时，通过电热或电蓄热的方式将电能转换为热能，补充供热所需，从而实现热电解耦。在发电机组计量出口内增加电加热装置，装置出口安装必要的阀门、管道连接至热网系统。在热电联产机组运行时，根据电网、热网的需求，通过调节电锅炉用电量（转化为热量）实现热电解耦，达到满足电热需求的目的。机组采取加装电锅炉改造后，电锅炉功率可以根据热网负荷需求实时连续调整，调整响应速率快，运行较为灵活，电负荷甚至可降至 0，机组深度调峰幅度较大。

热电厂配置电蓄热锅炉后，可利用夜间用电低谷期的富余电能，以水为热媒加热后供给热用户，多余的热能储存在蓄热水箱中，在负荷高峰时段关闭电锅炉，由蓄热水箱中储存的热量和机组抽汽共同供热。

电蓄热锅炉在夜间将电能转化成热能进行供热，一方面，减小了供热机组热负荷，机组最小发电出力随热负荷的减小而降低，运行灵活性提高；另一方面，增加了负荷低谷时段的电厂用电负荷，进一步增大了供热机组发电出力调节范围，起到了双重调峰作用。

该技术的优点是能最大程度地实现热电解耦，对原机组的改造少；不足之处是改造投资大，且机组热经济性较差。电锅炉在国外有着广泛的应用，主要用于电网中富余的“垃圾电”的消化，而在我国东北地区，受电力辅助调峰市场奖励机制的影响，也有少量电厂采取合同能源管理的模式开展电锅炉供热改造，实现热电解耦。

（3）对热电 / 纯凝机组本体进行深度改造。采用深度改造，可降低锅炉最小发电出力及机组最小热水蓄热器供热 / 蓄热出力。主要技术措施有：

1）锅炉系统。锅炉低负荷安全运行措施主要从降低着火温度、强化着火供热两方面着手，通过优化燃烧系统给水流量控制策略增强供热可调节性。

2）汽轮机系统。打孔抽汽改造为抽凝机组、将低压缸转子更换为光轴转子等，可增加供热能力，降低最小技术出力。

（4）主蒸汽减温减压供热。一般情况下，热电厂在机组检修或出现故障时，供热量不足，会首先调度其他抽凝机组加大抽汽量满足供热，若还无法满足供热需要，需考虑开启减温减压器，即部分主蒸汽在进入汽轮机前直接通过减温减压器供热，剩余的蒸汽进入汽轮机做功，这样汽轮机侧做功蒸汽流量则不受供热蒸汽流量的影响，主要受最小冷却流量限制，可解耦以热定电运行的约束。减温减压器是安装在主汽母管和供热母管之间的装置，通过节流降压、喷水降温，将来自锅炉的高温高压蒸汽减温减压到供热所需的参数来供热。

（5）机组旁路供热。汽轮机旁路分为高压旁路和低压旁路，其主要作用是在机组启停过程中，通过旁路系统建立汽水循环通道，为机组提供适宜参数的蒸汽。机组旁路供热方案即通过对机组旁路系统进行供热改造，使机组正常运行时，主蒸汽、再热蒸汽能够通过旁路系统对外供热，实现机组热电解耦，降低机组的发电负荷。机组旁路供热改造示意如图 3-32 所示。

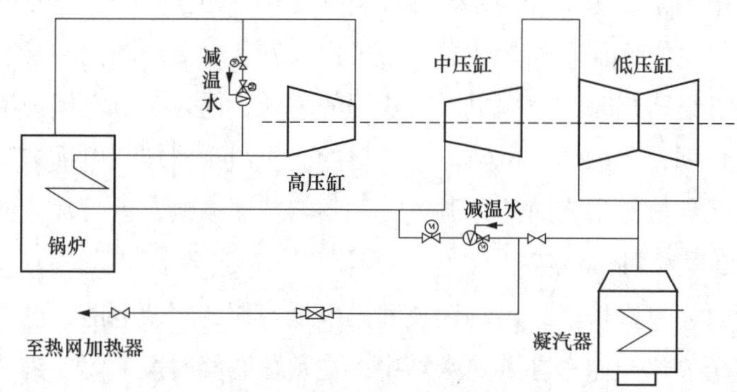

图 3-32　机组旁路供热改造示意图

受锅炉再热器冷却的限制，单独的高压旁路供热能力有限，受汽轮机轴向推力的限制，单独的低压旁路供热能力也有限，二者均无法单独实现热电解耦和深度调峰。采用高低压旁路联合供热改造方案可提高机组供热能力，但运行时需考虑机组轴向推力、高压缸末级叶片强度限制、再热器超温等问题。

高、低压旁路联合供热方案是当前热电解耦最常见的方案之一，主要利用部分过热蒸汽经高压旁路减温减压至高压缸排汽，经过再热器加热后经低压旁路减温减压后从低压旁路抽出作为供热抽汽的汽源。该方案主要通过匹配高、低压旁路蒸汽流量的方式避免高、中压缸轴向推力不平衡等风险，能够满足机组灵活性改造的目标要求，技术上可行，且其投资较小，但供热经济性较低。此技术能最大程度地实现热电解耦，达到“停机不停炉”的效果，同时改造投资也较小，不足之处在于供热经济性较差。此外，在方案设计中应注意各路蒸汽流量的匹配，保持汽轮机转子的推力平衡，确保高压缸末级叶片的运行安全性，防止受热面超温，同时应确保旁路供热时的运行安全性。

（6）高参数蒸汽多级抽汽减温减压供热。主要是结合“温度对口、梯级利用”的用能原则，对热电机组包含主蒸汽、再热蒸汽、工业抽汽、采暖抽汽等不同抽汽方式的高效集成，在满足供热与调峰的同时，优先选择低品位能来供热，实现热电机组的热电解耦，解决了热电机组受“以热定电”限制的问题。

除此之外，还有其他灵活性改造技术，包括锅炉低负荷稳燃、宽负荷脱硝、控制系统优化、热泵供热技术等。

第四节 节　　能

综合智慧能源系统的建设应符合四项基本原则，即效率为本、安全优先、绿色低碳、成本可持续。其中效率为本就是通过采取节能措施，提升效率。

本节介绍与综合智慧能源系统有关的节能技术，包括热源与热网节能、冷源节能。

一、热源与热网节能

（一）节能标准与途径

1. 有关标准规范

（1）GB 50189《公共建筑节能设计标准》。对于建筑的材料、结构形式、门窗、冷热源等设计都有具体规定，设计中应遵照执行，以达到建筑节能要求。

（2）CJJT 185《城镇供热系统节能技术规范》。对热源热网系统的工程设计、运行管理和能耗指标等提出了合理的要求，各个环节如果能严格执行就可以达到系统节能的目标。

2. 热源与热网的节能途径

（1）节约燃料。锅炉热效率越高，燃料耗量越低，因此，对燃煤锅炉和燃气锅炉的热效率都应有具体的要求。燃气锅炉的可燃气体不完全燃烧损失很小，所以燃气锅炉的热效率较高，一般小型燃气锅炉的热效率也能达到90%以上。为了节能，燃气锅炉还可以采用冷凝余热回收利用的方法，使其热效率进一步提高，产生明显的节能效果。

（2）节约电能。热水供暖系统的一、二次水泵的动力耗电十分可观，一些系统在设计时选用水泵型号偏大，运行时采用大流量小温差的不合理运行方式，造成用电量浪费。因此，应对热水供暖系统的一、二次水泵的动力消耗应予以控制，即耗电输热比应满足相关节能规范的要求。在高温水供热系统中，供回水温差不宜小于50℃，减小管道输送流量，街区管网的供回水温差不宜小于25℃。管网压降控制在合理的范围内，主干线管道压降为30～70Pa/m，街区管道压降为60～100Pa/m。同时，热水管线也不宜太长，对高温热水管道宜控制在20km以内，对街区管道宜控制在2km以内。

（3）降低热量损失。根据节能要求，供热管网的热效率应大于92%，再根据城镇供热管网设计规范要求，供热管网热损失不应大于5%。对于直埋供热热水管网，在城镇供热系统节能技术规范中要求温降应小于0.1℃/km。

（4）降低水耗。加强热网管道的管理和维修，尽可能避免过量泄漏损失，把补水率控制在合理的范围内，以减少水耗量。

（二）气候补偿措施

1. 气候补偿措施的意义

供暖负荷受室外气温、太阳辐射、风向和风速等因素的影响时刻都在变化。在室外温度变化的条件下，维持室内温度符合用户要求（如18℃），要求供暖系统的供回水温度应在整个供暖期间根据室外气候条件的变化进行调节，以使用户散热设备的放热量与用户热负荷的变化相适应，防止用户室内温度过高或过低。即通过气候补偿器及时而有效的运行调节，在保证供暖质量前提下达到节能效果。

2. 气候补偿措施的应用形式

当室外气候发生变化时，布置在建筑室外的温度传感器将室外温度信息传递给气候补偿器。气候补偿器根据室外空气温度的变化和其内部设有的不同条件下的调节曲线计算出合适的供水温度，通过输出调节信号控制电动调节阀开度，从而调节热源出力，使其输出供水温度符合调节曲线水温，以满足末端负荷的需求，实现系统热量的供需平衡。气候补偿节能控制系统依据室外环境温度变化，以及实际检测供/回水温度与用户设定温度的偏差，通过PI/PID方式输出信号控制阀门的开度。在供暖系统中，气候补偿器能够按照室内供暖的实际需求，对供暖系统的供热量进行有效调节，有利于供暖的节能，最大化节约能源，克服室外环境温度变化造成的室内温度波动，达到节能、舒适的目的。

气候补偿器一般用于供暖系统的热力站中，或者采用锅炉直接供暖的供暖系统中，是局部调节的有力手段。气候补偿器在直接供暖系统和间接供暖系统中都可以应用，但在不同的系统中其应用方式有所区别。

（1）直接供暖系统。当温度传感器检测到供水温度在允许波动范围内时，气候补偿器控制电动调节阀不动作，当供水温度高于计算温度允许波动的上限值时，气候补偿器控制电动调节阀增大开度，增加进入系统供水中的回水流量，以降低系统供水温度，反之亦然。直接供暖系统的工作原理如图3-33所示。

（2）间接供暖系统。在间接供暖系统中，气候补偿器通过控制进入换热器一次侧的供水流量来控制用户侧供水温度。当温度传感器检测到用户侧供水温度在允许波动范围内时，气候补偿器控制电动调节阀不动作；当用户侧供水温度高于计算温度允许波动的上限值时，气候补偿器控制电动调节阀增大开度，通过增大旁通管的供水流量，减少进入换热器的一次侧供水流量，以减小换热量，进而降低用户侧供水温度；反之亦然。间接供暖系统的工作原理如图3-34所示。

（三）烟气余热回收

1. 烟气余热回收的意义

烟气是一般耗能设备浪费能量的主要途径，如排烟损失是锅炉各项损失中最大的一

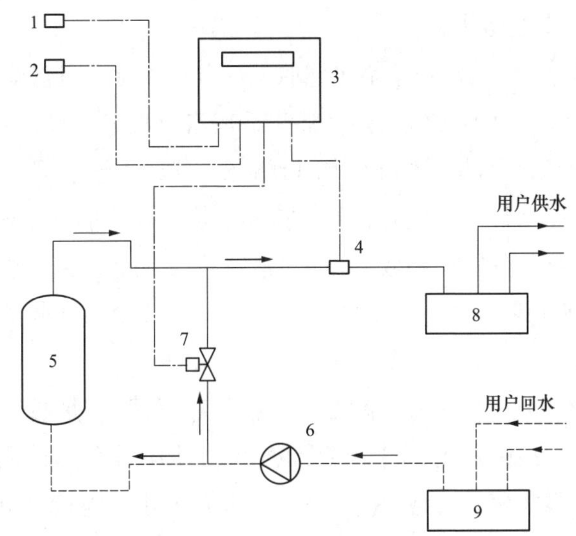

图 3-33　直接供暖系统的工作原理

1—室外温度传感器；2—室内温度传感器；3—气候补偿器；4—供水温度传感器；5—供热锅炉；6—循环水泵；7—电动调节阀；8—分水器；9—集水器

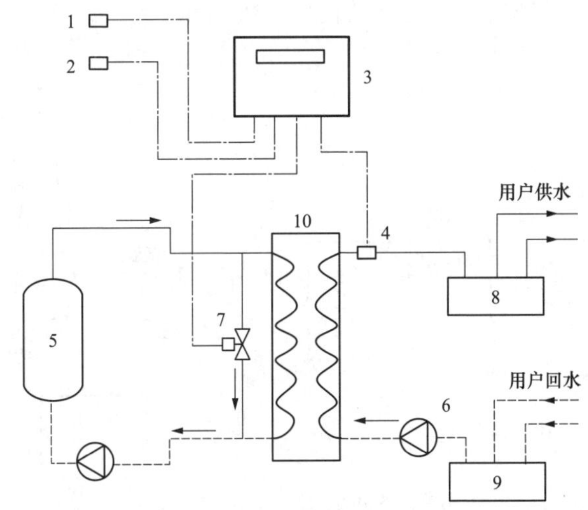

图 3-34　间接供暖系统的工作原理

1—室外温度传感器；2—室内温度传感器；3—气候补偿器；4—供水温度传感器；5—供热锅炉；6—循环水泵；7—电动调节阀；8—分水器；9—集水器；10—换热器

项，一般约为 5%～12%，而其他设备（如印染行业的定型机、烘干机和窑炉等）主要耗能都是通过烟气排放。烟气余热回收主要是通过某种换热方式将烟气携带的热量转换成可以利用的热量。

2. 烟气余热回收技术的应用形式

烟气余热回收通常有两种方式：一种是利用余热制热水，产生的热水可以用到生活、生产中；另一种是利用烟气预热空气助燃，能够强化燃烧，提高炉子的升温速度，均能获得显著的综合节能效果。

（1）余热回收器（气－水型）。余热回收器（气－水型）是燃煤、油、气锅炉专用设备，安装在锅炉烟口，回收烟气余热加热生活用水或锅炉补水。余热回收器（气－水型）构造：下部为烟道，上部为水箱，中间有隔板，顶部有安全阀、压力表、温度表接口，水箱有进出水和排污口。工作时，烟气流经余热回收器烟道冲刷热管下端，热管吸热后将热量传导至上端，热管上端放热将水加热。为了防止堵灰和腐蚀，余热回收器出口烟气温度一般控制在露点以上，节约燃料 4%～18%。余热回收器（气－水型）应用示意如图 3-35 所示。

（2）余热回收器（气－气型）。余热回收器（气－气型）是燃油、煤、气锅炉专用设备，安装在锅炉烟口或烟道中，将烟气余热回收后加热空气，热风可用作锅炉助燃和干燥物料。余热回收器（气－气型）构造：四周管箱，中间隔板将两侧通道隔开，热管为全翅片管，单根热管可更换。工作时，高温烟气从左侧通道向上流动冲刷热管，此时热管吸热，烟气放热温度下降。热管将吸收的热量导至右端，冷空气从右侧通道向下逆向冲刷热管，此时热管放热，空气吸热温度升高。余热回收器出口烟气温度不低于露点。余热回收器（气－气型）应用示意如图 3-36 所示。

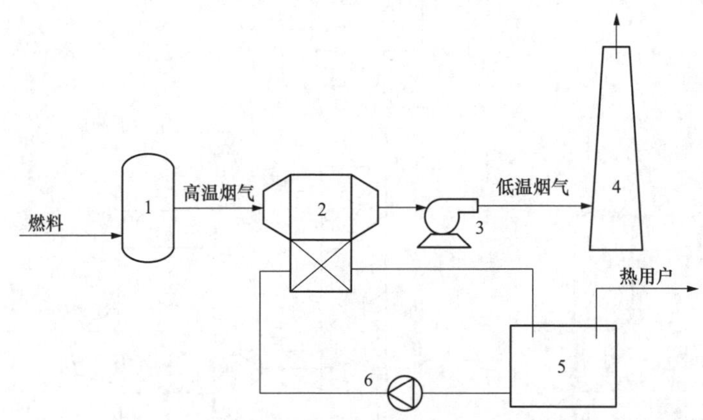

图 3-35　余热回收器（气－水型）应用示意图

1—锅炉；2—气－水型余热回收器；3—风机；4—烟囱；5—水箱；6—循环水泵

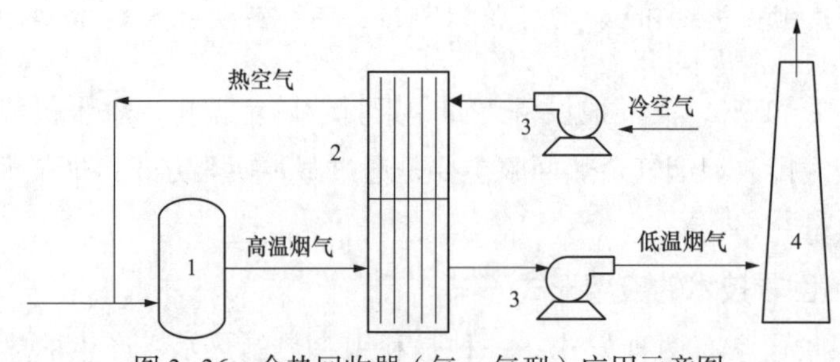

图 3-36　余热回收器（气－气型）应用示意图

1—锅炉；2—气－气型余热回收器；3—风机；4—烟囱

（四）凝结水回收

1. 凝结水回收利用的意义

蒸汽在用热设备内放热凝结后，凝结水流出用热设备，经疏水器、凝结水管道返回热源的管路及其设备组成的整个系统，称为凝结水回收系统。

在蒸汽供暖系统中，用汽设备的凝结水回收是一项重要的节能措施，可以达到节约锅炉燃料、节约工业用水、节约锅炉给水处理费用、减轻大气污染、提高表观锅炉效率等效果。

2. 凝结水回收应用形式

凝结水回收系统按其是否与大气相通，可分为开式凝结水回收系统和闭式凝结水回收系统；按照凝结水流动的动力，可把凝结水回收系统分为余压回水、重力回水和加压回水三大类；按凝结水的流动方式不同，可分为单相流和两相流两大类。单相流可分为满管流和非满管流两种流动方式，满管流是指凝结水靠水泵动力或位能差充满整个管道截面呈有压流动的流动形式；非满管流是指凝结水并不充满整个管道截面，靠管路坡度流动的流动方式。

以下介绍几种常用的凝结水回水系统。

（1）闭式余压凝结水回收系统。采用闭式余压凝结水回收系统，可避免空气进入系统，同时，还可以有效地利用凝结水热能和提高凝结水回收率。回收二次蒸汽的方法可采用集中利用或分散利用的方式。

闭式余压凝结水回收系统示意如图 3-37 所示，闭式余压凝结水回收系统的工作情况与上述余压回水系统无原则性区别，只是系统的凝结水箱必须是承压水箱和需设置一个安全水封。安全水封的作用是使凝水系统与大气隔断，当二次蒸汽压力过高时，二次蒸汽可从安全水封排出；在系统停止运行时，安全水封可防止空气进入。

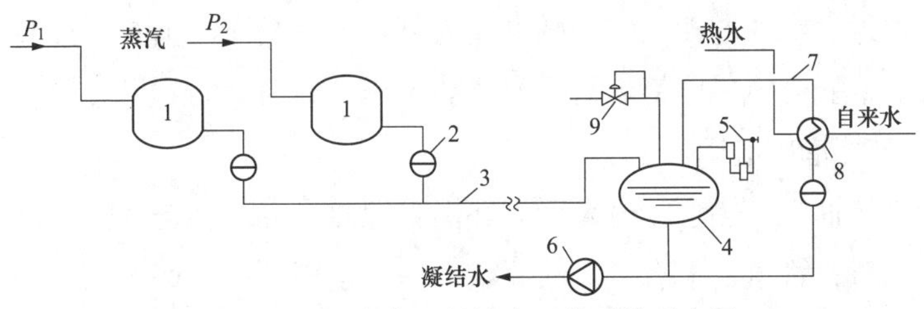

图 3-37 闭式余压凝结水回收系统示意图

1—用热设备；2—疏水器；3—余压凝水管；4—闭式凝结水箱；5—安全水封；6—凝结水泵；7—二次蒸汽管道；8—蒸汽 - 水加热器；9—压力调节器

（2）加压凝结水回收系统。加压凝结水回收系统示意如图 3-38 所示，对较大的蒸汽供暖系统，如选择余压回水或靠闭式满管重力回水方式要相应选择较粗的凝水管径，此种设置在经济上不合理，因此可在一些用户处设置凝结水箱，收集该用户或邻近几个用户流来的凝结水，然后用水泵将凝结水输送回热源的总凝结水箱。这种利用水泵的机械动力输送凝结水的系统称为加压凝结水回收系统。这种系统凝结水流动工况呈满管流动，它可以是开式系统，也可以是闭式系统，取决于是否与大气相通。加压凝结水回收系统增加了设备和运行费用，一般多用于较大的蒸汽供暖系统。

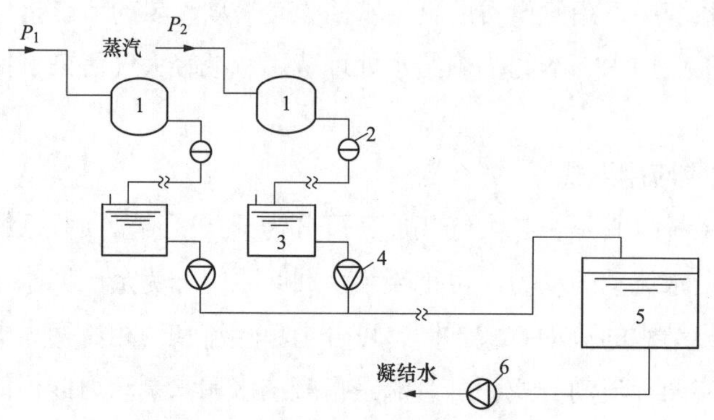

图 3-38 加压凝结水回收系统示意图

1—用热设备；2—疏水器；3—分站内的凝结水箱；

4—分站内的凝结水泵；5—热源总凝结水箱；6—凝结水泵

上述两种方式是目前最常用的凝结水回收方式。应着重指出，选择凝结水回收系统时必须全面考虑热源、外网和室内用户系统的情况，各用户的回水方式应相互适应，不得各自为政，干扰整个系统的凝水回收，同时，要尽可能地利用凝结水的热量。

（五）热网节能

1. 热网节能的意义

供热热网系统节能是供热系统节能的一个重要组成部分，可减少热网能耗，把热网节能工作落实到实处。热网节能主要从三个方面入手：一是减少管网的散热损失，二是减少热媒在输送过程中的电耗，三是减少热力管网各处的泄漏损失。按照技术规范的要求，采取有效的节能措施，可使热网系统节能工作得到满意的效果。

2. 热网的节能措施应用

（1）减少散热损失。热水管道采用无补偿直埋敷设方式，与其他敷设方式相比可减少散热损失。同时，管道要求有良好的保温，一般选用工厂生产的预制保温管成品，包括各种预制保温管件。施工中，管道接口处也应用各种材料在现场进行发泡保温。预制保温管的内保温层为耐温的硬质聚氨酯，外保护层为高密度聚乙烯套管。保温材料聚氨酯的密度为 60～80kg/m^3，抗压强度不小于 200Pa，热导率不大于 0.027W/（m^2·℃），耐热温度为 150℃，并能在 130℃的运行温度下工作 20 个采暖期。高密度聚乙烯外套管的密度为 940～965kg/m^3，断裂伸长率不小于 350%，纵向回缩率不大于 3%。达到上述标准的预制保温管和预制保温管件，可以保证热水管网的散热损失不超过有关标准和法规要求。

（2）节省电耗。减少运行过程的电能消耗是供热管网节能的主要内容之一，其中用于输送热水的循环水泵电耗为电耗最大项。因此，应针对具体工程项目，优化供热方案，如应根据每个工程的具体情况进行方案比较后确定采用集中循环水泵供热方式，还是采用分布式循环水泵供热方式，不能简单地认为分布式循环水泵供热方式一定节省能耗。

通过方案比选确定经济合理的管道阻力损失，选用有关规范推荐的管道设计经济比摩阻，从而把循环水泵电耗控制在合理的范围内。运行过程中，由于管道内有腐蚀和结垢现象发生，管道因粗糙度增加而阻力增大，结垢使管道流通截面积变小，流速增加使阻力增大，所以在运行中应对管网的补水选择有效的处理措施，目前所采用的方法是除氧和软化处理，以使其达到补水标准要求，并控制循环水的 pH 值在规定范围内。

按有关规范要求，保持循环水有足够的温差，在供出相同的热量时，循环水温差越大，流量就越小，相应的循环水泵的电耗也就越小。因此，为了节省热网运行中的电耗，采取措施适当增加循环水供回水的温差是行之有效的方法。

热力站的循环水泵应采用变频调节，同时要设置节能所必需的控制仪表。

（3）节约用水。间接连接的供热管道在运行时的水损失主要是阀门和附件等连接处的漏损，直接连接的供热管道除了漏损之外，还有用户人为放水。因此，要减少热网的水损失，就要加强对管道的维修，并对用户宣传节约用水。

（4）水力平衡。供热系统实际运行中，水力工况难以做到平衡，往往会造成水力失调。水力失调进而导致热力失调，造成近端用户过热，末端用户过冷，供热不均、过量供热现象发生。热水管路水压如图 3-39 所示。

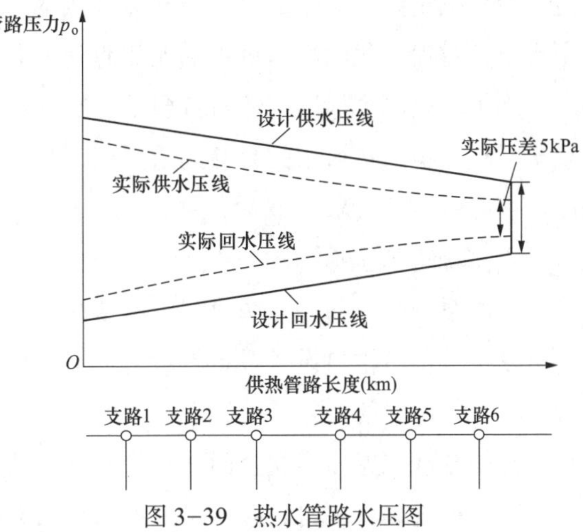

图 3-39　热水管路水压图

热网系统一般既存在静态水力失调，又存在动态水力失调，因此必须采取相应的水力平衡措施来实现系统的水力平衡。

1）静态水力平衡的判断依据：当系统所有动态水力平衡设备均设定到设计参数位置（设计流量或压差），所有末端设备的温度控制阀门（温控阀、电动二通阀和电动调节阀等）均处于全开位置时（这时系统是完全定流量系统，各处流量均不变），系统所有末端设备的流量均达到设计流量。

因此，实现静态水力平衡的目的是保证末端设备同时达到设计流量，即设备所需的最大流量。静态水力平衡避免了一般水力失调，系统一部分设备还没有达到设计流量，而另一部分已远高于设计流量的问题。实现静态平衡是系统能均衡地输送足够的水量到各个末端设备的保证。通过在相应的部位安装静态水力平衡设备，即可使系统达到静态水力平衡。

2）动态水力平衡通过在相应部位安装动态水力平衡设备使系统达到动态水力平衡。它包含两方面内容：①当系统其他环路发生变化时，自身环路关键点压差并不随之发生变化，当自身的动态阀门（如温控阀、电动调节阀）开度不变时，流量保持不变；②当外界环境负荷变化导致系统自身环路变化时，通过动态水力平衡设备的作用使关键点压差并不发生变化，以减少对其他并联支路流量的影响。

水力失调需通过合理的运行调整和采用流量平衡设备来克服，以实现水力平衡。

二、冷源节能

（一）节能标准与途径

1. 有关标准规范

为了使我国节能降耗工作达到所规定的标准，国家标准委批准发布了16项节能标准。其中，对冷源系统进行规定的技术标准包括GB 50736《民用建筑供暖通风与空气调节设计规范》、GB 50189《公共建筑节能设计标准》、GB 19577《冷水机组能效限定值及能效等级》等，以上标准对包括热泵、机组等建筑的冷源进行了最基本的规定，规定了冷水机组能源效率的限定值和能源效率等级，为我国市场上的冷水机组的能效划定了规范，对提高我国冷水机组的能效起到了促进作用。

除了以上国家标准，还有许多地方标准对空调冷源进行了规定，北京市、深圳市和重庆市相应也对本城市的公共建筑提出了相应的要求，出台了对应的地方标准，提高了冷水组能效上的要求。

2. 冷源节能途径

冷源系统中，各种冷源机组、设备品种繁多，电制冷机组、溴化锂吸收式机组、冷热电联供及蓄冷蓄热设备等各具特色。但采用这些机组和设备时会受到能源、环境、工程状况、使用时间及要求等诸多因素的影响和制约，为此必须在工程方案设计阶段就重视冷源的合理配置，客观全面地对冷源方案进行分析比较后合理确定。

（1）在选择冷源时，应尽可能地选择天然冷源，在技术经济合理的情况下，冷、热源宜利用浅层地能、太阳能、风能等可再生清洁能源。当采用可再生清洁能源受到气候、环境等原因限制无法保证时，应设置辅助冷、热源。

（2）当无条件采用天然冷源时，再选择人工冷源。选择人工冷源时，应根据建筑物空气调节的规模、用途、冷负荷、所在地区的气象条件、能源结构政策等对冷水机组进行选择。在进行选型前，需要对应用方案进行比较。在聚集有多种能源的地区，可采用复合式能源供冷；夏热冬冷地区、干旱及小型建筑，可采用地源热泵冷水机组进行供冷；有可利用的天然地表水或浅层地下水可 100% 回灌时，可采用水源热泵系统；在各房间负荷特性相差较大需长时间供冷供热时，可采用水源热泵机组等。

（3）对于电动压缩式冷水机组，在选择时需要考虑满负荷的 COP，且在额定制冷工况和规定条件下，制冷性能系数不能低于表 3–17 所列数值。

表 3–17　　冷水机组制冷性能系数

类型		额定制冷量（kW）	制冷性能系数（W/W）
水冷	活塞式 / 涡旋式	＜528	3.8
		528～1163	4.0
		＞1163	4.2
	螺杆式	＜528	4.1
		528～1163	4.3
		＞1163	4.6
	离心式	＜528	4.4
		528～1163	4.7
		＞1163	5.1

（4）在选择冷源时，需要考虑国家能源法规、地方政策及能源构成、经济性（初期投资和运行费用）、环保要求、鼓励推广的新技术（如优先采用天然冷源，如太阳能、地热能，条件许可时考虑采用冷却塔供冷、回收利用空调冷源中的冷凝废热等）等多方面因素。

（二）冷冻水系统节能

1. 冷水机组节能措施

（1）控制冷却水及冷冻水温度。控制中央空调运行时的冷却水及冷冻水温度。制冷系数只与被冷却物的温度及冷却剂温度有关，因此可以采用降低冷却水温度及提高冷冻水温度的方法进行节能。

1）降低冷却水温度。冷却水温度越低，冷机的制冷系数就越高。冷却水的供水温度每上升 1℃，冷机的 COP 下降近 4%；降低冷却水温度可以对冷却塔进行结构设计优化。运行过程加强冷却塔的运行管理，冷却塔使用一段时间后及时检修，否则冷却塔的效率会下降，不能充分地为冷却水降温。

2）提高冷冻水温度。由于冷冻水温度越高，冷机的制冷效率就越高。冷冻水供水温度提高 1℃，冷机的制冷系数可提高 3%，所以在日常运行中不要盲目降低冷冻水温度。首先，不要设置过低的冷机冷冻水设定温度；其次，一定要关闭停止运行的冷机的水阀，防止部分冷冻水走旁通管路。

（2）优化主机控制策略。主机的 COP 并不是一个固定值，一般工频主机的高效负载率为 75%～95%，在此区间主机的 COP 较高。

1）常规的主机控制策略：多台主机调节运行数量，一般都是依据室外温度或时间，如室外温度小于 35℃，开一台，高于则开两台；或者 8:00—18:00 开两台，其他时间开一台。这种操作方式未考虑主机的运行效率，特别是根据时间控制时，经常会出现如下现象：① 相同的制冷量，一台主机 85% 运行时机组处于高效区，耗电为 180kW；② 两台主机都在 45% 运行时则处于低效区，各耗电 100kW，总能耗 200kW，高于单台主机，能耗浪费。

另外，在一些天气条件下，依据时间关闭部分主机，有可能出无法满足末端需求的现象，影响空调效果。

2）优化主机控制策略：考虑主机的效率和末端负荷需求，自动调节主机的运行数量，以最低能耗满足所需负荷。并且，在进行切换时，充分考虑主机的安全启停间隔时间，确保主机安全运行。

根据预设的条件判断冷机的加减载，负荷调整条件基于供水温度、温度趋势、时间因素、温度偏差及已运行机组的负荷率。若采用通信控制，内部供水温度设定可手动或跟随环境温度变化。

2. 冷冻水系统节能措施

（1）传统冷冻水调节的缺陷。

1）温差控制法。温差控制原理示意如图 3-40 所示，温差控制法的缺点：温差无法反映支管道的流量情况，且温差存在一定的滞后性。

2）压差控制法。压差控制原理示意如图 3-41 所示。压差控制法的缺点：压差无法反映温度情况；管道水阻变化小，调节范围窄。

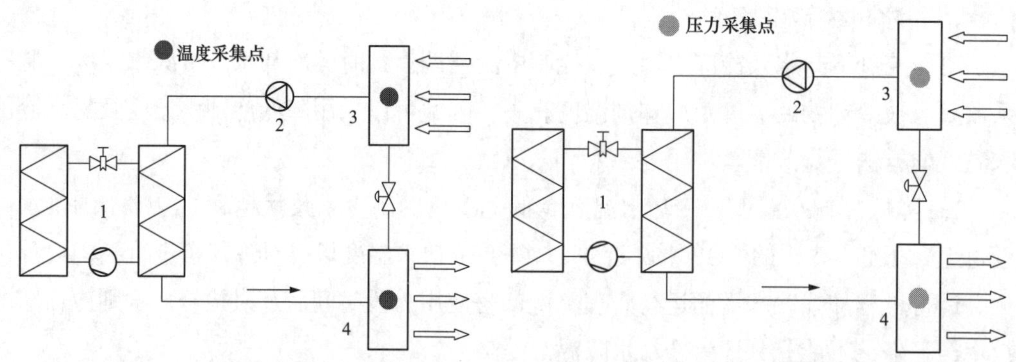

图 3-40　温差控制原理示意图

1—空调主机；2—循环水泵；3—分水器；4—集水器

图 3-41　压差控制原理示意图

1—空调主机；2—循环水泵；3—分水器；4—集水器

3）流量 + 温度干预控制法。流量 + 温度干预控制原理示意如图 3-42 所示。流量 + 温度干预控制法的缺点：流量计本身不精确，易振荡，流量信息滞后，容易损坏；多台主机同时使用，分水量依然不能使机组能效得到保证。

（2）冷冻水优化调节措施。冷冻水优化调节原理示意如图 3-43 所示。冷冻水优化调节采用温度 + 压力控制。首先，控制器通过温度模块、温度传感器、压力传感器等，将主机的回水温度、压力和出水温度、压力，读入控制器内存，计算出温差和流量信息；然后，根据冷冻机的回水与出水的温差来控制调速器的转速，调节出水的流量，控制热交换的速度。温差大，说明室内温度高、系统负荷大，应提高冷冻泵的转速，加快冷冻水的循环速度和流量，加快热交换的速度；反之，温差小，则说明室内温度低，系统负荷小，可降低冷冻泵的转速，减缓冷冻水的循环速度和流量，减缓热交换的速度。

由于此优化措施采用基于温差和压差的变频控制，因此，可根据当前系统情况预设工况数据，负荷变化时使系统自动切换运行模型，从而使水管温差压差趋近于目标值。泵组的主机端流量需先满足设定的最低流量需求，或者切换为出水压力恒定的运行模式，也可手动启停任意台数的水泵。基于此控制技术，实现系统在各种工况和环境下自动适应运行，自动建立不断修正达到最佳运行的曲线，在不降低空调效果的前提下，实现最大化节能。

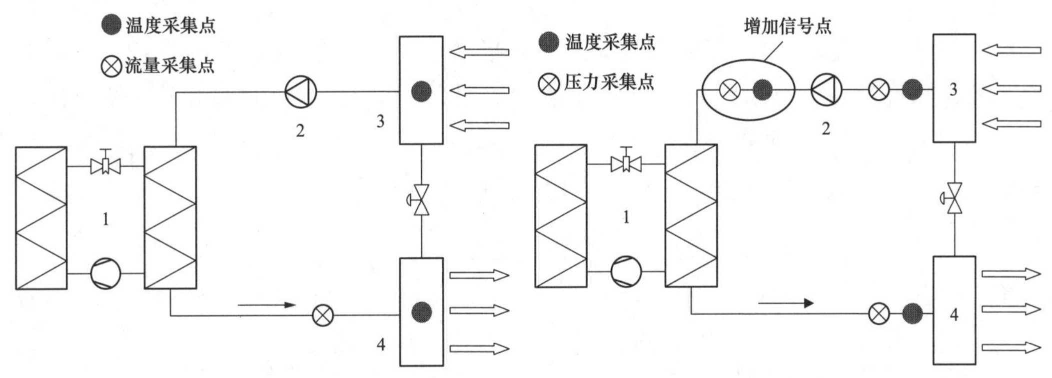

图 3-42　流量 + 温度干预控制原理示意图

1—空调主机；2—循环水泵；3—分水器；4—集水器

图 3-43　冷冻水优化调节原理示意图

1—空调主机；2—循环水泵；3—分水器；4—集水器

3. 双向变流量技术

空调系统冷冻水循环存在两个供需关系：冷量的供需和作为冷量载体的冷冻水流量的供需。任何一个供需关系不平衡，都将影响空调效果，而实现平衡的方式不合理则增加了系统能耗。

（1）二次泵系统。二次泵系统是目前经常采取的、用以协调两个供需关系平衡的方式，二次泵系统的核心是一次泵定流量运行，二次泵变流量运行。

二次泵系统原理如图 3-44 所示，当系统满负荷运行时，冷冻水流经一次泵后，沿管道 2，流经 1、2 号主机，再沿管道 1，流经二次泵、管道 4，至末端 1a、2a，最后沿管道 5 回到一次泵，完成一个循环。当负荷较低时，也就是末端的需求变小，二次泵提供的流量变小，部分冷冻水从管道 3 直接流向一次泵，以确保主机端的流量。当负荷较高时，也就是末端的需求变大，二次泵提供的流量变大，部分冷冻水不流过一次泵，从管道3沿箭头方向流向二次泵。这部分冷冻水不经过主机，温度较高，与主机流出的冷冻水在圆点位置发生混水。

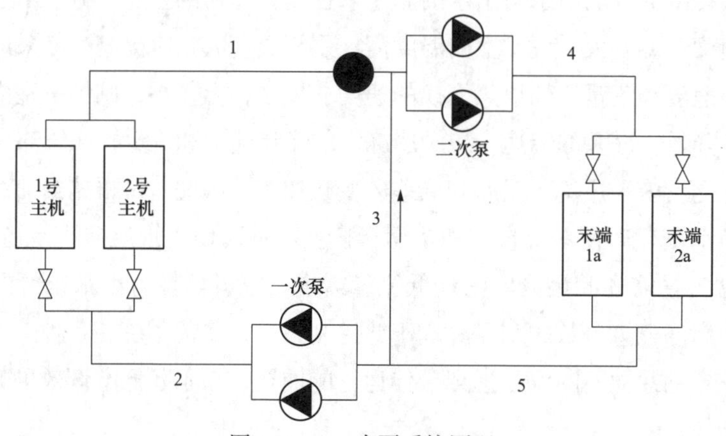

图3-44　二次泵系统原理

（2）双向变流量系统。双向变流量技术是指用一次泵系统，在一定范围内（不同末端支管道需要的压差值的差异不大）实现二次泵系统的效果。双向变流量系统原理如图3-45所示，当1、2号主机的流量各为300m³/h，末端1、2的流量需求也各为300m³/h时，系统处于平衡状态，冷量和流量同时达到平衡。

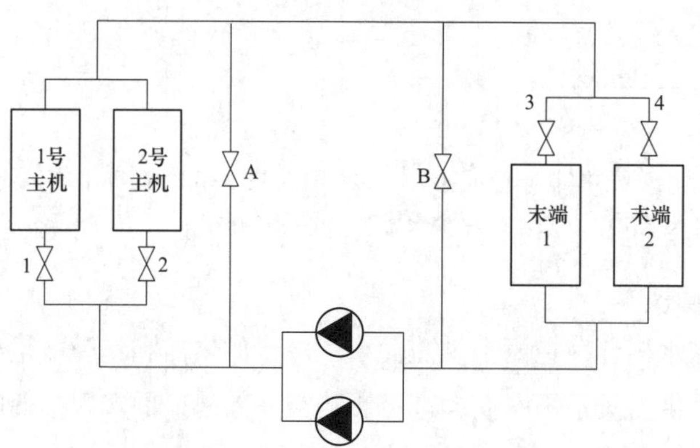

图3-45　双向变流量系统原理

1）开启A阀门。在系统处于低负荷时，末端空调接入数量较多（即需要较大的冷冻水流量），但系统供冷量需求较少。这时一台主机的冷量即可满足负荷需求，阀门2和2号主机关闭，主机端只提供300m³/h流量，但末端阀门3、4开启，需要360m³/h流量。为了尽可能满足末端的流量要求，只能加大冷冻泵的输入，因此加大了泵的能耗。调节A阀门，让部分冷冻水不流经主机，即可保证末端的流量需求，并且降低冷冻泵的能耗。这时，虽然会有混水现象出现，但系统提供的总冷负荷保持不变，满足末

端用户需求，冷水总流量计算公式为

$$W = \frac{Q}{c\rho(t_j - t_h)} \tag{3-10}$$

式中　W——冷水总流量，m^3/s；

Q——空调总冷负荷，kW；

c——水的比热容，取 4.18kJ/（kg·℃）；

ρ——水的密度，取 $1000kg/m^3$；

t_j——供水温度，℃；

t_h——回水平均温度，℃。

在末端需冷量一定的情况下，不进行如上操作时，温差较大，但流量过小，由于流量不足，冷冻水难以到达所有末端，部分区域的空调效果不佳。进行如上操作后，温差变小，但流量大大提高，可以满足末端需求。

另外，由于这种现象主要出现在中低负荷时，在这种负荷下，空调系统对冷冻水的温度要求会降低，并不一定满足 7℃，混水后 9℃的冷冻水也能保证空调效果。

2）开启 B 阀门。当负荷变得更小时，末端的阀门 4 关闭，阀门 3 部分关闭，假设末端需求的流量只有 $180m^3/h$，而 1 号主机的安全流量需求是 $210m^3/h$，如果 $210m^3/h$ 的流量全部流经末端 $180m^3/h$ 的管道，同样也会增加泵的能耗，调节 B 阀门，即可有效解决这个问题。

根据末端负荷的变化，同时调节 A 和 B 阀门，即可使冷量和冷冻水流量同时实现平衡，从而提高空调效果，降低能耗。

4. 水力平衡技术

（1）动态压差平衡阀控制法。

1）存在问题。安装于分水器、集水器之间，能较好地保证负荷端的压差，但存在以下问题：

a. 能单独控制某一回路，不能控制整个系统末端设备压差。

b. 存在静态水力失调，只能满足一部分回路冷量需求，其他管道阻力较大的回路可能冷量不足，造成效果不好。

c. 当系统回路较多或某一管道回路流量变化较大时，易使各个回路之间水力失调，使得系统产生振荡。

2）控制方法。可采用以下两种控制方法：

a. 恒压差动态水力平衡控制法。恒压差动态水力平衡控制示意如图 3-46 所示。现有的恒压差动态水力平衡控制方法，是一种采用以各个回路为控制对象的局部水力控制方法，缺乏系统的调节；是一种恒定被控回路压差的方法，而空调系统的负荷与压差之间并没有直接的关系，压差不能准确地反映空调负荷。

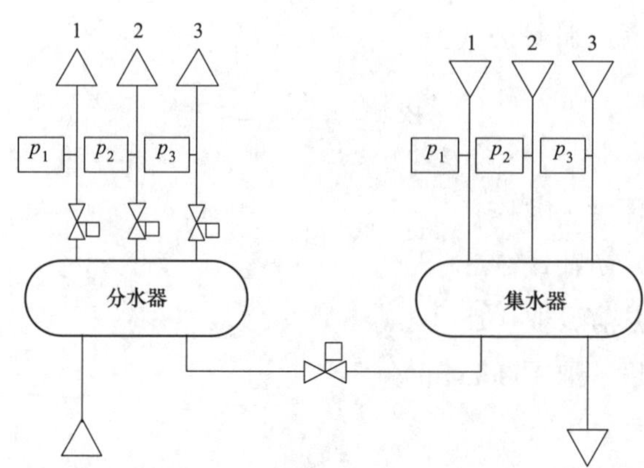

图 3-46 恒压差动态水力平衡控制示意图

b. 恒温差动态水力平衡控制。恒温差动态水力平衡控制示意如图 3-47 所示。现有的恒温差动态水力平衡控制方法忽略了系统的稳定性，当管道回路较多或其中某些管道回路负荷变化较大时，易造成其他管道水力失调。

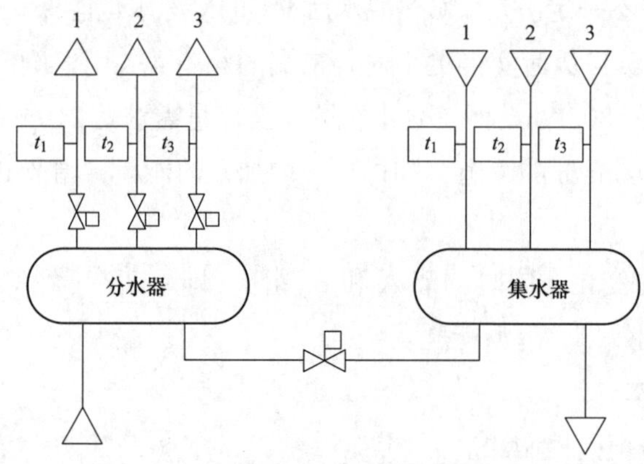

图 3-47 恒温差动态水力平衡控制示意图

（2）优化动态水力平衡技术。采用温差 + 流量动态水力平衡，温差 + 流量动态水力平衡控制示意如图 3-48 所示，通过测量总管道 t_0 与各支管道回水温度 t_1、t_2、t_3 的温差，分析 1、2、3 支管道的负荷区别；通过测量各支管道的出水压力 p_1、p_2、p_3 与回水总管道的压力 p_0 的压差，分析 1、2、3 支管道的流量情况。通过对 1、2、3 管道上的阀门调节，控制各支管道上的流量。最终实现每个支管道按需得到流量，为对应的末端区域提供合适的空调效果。

水力平衡技术的核心是“保持合适温差，对流量进行调节”，以提高末端效果为主要目的，实现一定程度的节能。

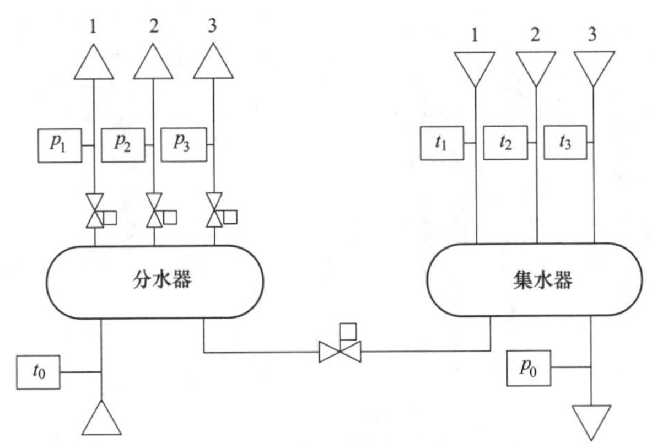

图 3-48　温差 + 流量动态水力平衡控制示意图

（三）冷却水系统节能

1. 冷却塔群水力平衡措施

在冷却塔进水管路上安装水力稳压器，使冷却塔群的流量变化范围为 30%～100% 时，可实现冷却水在各冷却塔间的均匀分布，提高冷却塔群的填料利用率。

（1）水力稳压器简介。根据水压特性，水力稳压器采用简洁的结构，在横流式冷却塔群的流量变化范围为 30%～100% 时，可实现冷却水在各冷却塔间的均匀分布，提高冷却塔群的填料利用率，从而提高冷却效果，降低冷却水回水温度。

水力稳压器的调节原理与传统的采用手动阀、电动阀或恒流阀的调节原理完全不同，与各种“阀”相比，没有任何运动部件的水力稳压器不易堵塞和损坏，不会产生额外的管路阻力，不需要额外的操作，并且调节效果更好，范围更宽，速度更快。

（2）水力稳压器的基本原理。水力稳压器利用 U 形管原理，在冷却水流量变化范围为 30%～100% 时，实现布水盘间的均匀分水。水力稳压器具有构造简洁，不耗能，不易损，可以自动、实时、快速调节的优点。初进水时的 U 形管不水平状态、自动调整后的 U 形管水平状态如图 3-49 和图 3-50 所示。

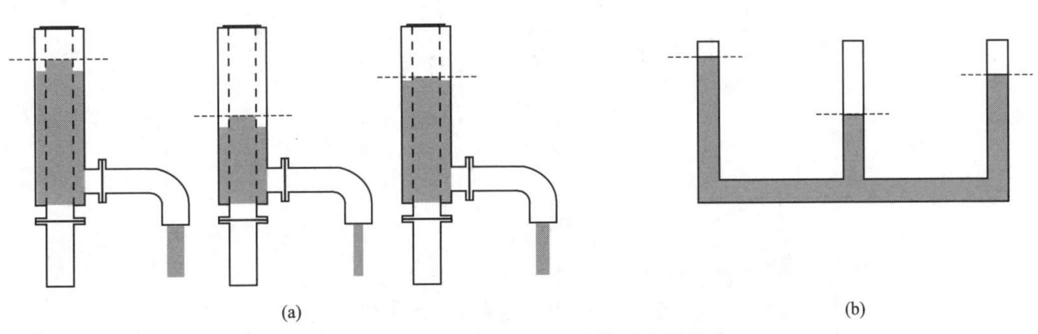

图 3-49　初进水时的 U 形管不水平状态

（a）水力稳压器内部水位示意图；（b）U 形管水位示意图

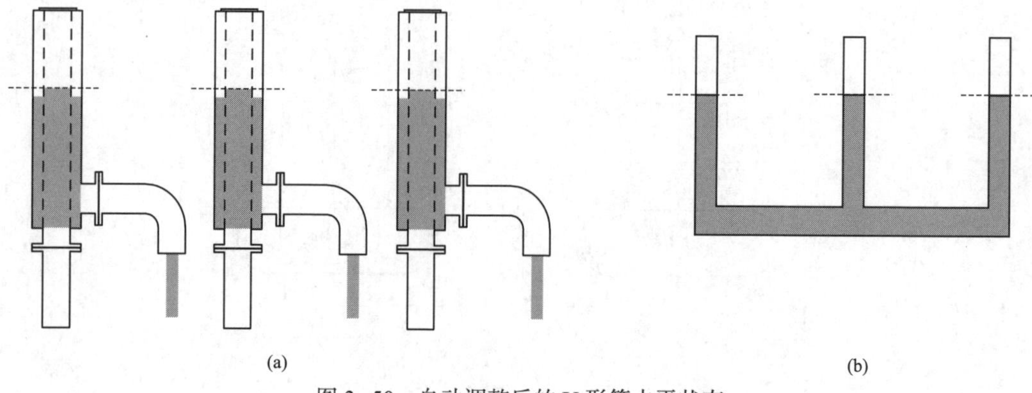

图 3-50　自动调整后的 U 形管水平状态
（a）水力稳压器内部水位示意图；（b）U 形管水位示意图

（3）水力稳压器的基本结构。水力稳压器结构如图 3-51 所示。

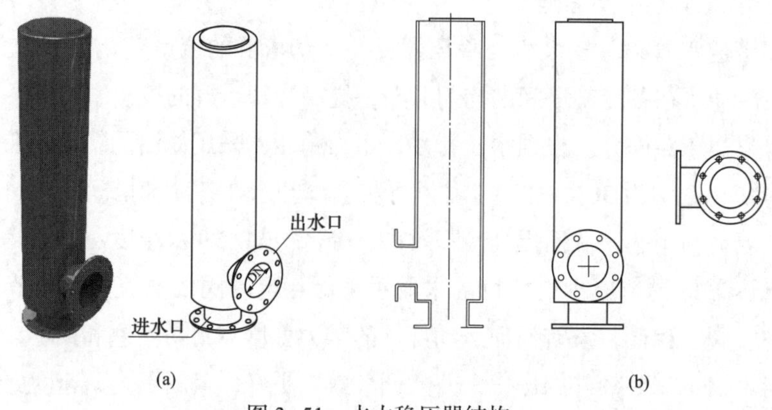

图 3-51　水力稳压器结构
（a）实物图；（b）结构示意图

（4）水力稳压器的安装位置。冷却塔的每个布水盘配置一个水力稳压器，安装在冷却塔的进水管路上，水力稳压器安装示意如图 3-52 所示。

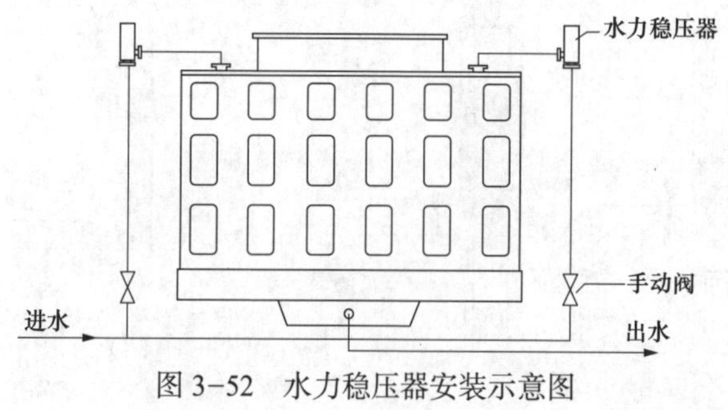

图 3-52　水力稳压器安装示意图

2. 冷却塔塔盘布水均匀措施

冷却塔布水盘内存在布水分布不均、喷嘴堵塞严重的问题，造成填料利用率低，导致散热效果不好，供回水温度较高。在冷却塔布水盘内安装变流量喷头，保证总流量变化范围为30%～100%时，冷却塔布水盘内布水均匀，利用冷却塔自身的最大冷却面积进行冷却，提高单个冷却塔的冷却效率，使冷却塔的整体运行效率有效提升。

（1）变流量喷嘴简介。变流量喷嘴创造性地在布水盘平面分布的下水孔上增加了纵向的下水槽。安装变流量喷嘴后，无论布水盘的水量如何变化，每个变流量喷嘴始终能分到水，单台冷却塔几乎保持100%的填料利用率，从而提高冷却塔的冷却效果。

变流量喷嘴无运动部件，不易堵塞和损坏，可自动、快速调节。与其他意图实现冷却水在塔内均匀分布的措施相比，效果更好、实施更方便、适用范围更广。变流量喷嘴采用ABS材料。

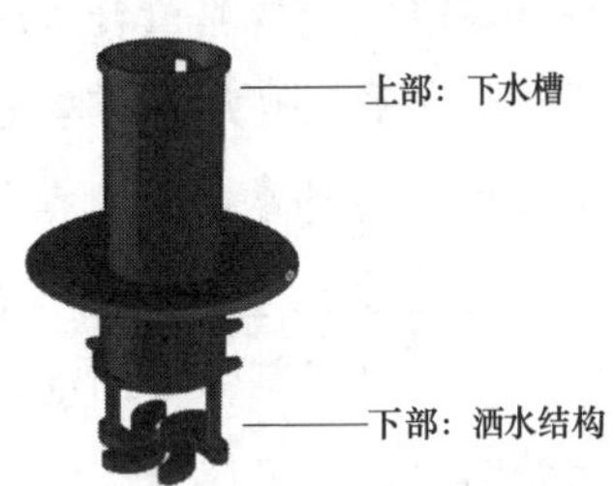

图3-53　变流量喷嘴结构

（2）变流量喷嘴的基本结构。变流量喷嘴结构如图3-53所示。

（3）变流量喷嘴的安装位置。变流量喷嘴安装在布水盘内，处于填料的范围内并与填料保持50mm的下间间距。安装变流量喷嘴后布水盘水量分布示意如图3-54所示，变流量喷嘴设计了立式下水槽，进入布水盘的冷却水首先形成积水，然后从每个下水孔流向填料。另外，由于立式下水槽的结构特点，少量的杂物不会影响布水盘的使用。

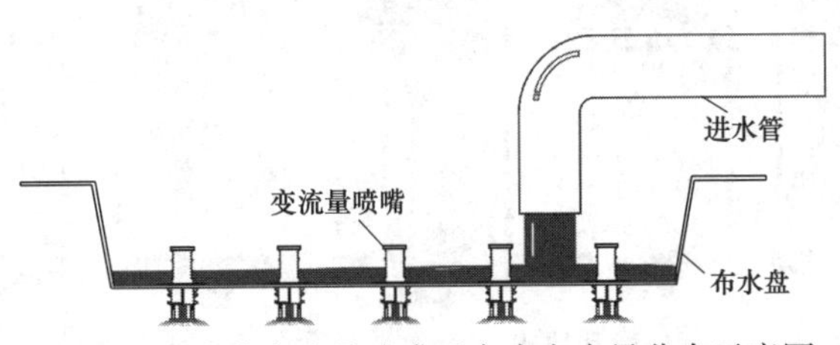

图3-54　安装变流量喷嘴后布水盘水量分布示意图

3. 冷却塔风机控制措施

冷却塔风机大部分无变频措施、无集中控制技术，风机运行能耗偏大。

冷却塔风机能效控制技术是在应用冷却塔群变流量技术，实现冷却塔群接近100%的填料利用率的基础上，通过安装冷却塔能效控制柜，控制冷却塔风机同步联合节能运行，使冷却塔群适应冷却水流量变化，降低冷却塔风机能耗，提高冷却塔效率。

风机功率百分比随频率上升而增大，同时风量百分比也增大，但两者不是线性关系。在频率为25～42Hz时，冷却塔电机耗电量为13%～51%，此时风量可达到55%～86%，该区间的平均电风比例为1∶2.218，该区间两侧的平均电风比均比此值低。冷却塔群的填料利用率提高后，冷却塔风机可以以较低的能耗为制冷主机提供优质的冷却效果，实现节能目的。

应用冷却塔群变流量技术，在冷却水流量变化范围为30%～100%时，可自动、快速实现冷却水在各冷却塔间和单台冷却塔内部均匀分布，保持冷却塔群接近100%的填料利用率，即最大化提高既有冷却塔的有效换热面积，同时控制冷却塔风机在高效区运行，为冷却塔群提供合理的风量，实现年均降低冷却水温度1.5～3℃。

4. 冷却水泵控制措施

传统冷却水泵难以实现变频控制，是因为冷却水流量的变化会引起冷却水温度上升。对冷却塔群实施变流量升级后，流量的变化不会引起温度上升，同时因为安装水力稳压器后冷却水系统阻力下降等硬件条件的改善，为冷却水实施变频改造提供了硬件基础。

具体的冷却水泵控制措施有：①安装冷却泵能效控制柜，内置控制模型，实时采集冷机进出水压差、温差、温度；②综合冷却塔冷却能力进行自动计算，实时调整冷却循环量，实时调整冷却水循环系统，使泵组扬程、流量达到最佳匹配状态，保持冷却水系统时刻处在最佳输送范围实现冷却循环系统的高效运行。

通过对主机能耗的分析，在相同的冷却水出水温度下，冷却水温度越低，主机能耗越低。使用了智能型变流量冷却塔技术后，冷却水温度年均下降1.5～2.5℃，主机实现6%～10%节能，较低的冷凝温度，确保了主机的制冷工作，提高了末端的空调效果。应用冷却塔群变流量技术后的塔群内布水示意如图3-55所示。

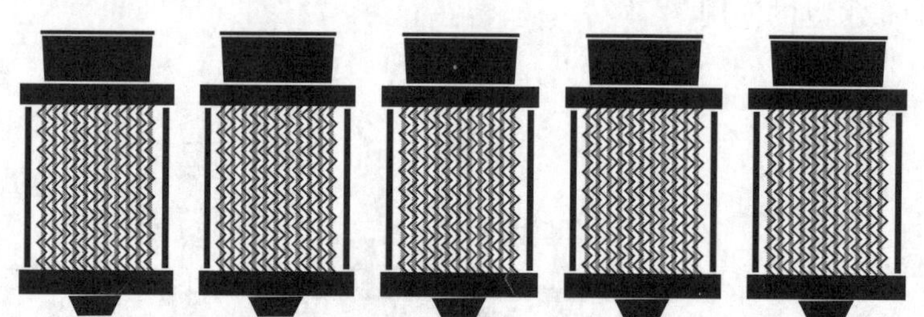

图3-55 应用冷却塔群变流量技术后的塔群内布水示意图

（四）免费冷源应用

免费冷源是指在冬季或过渡季节，室外温度满足一定的条件，直接利用室外空气对需要供冷的部分房间进行降温，减少制冷机的工作时间。免费冷源可分为以下两种方式：

（1）风系统免费供冷。在冬季或过渡季节通过将足够的室外空气（新风）送入室内，以除去室内所产生热量。

（2）水系统免费供冷。利用冷却塔内的冷却水作为冷媒，经热交换器产生冷冻水为建筑物冬季或过渡季节供冷，免费供冷可以和送风系统相结合。当进行免费供冷时，制冷机无须运行，仍由冷却塔为空调提供冷冻水，节省电能。

对具有需要全年供冷需求的水空气（风机盘管加新风）空调系统，在室外空气的焓值低于室内空气设计焓值的时段里，可利用冷却塔为空调系统提供冷水，提前停运冷水机组。在长江以北地区利用冷却塔供冷，节能效果分明显，节能率可达 10%～25%。

利用冷却塔为空调系统提供冷水有冷却塔直接供冷系统、冷却塔间接供冷系统 2 种供冷系统。冷却塔直接供冷系统、冷却塔间接供冷系统分别如图 3-56、图 3-57 所示。

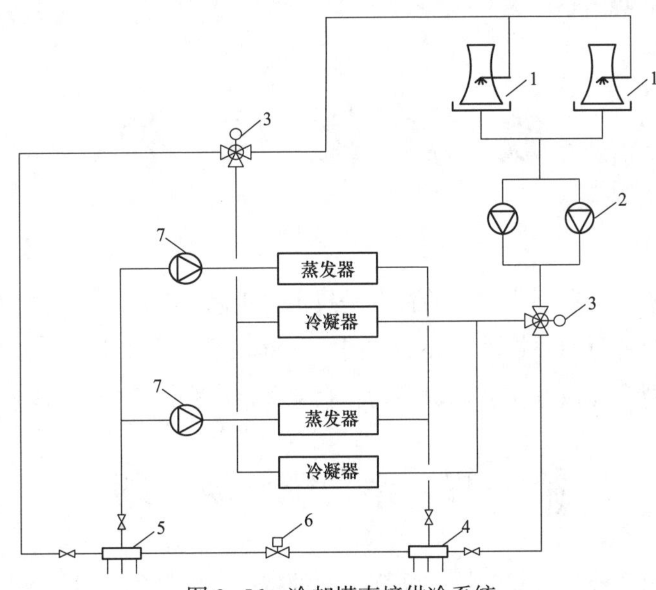

图 3-56　冷却塔直接供冷系统

1—冷却塔；2—冷却水泵；3—电动三通调节阀；4—分水器；5—集水器；6—压差控制阀；7—循环冷水泵

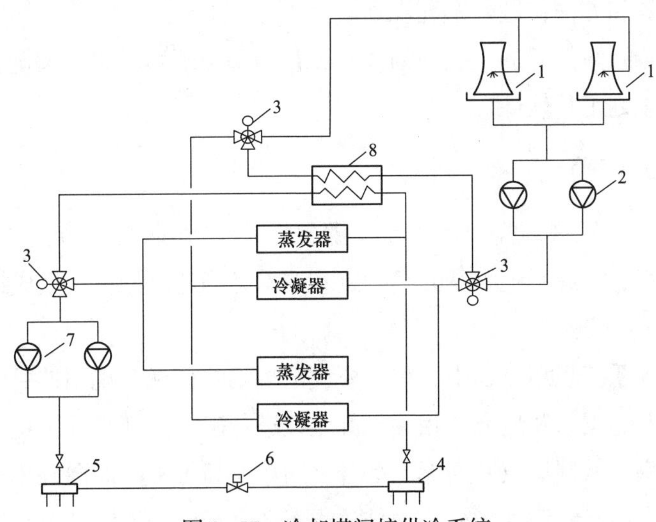

图 3-57　冷却塔间接供冷系统

1—冷却塔；2—冷却水泵；3—电动三通调节阀；4—分水器；5—集水器；6—压差控制阀；7—循环冷水泵；8—板式换热器

数 字 化 技 术

综合智慧能源系统数字化技术的特点是技术含量高，对综合智慧能源技术发展具有重要意义，是综合智慧能源技术发展的方向。本章介绍与综合智慧能源有关的数字化技术，包括系统规划、虚拟电厂、标识编码、服务平台、智慧管控平台。

第一节　系　统　规　划

综合智慧能源系统具有复杂性、强耦合性的特点，涉及的能源资源种类多，包括各种传统能源及各类新能源，涉及源、网、荷、储之间的深度耦合，以及供电、供暖、供冷、供热水、供蒸汽等多种形式。对于综合智慧能源系统的建设而言，应利用专业知识，采用各种工具和方法，做好系统规划。

本节介绍综合智慧能源的系统规划技术，包括系统规划步骤、关键技术、计算机仿真技术及应用、规划工具软件。

一、系统规划步骤

综合智慧能源系统规划需要的主要步骤包括系统规划目标设定、能源资源条件估算、负荷需求估算、能源系统配置方案设定、技术经济计算分析、生成报告。

1. 系统规划目标设定

综合智慧能源系统规划过程中，首先要设定规划的目标。规划的目标要综合根据目标区域的实际情况、国家及地方的相关能源政策进行确定。规划目标主要包括低运行费用、高投资收益率、低碳排放、高能源综合利用率、高可再生能源利用率。其中，运行费用、投资收益率属于经济性指标，碳排放属于环保指标，能源综合利用率、可再生能源利用率属于能效指标。

实际确定目标时，可以综合考虑多个目标，如设定一个碳排放的最高限及可再生能源利用率的最低限，以此为前提，使得投资收益率最高。

2. 能源资源条件估算

确定区域内可利用的能源资源量，包括：

（1）一次能源及二次能源。如来自天然气管网的天然气资源、来自城市电网的电能资源、来自城市供热管网的供热资源等。

（2）可再生能源。如太阳能、风能、地热能、生物质能（包括可燃垃圾）。

（3）低品位的温差能。如土壤恒温层的换热、江河湖海的温差能、污水的温差能。

（4）废热、余热资源。如工厂废热、地铁排热等。

在确定可利用量时，需结合资源的利用技术及设备，来计算利用这些资源能够获得的能源的最大输出功率，以及考虑年可利用小时数的最大年输出总量。

3. 负荷需求估算

确定区域各类负荷（供电负荷、供热负荷、供冷负荷、生活热水负荷、蒸汽负荷等）的实际需求量，需要考虑到需求量的时变特性，包括随季节的变化、同一天之内不同时间段的变化和逐年变化等。

影响负荷需求的因素非常多，并且存在一定的随机性，因此要准确地估算负荷需求是非常难的，尤其是对于尚未完成建设的区域的能源系统的规划。

负荷估算的结果形式为每种负荷类型的最大负荷与逐时负荷系数（即以小时为最小时间单位，每个小时的负荷与最大负荷之间的比例系数）。首先，确定每个单体建筑的最大负荷与逐时负荷系数；然后，将所有建筑的逐时负荷相加，得到总体的逐时负荷，从而获得总体的最大负荷及逐时负荷系数。

建筑的最大负荷可以采用指标法进行计算，即

$$P_{\max}=\frac{I_{\mathrm{p}}A}{1000} \tag{4-1}$$

式中 $P_{\max}$——建筑某负荷类型的最大负荷，kW；

I_{p}——该建筑该负荷类型对应的负荷指标，W/m^2；

A——该建筑的建筑面积，m^2。

指标 + 逐时负荷系数计算方法的关键在于建筑的负荷指标与逐时负荷系数的确定。建筑的负荷指标与逐时负荷系数与区域所在的地理位置、气候条件、建筑的功能类型、人员入住率等诸多因素有关，要做到相对较准确的估算，难度非常大。实际工程中，可以用所在地区的已有建筑的历史测量统计数据进行回归得到所需的负荷指标及逐时负荷系数，为安全起见，会在估算的负荷指标的基础上加一个较大的安全裕量。而在系统投入运行后，则会出现设备容量闲置和浪费。

也可以利用情景分析法进行区域建筑负荷的估算。根据区域情景量化建筑的参数，

借助建筑负荷模拟软件得到区域建筑的负荷。在模拟计算时需要设置最有可能出现的情景组合，得到每种情景组合下的负荷，选取基准情景下的负荷作为基准值，将其他情景组合的负荷作为比较选择值，供参考选用。情景设定包括：① 社会经济增长发展情景设定；② 人口密度情景设定；③ 建筑形式情景设定，决定建筑形式的控制性指标有容积率、建筑密度、建筑控制高度、建筑体量、建筑形状、建筑朝向等。

4. 能源系统配置方案设定

以设定的规划目标、能源资源条件估算结果和区域负荷需求估算结果为输入条件，对能源系统配置方案进行设定。系统配置方案的内容主要包括能源设备种类、设备选型（包括主机选型和辅机选型）、管网系统布置等。

配置方案首先要满足能源的供需平衡，即设备的输出能够满足区域的逐时负荷需求，同时设备对能源资源的逐时消耗要在能源资源条件限定的范围内。在此基础上，对配置方案进行分析、优化，最终得到满足规划目标的方案。

5. 技术经济计算分析

综合智慧能源系统规划必须要考虑经济性指标。计算系统配置方案的投资额，确定贷款计划和资金使用计划，计算年运行收入、年运行费用及其他各项运营成本，得到各年的现金流量表及其他各类财务报表，最终计算内部收益率及投资回收期等经济性指标，作为判断方案优劣的重要依据。

6. 生成报告

生成报告的内容一般包括项目概况、区域能源资源分析结果、负荷需求估算结果、能源配置方案比较分析、选定方案的设备选型、能耗分析和技术经济分析结果等。

二、关键技术

（一）负荷预测

负荷预测是综合智慧能源系统规划的前提，下面介绍几种工程项目和目前研究中常用的预测方法。

1. 指标法

建筑或工业的冷、热负荷预测可以根据国家相关行业的设计规范、标准，按照其给定的指标进行预测，该方法一般用于饱和负荷预测。指标法简单快速，但精确度有限，多用于规划初期。

2. 软件模拟法

软件模拟法是以计算机能耗模拟软件为平台，根据典型年气象参数、详细的建筑信息和设计参数，通过计算机模拟仿真获得该建筑的逐时负荷数据，并将其作为建筑冷热负荷的预测值。目前，国内外已经研发了很多的能耗模拟软件，如美国的 DOE2、BLAST、加拿大的 HOT2XP、日本的 HASP/ACLD、中国香港的 HKDLC 和清华大学的

DeST 等。在空调系统设计阶段，应用能耗模拟软件可以获得该建筑全年逐时冷热负荷，通过分析逐时负荷的动态特性，可以得到系统的峰值负荷、负荷的季节变化、日间变化和逐时变化，进而可以获得不同比率的部分负荷下系统运行时间。根据这种负荷特性，可以设计更加合理的系统方案，选择容量更合适的设备，优化运行策略，从而提高能源利用率，达到节能的目的。

软件模拟法操作过程：首先，根据建筑的特征等因素将区域内建筑分类，根据相关规范构建每种类型建筑的代表即标准建筑，再通过能耗模拟软件完成该类型建筑的负荷预测，得到典型日负荷设计指标和逐时负荷，将其作为该区域建筑负荷的预测值；然后，将区域内的建筑分为住宅、办公、商场等功能不同的建筑类型，针对每种类型建筑参照相关设计手册及规范，以典型建筑的标准设定具体建筑信息，包括建筑外形、窗墙比、围护结构材料等；最后，利用模拟软件完成动态负荷的预测计算，指导区域系统方案的确定。

3. 时间序列法

时间序列法是电负荷预测的一种常用方法。根据负荷时序的特点及其自相关函数、偏相关函数的性质，分别对应有自回归模型 AR、滑动平均模型 MA、自回归滑动平均模型 ARMA 和累积式自回归滑动平均模型 ARIMA，其中 ARIMA 模型可以适用于非平稳时间序列。负荷历史数据是按照一定采样间隔记录的时间序列，具有较强的随机性。时间序列模型作为处理随机序列的有效方法，在短期预测中有着广泛的应用。

4. 人工神经网络法

人工神经网络由多个神经元连接而成，可以模拟人类学习和处理信息的过程，理论上可以逼近任意的函数。其中，误差逆传播型的三层前馈神经网络在负荷预测中应用广泛，径向基神经网络和 Elman 神经网络等也逐渐被运用。人工神经网络由于其具有的自适应性学习、函数逼近等特点，被引入短期负荷预测中，取得了较好的预测效果。人工神经网络的优点在于不需要数学模型，通过对数据的自适应训练，能够解决负荷时序的高随机性、非确定性等问题。目前研究热门的深度学习也属于人工神经网络，其中循环神经网络、长短时记忆网络常用于解决与时间序列相关的问题。

5. 多元负荷联合预测

随着机器学习技术的深入发展，在具有一定历史负荷数据等信息的项目中，采用数据驱动的预测方法得到越来越广泛的应用。与传统单一供能系统不同，综合智慧能源系统存在多种负荷需求，不同负荷之间（如电、冷、热）具有一定的耦合特性，因此采用多元负荷联合预测的方法在一定程度上可以提高预测精度。首先，通过相关性分析等方法分析负荷之间、负荷与影响因素（如气象数据等）之间的相关性，筛选出对预测重要的信息，减少特征维度，提高预测效率和精度；然后，通过深度学习人工神经网络算法，如长短期记忆神经网络（LSTM），建立多元负荷联合预测模型，实现综合智慧能源系统多元负荷的联合预测。目前，多元负荷联合预测已经进入广泛研究阶段。

（二）建模

综合智慧能源系统建模工作包括设备建模、能源网络建模和系统耦合建模。本节选取几种综合智慧能源系统中典型设备模型、能源网络模型和耦合建模中应用最广泛的方法——能源集线器法进行介绍。

1. 典型设备模型

（1）光伏发电模型。光伏发电功率的数学模型为

$$P_{\mathrm{pv}}=f_{\mathrm{pv}}P_{\mathrm{r,pv}}\frac{I}{I_{\mathrm{s}}}[1+\partial_{\mathrm{p}}(t_{\mathrm{pv}}-t_{\mathrm{r}})] \tag{4-2}$$

式中 P_{pv}——光伏发电设备的发电功率，kW；

f_{pv}——能量转换效率，通常取 0.9；

$P_{\mathrm{r,pv}}$——标准条件光伏发电设备的额定输出功率，kW；

I——实际辐射强度，$\mathrm{W/m^2}$；

I_{s}——标准辐射强度，$\mathrm{W/m^2}$；

∂_{p}——温度功率系数，通常取 0.0047℃$^{-1}$；

t_{pv}——光伏模块的实际温度，℃；

t_{r}——光伏模块的额定温度，℃。

（2）风力发电模型。风力发电机的功率输出主要与风速相关，且当风速大于切出风速或小于切入风速时，风力发电机不工作。风力发电机功率的数学模型为

$$P_{\mathrm{WT}}=\begin{cases}0 & (v_{\mathrm{co}}\leqslant v\leqslant v_{\mathrm{ci}})\\ P_{\mathrm{r}}\dfrac{v-v_{\mathrm{ci}}}{v-v_{\mathrm{co}}} & (v_{\mathrm{ci}}\leqslant v\leqslant v_{\mathrm{r}})\\ P_{\mathrm{r}} & (v_{\mathrm{r}}\leqslant v\leqslant v_{\mathrm{co}})\end{cases} \tag{4-3}$$

式中 P_{WT}——风力发电机的发电功率，kW；

v_{ci}——切入风速，m/s；

v_{co}——切出风速，m/s；

v_{r}——风力发电机额定风速，m/s；

P_{r}——风力发电机额定功率，kW。

（3）燃气锅炉模型。燃气锅炉是以气热耦合转换为主的一种供能设备，其通过消耗天然气来满足热负荷需求，进一步加强了气热之间的耦合关系，其热功率数学模型为

$$P_{\mathrm{heat,GB}}(t)=P_{\mathrm{gas,GB}}(t)\eta_{\mathrm{GB}}$$

$$P_{\mathrm{gas,GB}}(t)=\frac{Q_{\mathrm{GB}}(t)\times L_{\Lambda}}{\Delta t} \tag{4-4}$$

$$H_{GB}(t) = P_{heat,GB}(t)\Delta t$$

式中 $P_{heat,GB}(t)$——t 时刻燃气锅炉的热功率，kW；

$P_{gas,GB}(t)$——t 时刻天然气消耗功率，kW；

η_{GB}——燃气锅炉实际转换效率；

$Q_{GB}(t)$——t 时刻燃气锅炉进气量，m^3；

L_{Λ}——天然气低热值系数，kJ/m^3；

$H_{GB}(t)$——经过 Δt 时段燃气锅炉产生的实际热量，kJ。

（4）储能电池模型。储能电池是实现能量耦合和需求响应的关键设备，其充电存入电能的数学模型为

$$\mathrm{SOC}(t) = (1-\delta_e)\mathrm{SOC}(t-1) + P_{in}\Delta t\eta_{in}^{e} \tag{4-5}$$

其释放电能的数学模型为

$$\mathrm{SOC}(t) = (1-\delta_e)\mathrm{SOC}(t-1) - P_{out}\Delta t/\eta_{out}^{e} \tag{4-6}$$

式中 δ_e——蓄电池自身电能消耗率；

P_{in}——蓄电池电能存入功率，kW；

P_{out}——蓄电池电能释放功率，kW；

SOC(t)——第 t 个时段结束时蓄电池剩余电量，kWh；

SOC(t−1)——第 t−1 个时段结束时蓄电池剩余电量，kWh；

η_{in}^{e}——蓄电池电能存入效率；

η_{out}^{e}——蓄电池电能释放效率。

（5）储热设备模型。储热箱在不考虑储热箱内部控制过程的前提下，仅仅从剩余储热能量和储放热功率等方面进行数学建模，即

$$H_{HS}(t) = H_{HS}(t-1) + \left[\eta_s^h P_s^h(t) - \frac{P_r^h(t)}{\eta_r^h}\right]\Delta t \tag{4-7}$$

式中 $H_{HS}(t)$——t 时刻储存的热量，kJ；

$H_{HS}(t-1)$——t−1 时刻储存的热量，kJ；

$P_s^h(t)$——t 时刻吸热功率，kW；

$P_r^h(t)$——t 时刻放热功率，kW；

η_s^h——吸热效率；

η_r^h——放热效率。

（6）储冷设备模型。蓄冰槽的能量平衡方程为

$$Q_g = -q_{ph}\frac{\mathrm{d}m_t}{\mathrm{d}t} + m_i c_i \frac{\mathrm{d}T_i}{\mathrm{d}t} + m_w c_w \frac{\mathrm{d}T_w}{\mathrm{d}t} \tag{4-8}$$

式中 Q_g——乙二醇溶液的传热量，kW；

q_{ph}——水的汽化潜热，kJ/kg；

c_i——冰的比热容，kJ/(kg·℃)；

c_w——水的比热容，kJ/(kg·℃)；

m_i——冰的质量，kg；

m_t——水结成冰的质量，kg；

m_w——水的质量，kg；

T_i——冰的温度，℃；

T_w——水的温度，℃。

蓄冰量的计算依据：单位时间步长内所蓄存的冰量等于当前时间步长结束时，蓄冰槽内蓄存的总冰量减上一时间步长结束时蓄冰槽内蓄存的总冰量。具体如下

$$V_{\text{ice}-t,\,i} = V_{\text{ice}-t,\,i-1} + N_{\text{coils}} \sum_{i=1}^{N} V_{\text{ice},\,i} \tag{4-9}$$

式中 $V_{\text{ice}-t,\,i}$——本时间步长结束时蓄冰槽内蓄存的总冰量，m^3；

$V_{\text{ice}-t,\,i-1}$——上一时间步长结束时蓄冰槽内蓄存的总冰量，m^3；

N_{coils}——蓄冰槽内的盘管数量；

N——每根盘管的分段数。

2. 能源网络模型

（1）电力网络模型。在区域级综合智慧能源系统中，电力系统部分以传统发电机组与可再生能源作为主力电源，电源产生的电能经由电力网输送分配至负荷。考虑到电力系统的运行现状主要以交流网为主，对于区域级综合智慧能源系统内的电力系统，在此以交流潮流模型进行模型构建，其电功率表示为

$$S = P + \mathrm{j}Q = U(\boldsymbol{Y}U)^* + \mathrm{j}U(\boldsymbol{Y}U)^* \tag{4-10}$$

式中 S——视在功率；

P——有功功率，kW；

Q——无功功率，kW；

U——网络节点电压，V；

$\boldsymbol{Y}$——节点导纳矩阵。

（2）热力网络模型。在热力系统中，热能由热源经供热管网送至换热站，然后通过散热器将热能转换给热力用户，进而经热力管网的回热网络返还至热源。在此热能输送、转换过程中，承担热力系统的传输介质为水，因此，在对热力系统模型构建时主要考虑水力模型与热力模型两部分。

1）水力模型。在热力系统的闭合管道中，热力传输介质在不同管道中流动的压头

损失之和为零，即

$$\begin{cases} \boldsymbol{A}_{\mathrm{s}} m = m_{\mathrm{q}} \\ \boldsymbol{B}_{\mathrm{h}} \boldsymbol{h}_{\mathrm{f}} = 0 \end{cases} \tag{4-11}$$

式中 $\boldsymbol{A}_{\mathrm{s}}$——热力系统的节点—支路关联矩阵；

m——节点—支路的流量；

$\boldsymbol{B}_{\mathrm{h}}$——回路—支路关联矩阵；

m_{q}——网络节点的流量；

$\boldsymbol{h}_{\mathrm{f}}$——压头损失向量，其可表示为

$$\boldsymbol{h}_{\mathrm{f}} = \boldsymbol{K} m|m| \tag{4-12}$$

式中 $\boldsymbol{K}$——热力管网的阻力系数矩阵。

2）热力模型。为了便于阐述，在此将热力网中经过热力负荷节点前后传输介质水的温度分别表征为 T_{s} 与 T_0，则可由此构建热力系统的热力模型，即

$$\begin{cases} \phi = c_{\mathrm{p}} m_{\mathrm{q}} (T_{\mathrm{s}} - T_0) \\ T_{\mathrm{end}} = (T_{\mathrm{start}} - T_{\mathrm{a}}) \mathrm{e}^{-\frac{\lambda L}{c_{\mathrm{p}} m}} + T_{\mathrm{a}} \\ \left(\sum m_{\mathrm{out}}\right) T_{\mathrm{out}} = \sum m_{\mathrm{in}} T_{\mathrm{in}} \end{cases} \tag{4-13}$$

式中 c_{p}——传输介质水的比热容，kJ/(kg·K)；

T_{end}——热力管网的末端温度，K；

T_{start}——热力管网的首端温度，K；

T_{a}——热力管网周围环境温度，K；

λ——热力管网的热传导系数，W/(m·K)；

L——热力管网的距离，m；

m_{out}——热力管网传输机制的输出流量，kg/s；

m_{in}——热力管网传输机制的输入流量，kg/s；

T_{out}——流出热力管网传输介质温度，K；

T_{in}——流入热力管网传输介质温度，K。

（3）天然气网络模型。区域级综合智慧能源系统的天然气系统由气源、供气管道、压缩机与天然气负荷构成，即天然气由气源经天然气供气管道送至天然气用户。在此过程中，为了实现天然气的传输需要确保天然气管道存在一定压力，此压力通常由压缩机提供。在此，为了便于分析，将天然气系统网络划分为含压缩机的网络与不含压缩机的网络，具体分析过程与思路如下：

1）不含压缩机的天然气网络模型。在不含压缩机的天然气网络模型中，可通过以下方法对网络中节点压力与管道的流量进行分析，即

$$f_{\mathrm{r}}=\phi(\Delta p_{\mathrm{r}}^{2})=K_{\mathrm{r}}s_{\mathrm{ij}}\sqrt{s_{\mathrm{ij}}(p_{\mathrm{i}}^{2}-p_{\mathrm{j}}^{2})} \tag{4-14}$$

式中 f_{r}——天然气管道 r 中的稳态流量；

K_{r}——天然气管道常数；

$\Delta p_{\mathrm{r}}^{2}$——天然气管道的压力降，$\Delta p_{\mathrm{r}}^{2}=p_{\mathrm{i}}^{2}-p_{\mathrm{j}}^{2}$；

s_{ij}——天然气管道中的气体流向。

进而，天然气网络的流量方程可表示为

$$\boldsymbol{A}_{\mathrm{g}}f=L \tag{4-15}$$

式中 $\boldsymbol{A}_{\mathrm{g}}$——省略含压缩机管道的天然气网络节点—支路关联矩阵。

令 $\Pi_{\mathrm{i}}=p_{\mathrm{i}}^{2}$，$\Delta\Pi_{\mathrm{r}}=p_{\mathrm{r}}^{2}$，则天然气管道的压力降向量为

$$\Delta\Pi=-\boldsymbol{A}_{\mathrm{g}}^{\mathrm{T}}\Pi \tag{4-16}$$

2）含压缩机的网络模型。含压缩机的网络模型可表示为

$$\begin{cases}f_{\mathrm{com}}=f_{\mathrm{on}}=K_{\mathrm{on}}\sqrt{p_{\mathrm{o}}^{2}-p_{\mathrm{n}}^{2}}\\ f_{\mathrm{cp}}=\dfrac{k_{\mathrm{cp}}f_{\mathrm{com}}T_{\mathrm{gas}}}{\mathrm{LHV}_{\mathrm{ng}}}\left(k_{\mathrm{cp}}^{\frac{a-1}{a}}-1\right)\\ f_{\mathrm{mi}}=f_{\mathrm{com}}+f_{\mathrm{cp}}\\ f_{\mathrm{mi}}=K_{\mathrm{mi}}\sqrt{p_{\mathrm{m}}^{2}-p_{\mathrm{i}}^{2}}\\ k_{\mathrm{cp}}=\dfrac{p_{\mathrm{o}}}{p_{\mathrm{i}}}\end{cases} \tag{4-17}$$

式中 f_{com}——流过压缩机的天然气流量；

f_{cp}——天然气的消耗量；

k_{cp}——压缩机的压缩比；

$\mathrm{LHV}_{\mathrm{ng}}$——天然气的热值；

T_{gas}——天然气的温度；

a——多变指数。

（4）能源集线器。在区域级综合智慧能源系统中，可以广义地认为能源站是实现电、气、热、冷耦合的物理环节，其负责综合智慧能源的转换、分配和储存，因此也是不同能源间实现柔性互补的关键点，为此需要构建其适用的能量分析模型。能源站内部涉及电、气、热、冷的多种类型设备及设备的多种运行方式，所以能源站存在不同的结构和组成方式。本书基于能源集线器模型来描述能源站内部的能源耦合关系，以方便下一步对能源柔性互联的建模计算。

1）能源集线器的基本概念。电力系统、天然气系统和热力系统之间的耦合环节存在不同的结构和组成方式。区域多能流全过程耦合的供能模型采用能源集线器来描述系统间

的能源耦合关系。能源集线器集成多种类型能源（包括电、气、热、冷等）间的相互转化、分配和储存。能源集线器结构包括电、气、热能源输入 P_e、P_g、P_h；电、热、冷能源输出 L_e、L_h、L_c；各种能源转化环节。整体结构能源集线器的输入输出关系可以表示为

$$\underbrace{\begin{bmatrix} L_e \\ L_h \\ L_c \end{bmatrix}}_{\boldsymbol{L}_\beta} = \underbrace{\begin{bmatrix} C_{ee} & C_{ge} & C_{he} \\ C_{eh} & C_{gh} & C_{hh} \\ C_{ec} & C_{gc} & C_{hc} \end{bmatrix}}_{\boldsymbol{C}_{\alpha\beta}} \underbrace{\begin{bmatrix} P_e \\ P_g \\ P_h \end{bmatrix}}_{\boldsymbol{L}_\beta,\boldsymbol{P}_\alpha} \tag{4-18}$$

式中 $\boldsymbol{P}_\alpha$——能源集线器的输入向量；

$\boldsymbol{L}_\beta$——能源集线器的输出向量；

$\boldsymbol{C}_{\alpha\beta}$——描述输入和输出之间耦合关系的耦合系数矩阵；

α——e、g 或 h，即电能、天然气或热能；

β——e、h 或 c，即电能、热能或冷能。

集线器的输入 / 输出关系与电力系统、天然气系统和热力系统的稳态模型或者暂态模型组成了基于能源集线器耦合的模型。该类模型的特点是在电力系统、天然气系统和热力系统稳态或暂态模型的基础上，用能源集线器来描述系统之间的耦合作用，通过一个矩阵来表示耦合关系，不考虑单个耦合元件的特性而只考虑整体的输入输出关系。

基于能源集线器模型的区域级综合智慧能源系统，将式（4-18）扩展到两个系统的节点网络中区，即考虑了两种运行模式下各系统间的耦合关系，同时也将传统的电力平衡约束和供热负荷平衡约束联合起来。在满足两系统独立潮流约束的同时，结合联合等式约束，对潮流进行调整，得到比较优化的潮流分布。

2）综合智慧能源系统能源集线器建模。在区域级综合智慧能源系统中，针对同一功能区块，由于供能模式的统一性及相似性，往往会对其能源形式进行简化，尤其是对于能源的输入和耦合环节。根据前文分析，其能源模式已经进行了初选并进行了相应的容量匹配，因此在能源集线器的设计上也会进行资源和设备的整合。从区域级综合智慧能源系统整体的能源输入 / 输出考虑，输入环节主要包括电能和天然气，热能不考虑从外部输入，输出环节主要包括电力和热冷负荷。

重视电力对冷热补充的能源集线器模型由变压器、热电联产系统（CHP）单元和中央空调系统（CAC）共同构成。输入环节包括电能和天然气，其中电能同时输入变压器和 CAC，天然气直接输入 CHP；输出环节包含了电能和冷热能两部分，其输出的电能由变压器和 CHP 供给，而其输出的冷热能则由 CAC 和 CHP 共同产生。由此可得能量耦合关系，其中耦合矩阵中的转合系数不仅与转换装置的转换效率有关，还与能源在不同转换装置中的分配比例有关。因此，引入分配系数 $0 \leqslant v_e \leqslant 1$，此时能源集线器的输入输出关系可以表示为

$$\begin{bmatrix} L_{e,\varepsilon} \\ L_{h,\varepsilon} \end{bmatrix} = \begin{bmatrix} v_e & \eta_{ge}^{CHP} \\ (1-v_e)\eta^{CAC} & \eta_{gh}^{CHP} \end{bmatrix} \begin{bmatrix} P_{e,\varepsilon}^{EC} \\ P_{g,\varepsilon}^{EC} \end{bmatrix} \tag{4-19}$$

式中 η_{ge}^{CHP}——天然气经过 CHP 转化为电力的转换效率；

η_{gh}^{CHP}——天然气经过 CHP 转化为热能的转换效率；

η^{CAC}——CAC 的制冷和制热的能效比；

$P_{e,\varepsilon}^{EC}$——能源集线器 ε 与电网的能量交互值；

$P_{g,\varepsilon}^{EC}$——能源集线器 ε 与天然气网络的能量交互值；

$L_{e,\varepsilon}$——能源集线器 ε 所供应的电负荷；

$L_{h,\varepsilon}$——能源集线器 ε 所供应的热负荷。

重视天然气对电力补充的能源集线器，包含了电力变压器、CHP 和燃气锅炉（GB）三个能源转化设备，其输入量和输出量与前述能源集线器相同，不同之处只在于其内部能源转化环节发生了变化。因此，采用与前述能源集线器类似分析思路，可得此类能源集线器的耦合关系式为

$$\begin{bmatrix} L_{e,\varepsilon} \\ L_{h,\varepsilon} \end{bmatrix} = \begin{bmatrix} 1 & v_g\eta_{ge}^{CHP} \\ 0 & v_g\eta_{gh}^{CHP} + (1-v_g)\eta^{GB} \end{bmatrix} \begin{bmatrix} P_{e,\varepsilon}^{EC} \\ P_{g,\varepsilon}^{EC} \end{bmatrix} \tag{4-20}$$

式中 η^{GB}——GB 的效率；

v_g——EC 的天然气分配系数。

（三）优化算法

综合智慧能源系统规划与运行调度涉及设备间的相互耦合，属于非线性求解问题。数学模型相互之间的约束比较复杂，求解难度较高，求解此类问题的常用数学算法有动态规划、禁忌搜索算法、遗传算法和粒子群算法等。

1. 动态规划

动态规划方法由波尔曼（Bellman）于 1957 年提出，是一种将多阶段复杂问题分解为相对简单的子问题求得最优解的方法，即最优策略所包含的子策略一定是最优子策略。该方法对于子问题重叠的情况特别有效，通过将问题拆分，重新定义问题状态之间的相互关系，用递推的方式或是分治的方式解决问题。动态规划算法在综合智慧能源系统中的状态递归方程表示为

$$\min F = \sum_{k}^{N-1} F_k(x_k, u_k) + F_N(x_N, u_N) \tag{4-21}$$

式中 N——规划阶段总数；

x_k——第 k 阶段的状态变量，即可控分布式发电设备的输出功率，kW；

u_k——第 k 阶段的决策变量，即可控分布式发电系统可调节的输出功率，kW；

$F_k(x_k, u_k)$ ——第 k 阶段的指标方程；

$F_N(x_N, u_N)$ ——第 N 阶段的指标方程。

x_k 到 x_{k+1} 的状态转移方程为

$$x_{k+1} = g(x_k, u_k) \tag{4-22}$$

u_k 表达为

$$u_k = [\Delta P_w, \Delta P_g, \cdots, \Delta P_e] \tag{4-23}$$

式中 $\Delta P_w, \Delta P_g, \cdots, \Delta P_e$——可控分布式发电系统 w、g、…、e 可调节的输出功率。

2. 禁忌搜索算法

禁忌搜索是一种现代的启发式随机搜索算法，1977 年在美国由科罗拉多大学教授弗雷德弗·格洛弗提出，是一个用来跳脱局部最优解的搜索方法。该算法基于局部搜索算法进行改进，通过标记已经寻得的局部最优解或寻解过程，并引入禁忌表减少循环次数，加快搜索速度，用这种方式解决局部搜索算法在局部循环搜索的缺点。禁忌搜索算法能够在搜索的过程中脱离当前陷入的局部最优的状况，转向其他的搜索空间，更好地实现全局搜索。禁忌搜索算法流程如图 4-1 所示。

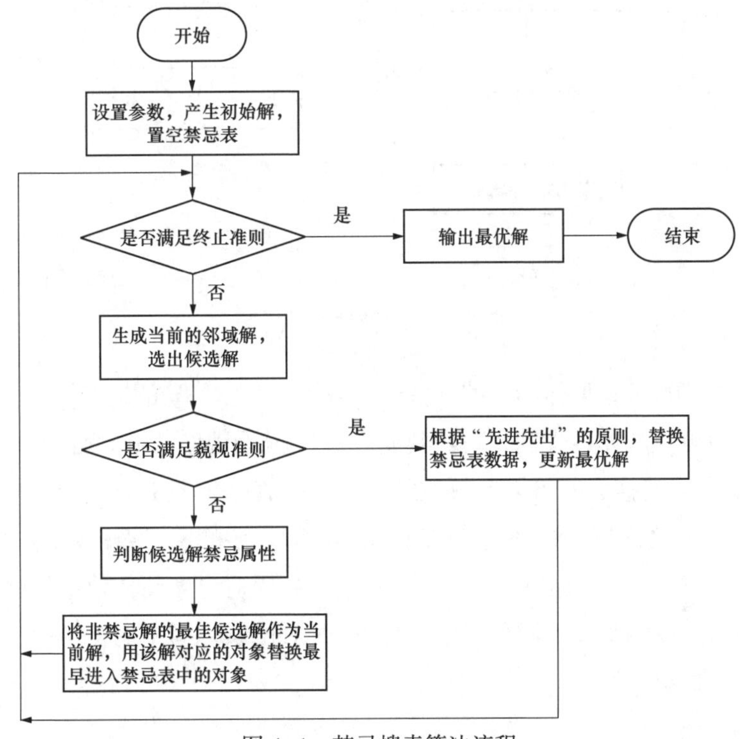

图 4-1 禁忌搜索算法流程

3. 遗传算法

遗传算法由美国的霍兰德教授在 1975 年首次提出，是模仿生物界与自然界的规律进行全局搜索，其核心是“适者生存”，子代通过继承父代的优秀基因实现繁衍。遗传算法在寻优过程中主要有交叉、变异、选择算子等关键步骤，根据计算所得的目标系数适应度值，从种群的父代和子代中选择一定比例的个体作为后代的群体，然后继续进行寻优计算，直至求得最佳染色体对应的适应度值。遗传算法求解流程如图 4-2 所示。

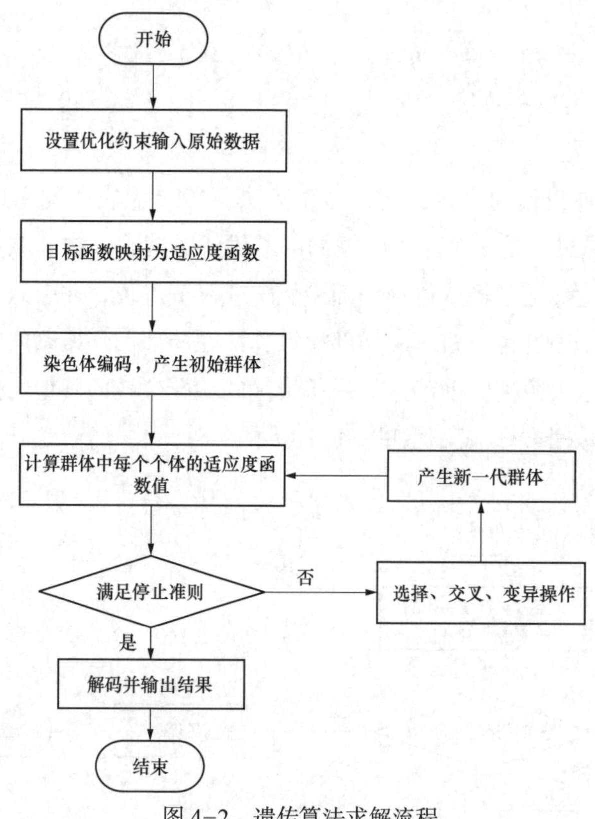

图 4-2　遗传算法求解流程

遗传算法主要特征是群体间的搜索方法和群体中个体信息的交换，非常适合解决传统搜索方法难以解决的非线性问题。与其他启发式算法相比，遗传算法具有以下优点：① 从多个初始点开始搜索，可以有效地跳出局部极值；② 具有自组织、自适应和自学习性，能够获得较高的生存概率；③ 能够在非连续、多峰和嘈杂的环境中收敛到全局最优的解，具有良好的寻找全局最优解的能力；④ 用适应度函数值来评估个体，对目标函数的形式没有要求；⑤ 并行化程度高，同时对搜索空间中的多个解进行评估，减少了陷入局部最优解的风险。

4. 粒子群算法

粒子群算法是 1995 年由肯尼迪和艾伯哈特等提出的一种新型的并行元启发式算法。粒子群算法是模拟自然界鸟群等生物种群觅食的行为寻求最优解。首先，随机产生一组解，通过迭代计算寻找最优解，根据适应度选择粒子，并通过适应度评价粒子质量，通过跟随当前最优值来寻找全局最优解。粒子群算法的主要优点为结构简单，操作容易实现，且求解精度较高，收敛速度较快。粒子群算法求解流程如图 4-3 所示。

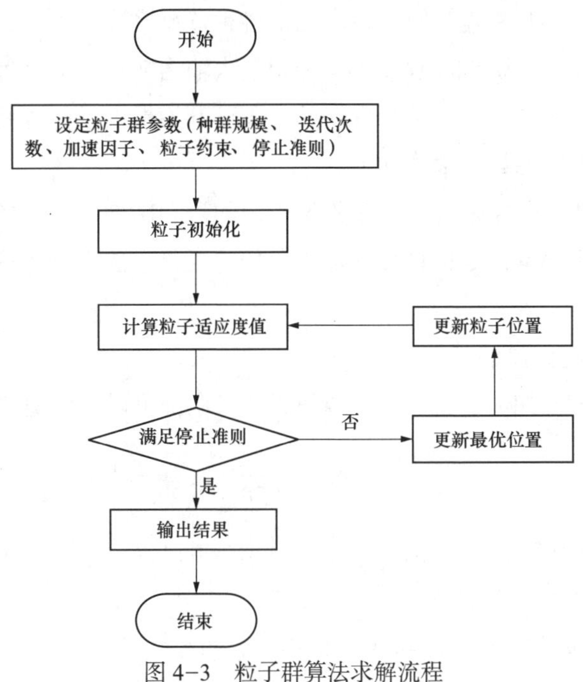

图 4-3 粒子群算法求解流程

三、计算机仿真技术及应用

计算机仿真技术是以数学理论、相似原理、信息技术、系统技术及其应用领域有关的专业技术为基础，以计算机为计算工具，利用系统模型对实际或设想的系统进行试验研究的一门综合性技术。计算机仿真技术已成为人们认识和处理复杂问题不可缺少的一种具有普遍意义的科学研究工具和工程实践方法。随着计算机硬件和软件技术的飞速发展，计算机仿真技术得到了越来越广泛的应用。

建立数学模型和仿真模型是计算机仿真的第一步工作。首先，根据被研究或被试验系统（对象）的物理原则建立系统的数学模型，它的主体是一个由若干微分方程和代数方程组成的方程组；然后，将数学模型转换为能在计算机中实现的数值算法（如差分方程）；最后，人工或自动地编制成计算机程序，即仿真模型，也称二次模型。第二步是将仿真模型在计算机上运行，取得试验所需的各种参数、图表、图形、曲线等，此过程一方面可以把这些试验结果输出，提供给试验者，另一方面反馈给系统。

可以借助仿真建模软件进行建模的工作，建立仿真模型之后，进行仿真计算、分析，然后对结果进行应用。

在综合智慧能源系统规划过程中，能源资源条件估算、负荷需求估算及能源系统配置方案的优化都可以引入计算机仿真的手段，以提高计算的准确性、精细程度和计算效率。

（一）能源资源条件估算中的仿真技术应用

能源条件估算主要是根据现有的可利用的各种能源资源的潜力，结合能源利用技术及设备，来计算利用这些资源能够获得的能源最大输出功率，以及考虑年可利用小时数的最大年输出总量。简单来说，能源资源的最大可利用量乘以能源利用设备的能量转化效率就是能够获得的能源最大输出功率。

实际的计算分析要复杂一些。对于能源资源的可利用潜力或者能源利用技术及设备的能源转化效率不太容易确定的情况，可以采用仿真的方法进行计算分析。以下用两个例子加以说明。

1. 太阳能资源的仿真估算

无论具体计算方法如何，太阳能资源估算的实质都可以简单地归结为

$$W_t = \frac{I_t A\eta}{1000} \tag{4-24}$$

式中 W_t——t 时刻最终输出的发电功率（针对发电设备）或供热功率（针对供热设备），kW；

I_t——t 时刻的辐照度，即单位面积的接收面上接收到的辐射能，W/m^2；

A——允许总接收面积，即能够安装的太阳辐射接收装置的最大总接收面积，m^2；

η——能量转换效率，即太阳辐射能转换设备（光发电设备或光热设备）的整体能量转换效率。

辐照度 I_t 与区域所在的纬度、光伏组件或光热组件的安装方位角、倾斜角度、时刻 t、地形（比如有无高山遮挡）、与地面性质相关的地面反射率、天气（云量、风速等）等因素有关。可以将太阳几何学和太阳辐射学的理论计算公式与气象监测数据结合，来建立辐照度的计算模型，目前工程中一般是计算每个月的月平均辐射量，然后每月选取某一天作为平均日，计算本日 24h 的辐照度变化，以此来代表该月中每天 24h 的辐照度变化。

总接收面积 A 与建筑屋顶面积及可利用率、其他可利用面积有关。

能量转换效率 η 按照设备种类的不同区分，光伏发电设备的能量转换效率与环境温度、光伏组件的标准工作温度、标准工作温度下的效率、功率温度系数、逆变器效率、变压器效率等因素有关；光热设备的能量转换效率等于聚光集热效率与换热效率、蓄热效率的乘积，对光热发电设备，再乘以发电效率。可建立光伏或光热设备系统的仿真模型，来模拟设备系统的输出变化。

2. 浅层地热能资源的仿真估算

浅层地热能（对应设备为土壤源热泵）资源估算，最终可按照如下公式计算

$$P_{\mathrm{c}}=\frac{Q_{\mathrm{s}}}{1+\dfrac{1}{\mathrm{COP_c}}} \tag{4-25}$$

$$P_{\mathrm{h}}=\frac{Q_{\mathrm{w}}}{1+\dfrac{1}{\mathrm{COP_h}}} \tag{4-26}$$

式中　P_{c}——土壤源热泵制冷装机容量潜力值，kW；

Q_{s}——夏季允许释放到土壤的热量，kW；

$\mathrm{COP_c}$——土壤源热泵系统制冷 COP（能效）；

P_{h}——土壤源热泵供热装机容量潜力值，kW；

Q_{w}——冬季允许从土壤吸收的热量，kW；

$\mathrm{COP_h}$——土壤源热泵系统供热 COP（能效）。

Q_{s} 与 Q_{w} 的计算公式为

$$Q_{\mathrm{s}}=\frac{N_{\mathrm{h}}q_{\mathrm{s}}H}{1000} \tag{4-27}$$

$$Q_{\mathrm{w}}=\frac{N_{\mathrm{h}}q_{\mathrm{w}}H}{1000} \tag{4-28}$$

式中　N_{h}——地埋管竖井可打井数量；

H——地埋管深度，m；

q_{s}——夏季单位延米的换热量，W/m；

q_{w}——冬季单位延米换热量，W/m。

地埋管竖井可打井数量 N_{h} 的计算公式为

$$N_{\mathrm{h}}=\mathrm{Int}\left(\frac{A}{D_{\mathrm{s}}^{2}}\right) \tag{4-29}$$

式中　A——可埋管土地面积，m^2；

D_{s}——地埋管钻孔间距，m；

Int——取整。

夏季单位延米换热量 q_{s} 和冬季单位延米换热量 q_{w} 可以通过岩土热响应试验，并结合仿真模拟方法得到。岩土热响应试验原本用于地埋管换热器设计，一般是通过介质水向岩土输入恒定的热量，测量进出水温随时间的变化，根据记录的水温变化曲线，然后通过热响应模型（解析模型或数值计算仿真模型）计算出岩土的热物性参数。土壤的热导率和钻孔的热阻是非常重要的参数。

仿真模型的重点是岩土内的传热模型，包括地埋管内的水与管内壁间的传热、地埋管壁内的导热、地埋管外壁与土壤（或填料）之间的导热、热量在土壤内的扩散。要得到满足需要的、相对准确的仿真结果，需要建立三维的动态传热模型，而且不应只考虑单根地埋管，而要将区域内所有地埋管及土壤作为一个整体进行考虑。模型计算的时间跨度至少为一年，即要完整地计算一个采暖季和一个制冷季，以及中间的两个过渡季。

在进行土壤源热泵系统的规划时，有一个重要的问题必须要考虑，即夏季和冬季热量平衡问题，在系统投入运行后，要保证夏季释放到岩土内的总热量与冬季从岩土中吸收的总热量相等，以避免由于吸、释热量不平衡，造成岩土体温度的持续升高或降低，从而造成热泵机组性能降低。因此，在进行浅层地热能可用资源量估算时，要以满足夏季和冬季热量平衡为前提条件。在夏季负荷占优的地区，浅层地热能资源估计要以满足冬季需求为基础，反推夏季的用能，夏季不足部分用其他能源补充；反之，在冬季负荷占优的地区，浅层地热能资源估计要以满足夏季需求为基础，反推冬季的用能，冬季不足部分用其他能源补充。

在进行仿真计算时，需要输入的条件包括岩土内的初始温度、水与管壁的对流换热系数、各热导率（包括地埋管管壁金属的热导率、岩土层的热导率）、钻孔内的热阻、岩土的热容，以上数据可以通过地质资料，并结合岩土热响应试验数据分析结果得到。另外，还需要输入地埋管钻孔间距、地埋管深度、地埋管数量、整个计算周期内的运行负荷（需满足夏季和冬季热量平衡）等。

目前国外已开发出可以用于上述仿真计算的软件，比如美国 Wisconsin-Madison 大学 Solar Energy 实验室（SEL）开发的 TRNSYS 程序、瑞典 Lund 大学开发的 EED 程序、美国 Oklahoma 大学开发的 GLHEPRO 程序、加拿大 NRC 开发的 GS2000 和建立在利用稳态方法和有效热阻方法近似模拟基础上的软件 GchpCalc 等。

（二）负荷需求估算中的仿真技术应用

前面已经提到，可以借助具有建筑负荷模拟功能的软件进行区域建筑的负荷估算（或者叫负荷预测）。负荷模拟软件平台根据典型年气象参数、详细的建筑信息和设计参数，利用建立的建筑系统的仿真模型，通过数值模拟算法，计算得到建筑全年的逐时负荷。目前已开发的具有此功能的软件有美国的 DOE-2、EnergyPlus、BLAST，加拿大的 HOT2XP，日本的 HASP/ACLD 等，中国香港的 HKDLC、BECON，以及清华大学的 DeST 等。

（三）能源系统配置方案优化中的仿真技术应用

综合智慧能源系统配置方案的优化是一件非常困难的事情，由于系统具有复杂性、强耦合性的特点，利用最优化理论，通过理论分析去得到最优方案，在工程上根本就是不可行的。最初工程上主要是利用人的经验，手工配置若干方案，然后计算这些方案的能耗、费用、碳排放、投资收益等指标，通过比较分析，最终选定一个相对较优的方案。然而，综合智慧能源系统非常复杂，涉及多个学科的专业知识，单靠个人的经验去确定最优方案显然不可取，开发综合智慧能源系统配置方案优化的工具软件，充分利用计算机的快速计算能力来辅助进行配置方案优化是必然选择。

除优化算法外，配置方案优化工具软件的核心是系统仿真模型。这里的系统仿真是指把综合智慧能源系统作为一个整体，针对系统整体建立仿真模型，仿真模型不但关注系统中各个设备的参数，还要反映系统中各个组成部分之间的耦合关系，最终得到系统整体的指标值，并将其作为方案优化的依据。

优化工具软件中，需要针对大量的方案进行仿真运算，然后结合优化算法最终得到优化方案，而且在寻优的过程中要能够自动针对海量的方案建立其仿真模型并自动计算，不需要人为干预，这就对仿真建模与仿真算法提出了更高的要求，要求建立的仿真模型要在满足精度要求的前提下，计算速度尽量快。通过与现有的仿真建模工具软件进行接口，将仿真计算的任务放在仿真建模工具软件中，优化软件与仿真软件联合运行，是一个很好的选择。

目前最广泛使用的系统仿真建模工具是美国 MathWorks 公司的 MATLAB，中国的系统仿真平台软件 SimuWorks 也可以作为方案寻优时的仿真建模工具。SimuWorks 是一组软件的集合，运行在 Windows 操作系统下，用于大型科学计算及系统仿真。SimuWorks 将仿真系统的开发、调试、运行及应用等环节有机地结合起来，主要应用于能源、动力、电力、控制等领域的仿真。SimuWorks 主要由大型科学计算与仿真引擎 SimuEngine、通用图形化自动建模系统 SimuBuilder、模块资源管理器 SimuManager、模块资源库 SimuLib、仿真功能组件等部分组成。

四、规划工具软件

由于综合智慧能源系统复杂性的特点，做规划时需要做大量的计算、分析工作，因此借助工具软件进行规划是必然的趋势。

美国在综合智慧能源系统规划软件研发方面成果颇丰，美国电力可靠性技术协会开发的 DER-CAM 软件是一款采用经济性和环境两个主要因素作为衡量标准，对分布式能源系统运行策略进行优化的软件。美国国家可再生能源实验室开发的 HOMER 软件的主要功能是进行系统优化和敏感性分析，广泛应用于离网能源系统的分析，该平台以净现值（NPV）作为优化目标，通常使用穷举法遍历方案，从而测算不同方案的可行性和经济效益，并完成排序。HOMER 的突出特点是可以对每一个输入变量进行敏感性分析，包括每种情况下的经济效益，还可重复每个输入值的优化过程，检查变动值对结果的影响，但其不能求解多目标函数问题。美国佐治亚理工学院研发的 μGrid 软件主要针对微电网系统，不考虑设备联产热 / 冷和储能，系统输入仅包括分布式供电设备，该软件被用在分布式微网系统评估、稳态分析、动态分析、控制方案设计等方面，具有较强的建模分析能力。

COMPOSE（compare options for sustainable energy）是2008年由丹麦奥尔堡大学开发的评估能源项目技术-经济方面的仿真工具，能够评估项目支持间歇性的能力，通过可视化的建模研究热产生、能源储存和转换、能源传输，以及与经济相关的各项技术。

EnergyPLAN是由丹麦奥尔堡大学开发的综合智慧能源建模最通用的工具之一，其在均衡各类能源产生和消耗的情况下分析不同能源战略或能源政策对某一国家地区能源、环境和经济的影响，并在这一基础上设计和优化该国家或地区的能源发展战略和能源政策，其优化范围只限于给定系统的运行而不包括系统投资决策。

国内也有一些综合智慧能源系统规划软件，如上海电气集团开发的分布式能源系统规划设计软件DES-PSO，国网能源研究院有限公司开发的综合智慧能源系统规划软件PIES，华北电力大学的综合智慧能源系统仿真平台，北京市煤气热力工程设计院有限公司、北京大风天利科技有限公司和清华大学能源与动力工程系联合开发的综合智慧能源仿真规划设计软件IES Designer等。DES-PSO软件能够与资源、负荷数据库联动，通过分析数据库中区域资源配置与负荷需求情况，针对性地进行能源搭配与系统配置的优化设计，以投资成本、运行成本、购电量等为寻优目标，寻优过程中可能出现多种较优方案，对方案进行比选，最终得到最适用于该区域的综合智慧能源配置方案。中国科学院广州能源研究所研发了一款辅助设计软件，软件包括区域能源价格数据库、冷/热负荷数据库、新能源数据库、制热/冷设备数据库等设计输入，还包括规划设计核心算法，可自行选择设备，软件通过规划设计计算得到成本最低的综合智慧能源配置方案，为综合智慧能源系统经济性测算提供依据。

各综合智慧能源仿真规划平台的特点比较见表4-1。

表4-1　各综合智慧能源仿真规划平台的特点比较

平台名称	支持的能源资源类型	支持的供能形式	支持的储能形式	规划目标
COMPOSE	化石能源/生物质能/太阳能/风能/地热能/氢能	电/热/冷	电池/蓄热/蓄冷	最小运行成本
DER-CAM	化石能源/核能/生物质能/太阳能/地热能	电/热/冷	抽水蓄能/电池/压缩空气/蓄热/燃料电池	最小成本
EnergyPLAN	化石能源/核能/生物质能/水力发电/太阳能/风能/地热能/潮汐能/氢能	电/热/冷	抽水蓄能/电池/压缩空气/蓄热/氢	经济/技术优先
e Transport	化石能源/核能/生物质能/太阳能/风能	电/热/冷/气	蓄热/氢	最小成本

续表

平台名称	支持的能源资源类型	支持的供能形式	支持的储能形式	规划目标
HOMER	化石能源/生物质能/太阳能/风能	电/热/冷	电池/氢/燃料电池	最小净现成本
RETScreen	化石能源/生物质能/太阳能/风能/地热能/潮汐能/氢能	电/热/冷	电池/燃料电池	最小成本
TRNSYS	化石能源/生物质能/太阳能/风能/地热能	电/热/冷	电池/蓄热/蓄冷/氢/燃料电池	能源性能/最小成本
PSS®DE	化石能源/水力发电/太阳能/风能/氢能	电/热/冷/蒸汽/氢能	电池/蓄热/蓄冷/氢/燃料电池	整体经济性最优/能耗最小/碳排放最小
Cloud IEPS		电/热（侧重于电）		经济性/环保性、能效指标加权
IES-Plan	化石能源/生物质能/太阳能/风能	电/热/冷/气	抽水蓄能/电池/压缩空气/蓄热/燃料电池	经济性/环保性/能效性
基于 RT-LAB 的综合智慧能源仿真测试系统	化石能源/水力发电/太阳能/风能	电/热	电池/燃料电池/超级电容	可再生能源最大化消纳/能源梯次利用/最小运行成本
DES-PSO	化石能源/太阳能/风能	电/热/冷	电池/蓄热/蓄冷	最小运行成本
IES Designer	化石能源/太阳能/风能	电/热/冷	蓄热/蓄冷	最小运行成本/最大投资收益率/最低碳排放

第二节 虚拟电厂

虚拟电厂（virtual power plant，VPP）通过先进的信息通信技术，可以实现分布式电源、可调节负荷、储能装置等多种分布式电力能源资源的聚合和协调优化，从而把所聚合的各种分布式资源综合起来，参与电力市场交易和电网调度运行。

在“双碳”目标背景下，虚拟电厂的出现打破了传统电力系统中发电装置和用电用户之间的物理限制，充分利用高性能的通信、可靠计量和先进控制技术来集合不同类型的分布式发电资源，不需要对配电网等基础设施进行改造，就能够实现分布式发电能源向公用电网稳定输电，并提供快速响应的服务，因而可以显著减少分布式发电并网带来的冲击和不利影响。

本节介绍与综合智慧能源有关的虚拟电厂技术，包括虚拟电厂的控制架构、功能要求、关键技术、虚拟电厂组成、建设的外部条件、信息安全、规划与设计、应用实例和展望。

一、虚拟电厂的控制架构

虚拟电厂作为一个独立的实体参与电力市场交易和电网调度，因此，虚拟电厂内部的各种资源，需要采用使用适宜的控制架构，灵活地进行协同、调度和控制。虚拟电厂的控制架构有以下三类。

1. 集中控制架构

集中控制是对虚拟电厂内部的全部发电单元和用电单元实施完全控制，并通过集中的控制中心制订调度计划。集中控制的对象包括分布式发电单元、可调节负荷、储能装置、中心控制单元、电能计量单元和通信系统。

集中控制的架构：虚拟电厂内的全部信息都需要传递到中央控制中心，中央控制中心拥有对所有单元的控制权，可以制订各个单元的发电或者用电计划。中央控制中心的控制权级别高，控制手段灵活，基于海量数据的优化效果最好。这样的架构下，通信系统满载率高，计算量大，同时由于发电单元和负荷单元的测控信息和控制指令需要频繁上行传输和下行传输，重复无效信息多，虚拟电厂建设完成后，扩展性容易受到通信系统和中央控制中心的计算能力制约。集中控制架构如图 4-4 所示。

2. 分布式控制架构

分布式控制实行分层控制。以包括高层控制中心和就地层控制中心的两层控制为例，虚拟电厂高层控制中心对就地层控制中心分配控制任务，就地层控制中心根据控制任务的指令，负责对所负责控制的发电单元和用电单元制定发电计划和用电计划。分布式控制的控制架构主要包括电能计量单元、通信系统单元、高层控制单元、就地层控制单元，以及就地层控制单元所连接的全部分布式发电单元、可调节负荷、储能装置等。在分布式控制的架构中，最底层的就地控制单元不仅需要具有通信能力，接受高层控制中心的控制指令，还需要具有控制功能，能够对最底层的发电单元和用电单元执行控制的功能。

在分布式控制的架构中，就地控制中心只管理本区域内有限个发电单元和用电单元，负责制定每一个单元的发电计划和用电计划，在有限的范围内进行信息交换，并将汇集的信息传递到高层控制中心。高层控制中心将任务分解并分配到各个就地控制中心。这样的结构有助于改善集中控制的架构中，数据拥堵和通信效率下降的问题，提高整个系统的扩展性。分布式控制架构如图 4-5 所示。

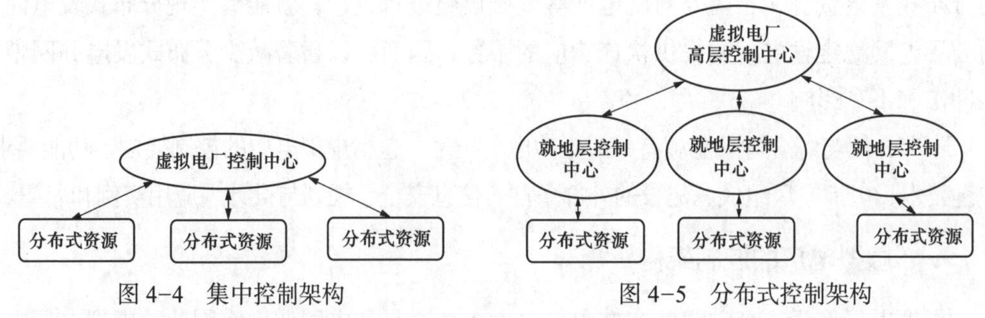

图 4-4　集中控制架构　　　　图 4-5　分布式控制架构

3. 完全分布式控制架构

完全分布式控制架构，由多个相互自治的、独立的智能化虚拟电厂子系统组成，每个子系统通过各自的智能代理来实现原来完全由中央控制中心实现的任务。虚拟电厂中央控制中心仅作为数据交换和数据处理中心，通过连接各个虚拟电厂子系统，提供数据交换和数据处理的服务。

完全分布式控制架构具有非常好的扩展性和配置灵活性，无论是新增虚拟电厂子系统，还是新增分布式发电资源，都不影响现有的虚拟电厂的运行。居于中心的数据交换和数据处理中心，可以管理更多的数据，进行数据挖掘和智能优化。对于终端的分布式发电资源，调度管理实时性略差。完全分布式的控制架构，可以实现更大范围，甚至跨越更大的地理区域，实现多种形式的管理模式。完全分布式控制架构如图 4-6 所示。

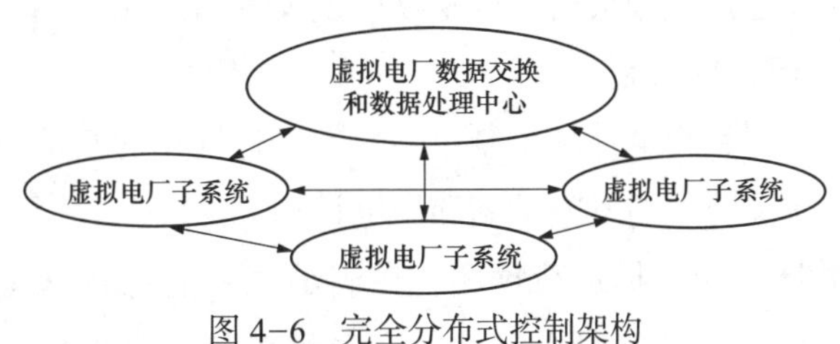

图 4-6　完全分布式控制架构

二、功能要求

1. 发电预测和负荷预测

虚拟电厂的发电预测是指根据短期和长期的气象数据和气象预测信息，准确预测风力发电和光伏发电的发电量。虚拟电厂的负荷预测是指分析工业生产、居民生活和天气变化等因素，预测电力负荷的变化。

基于新能源的发电形式，如风力发电和光伏发电，受气象条件的影响较大，电力波动性和不稳定性特征明显。由于风力和太阳光照强度随时在变化，不确定性较大，风力发电和光伏发电均具有波动性和间歇性特征。重要的气象条件包括多高度层风速、风向、日照辐射强度、温度、湿度、气压，同时，还要结合单点气象预报、区域气象预报和新能源发电功率的历史数据。这样，综合起来通过多种气象数据源，结合新能源行业特点，形成高精度的数值气象预报，搭配丰富的机器学习算法模型库，可以实现中长期、中短期、超短期等多种时间维度的发电预测。虚拟电厂的发电预测中，需要预测的分布式发电资源地理位置分散，分布范围广，外部环境条件差异大，需要有针对性地逐点采用不同的预测模型和预测算法，其中负荷预测的核心是准确率。

虚拟电厂的负荷预测是根据系统的运行特性、增容决策、自然条件与社会影响等诸多因素，根据电力负荷的过去和现在来推测未来数值。所以，负荷预测所研究的不确定事件、随机事件，需要采用适当的预测技术，推知负荷的发展趋势和可能达到的状况。

电力负荷的特点是经常变化的，不但按小时变、按日变，而且按周变、按年变，同时负荷又是以天为单位不断起伏的，具有较大的周期性的连续变化过程。但电力负荷对季节、温度、天气等是敏感的，不同的季节、不同地区的气候和温度变化都会对负荷造成明显的影响。负荷预测中，需要把电力总负荷按照基本正常负荷分量、天气敏感负荷分量、特别事件负荷分量和随机负荷分量 4 部分区分，并分别进行超短期、短期、中期和长期负荷预测。负荷预测的核心是准确率，决定负荷准确率的重要因素是大量的历史数据，采用有效的预测模型和预测算法。

虚拟电厂的发电预测和负荷预测，可以采用传统预测和现代预测方法。现在比较成功的预测方法已经广泛采用人工智能技术中基于大数据和神经网络的深度学习，需要大量的数据和高性能的计算能力。虚拟电厂的核心特点是基于高性能数据通信和大数据计算，基于人工智能的发电预测和负荷预测是其中重要的功能要求。

2. 发电计划和用电计划编制

虚拟电厂的发电计划和用电计划编制，需要在经过优化的基础上进行规划，并制定虚拟电厂所属分布式能源资源的发电计划和用电计划。

虚拟电厂的发电计划为根据负荷预测，在满足功率平衡的前提下，结合各分布式发电资源的发电上下限、各机组最大爬坡功率等约束条件，考虑各分布式发电资源的启停、最小停机时间等实际情况，提前编排的按照时间顺序发电的运行计划。虚拟电厂的储能装置在充满电的状态下，可以向电网放电，也需要安排在发电计划中。根据 GB/T 33590.2《智能电网调度控制系统技术规范 第 2 部分：术语》的规定，机组组合计划和发电计划分为日前发电计划（未来一日或多日）、日内发电计划（未来 1h 至数小时）和实时发电计划（未来 5min 或 15min～1h）。虚拟电厂的发电计划，也需要按照日前、日内和实时发电来分级编制。

虚拟电厂的用电计划是在负荷预测的基础上，优化配置，安排可调节负荷的调度和运行计划。

电能的生产不能大量储存，瞬间生产的电能必须同一瞬间使用，即发电、供电、用电三个环节只能共同存在、共同发生作用。我国根据有关法规、政策，对发电、供电、用电实行综合平衡，统筹安排，执行计划用电，保持发、供、用电的综合平衡，保证在一定发电备用容量的条件下保证电网的正常、稳定、均衡。传统意义的计划用电的重点放在通常占总用电量 70% 以上的工业用电。

虚拟电厂的负荷计划是通过管理可调节负荷，根据可调节负荷的重要性、负荷类型、可用度、可调节范围，分级别、分时制定负荷计划。在充电状态运行的储能装置，包括集中式储能装置和分散地连接在充电桩上的新能源电动机汽车等，都是可调节负荷，需要按照负荷计划运行。虚拟电厂的负荷计划以准确的负荷预测为基础，可调节负荷以外的其他负荷，可以采用概率函数模型的方式列入负荷计划。虚拟电厂的负荷计划也需要按照日前、日内和实时负荷变化来分级编制。

3. 可调节负荷管理

虚拟电厂的可调节负荷管理是根据所有可调节负荷的调节能力，来满足电网运行调度的要求，分时段投入或者切除该部分可调节负荷。

在常规调度管理的模式下，负荷管理的重点是工业用电，需要工业用户根据电网下达的用电计划，根据用电容量的可用配额和可用时间段安排生产，从而用指令下达的方式被动地实现负荷管理。

虚拟电厂的可调节负荷管理是以需求侧管理和需求侧响应的管理方式，用市场化的方式来实现的。虚拟电厂可以接入更多分散的小型工业用电负荷，或者非工业的民用用电负荷作为可调节负荷。在政策允许、市场条件具备的环境下，通过可调节负荷的管理创造价值，提高收益。

以目前比较成熟的峰谷电价差机制为例，鼓励用户在用电高峰时减少用电，在用电低谷时使用更多的电能。虚拟电厂的智能优化模型会根据具体的峰谷电价差值，动态分配可调节负荷的用电时间，如安排更多的新能源电动汽车在夜间低电价时段充电，获得最低的综合用电成本。

其他的市场机制还包括约时需求响应，分为执行前一天的日前需求的响应或者执行前数小时前的小时级的响应。这种机制是以平台公告、短信、电话等方式向参与主体发出响应邀约，告知响应范围、需求量、时段及邀约截止时间等信息；参与主体于邀约截止时间前，通过平台反馈响应量；电力公司按照“应约时间早的用户优先、应约响应量大的用户优先”的原则，公平地确定参与主体和应约响应量，直至达到响应需求量。虚拟电厂根据可调节负荷容量，参与需求响应邀约，在响应时段完成负荷调节，需求响应结束后，根据响应效果评估，结算补偿费用。

还可以参与实时需求响应，接入虚拟电厂的可调节负荷具有可快速中断或可远程中断的特性时，虚拟电厂根据实时需求响应的市场规则和流程参与实时需求响应，控制所属可调节负荷参与执行前 30min 的分钟级需求响应和执行前 1min 的秒级需求响应，根据响应效果评估，结算补偿费用，通常实时需求响应的补偿费用要远远高于约时需求响应的补偿费用。

4. 储能装置的控制和管理

虚拟电厂控制和管理储能装置，并持续实现能量转换和发电容量的控制。虚拟电厂中的储能装置具有响应快、配置灵活的优势。

按照安装的位置和市场化规则的不同，在《关于进一步推动新型储能参与电力市场和调度运用的通知》（发改办运行〔2022〕475 号）等有关文件中，储能装置根据不同的特征，分为独立储能、用户侧储能和电网侧储能。独立储能具备独立计量、控制等技术条件，接入调度自动化系统可被电网监控和调度，符合相关标准规范和电力市场运营机构等有关方面要求，具有法人资格，可作为独立主体参与电力市场。独立储能除了根据充放电循环的分时按计划运行，扣除转换损耗后，取得峰谷电价差的收益外，还可以按照辅助服务市场规则或辅助服务管理细则，提供有功平衡服务、无功平衡服务和事故应急及恢复服务等辅助服务，以及在电网事故时提供快速有功响应服务，根据《电力辅助服务管理办法》有关规定，取得辅助服务费用。用户侧储能安装在用户侧，需要适度拉大峰谷价差，才能为用户侧储能发展创造空间，增加用户侧储能获取收益渠道。还可以鼓励用户采用储能技术减少自身高峰用电需求，减少接入电力系统的增容投资。电网侧储能是电网侧安装储能装置，通过容量电价机制按照建设容量匹配建设储能装置，储能设施的成本收益纳入输配电价回收。

虚拟电厂储能装置的控制和管理主要按照用户侧储能的方式运行，取得峰谷电价的差值作为收益。在具备需求响应的市场机制中，虚拟电厂可以作为可调节负荷的一部分，参与需求侧响应的辅助服务。因为虚拟电厂也符合具备独立计量和控制的技术条件，可以接入调度自动化系统，被电网监控和调度。因此，在市场准入条件满足后，可以作为独立主体参与电力市场交易，取得更灵活的电网调度和最优的收益机会。

在有关文件的分类中，还有一种发电侧的储能装置，是和发电厂同步建设的，不适应于虚拟电厂的运营条件，需要相互区别开。

5. 分布式发电的协调优化

虚拟电厂需要对全部连接的分布式电源、储能装置和可调节负荷，综合起来进行实时的分布式发电的协调和优化。协调优化的功能是综合分布式电源、储能装置和可调节负荷的全部实时数据，结合发电预测及负荷预测的结果，遵循商业协议以及市场交易的询价或者竞价规则，综合起来获得最优效益。这个过程是在中央控制中心或者中央数据交换和数据处理中心完成的。

虚拟电厂的优化调度策略有很多，有不同的侧重方向，需要分级别赋予不同的权重，按照顺序依次实现，寻求约束条件下的最优选择。其中侧重于风电、光伏发电和储能系统的整合协同调度，可实现虚拟电厂最优化运营，平抑可再生能源引入的系统波动，发掘可再生能源的发电潜力。

虚拟电厂中包括冷热电联供型综合能源系统的，需要建立多区域虚拟电厂综合能源协调调度优化模型，考虑不同区域间的冷、热、电互补问题，将单区域的热电协调调度优化问题扩展到多区域，考虑热电联产、以热定电策略造成的灵活性问题，考虑采用天然气市场变动幅度较大的因素，增加电转天然气优化单元等。

虚拟电厂中接入新能源电动汽车比例较大的，需要考虑新能源电动汽车无序充放电，同时大规模接入电网充电会加剧峰谷差，冲击电网安全稳定的问题，评估随机性、不确定性和多时间尺度响应能力，并采取有针对性的优化策略应对。

6. 数字监测与通信

（1）数字监测。虚拟电厂内部的每个发电单元和用电单元，其运行状态和功率输出状态都需要实时监测，由于存在数量众多、规格参数多样的分布式电源、储能装置和可调节负荷，其数据的规格和数据质量差异大。因此，需要按照有关制度和标准的要求，采用电厂标识系统（KKS）编码等方式，进行规范化管理。

（2）通信。虚拟电厂的控制中心和受控目标之间，需要建立双向通信通道，保证从物理层和数据链路层进行快速、顺畅的数据通信。同时这个通信系统还负责和虚拟电厂外部建立可靠的通信通道，支撑虚拟电厂参与电力市场交易，接受电网的调度和管理。应采用先进可靠的技术，在经济合理的基础上，运用工业互联网、5G 通信等先进适用的技术，保证数据通道畅通，高效而低延时。

7. 数据采集和分析

虚拟电厂的中央控制中心或者中央数据交换和数据处理中心，需要处理虚拟电厂所包括区域内的每个分布式电源、储能装置和可调节负荷的运行数据，并提供有效的保存、记录和获取方法。这些数据需要运用在综合协调优化及决策支持系统。

三、关键技术

1. 协调控制技术

多代理系统（MAS）是由多个相互独立、可以双向互动通信的智能代理组合形成的，通过确定每个代理在系统中扮演的角色和相互配合时的行为准则，使系统易于控制与管理。通过各个代理之间的双向通信，可以实现虚拟电厂的协调控制和能量优化管理。各个代理的行为具有自治性和独立性，可以根据电网的环境适当作出改变以满足电网的需求，充分提高分布式电源的利用率。

2. 高效聚合技术

由于分散在电网中的分布式电源容量有限，其发电的随机性、波动性、间歇性也较大，需研究对不同区域的虚拟电厂和虚拟电厂内不同发电单元的高效聚合方法。通过将不同区域的虚拟电厂进行高效聚合，解决分布式能源发电的随机性、波动性、间歇性，实现分布式能源的互补。根据不同的优化目标，利用智能算法实现虚拟电厂内部的多目标优化调度，充分利用虚拟电厂内的分布式能源，实现互补合作。

3. 智能计量技术

应采用经检定的、符合规定、满足精度要求的计量表计；传输的监测数据和计量数据需要保证数据安全，不被篡改。

智能计量技术是虚拟电厂的一个重要组成部分，是实现虚拟电厂对可控负荷等监测和控制的重要基础。智能计量系统最基本的作用是自动测量和读取用户住宅内的电、气、热、水的消耗量或生产量，即自动抄表（automated meter reading,

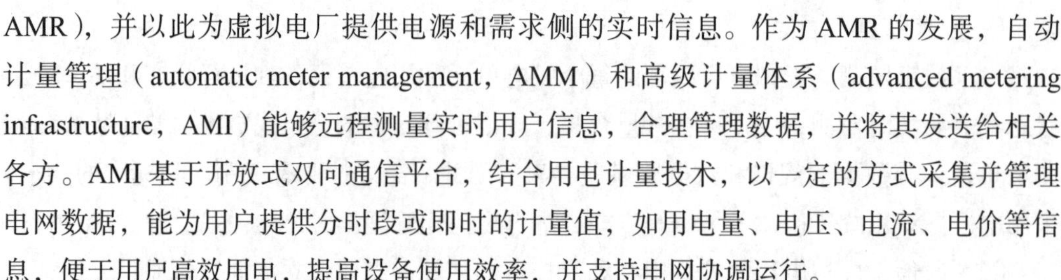

AMR），并以此为虚拟电厂提供电源和需求侧的实时信息。作为 AMR 的发展，自动计量管理（automatic meter management，AMM）和高级计量体系（advanced metering infrastructure，AMI）能够远程测量实时用户信息，合理管理数据，并将其发送给相关各方。AMI 基于开放式双向通信平台，结合用电计量技术，以一定的方式采集并管理电网数据，能为用户提供分时段或即时的计量值，如用电量、电压、电流、电价等信息，便于用户高效用电，提高设备使用效率，并支持电网协调运行。

4. 通信技术

在虚拟电厂内，各发电单元与负荷均直接或间接与控制协调中心相连接，在虚拟电厂进行源网荷储的协调控制中担负重要任务，需要传输大量采集、监测和控制的数据，且要求通信系统高可靠、低时延。虚拟电厂采用双向通信技术，不仅能够接收各个单元的当前状态信息，而且能够向控制目标发送控制信号。

根据不同的场合和要求，虚拟电厂可以应用不同的通信技术。对于大型机组而言，可以使用基于 EC 60870-5-101 或 IEC 60870-5-104 协议的普通遥测系统。随着小型分散电力机组数量的不断增加，通信渠道和通信协议也将起到越来越重要的作用，昂贵的遥测技术很有可能被基于简单的 TCP/IP 适配器或电力线路载波的技术所取代。

5. 运营交易与优化决策技术

虚拟电厂运营体系通过虚拟电厂交易平台、运营管理与监控平台等系统，实现调度需求触发、多品种交易组织、虚拟电厂在线监控与管理等功能，实现了整个业务流、信息流的贯通。还通过制订各类资源调用方式，模拟了常规发电机组爬坡率等参数，对每个用户的参与方式进行规范和细化，使虚拟电厂的机组特性曲线与常规发电机组近似，方便调度的实时调用。同时，通过用户端系统，用户还能对自身能耗情况开展分析，可进一步提升自身电力能源的精细化管理水平。

市场交易与优化决策包括市场侧的优化投标策略、用户侧的优化定价策略和资源优化调度策略 3 部分。从数学层面而言，上述 3 个方面均是优化问题，而在物理层面上则是虚拟电厂运营过程中与不同主体之间进行利益博弈达到均衡优化的过程。运营交易与优化决策技术包括以下内容：

（1）优化投标策略。在市场侧进行交易的过程中，VPP 基于资源状态感知与信息预测的结果，考虑市场价格、用户响应行为等在内的多重不确定性因素影响，进行市场侧投标方案的优化决策。

（2）优化定价策略。虚拟电厂基于系统运营商所设定的需求响应补偿价格进行用户侧激励价格的制定，即最优定价问题，其实现的效果是通过价格信号激励用户参与响应。用户接受虚拟电厂给予的奖励价格后，结合自身用电舒适度、工作效率和响应收益等各方面因素作出决策，自愿参与响应。如何确定最优的定价对虚拟电厂而言至关重要。现有研究通过博弈论、在线学习等方式刻画定价过程中虚拟电厂与用户之间的利润博弈问题。实际上，虚拟电厂在市场侧的最优投标策略与在用户侧的最优定价策略是内在耦合、相互影响的。目前，相关研究大多将这两者分开单独考虑，无法计及两个过程之间的联动，这使得虚拟电厂的决策有失全局性，同样会带来利润损失风险。因此，虚拟电厂市场投标和激励定价的联合优化是需要进一步探究的重要问题。

（3）资源优化调度策略。市场出清完成后，虚拟电厂依据中标结果，优化决策各类分布式能源的调控策略，保证实际执行效果。从不同的角度可对现有优化调度方法进行划分：

1）从调度过程中的不确定性问题处理方面，可将调度方法分为随机、鲁棒等类型。

2）从优化问题的求解方法层面，通常可分为数学算法和智能算法。

3）从调控模式层面可分为集中式、分布式和混合式控制模式。

4）从优化目标的不同，可分为经济性目标、技术性目标和综合性目标。

6. 补偿结算与效益评估技术

补偿结算与效益评估面向市场交易过程结束后的结算与评价过程，包括基线负荷估计、收益分配策略和综合效益评估 3 部分。

（1）基线负荷估计。常用的基线负荷（customer baseline load，CBL）估计方法包括平均法、回归法、对照组法、同步模式匹配法等；集群方面尚无针对性研究，目前主要通过个体用户基线估计值直接累加的方式得到。后续可结合用户时间和空间层面的分布特点与关联性，利用神经网络技术开展相关研究，提升集群估计精度。此外，随着分布式光伏在配电台区内的渗透率提升，分布式光伏用户的集群估计也是值得研究的方向之一。

（2）收益分配策略。虚拟电厂需要权衡自身利益和用户的经济补偿制定合理的分配机制，保证用户参与需求响应项目的积极性和“虚拟联盟”的稳定性，达到整体响应效益最优。现有的响应利润分配机制包括 Shapley 值法、均分法等。

（3）综合效益评估。在虚拟电厂单次市场交易过程结束后，需要对此次事件整体的综合效益进行定量刻画，包括技术层面的指标完成度和经济层面的效益分析，通过复盘总结不断提升响应执行度，优化外特性指标，为下一次竞价出清奠定基础。同时，效益评估还需细化至 VPP 中的各参与主体，使其明确自身的损益，以便后续项目实施过程的优化。通过构建量化评价指标体系，实现整体效益和个体效益的分级综合评估，这一过程也有利于政府机构对相关政策的修订与改进。现有整体综合效益评价方法包括系统动力学、信用等级、灰色综合评价等。

四、虚拟电厂组成

1. 分布式电源

虚拟电厂中涉及的分布式电源是指靠近电力负荷的，符合环保要求的清洁能源分布式发电装置。其安装容量为若干千瓦到数十兆瓦。发电系统主要包括家庭型（domestic distributed generation，DDG）和公用型（public distributed generation，PDG）2类分布式电源。DDG的主要功能是满足用户自身负荷，如果电能盈余，则将多余的电能输送给电网；如果电能不足，则由电网向用户提供电能。典型的DDG系统主要是小型的分布式电源，为个人住宅、商业或工业分布等服务。PDG主要是将自身所生产的电能输送到电网，其运营目的就是出售所生产的电能。典型的PDG系统主要包含风电、光伏发电等新能源发电装置。

结合目前国内的清洁能源发电技术，根据项目所在地资源及用户需求，具体可以包括分布式燃气能源站、生物质能、分布（散）式光伏发电（风电）、地热能、新型氢能、潮汐能等多种能源形式的分布式发电资源。

2. 可调节负荷

可调节负荷是指可以在虚拟电厂的控制下，实时根据能源需求进行调整的负荷，包括充电中的电动汽车，以及安装了入户控制器的需求响应负荷。

3. 储能装置

储能装置是指可以把电能转换为其他形式的能量，在电力充足时储存能量，并在电网需要时可以用电能的形式释放能量的装置。储能装置可以补偿可再生能源发电出力波动性和不可控性，适应电力需求的变化，改善可再生能源波动导致的电网薄弱性，增强系统接纳可再生能源发电的能力和提高能源利用效率。

储能装置包括分布式储能和集中式储能，能够双向充放电的新能源电动汽车可以归入储能装置的类别。

4. 控制中心

控制中心是指居于虚拟电厂核心的软件系统和硬件资源的组合，在不同的控制架构下，控制中心实现不同的功能。

在集中控制的架构下，控制中心对虚拟电厂内所连接的资源进行直接的控制。

在分布式控制的架构下，控制中心可以更进一步分为高层控制中心和底层控制中心，底层控制中心和高层控制中心相连接，并参与优化决策，负责协调和控制底层控制中心所属的就地负荷和分布式发电资源。

5. 计量单元

计量单元主要包括智能电能计量表计，提供虚拟电厂内每个组成部分的实时监测信息。计量单元同时具有智能功能，可以远程实时计量用户的信息，并且用合理的方式管理数据，并将其发送到相关的授权数据获取方。

6. 通信系统

通信系统必须能够安全通畅地保证控制中心和硬件连接单元的信息交换。虚拟电厂采用双向通信系统，不仅可以接收当前的状态信息，也可以给受控对象发送控制指令信号。通信系统是虚拟电厂进行能量管理、数据采集与监控，以及与电力系统调度中心通信的重要环节。通过与电网或者与其他虚拟电厂进行信息交互，虚拟电厂的管理更加可视化，便于电网对虚拟电厂进行监控管理。

虚拟电厂可以灵活地接入分布式发电电源、储能装置、可调节负荷等资源，并不需要这些部分相互之间有紧密的电气连接，因此需要一个统一的通信系统和控制技术，来实现电网调度者或电力交易管理者等全部参与者实现计划安排、管理等任务。

五、建设的外部条件

1. 政策环境

虚拟电厂具有多样性、协同性、灵活性等技术特点，满足未来新型电力系统在绿色、灵活、多元互动、高度市场化方面的运行需求，是重要的技术支持。在深化电力体制改革的背景下，能源转型催生源荷互动、源网荷储协同的需求和更加数字化、智能化的电力系统，而虚拟电厂作为协调分布式资源参与电力交易市场和需求响应的能源数字化平台，是解决电力发展有关问题的有效措施，需要从宏观上形成良好的外部条件，适宜的政策环境是最基本的条件。

国家“双碳”目标和“1+N”政策体系相关文件，以及《“十四五”现代能源体系规划》均提出电力需求侧响应能力的要求，以利于组织消纳多种新型电力负荷，加快虚拟电厂示范项目的建设。具体政策的接连出台，给虚拟电厂的发展提供了充分的政策环境。

2021 年，中央全面深化改革委员会通过了《关于加快建设全国统一电力市场体系的指导意见》，鼓励虚拟电厂作为市场主体，通过参与市场交易完成商业活动，取得经济收益。2022 年，国家发展改革委和国家能源局发布的《“十四五”现代能源体系规划》提出，大力推进电源侧储能发展，合理配置储能规模、改善新能源场站发电出力特征，支持分布式新能源合理配置储能系统，开展工业可调节负荷、楼宇空调负荷、大数据中心负荷、用户侧储能、电动汽车与电网能量互动等各类资源聚合的虚拟电厂示范。

围绕这些重要文件的落实，各个地区接连发布了实施细则和相关指导文件。

2022 年，国家能源局南方监管局发布了《2022 年南方区域电力市场监管工作要点》，组织修订南方区域“两个细则”，推动储能、虚拟电厂等更多市场主体纳入考核补偿管理，研究增加转动惯量、爬坡等新的辅助服务品种。组织调度机构制定新型储能、虚拟电厂等第三方的主体并网调度运行规程、规范和标准。

2015 年，江苏省出台了《江苏省电力需求响应实施细则》，立足于“科学合理的机制与模型设计”和“高效便捷的用户及电网侧装备”，实施了苏州金鸡湖地区和常州武进地区示范项目。2022 年，广东省能源局和国家能源局南方监管局发布了《广东省市场化需求响应实施细则（试行）》，建立以市场为主的需求响应补偿机制，引入有资源聚合管理能力的负荷聚合商，拓宽电力需求响应实施范围，挖掘传统高载能工业负荷、工商业可中断负荷、用户侧储能、电动汽车充电设施、分布式发电、智慧用电设施等各类需求侧资源并组织其参与需求响应，逐步形成年度最大用电负荷 5% 的响应能力，发挥需求侧资源削峰填谷，促进电力供需平衡和适应新能源电力运行的作用，能源消费向绿色低碳转型。《南方区域电力辅助服务管理实施细则》详细规定了有关电力辅助服务管理的设备和运行的技术要求；《南方区域备用辅助服务市场交易规则（征求意见稿）》规定了备用服务补偿费用的缴纳者和市场主体。基于备用和市场运营规则，《华东电网备用辅助服务市场运营规则》规定了包括适用于日前旋转备用容量的日前备用市场，以及日内旋转备用容量的日内备用市场等辅助服务交易市场的市场运营规则。

2. 市场条件

虚拟电厂的顺利发展，需要相配套的市场环境。具备适合的市场条件，就会发展与之相适应的商业模式，促进虚拟电厂良性发展，有效解决节能减排、新能源消纳、电网调峰调频等具有挑战性的目标。

（1）基于竞价策略的市场模式。从现有成功的虚拟电厂运行项目的范例中，基于虚拟电厂的竞价策略是居于核心的因素和必备的市场条件。基于竞价策略的市场模式，可以提供市场条件，让虚拟电厂作为一个市场主体参与竞价，充分利用运营市场机制，在售电侧逐步放开的环境下尽可能多地从市场中获益。

在市场架构方面，需要解决调度模型中虚拟电厂调度的经济模型，构成虚拟电厂作为电力交易的组织形式。结合我国泛在电力物联网建设及电力市场建设的发展，构建虚拟电厂的交易定位和交易价值。虚拟电厂参与电力市场交易，存在虚拟电厂内部资源不确定性的问题，虚拟电厂内部的可用资源数量不确定，发电和用电的规模和时间特征不确定，可以在考虑用户多种博弈行为的基础上，完善并设计竞价策略，在智能电网用户并网的多目标优化模型上形成稳定的、可以确定的聚合行为模式。

在虚拟电厂的参与模式方面，分别采用基于价格的策略和基于激励的策略。可以用双边合同市场、日前市场、实时市场的三个阶段竞标的流程。规划虚拟电厂一方面以售电行为参与，另一方面聚合负荷以电价激励的方式，综合起来作为发电资源参与电力市场的参与方式。

虚拟电厂的组织流程可以促使虚拟电厂以整体收益最大为目标对内部分布式参与单元进行日前优化，并根据优化结果上报计划参与市场竞价，经调度中心进行市场出清，依据调度指令下发日前计划，各分布式资源进行日内计划执行，并进行日后结算及结算方的选择及确认。

基于竞价策略的市场模式是以虚拟电厂净收益最大化和虚拟电厂各分布式资源成本之和最小作为目标函数的，在电力市场存在多个不同类型主体，仅仅考虑虚拟电厂经济性所取得的最优调度方案，和配电网的安全调度需求有冲突。因此，实际的市场运营机制，需要综合各类资源的最优分配和不同主体的利益，平衡经济性和配电网安全性的综合效益。针对以上问题，可以采取的措施有：① 因地制宜，采用具有配电网运营权的售电公司，运用虚拟电厂技术辅助参与市场机制，结合虚拟电厂构成双层调度；② 在市场竞价时，综合电价竞价和电量竞价，用量价平衡来均衡综合目标；③ 从区域电网中参与虚拟电厂调度的可用资源特征，着重解决突出的问题，如在新能源电动车存量大的区域，用电动车充电站作为一级售电和调度终端。

更充分考虑各种因素的竞价策略，需要考虑分布式资源的包括弃电量的发电效率，负荷可调整量的负荷效率、虚拟电厂的综合运行成本、虚拟电厂内部各种资源的效益分配的均衡性等多因素，并对这些因素进行综合优化。

在确定基于虚拟电厂的市场优化模型时，需要兼顾用户满意度和配电网安全性这些不能以确定数据计入优化模型的基本要求，以建立多时段持续有效的市场模型。

（2）虚拟电厂市场条件的发展阶段。根据外围条件和市场发展阶段，虚拟电厂进入电力市场的过程包括邀约阶段、市场化阶段和自主调度阶段。

在邀约阶段，没有虚拟电厂参与交易的电力市场，由政府部门或者电网调度机构组织发出邀约，由虚拟电厂或者分布式发电资源聚合者参与可用资源组织，并用可用调度控制的发电资源或者可调节负荷响应，实现削峰填谷、频率调节等，一次实现邀约、邀约响应、邀约后激励兑现的过程。根据现有资料，邀约阶段使用的邀约平台除了独立的邀约响应平台，还可使用公众短信平台，甚至采用人工电话邀约与响应。对于发展比较好的电力市场环境，具体实施方案可以按照需求响应优化、有序用电保底的原则，进一步探索市场化需求响应竞价模式，从日前邀约起步，逐步开展需求响应资源常态化参与现货电能量市场交易和深度调峰，促进源网荷储友好互动，提升电力系统调节能力，推进能源消费的高质量发展。

在市场化阶段，电能量现货市场、辅助服务市场和容量市场建成并运营成熟，虚拟电厂基于自身商业化模式和商业目标，以类似于实体电厂的模式进入市场交易。市场化阶段的邀约模式也会并行存在，邀约发出者不再是政府或者调度机构，而是电力市场运营主体，在欧洲以聚合服务模式运营的 Next Kraftwerke 公司就起到对更多分布式资源发出邀约的作用。

进入自主调度阶段，可聚合的分布式资源种类越来越多，数量越来越大，空间跨越范围越来越广，既包含分散各地的分布式发电电源、储能系统和可调节负荷，也纳入各种基础能源构成的微网、主动配电网、多能互补多能源系统、局域能源互联网等。这样，需要灵活制定运营策略，参与跨区电力交易能够获得收益和利润分成，参与需求响应、二次调频等辅助服务获得补偿收益，局域的内部能效管理有实际操作效益，自动实现发电用电方案的持续优化。

从邀约阶段，到市场化阶段，再到自主调度阶段，是运用市场化的机制促进虚拟电厂业务发展的，需要很好地解决持续盈利问题、场景延伸问题、建设成本问题。

盈利问题的核心是要解决虚拟电厂的盈利模式。持续用跨省区可再生能源现货交易购电差价盈余作为资金池是目前解决资金问题的方法，此方法是一种补贴的模式，不具有可持续性，虚拟电厂的投入运营增强了电网的可调节能力，降低了电网的系统备用容量建设需求。

虚拟电厂的场景延伸，是因为虚拟电厂的有效运营是和自营发电资源、充电桩运营、楼宇暖通等实际的生产生活场景紧密相连的，升级到虚拟电厂可调节控制的要求需要进行设备升级改造；虚拟电厂的优化调度效果和用户体验息息相关，需要在满足实际功能需求的基础场景上，融合虚拟电厂的功能。因此，随着虚拟电厂应用场景延伸，不仅需要从运营的角度考虑，还要满足大众的生产生活的良好体验和满意度，取得综合效益。

虚拟电厂的建设成本包括计算机硬件设备、计算机软件系统、专用通信设备、终端智能表计和网关等自动控制和信息设备，在市场化机制不够完善、虚拟电厂盈利模式不确定的条件下，降低虚拟电厂相关的建设成本，优化投资，也是推广虚拟电厂的重要前提。

六、信息安全

虚拟电厂是基于电力能源领域的数字化技术应用，需要遵守有关信息安全和数据安全的法规和规定。在国际范围内网络安全和信息安全风险不断增大的环境下，虚拟电厂面临着信息安全挑战。虚拟电厂的信息安全需要保护系统中的硬件、软件及数据等信息资源，使之不受偶然或者恶意的破坏、篡改和泄露，保证系统正常运行，服务不中断。

1. 安全防护基本原则

（1）电力系统中，安全等级较高的系统不受安全等级较低系统的影响。综合监控及调度系统的安全等级高于综合管理信息系统及办公自动化系统，各综合监控及调度系统必须具备可靠性高的自身安全防护设施，不得与安全等级低的系统直接相连。

（2）综合监控及调度系统可通过专用局域网实现与本地其他同级别监控系统的互联，或通过电力调度数据网络实现上下级异地监控系统的互联。

（3）综合监控及调度系统不得和互联网相连，并严格限制电子邮件的使用。

（4）当所在地的电力管理机构有要求时，其信息安全必须支持所属调度管理机构的装置管理系统对其适用管理的范围内的设备和信息，进行远程管理。

2. 信息系统的设备和软件应满足的要求

信息系统所使用的设备应满足以下可靠性要求：

（1）应通过电磁兼容性检测。

（2）应支持双机热备功能，在任一设备出现故障时，自动切换。

（3）应通过国家密码管理委员会办公室组织的安全性审查和技术鉴定，并具备公安部销售许可证。

（4）应采用具有知识产权的设备，所采用设备的知识产权管辖权在国外时，需要提供具有法律效力的可靠性承诺。

信息安全的物理防护，需要保护信息系统的软硬件设备设施和其他介质免受自然灾害、人为破坏和操作失误的侵害或者影响。部署信息系统的场地需要环境便利，防止未授权人员进入，便于安全巡视和检查。具有防震抗震、防雷击、防火灾、防水防潮、防静电措施，符合电磁防护要求，环境温度湿度适宜。

信息安全的软件需要具有足够的性能保证在任何时候都能可靠稳定运行，计算机代码需要经过软件验证，防止代码泄漏、代码入侵，防止自动软件升级。

信息系统软件运行的平台需要安全可靠，并获得版权方的有效授权。操作系统平台不能开放远程访问和自动升级的功能。对于系统软件需要采取包括端口扫描在内的后备安全防护措施，以防范内置模块远程激活的风险。

信息系统使用的第三方模块和开放的插件均需要提供列表和使用日志，该插件需要被验证并且定期核对是否发现新的风险。

信息系统使用网络的部分需要具有网络安全措施，实现身份验证、访问控制、防火墙、入侵检测等网络安全措施。

虚拟电厂对于信息安全的严格要求，使得采用云计算技术的解决方案需要得到特别的评估。在经过评估，公有云的解决方案不能满足要求时，需要采用其他的技术方案来解决信息安全的问题。

七、规划与设计

1. 需求分析

虚拟电厂项目的规划和设计，首先需要进行需求分析，确定重点需要解决的问题，以及需要满足的需求。虚拟电厂是“互联网 +”应用于能源行业的典型技术之一，因此构建的虚拟电厂平台将具备开放、共享的特点。虚拟电厂的规划需要具有开放和可扩展性的特性，这也是需求分析中需要考虑的重点问题。

需求分析从外部环境、内部需求两方面着手。外部环境主要是指政策法规的约束条件、市场机制的运行规则、科技进步的技术要求等；内部需求是指区域电网的均衡稳定发电、间歇性的新能源发电消纳、用户负荷的用电特性、用户负荷的时间特性、局域电网的配套电力设备建设进度和建设条件等。需求分析要同时满足外部和内部的需求，在满足约束条件的条件下，实现最有竞争力的电价机制。

需要考虑的外部环境具体有国家能源发展战略要求，电力体制改革和电网企业业务转型要求，区域电网建设智能化和智能电网的要求，电力建设信息化的要求等。常见的需要考虑的内部需求是电网调峰调频需求，输配电设备满载，新建扩建电力设施条件受限，本地负荷时间分布不均衡，间歇负荷增长快，具有双向充放电功能的电能储存装置占比增大，引起电网负荷波动加大等。

需求设计时不仅要满足外部环境和内部需求，而且还需要保持经济性，以实现最优的经济效益，这是采用数字化技术的出发点和落脚点。

虚拟电厂是典型的能源行业的数字化应用之一。通过对分布式能源（分布式发电、可控负荷、储能）的监测、分析、聚合、优化计算、调度控制，使其成为可统一调度的发电系统，与其他发电厂共同参与系统供需平衡调度及电力市场交易，进而创造新的商业模式和能源服务业务。通过利用虚拟电厂作为“发电系统”的可调节特性，可追踪新能源的发电出力波动，进而促进清洁能源的消纳，提高资源利用率，满足电网的运行要求及环保要求，提升综合能效。随着电力市场的进一步发展，未来发电厂的发电量将取决于参与电力市场交易的策略，而单一的分布式光伏发电、风电等因其发电出力不可控、容量较小等因素而不满足电力市场的准入条件。虚拟电厂通过对分布式能源的聚合及优化调控，可使其作为一个整体满足参与电力市场交易的准入要求，进而获得额外的发电收益。

通过建设虚拟电厂，引导用户的用电行为，结合各地电力需求侧管理办法，对用户开展需求侧管理，充分利用需求侧的负荷资源实现综合能源的优化管理，并获得需求侧响应的专项补贴。与此同时，通过智能电能表、数据采集平台对用户的用能设备进行实时监测与分析，获知设备的负荷特性，并结合电价等信息为用户提出合理的用能建议。此外，还需综合考虑负荷类型及其发展规划，协助用户在能效等方面进行优化，为用户提供电能的高效管理服务。随着电力市场改革的不断深化发展，可通过虚拟电厂代理用户参与电力市场交易、参与电力辅助服务市场，实现用户、电网及虚拟电厂运营等多方共赢。

2. 拓扑构成

以下根据国内外虚拟电厂的研究及应用情况，介绍集中式架构、分布式架构、完全分布式架构的虚拟电厂拓扑结构。

（1）集中式架构的拓扑结构。集中式的拓扑结构支持集中式调控，即虚拟电厂平台运营商作为控制中心，根据参与的电力市场情况及电网运行安全要求直接为分布式能源制定发用电计划和能量优化管理策略。这种调控方式适合于中小型虚拟电厂的架构，直接对各种分布式资源进行数据采集和调控，数据实时性好，调控及时，只有一级通信信道，设备状况准确性高。但是这样的模式对于控制中心的性能要求高，要求高性能、高可靠性，可接入虚拟电厂的资源扩展性受到控制中心数据处理能力的限制。这种拓扑结构和现有电网管理的融入性最好，通常虚拟电厂及所覆盖的资源与单一电网管理所覆盖的实体区域相重叠，电网调度容易实现。集中式的拓扑结构如图 4-7 所示。

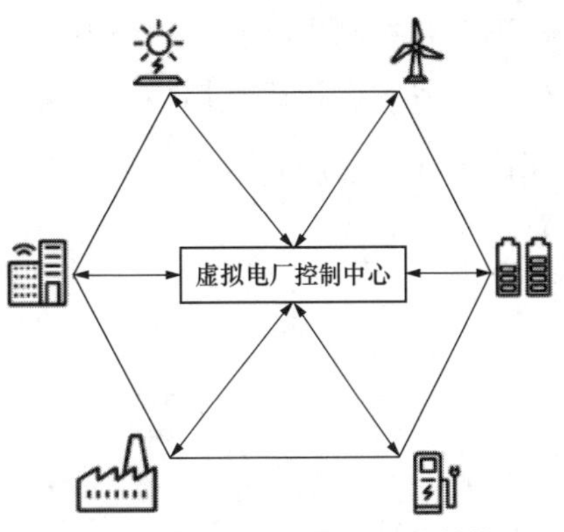

图 4-7　集中式架构的拓扑结构

（2）分布式架构的拓扑结构。分布式的拓扑结构如图 4-8 所示。分布式的拓扑结构支持层调控，即基于多代理技术，将虚拟电厂平台分为多个层级，最底层（如最低电压等级）的发电、用电单元可通过子虚拟电厂站 / 子站（图 4-8 中虚拟电厂 1、2、3）进行本地控制，保证电网的安稳运行，其发用电信息统一反馈给上一层的虚拟电厂平台控制中心。而虚拟电厂平台控制中心根据电网调度及电力市场需求，将需求分解并分配至各子虚拟电厂，而后子虚拟电厂为其所关联的发用电设备制定运行方案。这种方式各级子虚拟电厂 / 子站具有自治性，能够保证数据的实时性和控制的可靠性，同时系统的扩展性强，可接入的资源成倍增加，虚拟电厂部分发生故障不影响整个系统的运行，可靠性提高很大，而且虚拟电厂可以互为备用，可接入的资源即使在运行的过程中也可以通过改变通信接入点的方式随时改变所接入的子虚拟电厂 / 子站，达到可靠性和可扩展性的均衡。居于中央的虚拟电厂控制中心，独立进行数据采集、分析、优化、参与电力市场交易等功能，对于大数据处理的能力要求高，对于算法分解和优化的要求高。这种拓扑结构适合于大型的虚拟电厂。

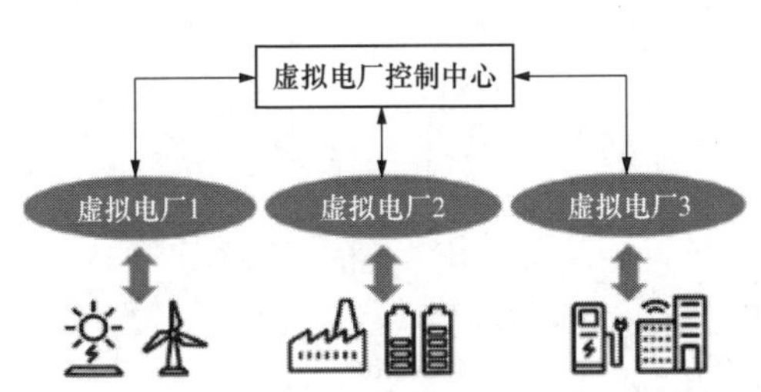

图 4-8　分布式架构的拓扑结构

（3）完全分布式架构的拓扑结构。完全分布式的拓扑结构支持分布式控制，即采用全自由代理模式，虚拟电厂平台划分为彼此相互通信的自治子系统，各子系统通过其代理的协同合作实现原本由控制中心完成的任务，控制中心被数据交换与处理中心取代。这种拓扑结构的虚拟电厂适合于超大型、跨区域的虚拟电厂。每个虚拟电厂都具有数据采集和性能优化的独立功能，不依赖于其他虚拟电厂，也不依赖于数据交换处理中心，但是与分布式拓扑结构相比，不独立参与电力市场交易。虚拟电厂数据交换和处理中心以数据记录、数据处理和算法优化为主，能够采集更丰富的大数据，数据优化性能更优。完全分布式的拓扑结构如图 4-9 所示。

（4）三种网络拓扑结构的对比。综合对三种网络拓扑结构进行比较可知，基于集中式调控的控制架构往往要求控制中心有处理大量数据的能力，能够与海量终端用户进行通信，对控制中心的数据处理及系统通信水平要求极高。基于完全分布式控制的控制架构不需要控制中心，但对终端设备要求高，要求终端设备能够采集或接收系统的运行信息，能够优化终端用户的用能过程，因此，要求终端设备有较强的数据采集、处理和优化计算的能力，具有如此强大功能的智能终端设备目前成本很高，实际应用性较差。

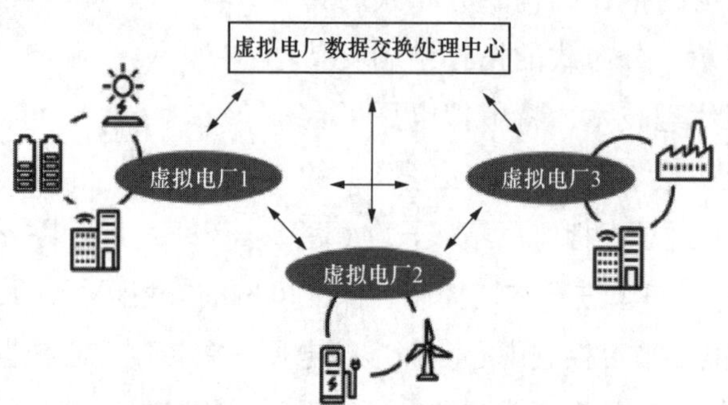

图 4-9　完全分布式架构的拓扑结构

3. 平台建设总体架构设计

虚拟电厂是数字化电网、能源互联网的重要应用场景之一，因此其总体架构应符合数字化电网的基本架构，平台建设总体架构如图 4-10 所示。

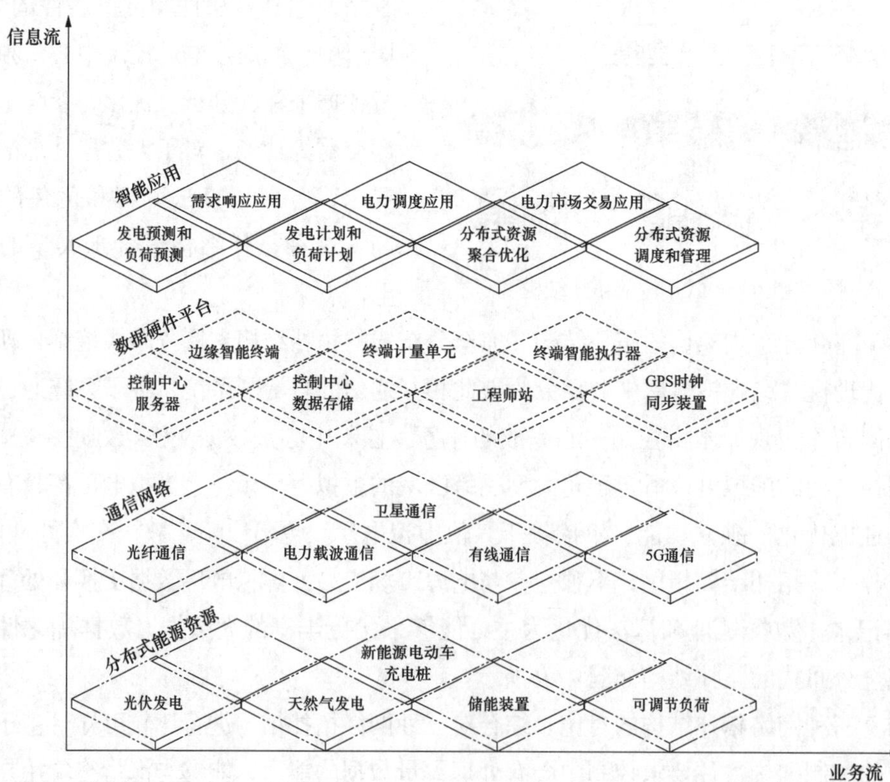

图 4-10　平台建设总体架构

数字化电网将实现能源流、信息流及业务流的高度融合，从四个层面实现数字化转型。第一层为分布式能源资源层，即物理能源层，在该层面上为实现数字化升级，关键技术为智能感知、边缘控制的应用研究；第二层为通信网络层，该层面的关键技术通过5G通信、有线通信等通信技术实现能源系统的泛在连接；第三层为数据硬件平台层，该层面是基于通信网络层在智能应用层采集的能源运行状态信息及数据，开展数据分析挖掘研究，关键技术包含云计算、大数据、人工智能等；第四层为智能应用层，基于对数据的分析研究及能源行业的相关知识，提出能源系统中创新的应用场景及业务模式。

虚拟电厂规划和设计的重点是以控制中心或数据交换与处理中心为核心的综合软件和硬件平台的建设，平台建设的总体架构设计需要在不同的层面聚合多种技术，包括基于智能传感器的智能感知技术、边缘计算和边缘控制技术、物联网技术、大数据和云计算技术、人工智能技术和基于区块链技术的智能合约技术等。这些技术的聚合都需要紧紧围绕电力能源技术、电力管理制度等专业知识，形成数字化的信息流，双向流通，以实现智能化的专业管理和控制。

虚拟电厂平台建设的总体架构应符合上述架构，构建软件－网络－硬件协同的数字生态系统。平台建设总体架构解决方案如图4-11所示。

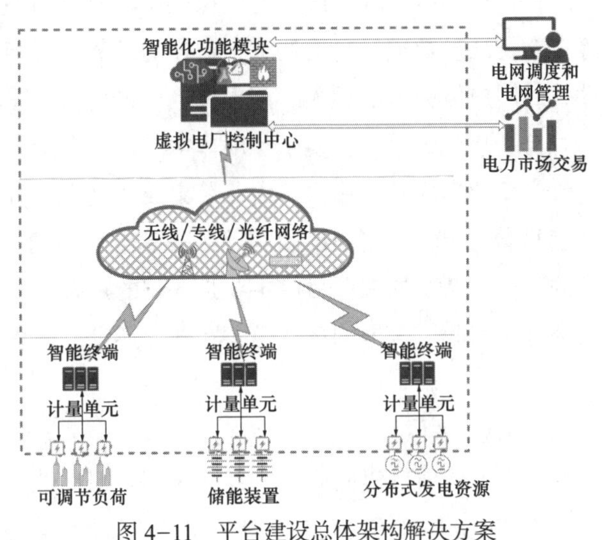

图4-11　平台建设总体架构解决方案

八、应用实例

我国已建设了多个虚拟电厂项目，并取得了预期的经济效益和社会效益。

1. 南方电网深圳供电有限公司虚拟电厂项目

南方电网深圳供电有限公司在深圳试运行的“网地一体虚拟电厂运营管理平台”，部署于南方电网调度云，网省两级均可直接调度，为传统“源随荷动”调度模式转变为

“源荷互动”提供解决方案。

该虚拟电厂解决的问题是电网调峰形势严峻，输配电设备重满载突出，部分区域供电容量紧张，局部配电线路存在供电安全性问题。其需要应对本地负荷快速增长的问题，具体为新能源汽车快速增长，充电负荷占最高负荷的5%，空调负荷占比较大，约占最高负荷的30%。

通过“网地一体虚拟电厂运营管理平台”可以实现系统调峰调频、削峰填谷的应用功能，并对用户资源的弹性功率实现自动化闭环调控。该平台集成了光伏发电、微电网、储能、空调和充电桩等用户弹性资源；该平台还提供开放的标准化接口，方便虚拟电厂的用户资源持续接入及应用功能扩展。

其中负荷响应是通过这个平台向十余家用户发起电网调峰需求来实现的，这些客户在保证正常安全生产的基础前提下，按照计划精准调节用电负荷，可调节负荷总计3MW，相当于2000户家庭空调用户的可调节负荷量。

2. 上海黄浦区虚拟电厂项目

上海黄浦区虚拟电厂项目基于虚拟电厂技术可以完成需求响应。该项目参与需求响应的楼宇超过50栋，参与需求响应的可调节负荷约10MW。在2021年的测试中，累计调节电网负荷562MW·h，消纳清洁能源电量1236MW·h，减少碳排放量336t。

具体实现的调度逻辑：在用电高峰时段，对虚拟电厂区域内相关的建筑中央空调的温度、风量、转速等多个特征参数进行自动调节，这样的调节是智能调度的，运用的是导热媒介的温度惰性，对用户体验影响不大。该虚拟电厂项目参与需求响应的调度对象是设备级的，按照实时自动响应的要求，复杂程度非常高。在虚拟电厂的系统平台上包括三级的架构，即平台、负荷集成商、用户，由负荷集成商进行竞价。需求响应的补贴价格根据响应时间也有区分，30min之内的削峰补贴是基准价格的3倍，30min～2h的削峰补贴是基准价格的2倍。补贴的来源目前主要是各省的跨省区可再生能源电力现货交易购电差价的盈余部分，因此，这样的运营模式在部分还没有现货交易的省暂时还无法实现。

3. 国家电网冀北虚拟电厂项目

国家电网冀北虚拟电厂示范项目建成后，在2020年，针对冀北电网夏季高达66GW的空调负荷，把其中10%的空调负荷通过虚拟电厂进行实时响应，相当于少建设一座600MW的传统电厂。同期综合实现的“煤改电”最大负荷达2GW，所采用蓄热式电采暖负荷可以更便捷地实现实时需求响应，预计可增发清洁能源720GW·h，减排63.65万t二氧化碳。

虚拟电厂不仅可以作为一个完整的整体实现全部的电力交易功能，还可以在部分领域有选择地实现部分功能，仍然能产生显著的效果。

九、展望

1. 提高分布式电源的互补性

由于可再生能源出力存在较大的随机性、波动性、间歇性，分布式电源的动态组合问题亟待解决。随着全球能源互联网建设的推进，财政部、中宣部、教育部三部委针对可再生能源联合发布了“一带一路”和“一极一道”发展战略，“一带一路”沿线各国都具有丰富的风能和太阳能资源，“一极一道”更是推进了大型可再生能源基地电力送出和各大洲之间电力交换。能源互联网战略推进跨境电力与输电通道建设，积极开展区域电网升级改造合作，充分发挥不同区域内分布式电源的时差互补和季节互补特性，提高可再生能源的利用率和虚拟电厂的效益。

2. 多个分布式单元动态组合

虚拟电厂与微电网的最大区别在于构成虚拟电厂的多个分布式发电单元不一定在同一个地理区域内，其聚合范围以及与市场的交互取决于通信能力和可靠性。多个分布式发电单元按照一定的规则或目标进行聚合，以一个整体参与电力市场或辅助服务市场，最后将利益分配给各分布式发电单元。虚拟电厂作为中介，根据动态组合算法或动态博弈理论等规则对多个分布式发电单元灵活地进行动态组合。动态组合的实时性和灵活性可以避免实时不平衡所带来的成本问题，以及由于电厂停机、负荷和可再生能源出力预测失误时所导致的组合偏差问题。

3. 利用大数据对可再生能源进行预测，提高数据处理速度

大数据是指无法在可承受的时间内用传统的 IT 技术、软硬件工具和数学分析方法进行感知、获取、管理、处理和分析的数据集合。大数据技术可进行负荷预测和可再生能源出力预测，包括风能和太阳能。风能预测非常必要，因为数据显示在用电高峰期，风电场的实际产能变化幅度很大。准确预测太阳能和风能需要分析大量数据，包括风速、云层等气象数据。同时，利用大数据技术处理虚拟电厂内的各种信息，能有效提高数据交换与处理中心的处理速度，为虚拟电厂的数据交换与处理中心提供各子系统实时、精确的数据信息流。

4. 参与多种市场进行优化调度和竞价

虚拟电厂通过对多个分布式单元进行聚合成为一个整体参与电力市场运营，既可以发挥传统电厂出力稳定和批量售电的特点，又由于聚合了多种发电单元而具有较好的互补性。虚拟电厂所参与的电力市场包括日前市场、实时市场、辅助服务市场等，由此可建立日前市场、双边合同、平衡市场及混合市场等多种市场模型。考虑虚拟电厂中可再生能源出力、负荷和实时电价等不确定因素，在不同市场环境下建立调度和竞价模型，使虚拟电厂具有更广泛的适用性。

5. 基于博弈论建立科学的合作机制，确保虚拟电厂的稳定性

博弈论主要研究存在利益关系或冲突的多个决策主体，根据自身能力和了解的信息如何进行有利于自己或决策者群体的决策的理论。基于博弈论，认为虚拟电厂内的所有发电、用电单元和虚拟电厂与外部所有运营商均为合作博弈。根据合作博弈论制定科学的合作机制，包括虚拟电厂内部聚合的多个发电或用电单元之间的合作机制，虚拟电厂与集成运营商、配电网或输电网以及电力市场运营者之间的合作机制，保证所有参与者的合理收益，使参与者保持长期的参与积极性，确保虚拟电厂的稳定性。

第三节　标　识　编　码

综合智慧能源是一种新业态，在综合智慧能源工程建设过程中，对物理对象按照功能和位置进行标识编码，建立物理对象与标识编码一对一的关系，可以使设计阶段产生的大量信息贯穿综合智慧能源系统的整个生命周期，并为综合智慧能源系统的数字化移交奠定基础。

综合智慧能源企业在生产、运行、维护和在建项目管理等方面，对在线的系统、设备、部件进行唯一的标识编码，使相关的数据和信息能够使用信息系统进行管理，可以提高运行与维护水平。

本节介绍与综合智慧能源有关的标识编码技术，包括电厂标识系统（KKS）的作用与特点、标识结构与标识方法、标识编码实施、标识编码实例。

一、电厂标识系统的作用与特点

对比较复杂的能源系统，普遍采用标识编码技术进行管理，有利于数字化远程管控，如工业产品编码、商品条形码、身份证码、机动车牌照码等均是标识编码技术在各行业的使用实例。

随着能源行业的发展，在现代化的生产管理、技术管理、成本管理、设备管理、备品备件管理、行政管理时需要一种通用的语言来协调不同部门、各业主之间的通信、生产管理、经营管理等工作，这种公用语言就是电厂标识系统。

1. 电厂标识系统的作用

（1）在电厂建设过程中的作用。电厂标识系统在电厂建设过程中可以发挥多方面作用，一是通过对电厂对象的细化与分类，有助于模块化设计；二是通过对系统、子系统、设备和管道等标识，建立起电厂设计过程中的工艺流程图与三维空间中设备和管道布置之间的数据纽带；三是通过建立电厂内一对一的物理对象和数据编码可以使设计阶段产生的大量信息贯穿电厂的整个生命周期，并为数字化移交奠定基础；四是通过对电厂物理对象的唯一标识，能够实现更为精确的设计和采购，减少工程建设中的设备和材

料的浪费；五是通过标识物理对象的安装点和位置，能够将设计和布置方案中设备安装时的确切安装点及准确位置与工程建设中的施工和安装现场的标识点和位置一一对应，从而减少施工和安装过程中的差错。

（2）在电厂运行和维护中的作用。电厂在运行时，通过标识可以更加明确操作的对象和对象所隶属的系统，以及对象所处的状态，同时，还可以通过对象的标识编码记录与运行相关的各种数据形成能够描述整个系统，乃至整个电厂运行状态的数据。在电厂维护过程中，运行或巡检人员可以将发现的缺陷内容和状态通过设备编码准确及时地通知给相关的设备主管，以便确定适宜的维护和检修策略。在电厂检修过程中，检修人员需要从设备主管获得检修对象的编码及需要检修的内容，确定检修对象隔离的范围、停机和断电的对象，并将相关的设备和编码通知值长及相关运行人员，同时，根据需要将检修对象的编码及检修所需工具、材料和备品备件等通知物资管理部门。电厂的维护或检修工作完成后仍需通过编码记录该设备的验收情况，并将设备检修前后及检修过程的全部相关信息记录在与该编码相关的数据库记录中，逐步形成该设备运行、维护、检修和备品备件等完整的数据资源。

2. 电厂标识系统的特点

电厂标识系统根据标识对象的功能和安装位置等特征，采用英文字母和阿拉伯数字按照一定的规则进行编码，通过科学合理的排列、组合，来描述（标识）电厂各系统、设备、元件、建（构）筑物的特征，从而构成了描述电厂状况的基础数据集，可对电厂进行管理（如分类、检索、查询、统计）。电厂标识系统有如下特点：

（1）根据需要选用功能标识、部件标识、位置标识，可简可繁，可精确地描述电厂中的物理对象。

（2）编码按厂级、系统、设备、部件逐级细分，工艺关系逻辑分明，具有可追溯性。

（3）有成熟的编码索引，数据字符具有固定意义，容易辨认，编码的强、弱规则并用。如通用、固定的工艺系统采用强规则规定编码字符，不允许变动；对于变化较大的电气和仪控系统则采用弱规则，许多编码字符可允许工程各方商定自由使用。

（4）适用于多种综合智慧能源项目，并预留有备用码，以容纳新工艺的发展。

（5）编码不依赖任何一种语言并适合作为基础数据供计算机处理，为电厂信息系统的建立提供支撑，为企业进行成本核算、计划统计和预决算等管理提供良好的基础数据平台。

（6）编码可以与其他编码混合使用，比如文档编码、备品备件编码等，作为各信息系统的联系纽带，实现信息的全厂或集团共享。

（7）遵循通用的国际标准，是国际交流的一个统一平台，被认为是一种先进合理、科学实用的编码规则。

3. 综合智慧能源系统标识编码的必要性

随着综合智慧能源系统设备自动化程度的不断提高，综合能源企业的管理呈现少人化、精细化、智慧化的趋势。此外，随着能源互联网和智能技术的发展，对综合智慧能源系统设备的可控性也提出了新的要求，这就需要对综合智慧能源系统中四类设备采用统一的编码来标识，以形成一个能够贯穿生命周期全过程的编码标识体系，使设备从设计开始到运行维护直至退役的每一过程，都能采用现代信息技术手段进行监控。

对综合智慧能源工程的系统、设备进行标识编码，是智慧供能（冷热电）的基础性工作，相当于为综合智慧能源系统建立身份证。2022 年，中国电力企业联合会组织编制了 GB/T 43033《分布式供能工程标识系统编码规范》，该标准适用于具有分布式特点的综合智慧能源系统标识编码，并已于 2024 年 1 月实施。

二、标识结构与标识方法

（一）标识结构

1. 标识构成

综合智慧能源工程标识系统包括组合标识、功能标识、部件标识和位置标识 4 种类型，4 种标识类型的用途如下：

（1）组合标识用于标注站（场）址、网和用户的地理定位和工程建设信息定位。

（2）功能标识用于标识工艺的系统、设备。

（3）部件标识用于标识设备的部件及其零件。

（4）位置标识用于标识建（构）筑物、楼层及房间。

综合智慧能源工程标识系统构成见表 4-2。

表 4-2　综合智慧能源工程标识系统构成

组合标识	功能标识 部件标识 位置标识

2. 标识系统的组合方式

组合标识、功能标识、部件标识和位置标识可根据应用场景，综合智慧能源工程标识系统的组合方式如表 4-3 所示。

表 4-3　综合智慧能源工程标识系统的组合方式

组合标识	功能标识	—
组合标识	功能标识	部件标识
组合标识	位置标识	—
组合标识	位置标识	部件标识

续表

—	功能标识	—
—	功能标识	部件标识
—	位置标识	—
—	位置标识	部件标识

3. 前缀符

组合标识、功能标识、部件标识和位置标识均应采用前缀符，标识的前缀符见表4-4。

表 4-4　　标识的前缀符

前缀符	前缀符名称	标识任务 / 标识面
#	井号	组合标识的前缀符
=	等号	功能标识的前缀符
-	减号	部件标识的前缀符
++	连加号	位置标识的前缀符

（二）标识方法

1. 组合标识

组合标识采用两级编码，组合标识格式如图4-12所示。

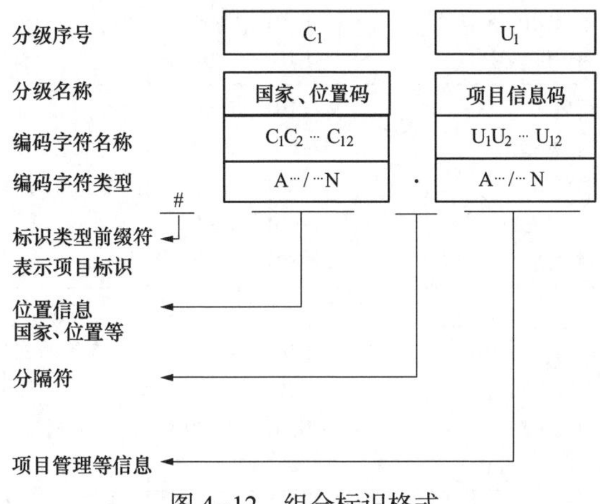

图4-12　组合标识格式

组合标识由国家、位置码和项目信息码组成，说明如下：

（1）国家、位置码用于标识对象的区域（地理）定位，可以采用国际区位码、邮政编码、经纬度等。

（2）项目信息码包括工程类型等，用于工程建设方对整体工程建设管理方面和信息方面的定位。项目信息码的数字及字母无确定的定义，各级数位不宜超过 12 位，数位与定义应由工程建设方根据每个工程的情况自行规定，并应写入工程约定。

（3）项目标识为可选择性标识，是否采用项目标识由工程建设方自行选择。

2. 全站码

全站码是对综合智慧能源工程做第一次细分，由 $H_1H_2H_3H_4$（H_5H_6）构成，应根据不同供能类别进行选择，说明如下：

（1）全站码的第一位 H_1 为英文字母，表示供能系统类别，全站码 H_1 的取值见表 4-5。

（2）全站码的第二位 H_2 为数字，是对不同供能系统类别的细分，全站码 H_2 的取值见表 4-5。

（3）全站码的第三、四位 H_3H_4 为数字，用于表示供能系统类别，在分布式供能工程中的顺序编号分别为 01～99；全站码 H_3H_4 的取值见表 4-5。

表 4-5　　全站码 $H_2H_3H_4$ 的取值

H_1 供能系统类别	H_2 供能系统类别的细分	$H_1H_2H_3H_4$ 可标识的范围	备注
E：能源生产系统	1：天然气分布式供能站 2：生物质分布式发电站 3：风力分布式发电场 4：小型水力发电站 5：光伏分布式发电站 6：太阳能供热站 7：锅炉供热站	E101～E199 E201～E299 E301～E399 E401～E499 E501～E599 E601～E699 E701～E799	应启用 H_5H_6
T：能源转换系统	1：换热站 2：制冷站 3：热泵站 4：电锅炉站 5：制氢站	T101～T199 T201～T299 T301～T399 T401～T499 T501～T599	默认缺省 H_5H_6
W：能源输送系统	1：管网 2：配电网 3：中继泵站	W101～W199 W201～W299 W301～W399	1）默认缺省 H_5H_6； 2）管网和配电网顺序编号由工程设计单位协商业主方确定，在全部工程范围内，根据工程内用户分布、行政区划、历史沿袭、当地习惯等因素确定
C：能源储存系统	1：化学储能站 2：机械储能站 3：蓄冷热站 4：储氢站	C101～C199 C201～C299 C301～C399 C401～C499	默认缺省 H_5H_6
Z：能源用户	0～3：工业用户 4～9：民用用户	Z001～Z399 Z401～Z999	默认缺省 H_5H_6

（4）全站码的第五、六位，能源转换系统、能源输送系统和能源储存系统默认缺省。

（5）全站码的第五、六位 H_5H_6 为数字，只用于能源生产系统，表示能源生产系统全站的发电（或供热）机组的编号。能源生产系统全站码 H_5H_6 的取值见表 4-6。

表 4-6　　　　能源生产系统全站码 H_5H_6 的取值

H_5H_6 的取值	涉及范围
01～60	1～60 号发电（或供热）机组的系统、建（构）筑物、安装项
61～90	分别为 1、2 号机组，3、4 号机组的共用系统、建（构）筑物、安装项
91～99	预留
00	按最终规划容量考虑，全站公用的系统、建（构）筑物、安装项

（6）在同一综合智慧能源工程中，全站码对于功能标识、产品标识和位置标识应具有相同的含义和作用。全站码的使用形式和具体内容可根据工程情况，由工程设计单位协商建设方确定，并应写进工程约定。

3. 功能标识

功能标识采用三级编码，功能标识的格式如图 4-13 所示。

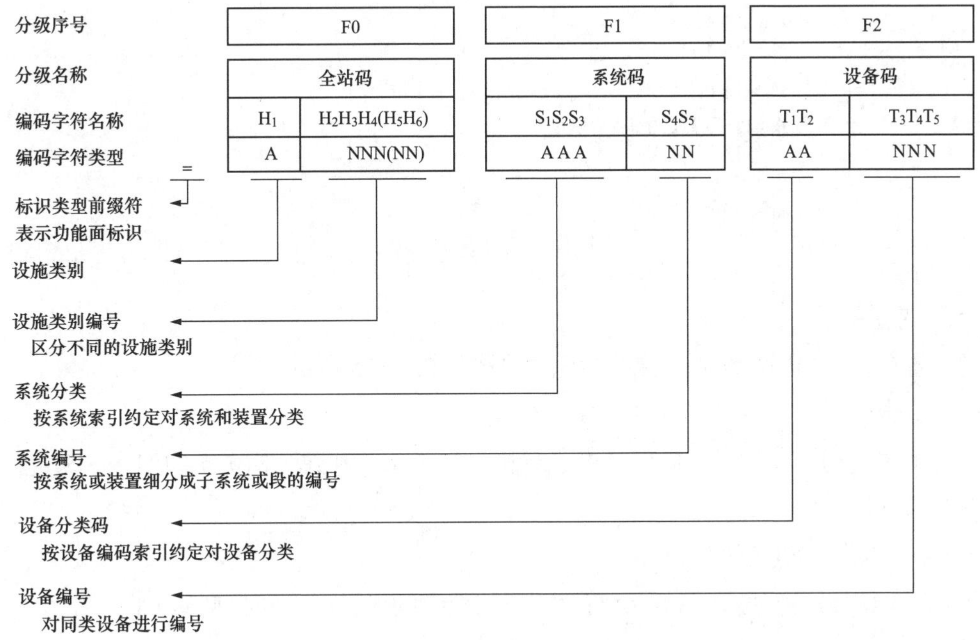

图 4-13　功能标识的格式

（1）全站码。由 $H_1H_2H_3H_4$（H_5H_6）构成。

（2）系统码。系统码中的系统分类 $S_1S_2S_3$ 由 3 个大写英文字母组成，系统码中的系

统编号 S_4S_5 由两位阿拉伯数字构成，用于将 $S_1S_2S_3$ 标识的系统或装置进一步细分，即细分成子系统或子装置。S_4S_5 可以采用流水号顺序 01～99，也可以按照十位递增。

（3）设备码。设备码中的设备分类 T_1T_2 由 2 位英文字母组成，设备编号 $T_3T_4T_5$ 由三位数字构成，一般采用流水顺序 001～999，也可以利用第一位数字表示设备的性质。

4. 部件标识

部件标识采用二级编码，部件标识的格式如图 4-14 所示。

部件标识可根据标识需要进一步细化。部件标识由部件分类码 P_1P_2 和部件编号 P_3P_4 两部分组成，并应符合下列规定：

（1）P_1 为部件分类码的主组，P_2 是部件分类码的子组。

（2）部件编号 P_3P_4 用于对同类产品的编号，由两位阿拉伯数字构成，可以是 01～99，一般采用流水顺序。

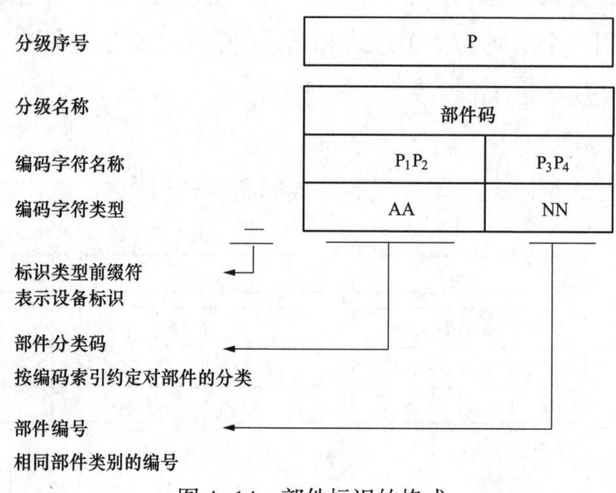

图 4-14　部件标识的格式

5. 位置标识

位置标识采用四级编码，位置标识的格式如图 4-15 所示。

（1）全站码。由 $H_1H_2H_3H_4$（H_5H_6）构成。

（2）建（构）筑物码。由建（构）筑物分类 $S_1S_2S_3$ 和建（构）筑物编号 S_4S_5 组成，应符合以下规定：

1）建（构）筑物分类 $S_1S_2S_3$。

2）建（构）筑物编号 S_4S_5 由两位阿拉伯数字构成，表示同类型建（构）筑物的顺序号。

（3）房间码。由楼层编号 R_1R_2 和房间编号 $R_3R_4R_5$ 组成。

1）楼层编号 R_1R_2 为建筑物的层数，楼层编号 R_1R_2 见表 4-7。

2）房间编号 $R_3R_4R_5$ 由三位阿拉伯数字构成。

3）房间编号可从大门或楼梯入口顺时针方向顺序编号，也可按使用习惯编号，在同一工程中应统一。

（4）部件码。当需要标识用户的设备（阀门、电气开关、温度计、压力表、流量表等）时，采用第四级编码进行标识，在图 4-15 中的房间码后加部件码（用虚线框表示）。

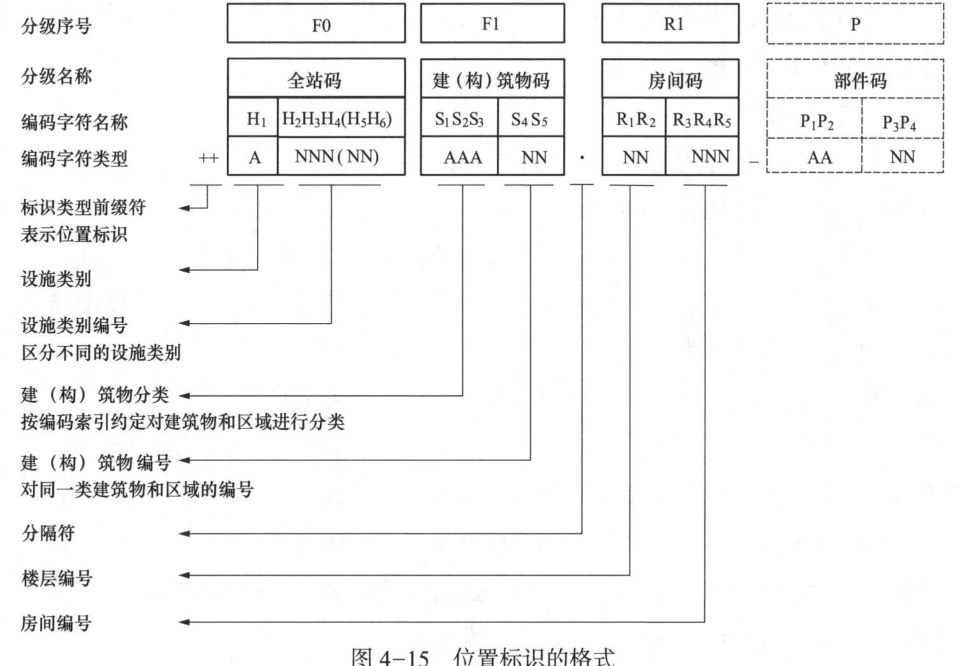

图 4-15　位置标识的格式

表 4-7　　楼层编号 R_1R_2 说明

楼层编号 R_1R_2（NN）	标识的范围	备注
01～90	用户建筑的层数，1～90 层	0m 以上部分
91～99	用户建筑的 B1～B9 层	地下部分

三、标识编码实施

（一）前期准备工作

1. 组建标识工作机构

标识编码工作应纳入工程项目管理范围，在对综合智慧能源工程项目进行标识编码前，应组建一个常设标识工作机构负责标识编码的日常管理，标识工作机构由业主或运营单位、设计单位的技术人员组成。

2. 指定编码汇总人

编码汇总人是负责编码日常事务性工作的技术人员，在工程建设期间，编码汇总人由设计单位的人出任，在工程运行后由业主或运营单位的人出任。

3. 宣贯与培训

在对综合智慧能源工程项目进行标识编码前，应对项目建设方和设计单位进行正规的宣贯与培训。

（二）各阶段标识编码工作内容

综合智慧能源工程标识编码工作分为可行性研究、初步设计、施工图设计、竣工图、数据移交和生产运行六个阶段。

1. 可行性研究阶段

可行性研究阶段的标识编码工作包括以下内容：

（1）应编制工程编码规划和原则。

（2）应确定工程项目的全站码、主机设备及相关系统的系统分类码。

（3）可行性研究完成后，在主要设备合同谈判和签约时，应在技术协议中确定主要设备及相关系统的系统分类码。

（4）可行性研究阶段的编码工作应由参与工程各方人员参加。

2. 初步设计阶段

初步设计阶段的标识编码工作包括以下内容：

（1）编码汇总人应负责编码的汇总、校核和录入工作。

（2）总图专业应确定建（构）筑物码，建筑专业应确定分层和房间码。

（3）各工艺专业应编制主要工艺系统的系统码。

（4）各工艺专业应编制需采购招标的主要设备的编码，并提出编码要求。

（5）主要设备厂家应对所供设备进行编码。

（6）标识工作机构应编制工程约定与编码索引（初版），经建设方批准后颁发给项目参与各方执行。

3. 施工图设计阶段

施工图设计阶段的标识编码工作包括以下内容：

（1）编码汇总人应收集各专业编码，经校正误码、重码后汇总。

（2）综合智慧能源工程标识工作机构应对工程约定与编码索引进行细化、调整和更新，经建设方批准后升版，打印出版后颁发给项目参与各方执行。

（3）各专业人员应按照工程约定与编码索引对本专业的系统和设备进行编码。

（4）辅机设备厂家应对所供设备进行编。

（5）综合智慧能源工程标识工作机构向业主或运营单位提交需采购设备的编码，经审定后用于制作设备铭牌。

4. 竣工图阶段

竣工图阶段的标识编码工作包括以下内容：

（1）对现场发生的设计变更、设备替换所影响到的编码进行更新。

（2）综合智慧能源工程标识工作机构应按照工程竣工时的实际情况，对工程约定与编码索引（升版）进行调整，形成综合智慧能源工程标识系统编码清单。

5. 数据移交阶段

数据移交阶段的标识编码工作包括以下内容：

（1）设计单位应向业主或运营单位移交标识系统编码清单和相应的电子数据。

（2）业主或运营单位技术负责人应组织相关人员对其进行审查和验收。

6. 生产运行阶段

生产运行阶段的标识编码工作包括以下内容：

（1）业主或运营单位应根据验收后的综合智慧能源工程标识系统编码清单，制作设备铭牌和建（构）筑物标识牌，并应在综合智慧能源工程投入运行前挂牌。

（2）综合智慧能源工程信息系统集成商、设备资产管理软件供应商应负责整理系统、设备、组件等标识数据，并将数据加载到相应数据库。

（3）业主或运营单位应完善产品面标识，并建立分解后组件与物资备品备件的关联关系；凡有备品、备件、易损件和需要标识以避免混淆的工艺设备和组件，应按照制造厂提供的备件清单和安装图进行分解并编码。

（三）工程约定与编码索引

1. 工程约定与编码索引的作用

由于有关的标识编码标准只提出了一般性通用原则，并针对特定工程的具体编码细节。因此，对于一个综合智慧能源工程项目，应由项目参与各方协商，制定一份各方认可并在项目实施过程中必须遵守的工程编码约定和本工程专用的编码索引，用于指导和规范工程项目实施过程中的编码工作。

工程约定与编码索引相当于综合智慧能源工程的编码字典，是运行管理人员不可或缺的正式文件资料。

2. 工程约定与编码索引的内容

（1）对综合智慧能源工程标识文件的管理、修改、升版的约定。

（2）对综合智慧能源工程标识范围的约定。

（3）对综合智慧能源工程标识深度的约定。

（4）对组合标识和全站码的约定。

（5）对编码索引的约定。

（6）对工程文件上编码标注方式的约定。

（7）其他必要的总体性约定。

（8）编码索引应摘取与本工程项目有关的系统分类码、设备及产品分类码、建

（构）筑物分类码，并应根据工程项目对“可用”的分类码做出具体规定。

3. 对工程约定和工程编码索引的管理

在工程约定和编码索引的编制、颁发、维护、升级方面，应注意以下问题：

（1）在工程初设阶段，由设计院起草编写本工程的工程约定和工程编码索引，经业主批准并正式出版后发给工程参与各方。

（2）随着工程的进展，工程约定和工程编码索引要根据工程需要修改、更新，适时升版。初步设计阶段编写的工程约定和工程索引，到施工图阶段应进行升版，并增补有关内容。

（3）一个工程只允许正式出版统一的“工程约定和工程编码索引”，不允许各参与单位或设计专业自行出版各自的工程约定和工程索引。

（4）设计单位在初步设计时应编制工程约定与编码索引，经业主批准并正式发布后发给工程参与各方。

（5）设计单位应根据工程的进展对工程约定与编码索引进行修改，并应采用版本制的方式适时升版。

四、标识编码实例

以下给出 8 个综合智慧能源工程的标识编码实例。

1. 全站码

全站码标识见表 4-8，表中给出了 5 个综合智慧能源工程全站码的标识。

表 4-8　　全站码标识

工程	规划建设项目及全站码标识
工程一	1）燃气分布式供能站 2 个，各 2 台发电机组：① 1 号供能站：第一台发电机组 E10101，第二台发电机组 E10102，公用系统 E10100；② 2 号供能站：第一台发电机组 E10201，第二台发电机组 E10202，公用系统 E10200。 2）配电网 2 个：W201、W202。 3）热网 3 个：W101、W102、W103。 4）制冷站 3 个：T201、T202、T203。 5）热泵站 2 个：T301、T302
工程二	1）生物质分布式发电站 1 个，3 台发电机组：第一台发电机组 E20101，第二台发电机组 E20102，第三台发电机组 E20103，公用系统 E20100。 2）燃气供热锅炉房 1 个，2 台锅炉：第一台供热锅炉 E70101，第二台供热锅炉 E70102，锅炉房公用系统 E70100。 3）换热站 3 个：T101、T102、T103
工程三	1）化学储能站 2 个，机械能储能站 3 个：① 化学储能站：C101、C102；② 机械能储能站：C201、C202、C203。 2）热网 1 个：W101。 3）工业用户 128 个，民用用户 328 个：① 工业用户：Z001～Z128；② 民用用户：Z401～Z728

续表

工程	规划建设项目及全站码标识
工程四	电锅炉房 2 个：T401，T402
工程五	1）制氢站 2 个：T501、T502。 2）储氢站 1 个：C401。 3）蓄热站 1 个：C301

2. 燃气分布式能源站主工艺系统标识

燃气分布式能源站主要工艺流程如图 4-16 所示，设定燃气分布式能源站为第 5 号站，$H_1H_2H_3H_4$=E105（在本例的标识中省略），全站码如下：1 号机组 E10501，2 号机组 E10502，公用系统 E10500。燃气分布式能源站主要工艺系统标识方案见表 4-9。

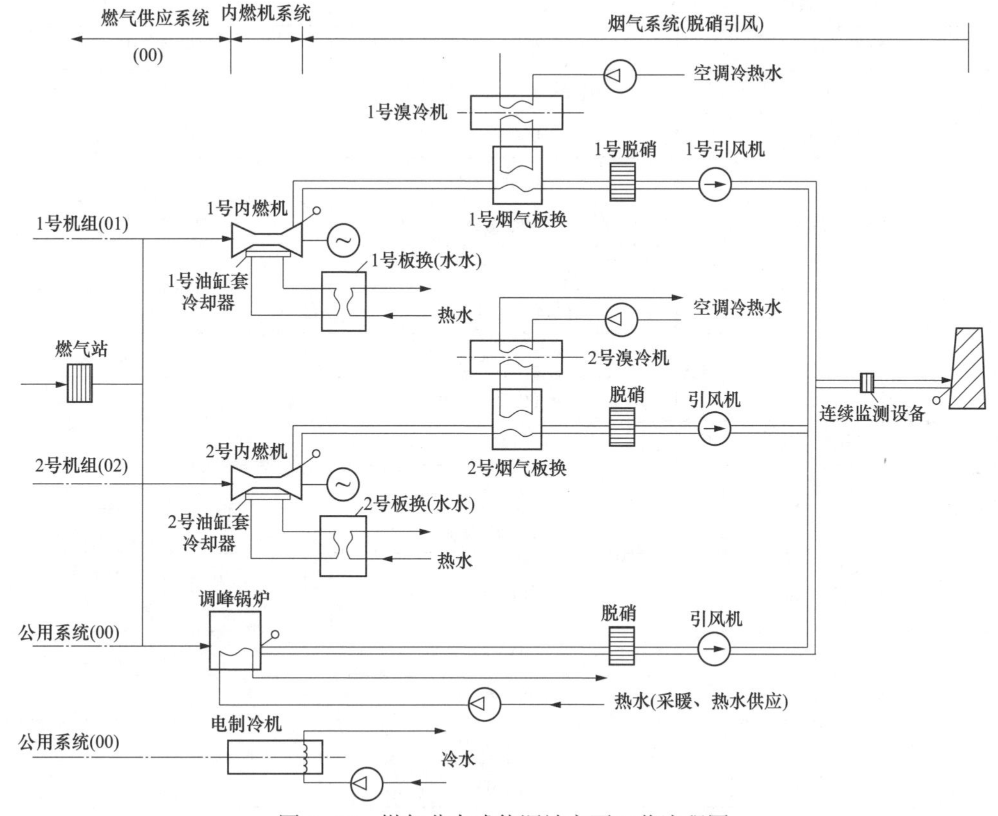

图 4-16　燃气分布式能源站主要工艺流程图

表 4-9　　燃气分布式能源站工艺系统标识方案

系统名称	标识	备注
1 号机组		
燃气内燃机	=01MR*	厂家供货范围内
内燃发电机	=01MKR10	厂家供货范围内

续表

系统名称	标识	备注
烟气板换系统	=01RAG01	—
板换（水水）	=01MRE21	—
溴冷机制冷系统	=01XKA01	—
烟气处理排放系统	=01RAB01	含脱硝、引风
2 号机组		
燃气内燃机	=02MR*	厂家供货范围内
内燃发电机	=02MKR10	厂家供货范围内
烟气板换系统	=02RAG01	—
板换（水水）	=02MRE21	—
溴冷机制冷系统	=02XKA01	—
烟气处理排放系统	=02RAB01	含脱硝、引风
调峰锅炉系统（公用）		
本体	=00QQA01	—
送风系统	=00QQA11	—
烟气处理排放系统	=00QQA31	含脱硝、引风
汽水系统	=00QQA41	—
其他	=00QQA51～70	—
全站燃气供应系统（公用）		
加压系统	=00EKC01	增压机
传输、分配系统	=00EKA01	—
计量系统	=00EKU01	—
全站公用系统		
烟气排放系统	=00RAB10	各引风机出口到烟囱（含烟气监测设施）
电制冷机系统	=00XKA10	全厂公用
制冷机冷却水系统	=00PAQ01-20	—
压缩空气供应系统	=00QEQ01	—
供油系统	=00QSQ01	—
起吊系统	=00XMT10	—
消防系统	=00XG*	—
电梯系统	=00XNU10	—

3. 楼宇式燃气分布式能源站的电气主接线标识

楼宇式燃气分布式能源站的电气主接线如图 4-17 所示。设定燃气分布式能源站为 5 号站，$H_1H_2H_3H_4$ = E105（在本例的标识中省略），全站码如下：1 号机组 E10501，

2 号机组 E10502，公用系统 E10500。楼宇式燃气分布式能源站工艺系统标识方案见表 4-10。

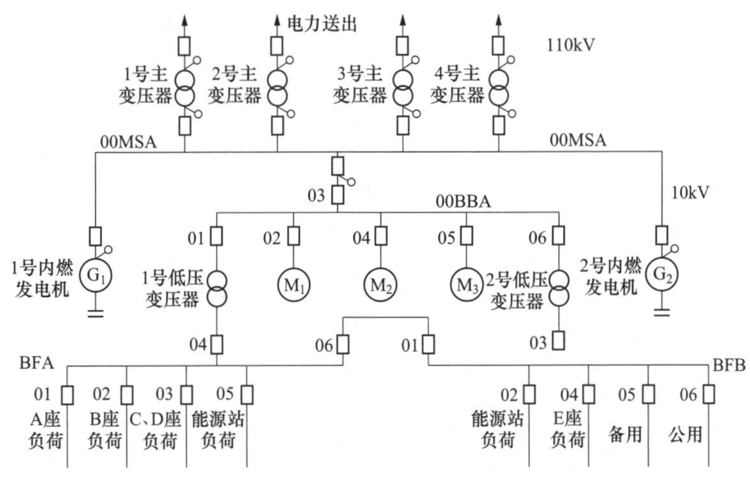

图 4-17　楼宇式燃气分布式能源站电气主接线

表 4-10　　　　楼宇式燃气分布式能源站工艺系统标识方案

系统名称	标识	备注
发电机		
1 号内燃发电机	=01MKR	厂家供货范围
2 号内燃发电机	=02MKR	厂家供货范围
电力输出系统（公用）		
电力输出系统	=00MSA01～10	发电机出口到主变压器低压端；在系统下标识各种电力设备（断路器、电压互感器、电流互感器等）
1 号主变压器	=00MST10	—
2 号主变压器	=00MST20	—
3 号主变压器	=00MST30	—
4 号主变压器	=00MST40	—
110kV 送电系统（公用）		
1 号 110kV 送电线路	=00AEG10	从主变压器高压端开始；在系统下标识各种电力设备（断路器、电压互感器、电流互感器等）
2 号 110kV 送电线路	=00AEG20	从主变压器高压端开始；在系统下标识各种电力设备（断路器、电压互感器、电流互感器等）
3 号 110kV 送电线路	=00AEG30	从主变压器高压端开始；在系统下标识各种电力设备（断路器、电压互感器、电流互感器等）

续表

系统名称	标识	备注
4 号 110kV 送电线路	=00AEG40	从主变压器高压端开始；在系统下标识各种电力设备（断路器、电压互感器、电流互感器等）
10kV 高压母线 I 段（公用）		
01 高压开关柜	=00BBA01	—
02 高压开关柜	=00BBA02	—
03 高压开关柜	=00BBA03	—
04 高压开关柜	=00BBA04	—
05 高压开关柜	=00BBA05	—
06 高压开关柜	=00BBA06	—
0.4kV 低压母线Ⅰ段（1 号机组）		
01 低压开关柜	=01BFA01	—
02 低压开关柜	=01BFA02	—
03 低压开关柜	=01BFA03	—
04 低压开关柜	=01BFA04	—
05 低压开关柜	01BFA05	—
06 低压开关柜	01BFA06	—
1 号低压厂用变压器	=01BFT10	—
0.4kV 低压母线Ⅱ段（2 号机组）		
01 低压开关柜	=02BFB01	—
02 低压开关柜	=02BFB02	—
03 低压开关柜	=02BFB03	—
04 低压开关柜	=02BFB04	—
05 低压开关柜	=02BFB05	—
06 低压开关柜	=02BFB06	—
2 号低压厂用变压器	=02BFT20	—

4. 水蓄冷 / 热站的标识

水蓄冷 / 热站系统工艺原理如图 4-18 所示，站内安装 2 套蓄冷 / 热水泵、2 套放冷 / 热水泵、1 套蓄冷 / 热装置，2 套板式换热器及附属设施。各主要设备属于成套供应，不需对设备类型细分。水蓄冷 / 热站的工艺系统标识方案见表 4-11。

5. 冰蓄冷站的标识

冰蓄冷站工艺原理如图 4-19 所示，站内安装 2 套乙二醇泵、3 套蓄冰装置、2 套板式换热器及附属设施，各主要设备属于成套供应，不需对设备类型细分。冰蓄冷站的工艺系统标识方案见表 4-12。

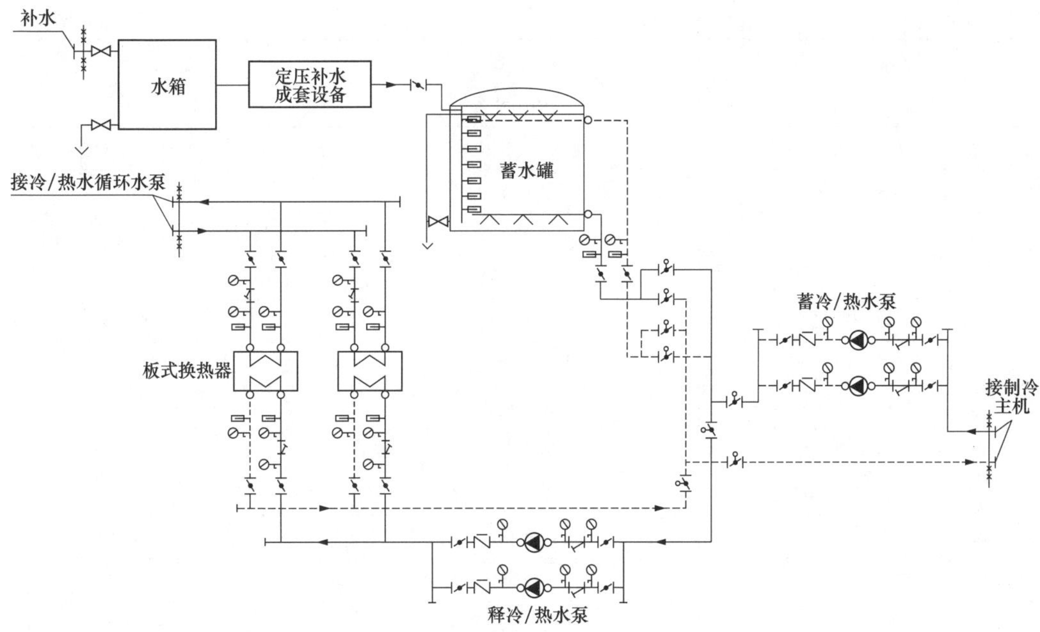

图 4-18 水蓄冷 / 热站工艺原理

表 4-11　　水蓄冷 / 热站的工艺系统标识方案

标识编码	标识范围	备注
主工艺系统		
=NQG01	1 号蓄冷 / 热水泵部分	—
NQG01GP001	1 号蓄冷 / 热水泵	设备级，厂家供货范围
NQG01MA001	1 号蓄冷 / 热水泵配用电动机	设备级，厂家供货范围
NQG01QM001～002	出入口阀门	—
NQG01RM003	止回阀	—
NQG01HN001	泵入口过滤器	—
NQG01BP001～003	压力表	—
=NQG02	2 号蓄冷 / 热水泵部分	与 1 号蓄冷 / 热部分相同
=NQG11	1 号蓄冷 / 热装置部分	—
NQG11CP001	蓄冷 / 热水罐	设备级，厂家供货范围
NQG11QM001～006	出入口阀门	—
NQG11BP001～002	压力表	—
NQG11BT001～002	温度表	—
=NQG21	1 号释冷 / 热水泵部分	—
NQG21GP001	1 号释冷 / 热水泵	设备级，厂家供货范围
NQG21MA001	1 号释冷 / 热水泵配用电动机	设备级，厂家供货范围
NQG21QM001～002	出入口阀门	—

续表

标识编码	标识范围	备注
NQG21RM003	止回阀	—
NQG21HN001	泵入口过滤器	—
NQG21BP001～003	压力表	—
=NQG22	2 号释冷 / 热水泵部分	与 1 号释冷 / 热水泵部分相同
=NQG31	1 号板式换热器部分	—
NQG31EP001	1 号板式换热器	设备级，厂家供货范围
NQG31QM001～004	出入口阀门	—
NQG31HN001～002	入口过滤器	—
NQG31BP001～006	压力表	—
NQG31BT001～004	温度表	—
=NQQ32	2 号板式换热器部分	与 1 号板式换热器相同
	公用系统	
=NQG40	主工艺的公用系统	—
NQG40EZ001	定压补液成套设备	作为组合设备标识
NQG40CM001	水箱	—
NQG40QM001～008	阀门，共 8 个	—
=NQG50	其他公用系统	—
NQG50FM001～002	消防设备，2 个	—
NQG50EQ001～006	暖通空调设备，6 个	—
NQG50GM001～002	起吊设备，4 个	—
NQG50MZ001～005	其他设备，5 个	—
	电气仪控系统	
=NDY01	水蓄冷 / 热站电气仪控系统	—
NDY01UH001～010	电气二次的盘柜，10 个	每个盘柜作为一个设备标识
NDY01UH021～022	电气仪控系统的盘柜，2 个	每个盘柜作为一个设备标识
NDY01BF001～002	流量测量，2 个	每个测量点作为一个设备标识
NDY01BP001～005	压力测量，5 个	每个测量点作为一个设备标识
NDY01BT001～008	温度测量，8 个	每个测量点作为一个设备标识
NDY01BL001～005	其他物理量测量，5 个	每个测量点作为一个设备标识
	电气一次	
=BFT01	水蓄冷 / 热站变压器系统 1 号	只标识到系统，每个变压器为一个系统
=BFA01～06	集中布置的电气开关盘柜，6 个	标识到设备，每个电气一次开关盘柜为一个系统
=01NDK01QB001～006	1 号蓄冷 / 热水泵就地设置、随设备配套的动力箱柜，6 个	标识到设备，每个箱柜为一个设备

续表

标识编码	标识范围	备注
=01NDK02QB001～006	2 号蓄冷 / 热水泵就地设置、随设备配套的动力箱柜，6 个	标识到设备，每个箱柜为一个设备
=01NDK03QB001～006	1 号释冷 / 热水泵就地设置、随设备配套的动力箱柜，6 个	标识到设备，每个箱柜为一个设备
=01NDK04QB001～006	2 号释冷 / 热水泵就地设置、随设备配套的动力箱柜，6 个	标识到设备，每个箱柜为一个设备
=01ZTB01UC001～020	水蓄冷 / 热站就地布置的照明检修配电箱、插座、按钮等，20 个	标识到设备，每个箱柜为一个设备

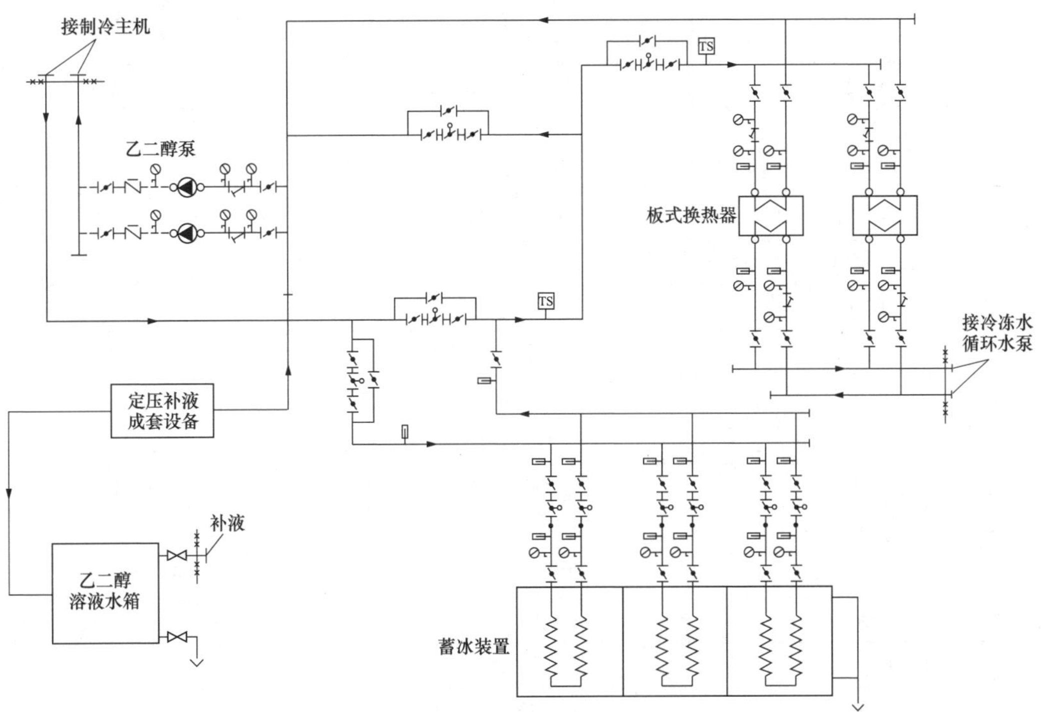

图 4-19 冰蓄冷站工艺原理

表 4-12 **冰蓄冷站的工艺系统标识方案**

标识编码	标识范围	备注
	主工艺系统	
=NQQ01	1 号乙二醇泵部分	—
NQQ01GP001	1 号乙二醇泵	设备级，厂家供货范围
NQQ01MA001	1 号乙二醇泵配用电动机	设备级，厂家供货范围
NQQ01QM001～002	出入口阀门	—
NQQ01RM003	止回阀	—
NQQ01HN001	泵入口过滤器	—

续表

标识编码	标识范围	备注
NQQ01BP001～003	压力表	—
=NQQ02	2 号乙二醇泵部分	与 1 号二醇泵部分相同
=NQQ11	1 号蓄冰装置部分	—
NQQ11EP001	1 号蓄冰装置	设备级，厂家供货范围
NQQ11QM001～006	出入口阀门	—
NQQ11BP001～002	压力表	—
NQQ11BT001～002	温度表	—
=NQQ12	2 号蓄冰装置部分	与 1 蓄冰装置部分相同
=NQQ13	3 号蓄冰装置部分	与 1 蓄冰装置部分相同
=NQQ21	1 号板式换热器部分	—
NQQ21EP001	1 号板式换热器	设备级，厂家供货范围
NQQ21QM001～004	出入口阀门	—
NQQ21HN001～002	入口过滤器	—
NQQ21BP001～006	压力表	—
NQQ21BT001～004	温度表	—
=NQQ22	2 号板式换热器部分	与 1 号板式换热器相同
	公用系统	
=NQQ40	主工艺的公用系统	—
NQQ40EZ001	定压补液成套设备	作为组合设备标识
NQQ40CM001	乙二醇溶液水箱	—
NQQ40QM001～019	阀门，共 19 个	—
=NQQ50	其他公用系统	—
NQQ50FM001～002	消防设备，2 个	—
NQQ50EQ001～006	暖通空调设备，6 个	—
NQQ50GM001～002	起吊设备，2 个	—
NQQ50MZ001～005	其他设备，5 个	—
	电气仪控系统	
=NDY01	冰蓄冷站电气仪控系统	—
NDY01UH001～010	电气二次的盘柜，10 个	每个盘柜作为一个设备标识
NDY01UH021～022	仪控的盘柜，2 个	每个盘柜作为一个设备标识
NDY01BF001～002	流量测量，2 个	每个测量点作为一个设备标识
NDY01BP001～005	压力测量，5 个	每个测量点作为一个设备标识
NDY01BT001～008	温度测量，8 个	每个测量点作为一个设备标识
NDY01BL001～005	其他物理量测量，5 个	每个测量点作为一个设备标识

续表

标识编码	标识范围	备注
电气一次		
=BFT01	冰蓄冷站变压器系统 1 号	只标识到系统，每个变压器为一个系统
=BFA01～06	集中布置的电气开关盘柜，6 个；	标识到设备，每个电气一次开关盘柜为一个系统
=01NDK01QB001～006	1 号乙二醇泵就地设置、随设备配套的动力箱柜，6 个	标识到设备，每个箱柜为一个设备
=01NDK02QB001～006	2 号乙二醇泵就地设置、随设备配套的动力箱柜，6 个	标识到设备，每个箱柜为一个设备
=01ZTB01UC001～020	冰蓄冷站就地布置的照明检修配电箱、插座、按钮等，20 个	标识到设备，每个箱柜为一个设备

6. 电气盘柜标识

（1）高、低压配电盘柜下抽屉的标识。当高、低压配电盘柜下有抽屉（或就地配电盘柜）需要进行标识时，抽屉（或就地配电盘柜）可作为该高、低压配电盘柜系统下的设备 QB 进行标识，厂用电（B）高、低压配电盘柜与抽屉的标识见表 4-13。

表 4-13　　厂用电（B）高、低压配电盘柜与抽屉的标识

高、低压配电盘柜名称	配电盘柜标识	配电盘柜下抽屉（分配电盘）的标识
8 号高压配电盘柜（有 6 个抽屉）	=BBA08	=BBA08QB001～006
4 号低压配电盘柜（有 3 个分配电盘）	=BFC04	=BFC04QB001～003

（2）工艺设备配带的就地配电盘柜的标识。分两种情况进行标识。

1）作为该工艺系统下的设备（UC，就地配电盘）进行标识。此方式适用于就地盘不需进一步细分的情况，只需标识到设备级。工艺设备配带就地配电盘柜（第一种）的标识见表 4-14。

表 4-14　　工艺设备配带就地配电盘柜（第一种）的标识

工艺系统的标识	设备名称	就地配电盘柜标识	备注
已知：空调制冷站系统（XKQ01）3 台制冷机有就地配电盘柜 3 个			
XKQ 01	1 号制冷机	=XKQ 01UC 001	1 号制冷机的就地配电盘柜
XKQ 01	2 号制冷机	=XKQ 01UC 002	2 号制冷机的就地配电盘柜
XKQ 01	3 号制冷机	=XKQ 01UC 003	3 号制冷机的就地配电盘柜
已知：汽机房通风系统（XAU01）2 台风机有就地配电盘柜 2 个			
XAU01	1 号风机	=XAU01UC001	1 号风机的就地配电盘柜
XAU01	2 号风机	=XAU01UC002	2 号风机的就地配电盘柜

2）作为与被控设备所属系统的控制保护系统进行标识。此方式把就地盘柜标识为系统，适用于需对就地盘柜做进一步细分标识的情况。工艺设备配带就地控制盘柜（第二种）的标识见表 4-15。

表 4-15　工艺设备配带就地控制盘柜（第二种）的标识

工艺系统的标识	设备名称	就地配电盘柜标识	备注
已知：被控设备凝结水泵 LCB01GP003 的三个就地控制盘			
LCB01GP003	凝结水泵	LCY01	1 号就地控制盘
		LCY02	2 号就地控制盘
		LCY03	3 号就地控制盘

（3）就地安装的接线箱等设备的标识。照明、检修、通信接线箱，插座、按钮等应进行功能标识，采用其所在建筑物的建筑物码和设备（UC）编号，就地安装的接线箱等设备的标识见表 4-16。

表 4-16　就地安装的接线箱等设备的标识

标识	说明	备注
=UMB0102UC008	分布式能源站汽机房 2 层 008 号照明接线箱	UC：照明、检修、通信接线箱合用的设备分类码
=UMB0201UC016	分布式能源站 2 号汽机房 1 层 016 号检修接线箱	UC：照明、检修、通信接线箱合用的设备分类码
=UUA0102UC015	分布式楼宇式能源站二层 015 号照明接线箱	楼宇式分布式能源站是一个单体联合建筑（建筑名称：联合厂房或地下联合厂房；建筑分类：UUA）
=UUA0192UC015	楼宇式能源站负 2 层 015 号检修接线箱	

7. 用户标识

（1）蒸汽用户。蒸汽用户的工艺原理如图 4-20 所示，蒸汽用户直接供蒸汽系统，6 个蒸汽用户属于工业性用户，不需标识蒸汽用户内部的建筑物码和房间码，只需标识蒸汽用户入口的计量表、控制阀门等设备。蒸汽用户的全站码在整体项目范围内按用户顺序编号，在用户编号后加部件码，蒸汽用户标识见表 4-17。

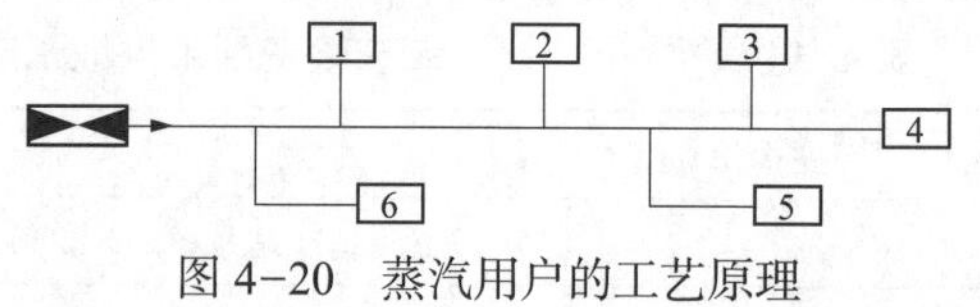

图 4-20　蒸汽用户的工艺原理

表 4-17　蒸汽用户标识

蒸汽用户的全站码	前缀 + 全站码 + 部件码	备注
1 号用户（Z001）	++Z001-QM02	1 号用户内的 02 阀门
2 号用户（Z002）	++Z002-BF08	2 号用户内的 08 热量测量

续表

蒸汽用户的全站码	前缀 + 全站码 + 部件码	备注
3 号用户（Z003）	++Z003-BT01	3 号用户内的 01 温度计
4 号用户（Z004）	++Z004-BT01	4 号用户内的 01 温度计
5 号用户（Z005）	++Z005-BT01	5 号用户内的 01 温度计
6 号用户（Z006）	++Z006-BT01	6 号用户内的 01 温度计

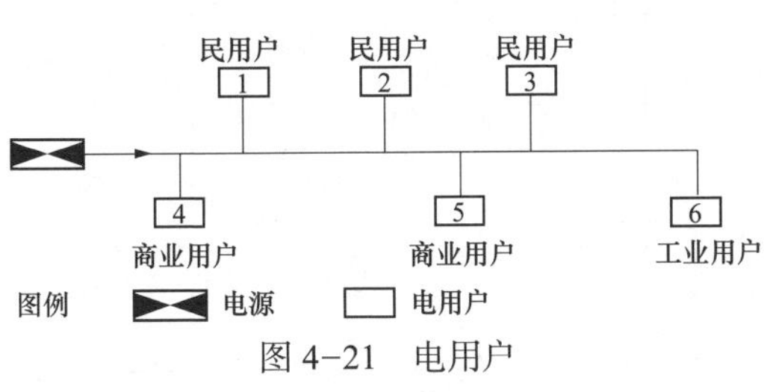

图 4-21　电用户

（2）电用户。电用户的工艺原理如图 4-21 所示，6 个电用户属于工业性用户，不需标识用户内部的建筑物码和房间码，只需标识电用户入口的计量表、控制开关等部件。电用户的全站码在整体项目范围内按用户顺序编号，在用户编号后加部件码，电用户标识见表 4-18。

表 4-18　电 用 户 标 识

电用户的全站码	前缀 + 全站码 + 部件码	备注
1 号用户（Z001）	++Z001-BJ01	1 号电用户的 1 号电能表
2 号用户（Z002）	++Z002-BJ02	2 号电用户的 2 号电能表
3 号用户（Z003）	++Z003-QB03	3 号电用户的 3 号电开关
4 号用户（Z004）	++Z004-BJ05	4 号电用户的 5 号电能表
5 号用户（Z005）	++Z005-BJ02	5 号电用户的 2 号电能表
6 号用户（Z006）	++Z006-QB03	6 号电用户的 3 号电开关

8. 管网标识

管网的工艺原理如图 4-22 所示，设定全站码为 W108，包括从 G008 号热力站到 A、B、C、D 四个热用户，7 段管道系统（供、回水管道同路由）。供水管道、回水管道系统的标识分别见表 4-19 和表 4-20。

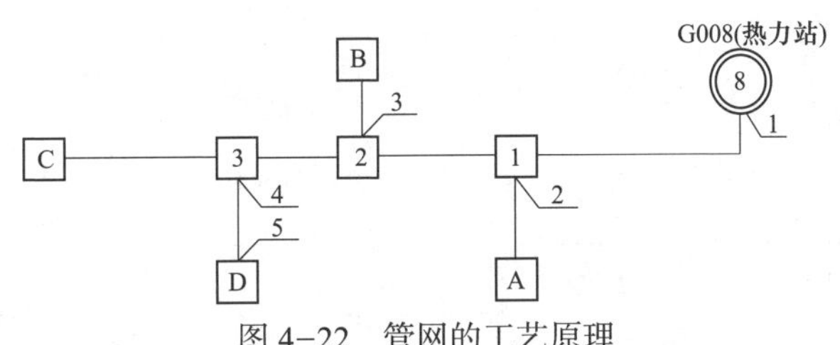

图 4-22　管网的工艺原理

表 4-19　　供水管道的标识

管道节点	管道系统标识 全厂码 + 系统码 + 设备码	标识范围
1～2	=W108NDS01	01 供水管道系统
	QM001～004	阀门
	RR001～008	补偿器、弯头等
	WP001	管道
	UN001～005	固定支架
2～3	=W108NDS02	02 供水管道系统
	QM001～004	阀门
	RR001～008	补偿器、管件等
	WP001	管道
3～4	=W108NDS03	03 供水管道系统
	QM001～004	阀门
	RR001～008	补偿器
	WP001	管道
4～5（D 用户）	=W108NDS04	04 供水管道系统
	QM001～004	阀门
	RR001～008	补偿器、弯头等
	WP001	管道
4～C 用户	=W108NDS05	05 供水管道系统
	QM001～004	阀门
	RR001～008	补偿器、弯头等
	WP001	管道
	UN001～005	固定支架
3～B 用户	=W108NDS06	06 供水管道系统
	QM001～004	阀门
	RR001～008	补偿器、弯头等
	WP001	管道
2～A 用户	=W108NDS07	07 供水管道系统
	QM001～004	阀门
	RR001～008	补偿器、弯头等
	WP001	管道

表 4-20　　回水管道的标识

管道节点	管道系统标识 全厂码＋系统码＋设备码	标识范围
1～2	=W108NDR01	01 供水管道系统
	QM001～004	阀门
	RR001～008	补偿器、弯头等
	WP001	管道
	UN001～005	固定支架
2～3	=W108NDR02	02 供水管道系统
	QM001～004	阀门
	RR001～008	补偿器
	WP001	管道
3～4	=W108NDR03	03 供水管道系统
	QM001～004	阀门
	RR001～008	补偿器
	WP001	管道
4～5	=W108NDR04	04 供水管道系统
	QM001～004	阀门
	RR001～008	补偿器、弯头等
	WP001	管道
4～C 用户	=W108NDR05	05 供水管道系统
	QM001～004	阀门
	RR001～008	补偿器、弯头等
	WP001	管道
	UN001～005	固定支架
3～B 用户	=W108NDR06	06 供水管道系统
	QM001～004	阀门
	RR001～008	补偿器、弯头等
	WP001	管道
2～A 用户	=W108NDR07	07 供水管道系统
	QM001～004	阀门
	RR001～008	补偿器、弯头等
	WP001	管道

第四节 服务平台

综合智慧能源服务平台（简称服务平台）是“云大物移智链”等技术与能源产业融合共生的载体，以源网荷实时数据为纽带，对接电、气、热等多种用能需求，搭建多元信息交互平台，运用物联网、大数据等新型数字化技术，实现能源互联网的实时感知和信息反馈，优化客户能源供给网络运行策略，为客户提供智能调控、需求响应、交易预测、数据价值挖掘的服务。

服务平台是互联网和信息技术与能源生产、传输、储存、消费以及能源市场深度融合的“互联网 +”综合智慧能源的产业发展新形态。

本节介绍与综合智慧能源系统有关的服务平台技术，包括服务平台建设方案、服务平台的运营模式、国内应用案例和展望。

一、服务平台建设方案

（一）平台总体架构

服务平台总体架构如图 4-23 所示。平台运用互联网思维、技术和方法，采用“云大物移智链”等技术进行技术架构，架构采用分层管理，围绕综合智慧能源服务全业务流程，打造一条前端触角敏锐、后端高度协同的服务链。服务平台总体架构从下到上依次为感知层、边缘层、网络层、平台层、服务层、应用层、生态层。

（1）感知层全面感知各类能源设备数据信息，统一数据采集标准，实现数据接入和边缘智能，充分与营销管理信息系统、智能供热、新能源集控平台、运行监控等系统对接，推动能源与信息通信基础设施深度融合。

（2）边缘层作为物理世界与数字世界的桥梁，就近提供边缘智能服务，满足行业数字化在敏捷连接、实时业务、数据优化、应用智能、安全与隐私保护等方面的关键需求。

（3）网络层利用 3G、4G、5G、物联网等技术将各类终端采集的数据传输至平台层的数据处理层，满足综合能源服务业务海量数据高速可靠传输，实现控制指令的下达和数据全面贯通。

（4）平台层通过对接数字中心，借助大数据、人工智能、中台技术智能分析海量数据，实现综合能源服务业务数据高效处理和实时响应。

（5）服务层采用多租户、微服务设计，满足终端用户多元化能源生产与消费的业务逻辑实现，灵活构建适配多元化业务需求的应用场景。

（6）应用层通过前端页面构建起的各类可视化应用及业务逻辑，为用户提供统一的访问入口，提供给各类用户的直观展示和使用界面。

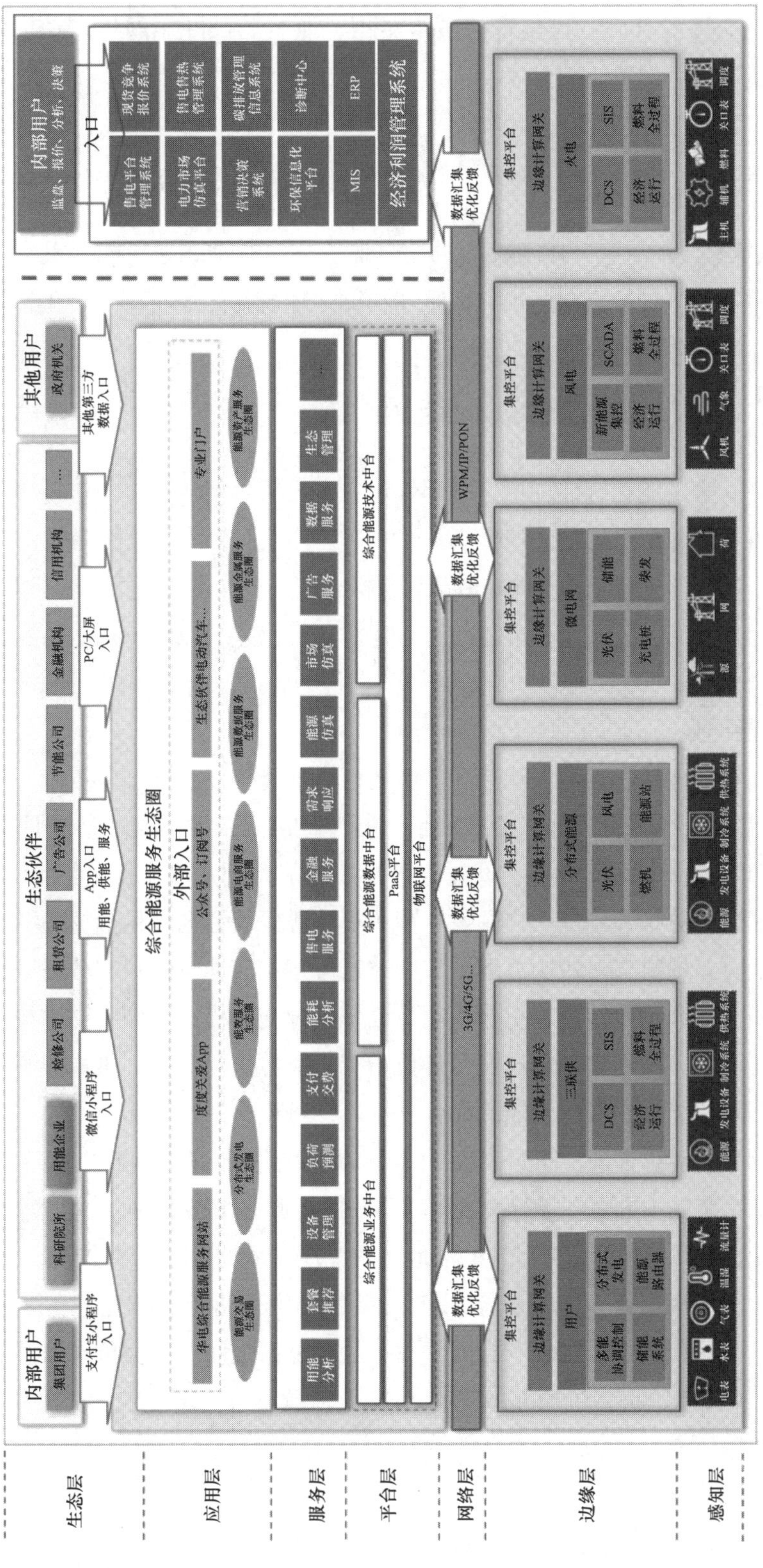

图 4-23 服务平台总体架构

（7）生态层通过平台建设与政府、高校、科研机构、设备制造商、技术供应商、金融机构等加强合作，共同开展综合能源服务相关业务，建设互惠共赢能源互联网生态圈，带动产业上下游主体协同发展，实现价值共享。

（二）服务平台的主要功能

1. 全景能源监管

实现电、热（冷）、气、水等能源的全景监管，实时动态地对能源系统各种能源以及源、网、荷各环节进行实时监视，在整体功能上体现对能源生产、转化、使用等方面的监测、统计、分析、对标。

（1）监测。提供综合监视功能，可直观清晰地把握整个能源供给的概况，实时准确地掌握整个能源的运行情况。

（2）统计。实现能耗统计和标定，即针对主要可再生能源系统，实现详细的能耗统计，展现可再生能源产出的趋势报告。

（3）分析。实现关键能耗事件的追踪与分析，挖掘节能潜力，指导管理策略及优化。

（4）对标。将实时能效与基准能效进行比对，算出差异以评价用能情况，指导体系改进与管理。

2. 能效管理服务

能效管理针对电能、天然气能耗、热能耗、燃油能耗、水能、电负荷、热负荷、冷负荷等各种能源形势，提供基础信息展示、能源监测、能源优化、能效评估、能源分析、设备监测、系统管理等功能。通过对来自于各能源用户的数据进行统一分析比对，形成用户用能特性分析，构建用户画像，为用户能源发展方向提供数据支持和指导，并利用行业用能分析提供安全用能方案、节能改造方案和节能目标；充分利用大数据及互联网技术，研究能源消费特征分析与预测方法、能源交易模式及信息支撑技术，实现用能计划和能源分配，从而实现用户能源环保指标、能源优化节能、供能能源占比、用能趋势变化、行业用能对比等区域能源综合分析。

能效管理针对能源咨询、能源改造、能源规划及节能方案提供能源验证和仿真平台，实现综合能源系统在多元复杂运行场景下、不同运行调控策略下的统一仿真推演与验证，以有效支撑综合能源管理与服务平台的落地应用，提升系统运行可靠性与高效性。

提供需求侧响应服务，主要是通过综合智慧能源服务平台对自愿参与响应并签订协议的电力用户进行信息关系管理和合同管理，从交易系统获取实时价格信号，根据价格变化为用户提供需求侧响应的策略分析，包括负荷调整策略、需求侧竞价、容量 / 辅助服务计划等。

3. 能源数据服务

突破能源数据及政策、社会、经济等数据的获取、融合、共享、挖掘和可视化等共性技术，形成面向能源企业、政府部门、能源用户、科研机构的四类大数据公共服务产品，其包括以下内容：

（1）面向大数据的能源公共服务平台。与各业务系统深度集成，为能源行业内外的大数据应用提供可靠支撑，基于数据资源和服务平台资源，打造公共创新中心和服务形态，一方面盘活能源数据资产带来巨大经济效益，另一方面给大量大数据分析的小微企业带来发展机遇。

（2）面向社会服务。利用大数据技术和互联网模式，建立能源大数据社会化服务的示范，实现建设用电量分析、数据产品运营、政府决策支持等应用，开创能源数据对外服务的新模式；基于灵活性资源，建立智慧用能的能源互联网示范，提供新型配售电公司需求侧管理、能源精细化管理及智能交互等服务，促进合理用能和能源消费模式变革。

4. 节能服务

在能耗采集监测的基础上，将能耗数据的分析、诊断、建模及其数据挖掘应用作为切入点，提供整体的用能情况诊断、设计、改造、施工、设备安装、调试、运行管理、调节能量测量和验证等服务，进行节能潜力分析、能源审计和节能诊断，结合不同用户的用能工艺流程和节能商业运作模式，提供差异化、个性化的节能改造方案，并实时进行节能效益检测、计量和效益分析，实现节能成果互利共享。节能服务包括以下功能：

（1）能源质量分析。通过多种检验手段，如质量统计分析、质量跟踪、趋势评估、越线警告、能源质量报告、交互式的质量数据查询工作等，对外供的水、电、气等各种能源介质进行质量控制，平衡能源介质品质与产品成本的矛盾。

（2）能耗设备管理。对重点的能耗设备进行管理，包括设备参数管理、设备维护管理、设备故障管理等。建立健全设备的电子档案，便于进行设备检修、维护保养等工作，以达到保障设备稳定运行、延长设备使用寿命的目的。

（3）能耗分析。通过报表的形式，将能源数据按区域、部门、车间、工序、班次、时间等方式进行统计，实现能源数据的横向、纵向对比分析。通过多层面的对比分析发现能源浪费的漏洞，挖掘能效提升的空间，以报表分析的结果为指导，采取优化用能时间和结构、淘汰落后的能耗设备、能耗设备与节能设备运行参数的自寻优、作业人员的节能操作培训、加强用能过程管控、以满足生产要求为前提的工艺参数微调等措施实现节能降耗。

（4）联动提醒。对系统中有关联关系的设备建立联动提醒条件，按照条件进行提醒，并提供查询，通过联动提醒功能可有力地提升企业管理水平，避免管理不到位造成的空转空待现象，减少能源浪费。

（5）能耗预测。根据上一年度、月度的能耗数据、单耗数据、产量数据，结合本年度、月度的能耗计划、单耗指标、产量计划和本年度已进行的月份、本月度已进行的日期的能耗数据，对本年度剩余的月份、本月度剩余的日期的能耗、单耗进行预测。预测数据与计划数据产生较大偏差时及时提醒。

（6）节能验证。该功能用于企业进行所采取的节能措施的节能效果的统计，选择所进行节能改造的对象（区域、设备），再选择改造前后相同的两个时间段，可统计出这两个时间段的能耗数据，并进行对比，计算节能量与节能率。

5. 能源交易服务

紧跟国家宏观能源交易体系政策环境，逐步构建包括碳交易、绿证交易、电力期货、输电权交易、燃料期货交易等其他金融衍生品交易服务的完整能源交易体系。通过建立和完善能源交易服务，用实际的运营数据进行研究分析，帮助生态合作伙伴的各类用户熟悉各种能源市场运行方式，使得在不同的市场条件下采取有效的策略，以规避风险，实现能源市场综合效益的最大化，同时根据能源业务的展开逐步构建能源交易生态圈，实现产业升级扩展。

6. 能源金融服务

利用区块链技术的高透明度、分布式储存、数据不可篡改、高可信等特点，强化金融风控技术手段，打造防伪造、防篡改、可追溯、可提效的能源金融服务。能源金融服务包括以下功能：

（1）围绕金融行业数据流驱动的可信应用需求，设计符合国家政策、满足监管需求、支持隐私保护的主侧链分布式架构，一方面以开放的形态，多渠道整合投资、贷款、担保、保险等金融领域资源；另一方面通过安全、可信的主侧链接入与数据交互方式，充分保障接入安全、数据安全，共建开放、共享的区块链金融生态体系。

（2）建立基于“区块链技术＋非对称加密技术＋数字身份认证服务＋生物识别技术”的身份认证体系，一方面提升个人用户认证信息的准确性，另一方面提升企业用户间信任能力，从而满足金融业务对身份认证技术便捷性、可靠性、安全性的需求。

7. 设备资产运维服务

设备资产运维服务主要基于能源资产管理完成对所有终端设备的维护，通过运维管理系统实现各资产、设备、管廊的检修、维护，并在运维服务过程中提供可替代设备的营销，同时根据用户用能需求提供辅助服务管理。设备资产运维服务包括以下功能：

（1）能源资产管理。通过资产登记、资产管理、资产盘点、资产监控、统计查询等功能实现资产全生命周期管理，建立以设备管理和运行管理为基础的过程管理体系，以提高园区设施和供能可靠性为目标，覆盖各级全过程的安全生产管理业务应用。采用管理信息与自动化有机结合的方式提高了信息采集及其处理的实时化、自动化水平，实现园区电力管理的全面信息化。

（2）运维管理。提供各应用角色功能定制化需求，提供运维服务中运维检修、调度分配、视频监视、状态监测、故障分析、预警分析、巡检管理、应急抢修、值班管理、备件管理、考核管理、安全管理、标准化管理等功能，从而实现运维管理各业务环节把控，同时基于对运维巡检设备数据的获取，为后续设备销售提供精准化定位。

（3）设备销售辅助管理。通过运维管理、资产管理等信息系统中的数据收集，针对故障设备或潜在故障设备提供替换设备精准化营销，同时完善设备营销过程中合约、价格、运输、实施等各环节的信息化跟踪，针对部署实施后的设备提供状态监测，同时针对用户反馈的问题实现快速排出及信息反馈，实现设备营销的全生命周期管控。

（4）辅助服务管理。提供用户用能辅助服务，包括购电代理、安全评估、电费核算、负荷预测、用电保障、扩容管理、无功补偿等，帮助用户实现安全、稳定、高效的用能需求。

8. 一站式服务

一站式服务贯通综合能源服务的整体业务流程，实现能源业务所有环节的业务和技术支持，提供客户服务、咨询设计、规划、投融资、分布式能源建设、工程建设、设计销售和运维等全过程的解决方案。如针对园区或大型用能企业，提供基于各种能源形式下最优能源配置条件下能源分析报告、能源规划和设计方案；针对能源建设项目，提供基于项目风险、投资金额、投资回报率、产业延伸、战略需求等各因素分析下的投融资风险决策方案；根据能源设计及规划，完成建设方案、设备清单、工期计划、考核指标、知识库储备及培训标准，并提供建设完成后基于能源资产管理下的检修、维护，在运维服务过程中提供可替代设备的营销，并根据用户用能需求提供节能、扩容等辅助服务管理，实现整体产业链的闭环。

（三）技术架构

综合智慧能源服务平台技术架构如图 4-24 所示，综合智慧能源服务平台技术架构采用“互联网+”智慧能源设计理念，融合互联网思维、方法、技术，以客户为中心，以市场为导向，以大数据应用为驱动，以客户满意度为目标，围绕综合能源服务全业务流程，打造一条前端触角敏锐、后端高度协同的服务链，推动服务渠道之间、前端后台之间、相关专业之间的无缝衔接的新型营销服务模式转型。通过先进的互联网、物联网技术，能够为控制平台与服务平台的应用提供科学依据，为用户提供定制化的能源需求，充分发挥综合智慧能源服务平台型、共享型的责任价值。

1. 云、边缘层、终端层技术架构

以人体作类比，“云”相当于人类的大脑，负责统筹信息做出决策；“边”相当于神经中枢，负责汇集信息及简单决策并上传至大脑；“端”相当于四肢，负责收集信号感知信息。其中，在终端层部署的智能电能表、水表、智能设备等，作为数据的采集端，收集供能数据、储能数据、用能等数据上传至边缘层，为边缘计算提供数据支撑；边缘层主要解决协议解析、数据转换、数据清洗、模型计算等简单数据处理，为平台层做大数据计算提供数据支撑；通过安全保障体系，保障接入安全、数据安全和平台安全，符合信息安全等级保护三级的安全要求。云边端技术架构如图 4-25 所示。

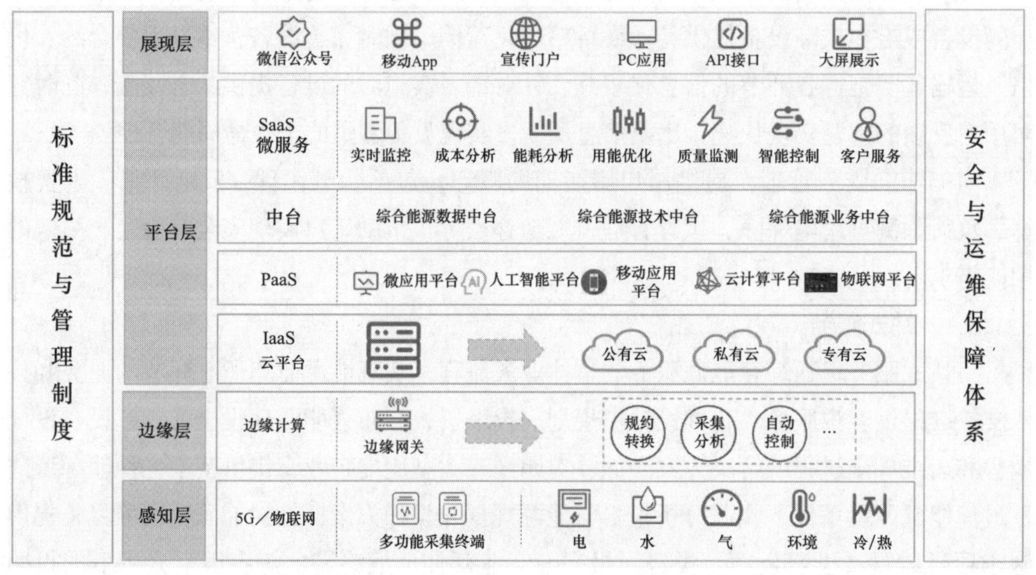

图 4-24　综合智慧能源服务平台技术架构

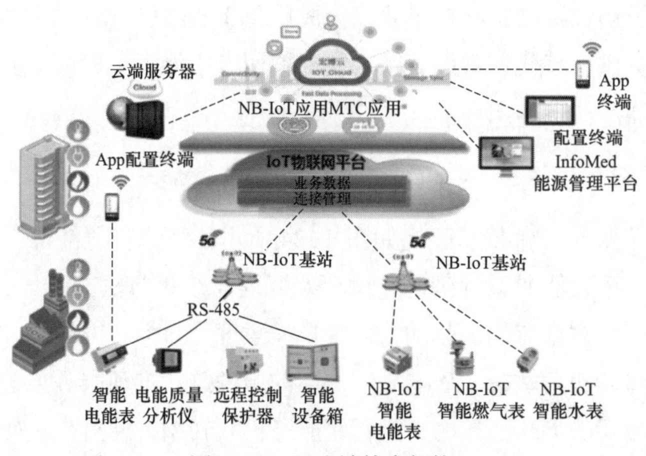

图 4-25　云边端技术架构

2. IaaS 层技术架构

基础设施即服务（IaaS）通过云管理平台和虚拟化技术，将计算、存储、网络等物理设备转化为虚拟资源，形成计算资源池、存储资源池、网络资源池，以使用户可以按需使用和管理这些基础资源，实现灵活、可扩展且经济高效的 IT 解决方案。

综合能源服务中智慧能源控制平台和智慧能源服务平台将全部建立在云上，利用云的易扩展性、弹性伸缩、稳定性、分布式计算、边缘计算等特点助力两大平台的建设，同时保证后续的可持续发展和维护性。IaaS 层技术架构如图 4-26 所示。

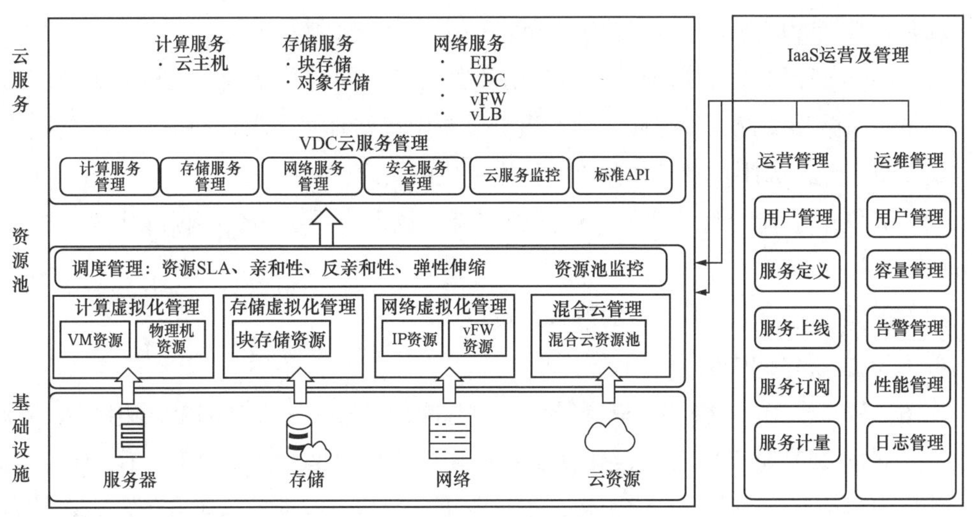

图 4-26　IaaS 层技术架构

3. PaaS 层技术架构

平台即服务（PaaS）是把服务器平台作为一种服务提供的商业模式。PaaS 是云中的完整开发和部署环境，平台提供基础运行和支撑环境，如容器等；云解决了物理硬件资源的弹性扩展的问题，而容器解决的是软件资源的弹性扩展的问题，也就是微服务组件的横向扩展，同时解决了服务设施部署和运维的诸多问题，还可对容器等资源进行细粒度的调度。PaaS 层技术架构如图 4-27 所示。

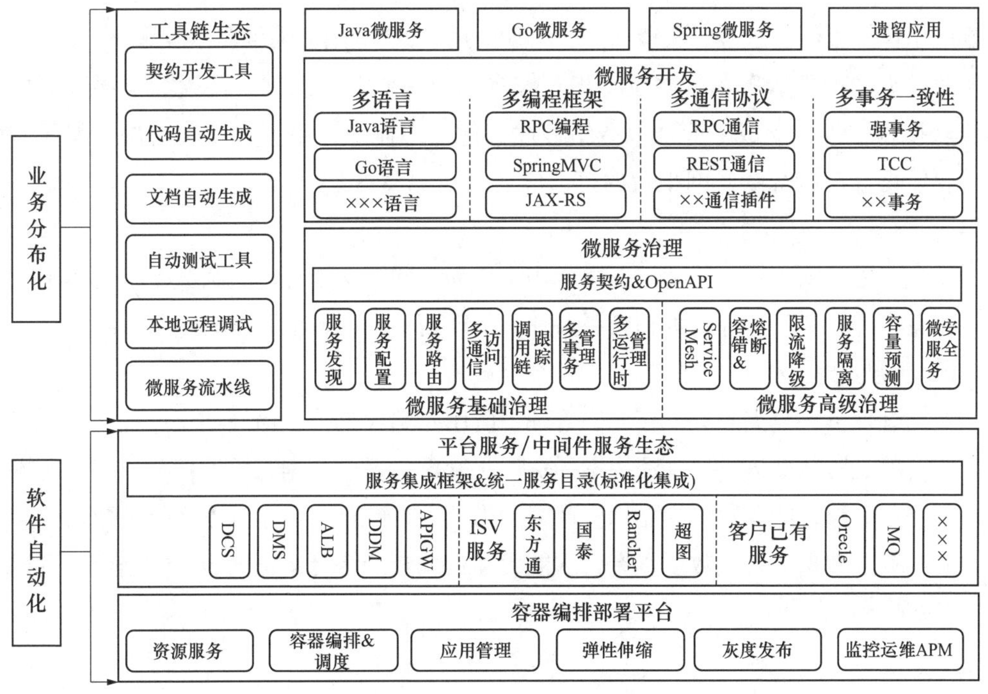

图 4-27　PaaS 层技术架构

综合智慧能源服务平台可以提供以下多种系统服务和数据服务：

（1）PaaS 层提供大数据服务，为应用开发提供便利的数据接入、存储服务。大数据不只是海量数据的挖掘和存储，其本质是还原用户的真实需求，利用大数据的技术手段并辅以数据分析为用户带来体验上和使用上质的飞跃。

（2）提供了基础的服务框架，包括工作流、权限、系统参数、标准代码等标准化服务。

（3）提供以组件化和微服务的形式进行集成。

4. 综合能源企业中台

在图 4–24 所示的综合智慧能源服务平台总体技术架构中，终端层、边缘层、IaaS、PaaS 属于集团级基础设施建设，并以此为基础打造高内聚、低耦合的企业中台，内容包括数据中台、业务中台、技术中台，供企业更高效地进行业务探索和创新，以数字化资产的形态构建企业差异化的核心竞争力。企业中台能够解决以下问题：

（1）建立真正以客户为中心的流程和运营管理体系，更好地服务前台规模化创新，进而更好地响应服务引领用户，使企业真正做到自身能力与用户需求的持续对接。

（2）一定程度上解耦前后台业务流程、前后台 IT 系统与市场发展的耦合度。将市场、技术等发展带来的变化对企业后台的影响降至最低，帮助企业能以更快捷的方式构建响应市场变化的能力。

5. SaaS 层与展现层的技术架构

在企业中台提供的能力和基础服务之上，开发部署各类应用系统，为多租户提供服务，应用包括微信公众号、工业 App、移动应用、PC 应用、大屏展示等。

通过大量的微服务场景将沉淀出足够多的公共服务、组件，催生标准化数据模型与物联接入协议，形成工业微服务组件库，包括工业知识组件、算法组件、原理模型组件，使得标准能源物联网平台的打造成为可能。SaaS 层、展现层技术架构如图 4–28 所示。

平台采用“大数据、云计算、微应用、移动互联”的云计算、大数据平台体系架构进行构建设计，基于组件技术和微服务理念实现云平台中各项服务和应用。

6. 数据处理流程

数据管理贯穿数据采集、存储、管理、应用和销毁整个生命周期全过程。企业管理数据资产就是对数据进行全生命周期的资产化管理，促进数据在内增值、外增效两方面的价值变现。综合能源数据规划以资产数据为核心，围绕企业主数据、指标数据、业务数据三类资产数据，打造数据资产管理能力和数据资产综合运营能力。数据流转逻辑如图 4–29 所示。

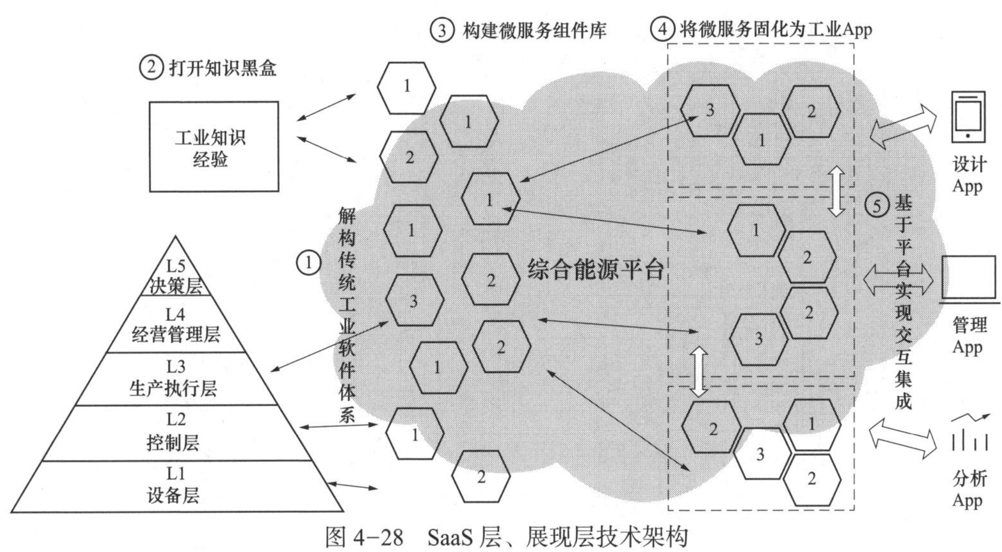

图 4-28　SaaS 层、展现层技术架构

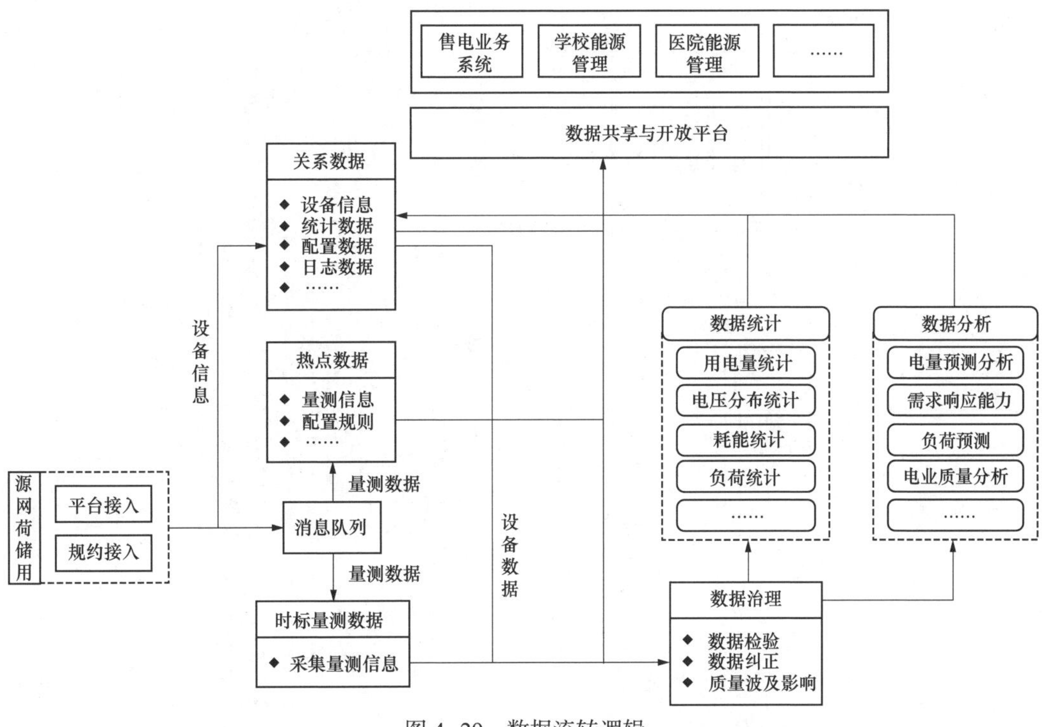

图 4-29　数据流转逻辑

7. 技术架构的特色

整体架构采用“大数据、小流程；大运营、小管控；大前台、强中台、强后台；云边协同；敏态 + 稳态；大平台、微应用、生态化”的技术架构，技术架构如图 4-30 所示。

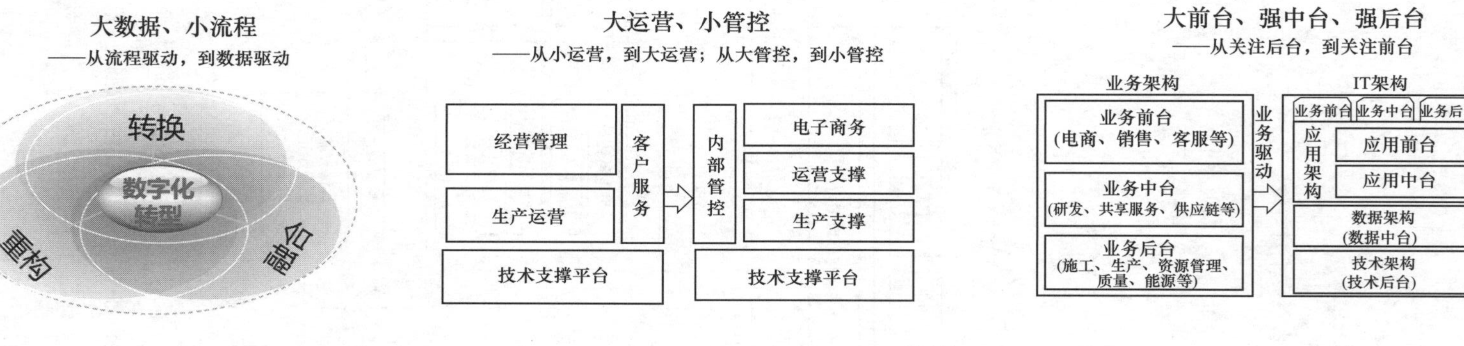

云边协同

——从集中分析到边缘协同分析

敏态+稳态

——业务稳态到敏态；基础设施从敏态到稳态

① 知识挖掘管理 数据资产管理 数据与能力共享 自助创新业务 数字营销 综合能源 电子商务 设备诊断 应急指挥 … 支撑业务 数字协同业务 移动应用业务 可视化业务 … 数字中心业务

② 华电企业中台 数据中台 业务中台 客户服务中心 用户中心 鉴权认证服务 … 技术中台 人工智能服务 算法服务 算力服务 …

③ 基础平台 人工智能平台 大数据平台 云计算平台 移动应用平台 可视化平台 微应用平台 …

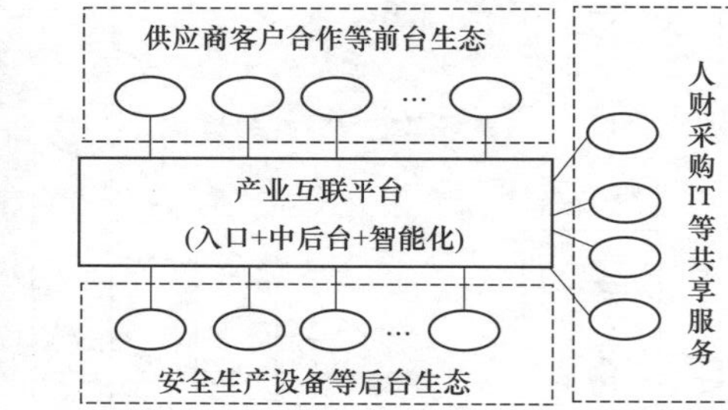

图 4-30　技术架构

（1）大数据、小流程。即“从流程驱动，到数据驱动”。综合能源带来的冲击导致各级单位管理面临的不确定性增大，业务流程难以规范和稳定。目标实现的内部流程可能会非常复杂，以小流程提高业务变化的应对能力，充分利用大数据技术，以数据驱动方式减少对传统业务流程的依赖。大数据、小流程的核心是通过数字平面的大数据手段驱动物理平面的高效运行，从关注内在因果关系转变为关注相关关系，提升快速分析决策的能力。

（2）大运营、小管控。即“从小运营，到大运营；从大管控，到小管控”。传统的运营生产有一定局限性，更多层面在于源侧的安全生产，对于用户侧的需求不能及时满足，而利用智能需求响应手段，可以最大限度地降低对客户的影响，实现发电、电网、用户、第三方服务机构多方共赢，对能源网络稳定运行具有重要价值。

（3）大前台、强中台、强后台。即“从关注后台，到关注前台”。利用业务中台，以客户体验、客户满意度为中心，为业务前台的业务开展提供底层的技术、数据等资源和能力的支持，业务中台将集合整个集团的运营数据能力、产品技术能力，对各业务前台的业务形成强力支撑。

（4）云边协同。即“从集中分析到边缘协同分析”。边缘计算与云计算之间不是替代关系，而是互补协同关系。边缘计算与云计算需要通过紧密协同才能更好地满足各种需求场景的匹配，从而放大边缘计算和云计算的应用价值。边缘计算既靠近执行单元，更是云端所需高价值数据的采集和初步处理单元，可以更好地支撑云端应用；反之，云计算通过大数据分析优化输出的业务规则或模型可以下发到边缘侧，边缘计算基于新的业务规则或模型运行。

（5）敏态＋稳态。即“业务稳态到敏态，基础设施从敏态到稳态”。随着互联网等新技术的应用，技术创新带来了企业业务形态的变化，“敏态＋稳态”的思路有助于打造敏捷的综合能源服务，降低企业运营风险。

（6）大平台、微应用、生态化。即“从关注功能，到个性化服务”。微应用是软件架构，大平台是云端的统一平台，生态化是应用的服务生态。微应用是目前比较成熟的软件架构，具有良好的弹性扩展能力和丰富的技术栈。综合能源服务涉及多个层级，地域范围广、需求差异大，需要在统一技术平台的基础上满足用户个性化差异需求。系统引入人工智能推荐功能，依据用户操作行为实现个性化服务推荐。创新性地引入服务商城的概念，制定服务开发接入规范，构建一个的服务生态，满足用户的多样性。

（四）主要支撑技术

目前，在政策、资本、市场的共同作用下，我国的能源技术创新进入高度活跃时期，新的能源科技成果不断涌现；以“云大物移智链”为代表的先进信息技术以前所未有的速度加快迭代，与能源技术加速融合。这两个趋势的叠加，正在催化能源产业的业务变革、组织变革，并可望为综合能源服务的开展提供有力技术支撑。

1. 能源技术

（1）客户画像技术。客户画像是从互联网电商领域引入的概念，是指企业挖掘用户的多维属性和社交数据等，抽象出完整的信息标签，组合并搭建出一个立体的用户虚拟模型，从而指导营销策略的制定。

类似地，综合能源服务也可对该技术进行迁移和应用，不同的是，综合能源服务领域涉及的用户数据更为复杂、多样，分析难度更大。综合能源服务用户既具有相对稳定的静态信息（如用户编号、所属行业、负荷容量、电压等级等），又具有时效性较强的动态信息（如电气特征参量、用电习惯等）；既具有体量庞大的结构化数据（如用电量、电费等），又具有种类繁多的非结构化数据（如市场交易、业务实施所产生的文本、音视频等）；既具有时间跨度较大、反映历史情况的批数据，又具有实时、快速、连续到达的流数据。

针对上述数据特征，可将用户多层级画像技术按照业务进程划分为数据准备、建模分析、标签处理 3 个阶段，用户多层级画像技术阶段见表 4-21。

表 4-21　　用户多层级画像技术阶段

阶段	主要工作	具体内容
数据准备	数据采集传送	气象数据、电气特征数据、营销数据、政策因素等
	数据预处理	数据清洗、数据转换、数据归约、数据集成等
建模分析	用户行为	类属维度、时间维度、相应维度等
	用户需求	基础能源需求、增溢价值需求
	用户价值	业务盈利、业务风险、用户忠实度等
标签处理	标签模型库	历史用能事实标签、数据分析模型标签、用能潜力预测标签等
	用户相似度	行为相似度、需求相似度、价值相似度等

基于智慧终端、采集设备、社会公共数据等数据来源，构建分布式文件系统、分布式关系型数据库和分布式非关系型数据库，并以此为数据基础，依托大数据、云计算、物联网、移动互联网、人工智能、区块链、边缘计算等技术方法，研究涵盖负荷特征及典型用能模式、用能行为影响因素及敏感强度等方面的用户用能行为特征提取和局部细节解析方法，分析用户的基础能源需求和增值价值需求，刻画用户在营销潜力、信用状况等方面的差异，在业务盈利、业务风险、用户忠实度等方面评估用户价值，实现用户信息的数据化、关联化、标签化、可视化，形成全局刻画与细节描写相结合的多层级用户画像智能分析系统，指导能源服务商进行需求分析、用能建议、营销决策等具体经营行为。

（2）套餐推荐技术。基于对用户资产信息、用能信息等资源进行深度挖掘，可进一步探讨服务推荐策略。平台可以根据分析用户的供用能特性，细分客户群体和类别，设计综合能源套餐、单项能源套餐、应急能源套餐、电动汽车充电服务等基础综合能源套餐，采用组合服务理论、关联规则挖掘、内容关联推荐、协同过滤推荐等多准则决策方法，为客户提供广泛、全面的能源套餐，积极与客户签订长期能源供应合同，满足客户不同的基础用能需求，提供便捷的全方位供电、供热、供水、公共交通等综合能源服务，提高客户黏连度。

2. 信息技术

（1）物联网技术。物联网的核心技术主要有无线传感器网络技术、无线射频识别技术、移动通信网络技术、物联网组网技术、能效管理技术、智能控制技术和其他基础网络技术。其是实体之间通过传感器与控制信息实现相互索引、相互连接、相互通信和相互协同的集群网络，主要技术元素包括智能传感器、机器对机器通信（M2M）和云计算与存储技术等。

（2）电力大数据。“大数据”一词正式出现距今已将近 40 年，信息（数据）时代进化史如图 4-31 所示，大数据发展进程可分为 4 个时代，分别是数据处理时代、微机时代、网络时代和大数据时代。目前，业界对大数据还没有一个统一的定义，常见的大数据定义如下：指通过传感器、智能化设备、视频监控设备、音频通信设备和移动终端等各种数据采集渠道收集到的，结构化、半结构化和非结构化的海量业务数据的集合。电力大数据涵盖了数据存储、管理、处理、分析、业务趋势预测、数据价值挖掘服务全过程。

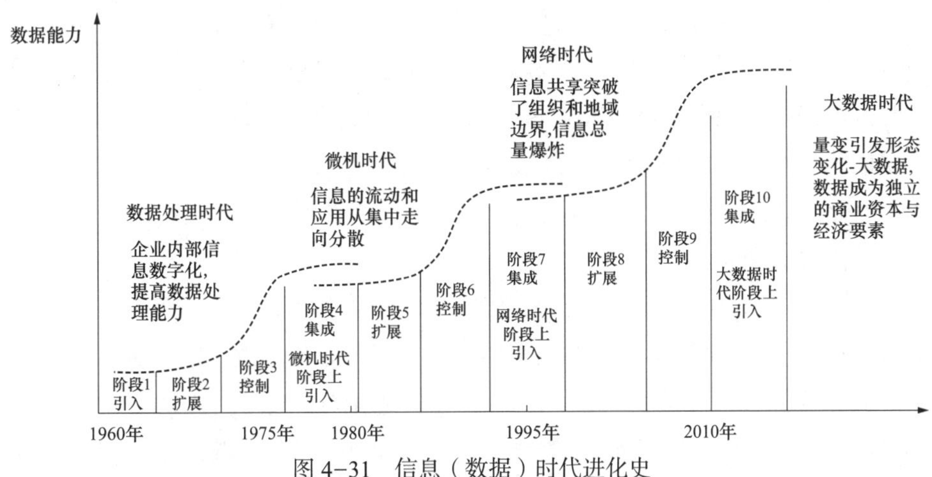

图 4-31　信息（数据）时代进化史

（3）边缘计算。2016 年，由华为、中国科学院沈阳自动化研究所、英特尔公司等联合倡议发起的边缘计算产业联盟对边缘计算进行了定义，其定义为边缘计算是指在靠近数据源头的网络边缘侧，融合网络、计算、存储、应用核心能力的分布式开放平台，就近提供边缘智能服务，满足行业数字化在实时业务、数据优化、应用智能、安全与隐私保护等方面的关键需求。边缘计算定义如图 4–32 所示。

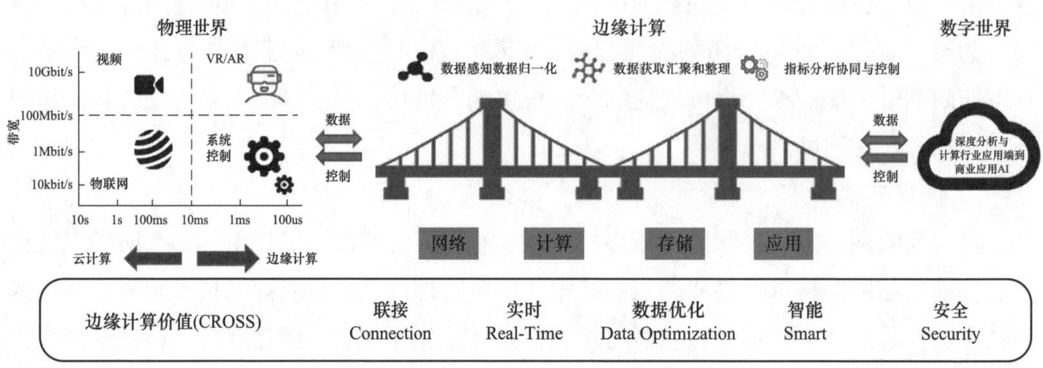

图 4–32　边缘计算定义

边缘计算可以解决以下关键问题：

1）本地总线协议的解析。提供对不同设备的适配和归一化能力，屏蔽各设备协议的差异化，采用标准的协议和语法，同平台层保持通信。

2）数据的灵活采集。提供灵活的数据采集，可以依据不同的应用、分析主题，提供不同维度、细粒度的数据采集功能。

3）与平台层的配合协同。负责为平台层的决策中心提供全面而灵活的数据采集和分布式计算功能。工业数据监控中心从不同设备的振动传感器上采集不同时间段数据，先在本地进行时域到频域的转换，再传输到数据中心进行多维度的模型开发和训练，这个过程需要工业网关具备足够的灵活采集能力、可运行特定算法和应用程序的能力。

4）本地存储和转发。在实时性要求较高、数据传输量过大或同平台层连接的网络不可用时，能够提供较为完整的数据采集、处理、分析和告警的功能；同时，本地提供一定的存储能力，可以在网络恢复时将数据转发至平台层。

5）安全策略的管理。提供细粒度的设备访问权限管理，保证设备的访问满足认证、授权、审计类的安全要求。

（4）区块链技术。根据工业和信息化部发布的《中国区块链技术和应用发展白皮书（2016）》，区块链技术是利用块链式数据结构来验证与存储数据、利用分布式节点共识算法来生成和更新数据、利用密码学的方式保证数据传输和访问的安全、利用自动化脚本代码组成的智能合约来编程和操作数据的一种全新的分布式基础架构与计算范式。区块链作为一种去中心化的分布式共享账本，通过相邻区块首尾哈希值单向连接实现链式存储。区块链各节点都拥有完整账本的副本，任何节点均可实时查看和校对交易数据，分布式存储的优势不仅在于交易公开化有效维护数据安全，而且也降低了用于购买服务器的成本。

（5）人工智能技术。人工智能是研究、开发用于模拟、延伸和扩展人的智能的理论、方法、技术及应用系统的一门新的技术科学。人工智能的发展历程基本划分为起步发展期、反思发展期、应用发展期、低迷发展期、稳步发展期和蓬勃发展期 6 个阶段。2011 年至今，人工智能技术飞速发展，迎来爆发式增长新高潮。目前智能推荐算法主要分为基于内容推荐、协同过滤推荐、协同过滤推荐、基于效用推荐、基于知识推荐和组合推荐 6 类。

3. 安全防护

综合智慧能源服务平台安全框架的构建，需要针对不同的防护对象部署相应的安全防护措施，按照防护、检测、响应、预测安全体系，根据实时监测结果发现网络中存在的或即将发生的安全问题并及时做出响应，同时加强安全防护闭环管理，保障综合智慧能源服务平台的安全。综合智慧能源服务平台安全框架如图 4-33 所示。

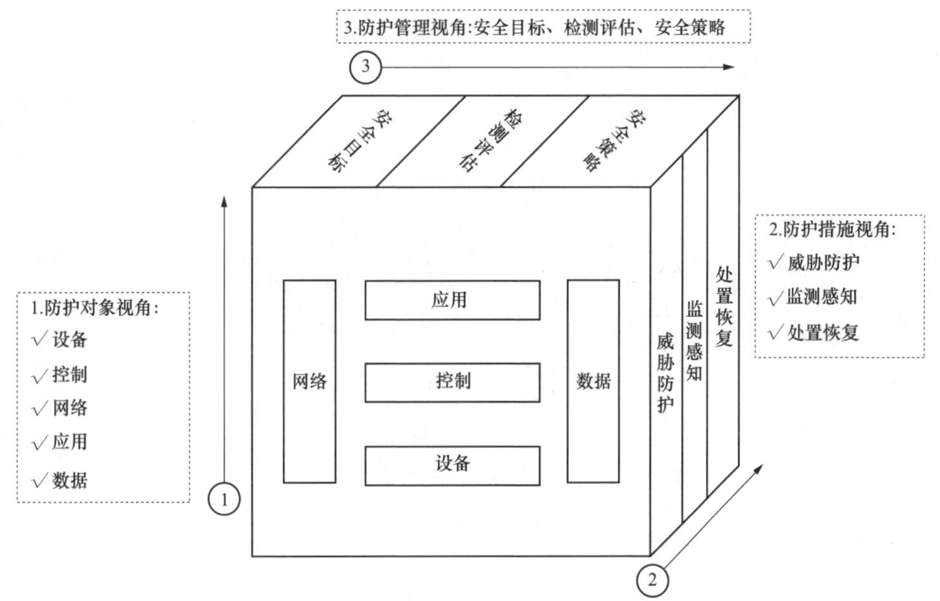

图 4-33 综合智慧能源服务平台安全框架

防护对象视角涵盖设备、控制、网络、应用和数据五大安全重点；防护措施视角包括威胁防护、监测感知和处置恢复三大环节，威胁防护环节针对五大防护对象部署主被动安全防护措施，监测感知和处置恢复环节通过信息共享、监测预警、信息通报、应急响应等一系列安全措施、机制的部署增强动态安全防护能力；防护管理视角包括安全目标、检测评估、安全策略三部分，其根据综合智慧能源服务平台安全目标对其面临的安全风险进行检测评估，并选择适当的安全策略作为指导，实现防护措施的有效部署。

二、服务平台的运营模式

（一）平台总体定位

紧密结合能源互联网与电力改革背景，以“技术创新、服务创新、商业创新”为出发点，面向存量的发电资产和供能网络、增量的客户资源和能源设施，建设综合智慧能源服务平台，友好接纳各种分布式能源和新型多元化负荷，开拓配售一体化、客户资产代管代维、能效诊断管理等新型业务，适应未来多种能源运营、管理、服务的电力机制变革需要。综合智慧能源服务平台总体定位如图 4-34 所示。

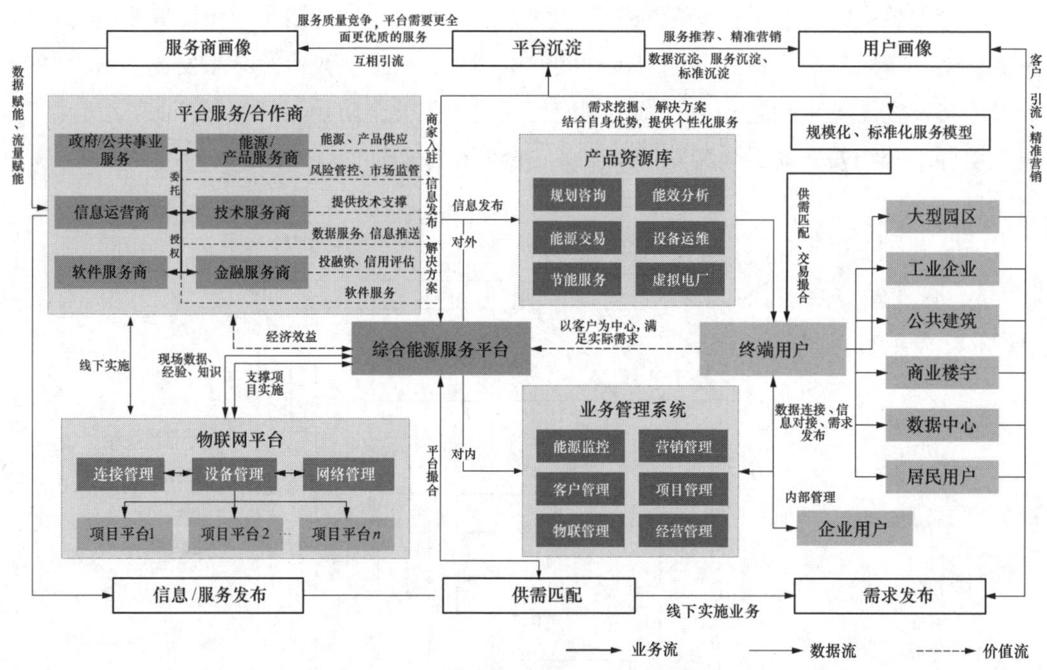

图 4-34　综合智慧能源服务平台总体定位

1. 推动业务的商业价值进化

（1）对内支撑企业经营管理。综合智慧能源服务平台通过集中化、信息化、智能化的方式实现对综合能源服务业务的全流程管控，从客户挖掘、服务跟踪、项目建设、项目运营、结算交易全过程流转到资产管理、客户关系、合作伙伴、生态圈等业务的辅助管控，提高公司经营管理能力。

（2）对外提升企业服务水平。通过线上线下业务有机结合，运营团队、客户及合作伙伴实时在线，实现区域内服务资源协调与调度，快速响应客户需求。通过大数据分析、人工智能等技术，全面剖析客户层、设备层用能数据，在为客户提供用能建议的同时挖掘潜力项目，实现服务的综合化。

2. 平台建设和业务相辅相成

（1）基于“云大物移智链”等新兴技术构建物联管理中心和数字中心。利用大数据技术实现能源数据实时处理、秒级响应，具备业务应用按需定制的柔性能力和运行的弹性伸缩能力，支撑公司能源产品快速高效构建和可靠安全运行。

（2）构建平台核心产品及服务。以客户需求为导向，向客户提供标准化、可定制化、一体化解决方案，涵盖软硬件及相关服务。围绕能源交易提升等核心业务领域，推进服务平台产品的标准化，建立可复制、可推广、高标准的服务产品。重点打造智慧园区、楼宇、高校、医院的用能管理系统，充分挖掘客户需求，拓展服务平台功能，支撑综合能源服务衍生业务。

3. 平台引流和生态反哺业务

（1）打造供需撮合平台。协同产业链上下游合作伙伴，通过平台聚合能源服务商与用户，为其提供撮合入口，并结合客户画像、市场精准画像技术对不同细分市场、服务产品的发展前景进行评估，综合进行服务的供需匹配与推荐，实现平台的业务引流，抢占市场份额。

（2）通过综合能源服务数字化平台，建立基于数据驱动的综合能源服务业务数字化模型，接入涵盖生产、储能、用电、售电等综合能源服务全业务数据，形成产品、客户、业务等多维度的数据中心和专业应用，利用平台技术能力深挖客户需求，实现数据资源共享共用，促进数据化发育，推动能源生态价值共创。

（二）平台发展路径

综合智慧能源服务平台主要面向各类客户开展综合智慧能源服务，随着“云大物移智链”等先进技术在数字能源、大数据中心、新能源汽车充电桩等基础设施中的应用普及，综合智慧能源服务平台的发展路径可分为前期项目服务阶段、中期信息服务阶段和后期知识服务阶段。

1. 前期项目服务阶段

此阶段利用各类能源管控平台与用户能源终端建立连接，围绕项目开展能源服务。以终端客户需求为中心，发挥电热优势，拓展综合能源服务范畴，将发电企业转变为综合智慧能源服务供应商。充分发挥源端优势，实现系统集成、系统优化，实现智能运维、智能管理、智能经营、智能服务，发挥各能源单元“1+1>2”的协同优势，从需求出发，实现供需能量流的协同发展，为终端用户提供一体化集成能源服务。

2. 中期信息服务阶段

基于项目服务平台发展到一定规模后，建立连接各类服务商和终端用户的信息共享平台，为供需双方提供交易撮合类服务。一方面，采取供应链到企业到消费者模式（S2b2c）生态运作模式，通过综合智慧能源服务平台（S），集合并赋能各类服务商及

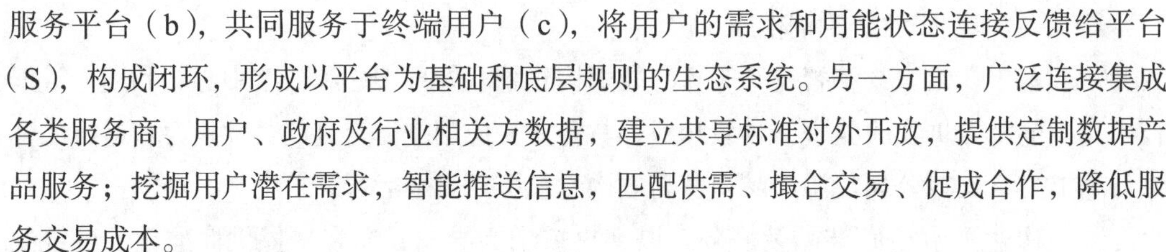

服务平台（b），共同服务于终端用户（c），将用户的需求和用能状态连接反馈给平台（S），构成闭环，形成以平台为基础和底层规则的生态系统。另一方面，广泛连接集成各类服务商、用户、政府及行业相关方数据，建立共享标准对外开放，提供定制数据产品服务；挖掘用户潜在需求，智能推送信息，匹配供需、撮合交易、促成合作，降低服务交易成本。

3. 后期知识服务阶段

基于信息服务平台的发展过程中，通过逐步激发网络效应，形成基于综合智慧能源服务行业知识的解决方案，为服务商和终端用户进行高阶赋能。综合智慧能源服务平台的业务场景需经历迭代探索、演化升级的过程，将至少经历两个阶段，分别是信息服务生态和知识服务生态阶段。信息服务生态是通过开放共享，提供高价值数据信息产品和服务，连接各类服务商和用能主体，发现、撮合需求和商机，解决综合智慧能源基础信息缺乏、供需信息不对称等问题，降低交易成本。知识服务生态通过开发“平台即服务”（PaaS）平台，提供 App 开发环境、组件化的应用程序接口、建模引擎等，支持各类市场主体开发和共享 App，实现知识复用。

（三）平台盈利模式

1. 自营业务收入

依托平台资源与自身技术优势，以下属综合能源服务公司为载体，统筹布局综合能效服务、电采暖、电制冷、分布式清洁能源服务和新能源汽车充电桩等重点业务领域，采用合同能源管理（EMC）、工程总承包（EPC）、特许经营权建设－拥有－经营（BOO）等多种模式，为用户提供一站式的能源供应服务，实现新的利润增长点。

（1）能源供应收入。结合用户实际用能需求，提供电、热、冷、气、水、氢等能源供应（能源流量费），实现能源的产销协同、优化调度，提高能源利用效率，并最大程度上消纳可再生能源，实现全要素生产效率的提升。

（2）交易代理收入。售电侧改革和电力交易机制推动用户需求释放，用户可以选取更加灵活的用电方式。通过构建能源交易平台，为用户提供能源的撮合交易和电力代理交易服务，赚取交易代理收益。细分用户群体特点及消费规律，为用户提供个性化的套餐式服务，如提供季节性、时段性、定制式电价套餐等，通过丰富的价格套餐满足用户需求。

（3）增值服务收入。针对市场动态发展需求、行业技术水平等，拓展价值链条，以市场为导向，以需求为中心，立足能源市场交易，为用户提供设备运维、能源托管、节能改造等增值服务，增强用户黏性，提升效益增长点。推进用户侧电能替代与能效提升，推广使用能源转换效率更高的电能，开展余热回收利用、绿色照明技术等高效用能方式，降低用户能源成本，改善用户用能体验。

（4）数据增值收入。进一步挖掘平台数据，为用户提供智能调控、需求响应、交易预测、数据价值拓展等服务。与城市出行服务、车辆维保、金融保险、餐饮娱乐、广告增值等运营服务平台实现数据共享、业务融通，通过数据分析进行用户画像，为用户提供能耗分析、邻里用能比较、电价比较、设备智能控制与主动报警等数据增值服务获得收入。

2. 联营业务收入

（1）金融服务收入。通过为平台用户提供设备租赁、融资租赁、担保服务等，获取金融服务费。如开发碳资产、项目债券等衍生产品。

（2）项目合作开发收入。在非电网核心技术领域或资源分散用户，通过股权投资、项目投资或成立项目公司等方式开展项目合作开发获取收入。

（3）佣金收入。为投资商、供应商、金融机构、终端用户等市场主体提供供需匹配服务，如综合能源交易与结算、碳资产交易、投融资服务、广告等平台服务，通过撮合交易获取一定佣金。

三、国内应用案例

作为综合能源服务市场推广的关键系统和技术，综合能源服务管理平台的开发吸引了各路资本介入，目前国内已有多家公司成功开发了综合能源服务管理平台并积极推向市场化应用。

（一）电网企业

2018 年开始，电网企业围绕其占据优势的电力销售及客户资源，大力开展综合能源服务，实现原有的能源销售服务向上游、下游的扩展。2019 年提出泛在电力物联网建设的规划，其核心是围绕电力系统各环节，充分应用移动互联、人工智能等现代信息技术、先进通信技术，实现电力系统各环节万物互联、人机交互，具有状态全面感知、信息高效处理、应用便捷灵活特征的智慧服务系统。但由于牵涉能源供给、消费的各个环节，相关企业的意见较多，短时无法统一，泛在电力物联网的建设规划并未实施，反而由能源供给、输送、分配、消费各环节相关的企业自己开展了各自的能源平台的建设。

1. 国家电网有限公司

2018 年，国网综合能源服务集团有限公司提出开展以综合能效服务、供冷供热供电多能服务、分布式能源站服务、专属电动汽车服务等为主的综合能源服务业务，并开始建立综合能源服务平台。但随着综合能源业务的发展，其业务核心也转向到电网节能服务、电力需求侧管理、新型储能建设运营、公共机构能源托管、多能互补协同供应，其综合能源平台的业务也相应进行了调整，但整体架构还是感知层、网络层、平台层、应用层四层结构。

国网综合能源服务集团有限公司打造的综合能源服务官方平台名为“绿色国网”，绿色国网主界面如图 4–35 所示，该平台集成了 27 家省级智慧能源服务平台，能够服务于工业企业、农业、园区、公共建筑、商业综合体、政府、居民用户等各类终端能源客户，提供能源监管、用能监测、能效分析、需求响应，全方位服务规划设计、工程实施、系统集成、运营维护等全流程支撑。该平台还可以服务综合能源服务商、产业链上下游供应商、科研单位和高校、小微企业和创客等，通过打破信息壁垒、整合项目资源信息等形式，汇聚行业资源，引流终端客户，深化运营管理，聚拢金融机构，提供增值服务。

图 4–35　绿色国网主界面

2. 中国南方电网有限责任公司

南方电网综合能源股份有限公司成立于 2010 年，作为国内最早开展节能服务的企业在综合能源服务方面有较多的经验积累，其业务发展也从单一的节能产品及服务，发展到 2018 年的新能源建设、节能服务、能源综合利用、电能替代、储能、关键科技装备生产、综合能源创新服务、“互联网 +”服务，再到 2022 年的合同能源管理（工业节能、建筑节能、城市照明节能）、节能咨询及工程服务、综合资源利用（生物质综合利用、农光互补业务）。其综合能源服务平台也是在其整合中国南方电网有限责任公司已有的电融通、南度度、南网商城、充电平台、需求侧电力交易系统等互联网平台，建立的集光伏发电、节能改造、能效管理、需求侧响应、电力交易的综合能源平台。随着业务的发展，其正在增加生态公共服务平台。

（二）传统能源集团

传统能源集团正在从能源生产商向能源服务商转变，综合能源服务业务是其新兴业务，也是其业务增长点，综合能源平台作为业务发展必需的支撑条件也在逐步建立及发展。传统能源集团建立的综合能源服务平台涵盖其全部企业，业务兼顾能源供给侧、消费侧，这使得其更倾向于管理平台，而对于深入业务具体属性就明显不足。

1. 中国华电集团有限公司

2019 年，中国华电集团有限公司在国内同类型发电集团中率先发布《综合能源服务业务行动计划》，提出建设综合能源服务“两个平台”，中国华电集团有限公司综合能源服务“两个平台”的架构如图 4-36 所示。该平台应用“云大物移智链”等技术，开展能源数据的智能感知、客户需求的智能分析、能源设施和用能设备的智能控制，实现能源生产、供给、消费全环节的智慧化服务。其中，“互联网 +”综合智慧能源服务平台面向各类客户，以客户业务应用场景为基础，设计模块化平台产品，开展直销和潜在用户的基础信息、能源消费信息和实时用能信息的收集分析，优化客户能源供给运行策略，为客户提供智能调控、需求响应、价格预测、能源数据挖掘等多种形态的平台服务，促进能源领域跨行业的信息共享与业务交融，开展与工商业产业链的资源汇聚，加强与工业互联网的融合，构建有竞争力的业务模式和生态圈；综合能源智慧控制系统平台面向能源生产和供应环节，开展能源生产、转化、传输和存储过程的智能控制和协同调度，集成源、网、荷、储等数据信息，具有多能源场景管控和商业模式应用功能，实现多能源子系统的协调规划、运行优化、管理协同、交互响应和互补互济，满足多样化用能需求，提升能源系统效率。

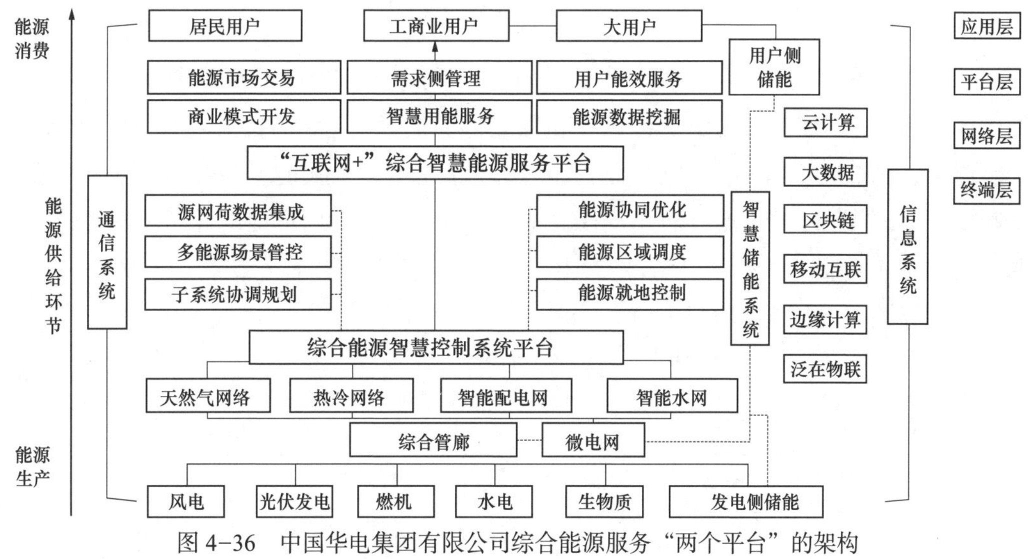

图 4-36 中国华电集团有限公司综合能源服务“两个平台”的架构

2. 国家电力投资集团有限公司

2019 年，国家电力投资集团有限公司开发的综合智慧能源管控与服务平台名为“天枢一号”，“天枢一号”1.0 如图 4-37 所示。该平台集实时监视、用能预测、调度控制和定制服务于一体，实现综合能源智慧化管理，多种能源优化配置、协同互补运行，能够为用户提供智能、高效的“能源一站式”综合服务。平台通过对智慧城镇、集群楼宇、产业园区和能源基地等多个类别的能源系统进行集成，满足支撑数据共享、安全通信、互联互通、场景联动、灵活参与，实现业务融合和少人值守，为综合智慧能源多区域、多场景的管理提供统一的解决方案。此外，利用该平台，能源公司还可以和国家能源互联网平台、区域能源交易平台、地方金融平台等外界平台进行有机融合，实现全国跨服务区域的资源调配，并为区域后续项目预留接口，实现平台全方位服务。

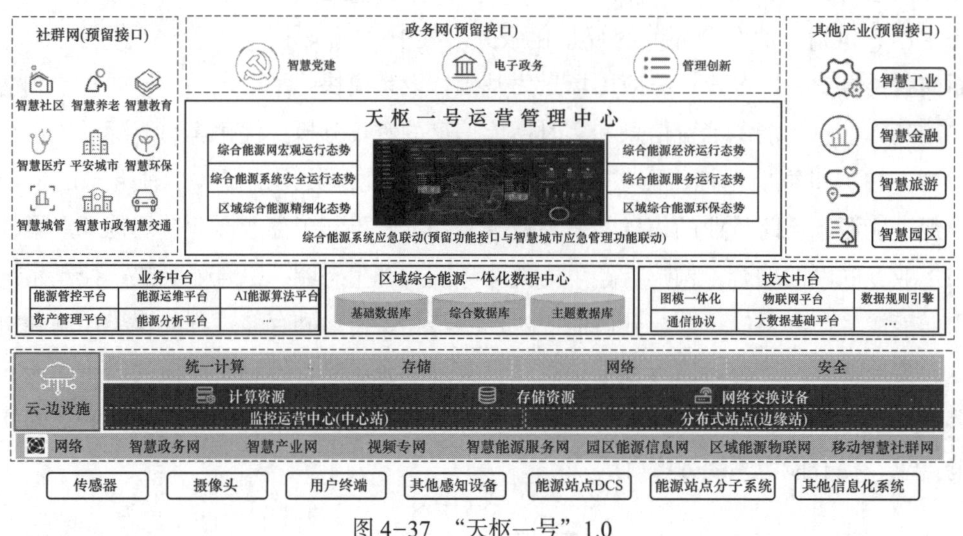

图 4-37 “天枢一号”1.0

2022 年，国家电力投资集团有限公司对“天枢一号”进行了升级，“天枢一号”2.0 如图 4-38 所示。升级后的系统将业务场景进行了整合，它包含能源监视、智能预测、智能调控、场站级智能分析、场站级智能运维和服务等 9 大功能、49 项应用，300 个以上智能算法，能够实现对数十种不同能源的综合管控。可为用户提供智能、高效的“能源一站式”综合服务。截至目前，“天枢一号”已经落地于安徽小岗村、井冈山、延安干部学院等综合智慧能源项目。

图 4-38 “天枢一号”2.0

3. 华润电力控股有限公司

灵犀智慧能源云平台是由华润电力控股有限公司开发，涵盖储能、氢能、智慧园区、智慧供热等业务，可实现电、冷、气、热多种能源集中管理的云平台。该平台能够为政府、园区、工商业等客户提供能源规划、设计、集成、建设及运维全流程服务，帮助客户实现“高效供能、智慧用能”，并实现支撑 PC 端、移动端、大屏、可视化系统集成等多端应用。平台二期建设主要包括光伏监测、规划软件、用能监控、智慧楼宇、配电网营销和能源商城等六大功能。

（三）新能源设备制造企业

新能源设备制造企业以其制造的光伏发电、风电等设备的数字化为基础，开展以光伏发电厂、风电场的发电监控及设备运维为基础的服务，进而逐渐扩展到以光伏发电、风电为主的综合能源服务领域。以下以远景能源有限公司为例进行介绍。

远景能源有限公司从风力发电风机设备制造开始，逐渐向风电场勘测、设计、建设、运维，电化学储能设备研发、销售，数字化服务等综合能源业务发展，2020 年，其进入中国民营企业 500 强。远景能源有限公司按智能物联操作系统 EnOS、阿波罗光伏、智慧风电、楼宇大脑、智慧城市、智慧储能、方舟碳管理系统将业务细分，实现多种场景下的综合能源服务。其中，智能物联操作系统 EnOS 面向可再生能源、城市基础设施和碳管理等场景，打造智能产品和解决方案；阿波罗光伏通过搭建分布式光伏项目投资开发及管理平台，从投资、设计、建设及运营全流程实现技术服务，以度电成本为目标，实现系统全生命周期的管理；智慧风电从设备数据采集、集中监控、损失电量分析到基于机器学习的设备健康度评估预警、新能源功率预测，实现少人、透明、预测维护、电网友好的新能源电站；楼宇大脑以楼宇能效管理为核心，建立起人与设备、设备与设备之间的智能互联，实现提高楼宇的设备运行效率，降低用能成本，提升用户体验；智慧城市通过将城市交通、环境、物流、工业、区域管理、医疗、能源、零售等集成，打破各个独立的信息孤岛，建设统一的城市管理平台，实现设备、人员、数据的协调管理；智慧储能采用云端部署 + 云端运维的产品架构，集成锂电池、热管理、消防等子系统，根据楼宇、家庭、工业等不同应用场景，为客户提供针对性的系统解决方案；方舟碳管理系统通过建立全链条的碳资产管理体系，为用户实现碳综合提供技术服务。

（四）软件企业

软件企业以工业互联网平台为基础，利用人工智能、物联网、大数据、云计算、区块链、机理模型等新一代信息技术，对工业流程进行系统化和数字化升级，重塑工厂和企业的生产和管理方式，实现提质增效。软件企业利用其软件优势，结合专家经验，打造标准化的综合能源服务通用型平台，但由于综合能源业务庞杂，标准化业务流程及应用在推广上阻力较大。以下以海澜电力有限公司为例进行介绍。

智云服务平台是一套综合能源管理系统，主要为用户提供综合能源服务。该平台包含智慧能源监测和智慧节能监测两大部分。

1. 智慧能源监测

面向企业内部，为企业提供能效管理、能效分析等整体解决方案，平台能够通过地图展示不同省份及地市的数据监测情况（包括用户数量、签约电量、检测点数、实时用户负荷、日用电量等），并能够对能耗数据按照分类、分项等能耗指标进行统计。

2. 智慧节能监测

面向用户，能够根据具体项目，对用户不同时间尺度的节能量、减排量、平均节能率等进行统计分析，并深入不同的工艺流程，针对某一生产系统和设备提供节能诊断服务，提供动态可视化节能界面。

（五）综合能源服务商

综合能源服务商从业务需求建立服务用户的综合能源管控平台，其专注于业务应用，用于深挖业务。

华电综合智慧能源科技有限公司是国际分布式能源联盟成员和国家分布式能源标准制定单位，是国内最早从事分布式行业的单位，其作为中国华电集团有限公司工程技术产业板块和新能源领域的重要组成部分和发展平台，是亚洲最大的分布式能源总承包商，主要从事分布式能源的项目开发、工程设计、技术研究、投资、建设、运行、服务及关键设备制造。“华慧云”作为华电综合智慧能源科技有限公司在综合能源业务应用的数字化平台，其在规划时就考虑将其作为深耕用户侧应用的小型、专业化数字平台，“华慧云”系统架构（1.0 版）如图 4-39 所示。

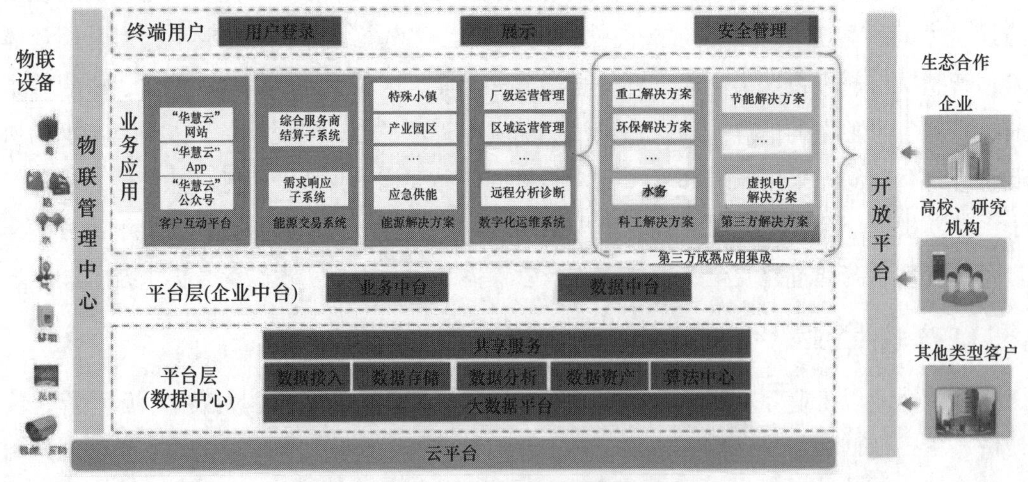

图 4-39 “华慧云”系统架构（1.0 版）

“华慧云”结构包括感知层、平台层、微服务应用层、应用层、终端用户层。其中，感知层将物联感知设备的数据进行统一的接入和汇聚，并通过协议适配进行标准化；平台层（简易型）实现基础的数据预处理、数据标准化、数据存储、数据分析、数据共享，实现端到端全流程打通；微服务应用层对感知层采集数据进行计算、处理和知识挖掘，从而实现对物理世界的控制、精确管理和科学决策；业务应用（应用层）采用微服务的架构，便于根据业务的需求，采用不同的模块组合搭建不同场景，提高系统的灵活性；终端用户层（适应型）对用户、客户、供应商进行统一管理，对用户进行基本的授权管理，以及对服务平台门户网站进行内容维护，为用户提供基础的服务，包括统一门户、客户管理能效管理、能耗管理等。"华慧云"系统架构采用两强（强化感知层、业务应用层）两弱（弱化平台层、弱化终端用户层），即强化用户需求、弱化通用的平台及交互功能，实现轻量化的云平台。

"华慧云"涵盖集群楼宇、产业园区、特色小镇、工业企业、应急供能、交通枢纽、新型农业等多种用能场景，实现对电、气、冷、热、水等多种能源的集中管控，多站点的协同优化，为政府、园区、工商农业用户提供用能监控、负荷预测、节能管理、智能运维、软件服务等多种功能服务，实现高效供能、智慧用能。

"华慧云"1.0 版从 2020 年开始建设，2021 年实现在华电产业园能源站开展集群楼宇应用、2022 年在华电山东沂源综合能源服务一期开展产业园区应用。作为第一版产品，其与国内大多数综合能源服务平台一样，强调数据采集，针对应用场景的能耗分析、用能优化，但缺乏应用的深度服务。

2022 年 6 月，"华慧云"2.0 版上线运行，"华慧云"（2.0 版）系统架构如图 4-40 所示。其从多个角度实现对客户的深化服务。一是从服务综合能源服务商的视角，强调综合能源服务场景管理的业务属性。一键直达业务流程，各种综合能源业务精心管控；客户导向，从售前、售中、售后，及时分析项目及客户需求，实现全流程客户管理；管理人员个性化管控；二是从服务综合能源服务项目用户的视角，强调综合能源项目服务效果。模块化组装，针对不同客户的场景，形成专属的综合能源服务系统；个性化看板，根据客户的喜好定制其关心的关键数据，使其对项目一目了然；专业化服务，针对不同场景提供完善的综合能源服务套件（分布式光伏、储能、充电桩、节能等）；服务跟踪，针对综合能源服务的效果及时追踪客户反馈。至此，"华慧云"实现了从初期平台发展阶段向中期平台发展阶段的过渡，成为国内比例领先的综合智慧能源服务平台。

"华慧云"以综合智慧能源服务平台作为抓手开展综合能源服务，并给客户带来了切实的效益：一是减少能源管理环节，优化能源管理流程，建立客观的能源消耗评价体系；二是使企业能源管理者及时掌握企业能耗总体情况；三是加快企业能源系统故障监测和异常处理能力，为企业能源供给的安全、可靠提供了保障；四是提高企业供能、用能设备性能，延长设备寿命，消除设备管理的不完好因素；五是降低企业运行能耗 10%～15%，提高精细化管理效率 20%～30%；六是降低企业碳排放 15%～20%。

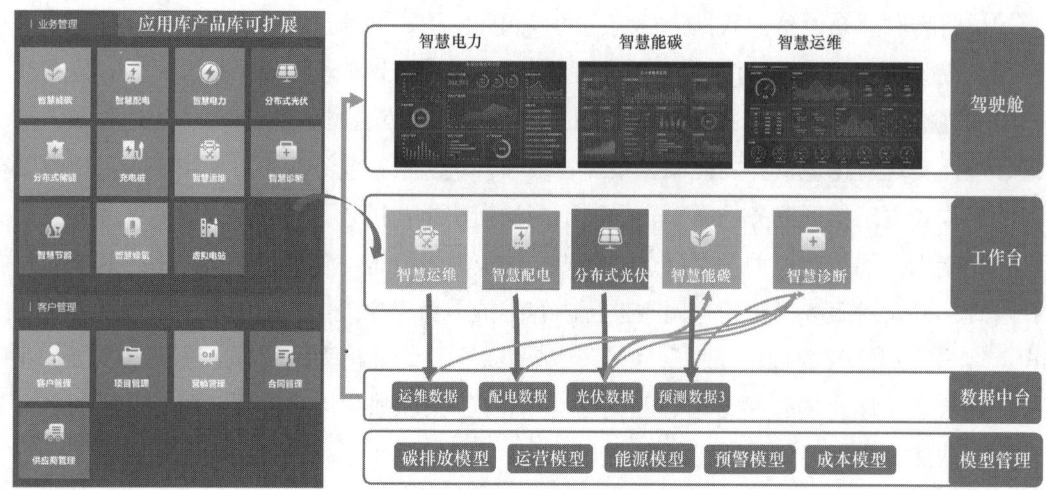

图 4-40 “华慧云”（2.0 版）系统架构

四、展望

综合智慧能源服务平台的起点是能源供应、电力交易以及逐渐开展的电力运维、能效管理等服务，在这些刚性需求落地推广后，获取大量能源数据，平台后续发展应以价值驱动盈利，通过平台获取潜力客户及项目，以增值效益和高黏度的服务吸引客户，通过定制化服务获取销售收益。

1. 加强企业存储和计算基础设施部署，打造共性信息基础设施能力

（1）充分利用现有硬件设施和资源，部署云基础设施，实现海量信息的存储和计算。综合智慧能源服务平台需要将分布的、异构的、跨网络的发电侧数据、用户侧数据和电力市场数据进行汇聚，从而进行大数据分析，且数据仍在爆发式增长，建立可弹性扩容的云平台，有助于高效处理大规模计算，应对业务高峰和突发的计算任务，提高资源利用效率。

（2）采用工业互联网平台体系架构，包含边缘层、IaaS 层、工业 PaaS、工业 SaaS 以及贯穿上述各层级的安全防护。面向综合能源服务需求，基于海量能源数据建立采集、汇聚、分析的服务体系，打造开放式数据平台，支撑综合能源服务资源的智能互联、弹性供给、高效配置，助力综合能源服务业务的高效开展和价值实现。

（3）统筹建设综合能源服务的数据中心和大数据平台，构建综合能源服务业务的“智慧大脑”。重点建设实现数据标准统一、数据治理、数据开放共享的数据管理中心。协同建设数据和模型开发共享的大数据平台，抽象业务应用功能，提炼共性的模型，统一开发符合综合能源服务业务需求的、可复用的模型，减少重复建模工作。

2. 推动新一代信息技术与能源技术融合创新发展，加快综合能源服务产业布局

（1）终端全面感知是基础。稳步推进能源行业传统基础设施向智能互联设施转变。加强物联网终端在能源行业的广泛应用部署，以应用为导向，充分利用 5G 网络传输优

势，构建具有边缘技术能力的终端融合基础设施，建立物联管理中心，与云计算协同，满足平台建设的业务功能实现的数据支撑需求。

（2）智慧能源基础设施建设是关键。推广部署智能热网、智慧楼宇等智能化基础设施，通过感知设施、5G、IT 技术等信息技术，打通能源流和信息流的交互渠道，构建能源系统的可视化模型，开展能源系统生产、传输、转化、存储、消费等流程的数据化运营，建立平台与物理世界的数据互通和管控系统。

（3）业务知识智能建模是核心。利用大数据技术、人工智能算法等构建能源领域的大数据应用，智能分析用户特性，构建客户画像，精准及时感知用户的需求，设计差异化能源套餐，利用推荐算法进行套餐推荐，综合开展电力设备故障智能感知与诊断、源网荷储泛在资源的自主智能调控、综合能源的协同优化，构建可复制推广的智能模型，推动综合能源服务业务智能化转型升级。

3. 整合内外部资源，满足用户需求，打造平台核心产品功能

（1）以客户需求为出发点，突破综合能源服务基础性关键技术，加快打造核心功能产品。通过现有资产以及现有业务进行全面推广，对于有个性化需求的同类业务基于现有组件化的产品进行快速构建和定制化开发。后期收集产品使用体验等信息，推动核心功能的不断设计完善和打磨。

（2）以特定用户为推广对象，选择具有影响力的企业试点，建设典型示范项目。通过选择客户群里中能源类型多样，用能稳定，企业效益良好，履约能力强的客户作为首批试点建设，重点关注具有传播效应和口碑的核心企业（政府、央企、全国名企，以及著名城市园区等）。

（3）以公司业务开展需要为依据，对综合智慧能源服务平台建设阶段目标合理规划。进行平台相关客户侧能效管理、运维系统等产品的研发和推广，服务范围覆盖工业、商业、学校等各类型客户；围绕区域公司需求，试点建设区域产业生态圈，支撑区域公司能源统一管控。

（4）以共性信息基础设施为依托，基于项目经验的沉淀，逐步打造行业级数据后台，与其他行业交叉后分析得出的数据分析服务（咨询行业、数据分析行业、金融等），后期再从中拆分出独立的子平台，先提供自主业务服务，再提供合作平台业务服务。

（5）以综合智慧能源服务平台为支撑，推进能源行业数据资源开发共享。平台功能逐步贯穿能源产业全过程，形成集能源监控、能源分析、能源管理、能源服务、能源交易于一体的智慧平台，同时基于数据积累和专业知识进行模型更新，不断推进平台业务和技术功能的迭代创新。

4. 打造平台经济商业模式，推动产业链融合，构建综合能源服务生态圈

（1）打造平台经济商业模式，提升市场竞争力。针对动态发展的市场需求、行业技术水平等，拓展价值链条，动态管理平台业务功能，以需求为导向，立足能源市场交

易，以平台的客户画像为基础，设计个性化套餐，线下拓展设备运维、能源托管、节能改造等增值服务，提升效益增长点。

（2）多方面探索设计能源数据商业运营模式，发挥数据价值。突破能源数据及政策、社会、经济等数据的获取、融合、共享、挖掘以及可视化等技术壁垒，推进以电力为核心的能源数据生态圈的建立，实现数据共享，提升数据资产和运营能力，为生态圈持续发展集聚创新动能。

（3）以平台模式为技术、管理手段，推动产业链上下游联动。技术服务商、建设单位等合作伙伴通过满足一定的准入条件，通过平台参与协作，促进上下游企业横纵向贯通及协调配合，带动更多市场主体参与综合能源服务的价值创造和分享，催生新产业、新业态、新模式，促进产业深度融合。

第五节　智 慧 管 控 平 台

智慧管控平台是综合智慧能源重要的数字化技术，是能源互联网智慧化、数字化的基础性物理载体。本节介绍智慧管控平台技术，包括智慧管控平台分类、本地部署的智慧管控平台、“云平台”部署的智慧管控平台、智慧管控平台典型案例、智慧管控平台技术发展。

一、智慧管控平台分类

智慧管控平台可分为本地部署和“云平台”部署两种基本类型。

1. 本地部署的智慧管控平台

本地部署的智慧管控平台主要是通过将综合能源控制技术、信息技术、企业管理技术高效融合，在多数据集成、跨平台、高速双向通信网络的基础上，通过先进的通信技术、先进的设备、自动的控制手段，与融入科学高效管理方法的信息平台相结合，以支持辅助决策、远程监控和移动管理的技术综合应用。

本地部署的智慧管控平台可实现综合能源安全、可靠、经济、高效、环保的生产、分配、输送、使用，形成综合能源环境友好、舒适节能、自动化和信息化有机融合、智慧辅助决策融为一体的“互联网 +”综合能源智慧管控的模式。其充分体现了多种能量流、控制数据流、业务管理信息流高度契合和相互支撑的特点。具体表现如下：

（1）多种信息技术的融合。通过通信技术采集源、网、荷、储端相关能源信息，包含源侧供能设备运行状态信息、供能信息、供能参数，网侧能源参数及设备运行状态信息，储能系统的运行信息，以及用户负荷侧用能数据、参数信息，实现信息技术、传感器技术、自动控制技术、管理流程和综合能源系统有机融合。如通过互联网收集室外温湿度信息、天气预报信息等。

（2）多种管理技术的综合应用。通信、信息和现代管理技术的综合运用，将大大提高综合能源设备运行稳定性、运行效率，提高能源利用率，实现舒适化供能；及时发现设备偏离正常运行的状态，给出对应预警信息及报警信息；对运维管控过程实现精细化、智慧化管控。

（3）实时和非实时信息的集成共享。应用大数据计算模型将运行管理中的各指标进行分析预测，实现实时和非实时信息的高度集成、共享与利用，为综合能源供应提供精准的决策支持、控制实施方案和应对预案。

（4）开拓多种服务模式。通过建立双向互动的服务模式，既可以使用户实时了解能源供应信息、用能信息状况，结合物联技术合理安排用能；又可以使综合能源供应企业获取用户的详细用能信息，为其提供更多的增值服务。

（5）“互联网 +”综合能源智慧管控的目标是实现综合能源的安全、可靠、经济、舒适供能，使综合能源供应系统达到无人值守、少人值班。其以物理能源网与信息网组成的新型网络为基础，利用数据挖掘技术、数据辨识技术、人工智能技术等过滤处理信息，通过智能决策支持，为运行管理人员提供辅助决策，在保证综合能源安全、满足综合能源需求的前提下，提高能源利用率、降低碳排放，增加项目经济效益。

2.“云平台”部署的智慧管控平台

“云平台”部署可以通过购买云服务商或其他综合能源技术的专业服务商的云服务，实现对于综合智慧能源管控平台的 IT 硬件及软件的使用。通过云平台提供的虚拟化技术实现虚拟机粒度的隔离部署环境及集群规模的动态负荷均衡，提高硬件资源的利用率，具体表现如下：

（1）综合智慧能源的场景多而分散，采用“云平台”部署方式，即利用公有云或私有云搭建综合能源管控平台，实现不同场景、不同地域的项目对数据采集、传输和能源服务等多种功能应用的需要。

（2）具有可灵活扩展 IT 需求，只需要支付固定的费用，即可对业务应用扩展所需要的硬件及软件，能实现快速、无扰的升级。

（3）降低对 IT 设施的采购及维护成本（其租用费用是硬件采购成本的 1/3～1/2）。

（4）提高系统可靠性，不需要冗余设计就能提高 1 个数量级的可靠性。

（5）方便实现用户在任何地方访问，只需要一台能上网的计算机、手机就能实现对业务的访问。

二、本地部署的智慧管控平台

本地部署的智慧管控平台软件功能架构如图 4-41 所示，其分为数据源或现场传感器、数据采集、网络传输及安全、分析及管控功能、展示及监控中心五部分。

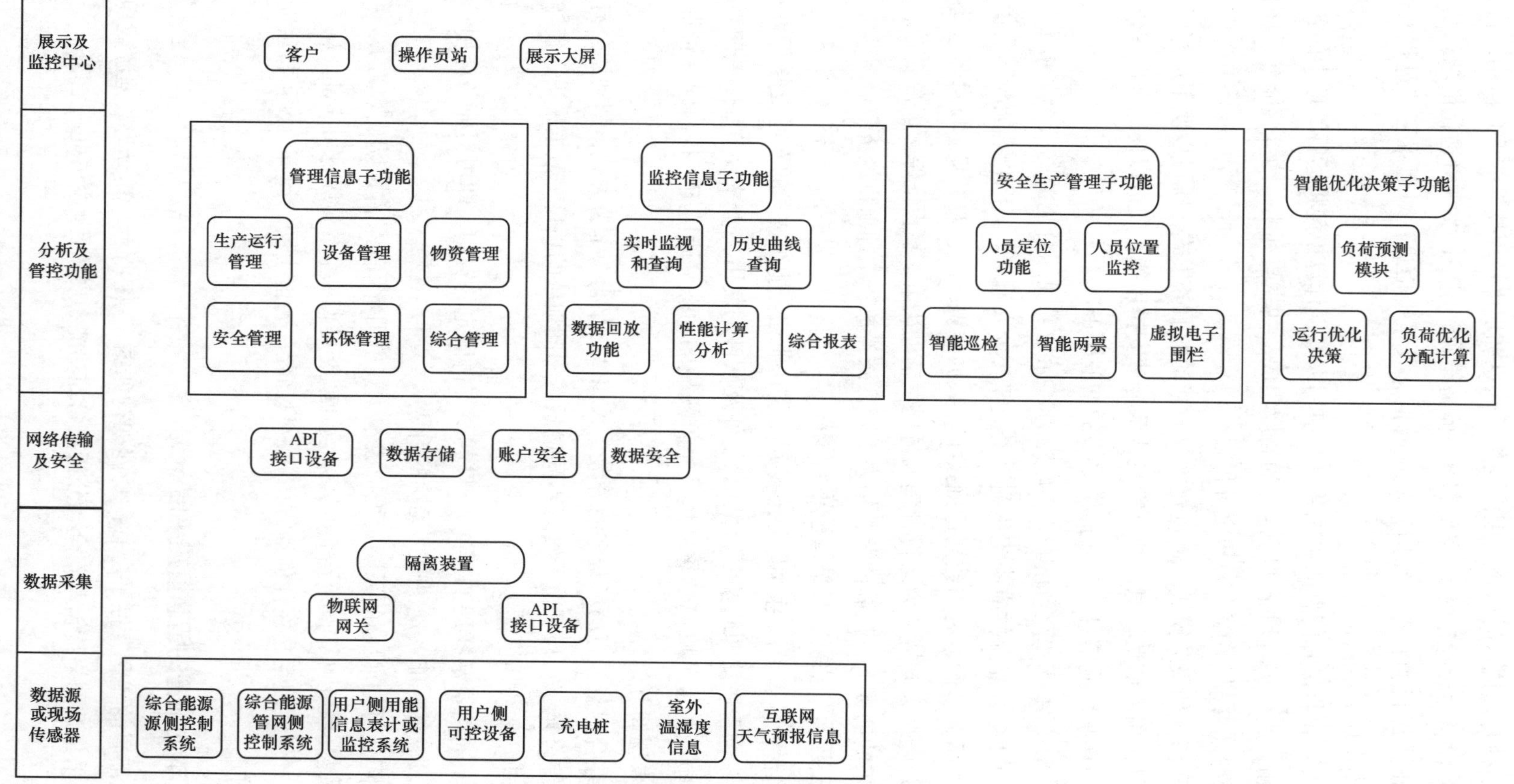

图 4-41　本地部署的智慧管控平台软件功能架构

（一）数据源或现场传感器

通过采集感知设备信息、设备集成控制系统信息、源侧控制系统信息、网侧控制系统信息、荷侧用能信息及设备运行信息、储能控制系统信息，获取源网荷储能源及环境信息数据。智慧管控平台属于三区数据，需要和一区数据通过网络单向隔离设备通信，若有数据回传需求，应增加回传数据隔离装置，实现双向隔离通信。

数据源 / 现场传感器主要将物联感知设备的数据进行统一的接入和汇聚，并通过协议适配进行标准化，完成统一的物理模型管理，并提供统一的北向接口（北向接口是提供给其他厂家或运营商进行接入和管理的接口，即向上提供的接口）及消息推送的方式供业务应用。数据接入方式包括 104 规约接入服务，消息队列遥测传输协议（message queuing telemetry transport，MQTT）接入服务以及定向连接（oriented connection，OC）接入服务，设计遵循相应的协议规范，实现设备数据的接入接出功能。

数据进入数据源后将会对其进行规范性编码，通过映射表将其转化为系统内统一编码，便于数据清洗，以及后续其他相关功能通过数据编码的通用码进行数据调用。通过感知设备对综合能源系统的冷、热、电、环境等数据进行感知和采集，并将数据汇集到网关或规约转换器等数据采集层设备。网关或规约转换器等数据采集层设备通过有线或无线 4G、5G 网络、广域网或局域网通信将数据上传至数据采集服务器，平台对各项数据进行处理和挖掘，并将数据存储至数据库。数据发布服务器从数据库获取数据，并将数据发布给应用层进行使用。

（二）数据采集

1. 物联网现场采集架构

（1）接入层。接入层网络部署在工商业企业、园区、大型公共建筑内部的变电站、配电房、能源站，采用以高速电力线载波（high power line communications，HPLC）技术为主，RS-485/RS-232、千兆以太网（gigabit ethernet，GE）、Wi-Fi 等有线无线技术互补的物联接入网。

（2）汇聚层。汇聚层网络部署在变电站、配电房、能源站，主要承载能源监控、视频监控、能耗采集、动态监控等业务。针对部分用户能源监控实时性和可靠性需求，可以采用以太网链路层的环网协议智能以太网保护（smart ethernet protection，SEP）和快速环网保护协议（rapid ring protection protocol，RRPP）。

（3）局域网、广域网。智能网关部署于用户园区变电站、配电房、能源站，通过局域网、广域网将业务数据回传到就地数据采集端，并与平台数据库进行信息交互。局域网、广域网采用有无线通信和有线通信两种方式接入数据采集端。局域网、广域网数据回传包括业务通道和管理通道，业务通道采用 MQTT 协议接入物联管理中心；管理通道支持安全外壳协议（secure shell，SSH）加密，实现平台对智慧用能物联网关的管理。

2. 就地部署架构

平台就地部署架构如图 4-42 所示，综合能源智慧管控平台可采用就地部署架构，采用可实时接入各种能源业务数据和控制数据的手段，实现泛在物联数据接入。出于业务优先与成本考虑，有些独立的综合能源项目可采用就地简单部署，在就地部署架构中可预留与未来集团云通信的接口通道。数据交换采用专用的数据交换服务器实现，并可通过应用程序编程接口（application programming interface，API）进行数据互通；综合能源现场采集的数据服务器（无线或有线）通过边缘智能物联网网关实现数据交换，为数据提供安全防护手段实现数据的双向安全传输防护。

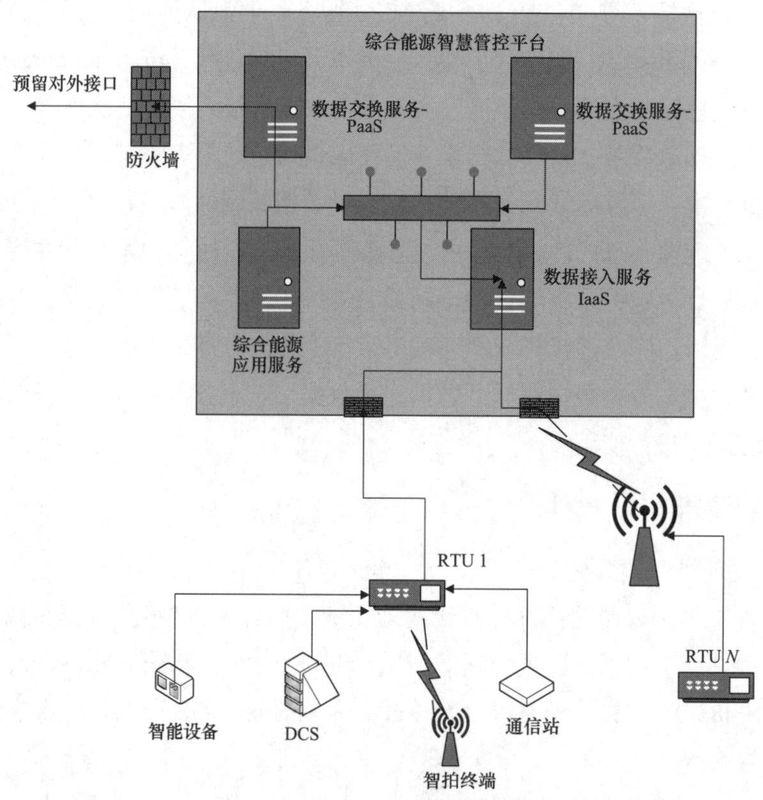

图 4-42　平台就地部署架构

（三）网络传输及安全

管控平台采用就地部署，其网络安全采用基于就地平台的安全机制。

1. 账户安全

系统使用统一的账号管理与身份认证系统管理客户的账号生命周期。每个客户拥有唯一的超级管理员账号，系统实时记录超级管理员访问日志。

每个系统操作人员拥有唯一的账号。系统强制限制操作人员登录方式为单点登录，不允许出现相同账号多人同时登录的情况。

系统具备完整的 IP 白名单与黑名单管理机制，同时还采用强密码和定期密码修改机制来降低密码攻破的可能性。

2. 数据安全

（1）数据传输过程加密。平台为用户访问提供超文本安全传输协议（hypertext transfer protocol secure，HTTPS）来保证数据安全。系统的传输协议支持标准的安全套接层协议（secure socket layer，SSL）/ 安全传输层协议（transport layer security，TLS），可提供高达 256 位密钥的加密强度，完全满足敏感数据加密传输需求。

（2）采集数据加密。针对物联网采集的客户核心数据，系统进行了脱敏处理，将业务逻辑与核心数据分离，保证核心数据的安全。

（3）用户数据加密。对于系统运行需要用到的敏感数据，例如用户授权、用户密码、用户基础信息、客户能源数据等统一使用系统的密钥管理及加密机制进行加密存储。

（4）运维安全。系统核心数据在面对运维人员时，也同步采取脱敏化管理方式，运维人员无法直接获取客户业务数据。系统运维人员未经客户许可，不得以任意方式访问客户未经公开的数据内容。

（5）数据备份。为了保证数据完整可靠，系统提供了稳定的数据自动备份来保证数据的可恢复性，系统提供两种数据备份方式，分别为数据备份和日志备份。系统针对核心数据库，提供本地数据库同步备份功能。

3. 硬件与网络安全

（1）硬件稳定性。系统的服务部署在数台高可用的就地服务器，可通过网络访问节点，实现 99.99% 的硬件产品稳定性。

（2）网络防火墙。

1）应用防火墙。系统应用防火墙可以有效识别 Web 业务流量的恶意特征，在对流量进行清洗和过滤后，将正常、安全的流量返回给服务器，避免网站服务器被恶意入侵导致服务器性能异常等问题，保障网站的业务安全和数据安全。

2）分布式阻断服务（distributed denial of service，DDoS）攻击防火墙。具备弹性防护能力，遭受大规模攻击时提供全力防护。

3）SSL 证书。系统采用国际范围内最高等级的 SSL 证书认证服务，保证数据传输有效加密。

4. 数据库安全

系统采用一种基于稳定和高性能存储、可弹性伸缩的在线数据库，为客户提供了数据备份、恢复、监控、迁移等方面的全套方案。

5. 数据 API 服务安全

（1）API 调用方式。系统 API 通过标准的 RESTful API 接口，提供标准化的数据服务。

（2）API 签名验证方式。系统 API 采用“公钥 + 私钥”的验证方式，验证方式更加安全。请求地址中只包含用“私钥”制作的签名，因此不会在请求地址中泄露私钥。签名指的是通过基于散列函数的消息认证码算法（hash-based message authentication code secure hash algorithm 1，HMAC-SHA1），对请求参数加密后得到的签名字串进行身份验证，避免将“私钥”明文包含在请求中而造成泄露。

（3）API 稳定性。系统 API 基于高可用的就地服务器，实现 99.9% 的 API 稳定性。

（4）数据监测与预警。智能 IOT 设备运行监测：系统搭建了一套完整的智能 IOT 设备感知系统，以秒级频率对 IOT 设备运行状态进行监测，当硬件发生包括断网、断电、断数据等情况，系统感知系统将会第一时间向运维人员报警。

（四）分析及管控功能

1. 管理信息子功能

（1）生产运行管理。构建可视化、智能化的实时集中管理系统，将分散控制系统（distributed control system，DCS）、电力网络计算机监控系统（network control system，NCS）、电气监控管理系统（electrical control and management system，ECMS）等系统全面整合，围绕“两票三制”构建综合能源企业的全面安全感知、安全管控。实时集中管理系统提供“两票”管理、安全管理、巡检管理、运行日志、定期工作等功能，建立健全、规范、环保的供能企业安全运行保障体系，强化工作执行力，有效达到加强管理、降低成本等目标，实现生产运行的精细化管理。

（2）设备管理。设备管理系统以资产、设备台账为基础，以工单的提交、审批、执行为主线，按照故障处理、计划检修、预防性维护几种可能模式，跟踪资产的库存、运行和维修状态，实现资产维护与管理。

（3）物资管理。针对企业设备、备件具有通用性互换性，建立以“统一采购、信息共享、分散保管、统一调配”为指导思想的物资管理系统，采用集中部署、分级授权的使用模式，利用工作流技术，为企业、仓库和采购中心建立一个统一的备件管理协作与支撑平台，实现了资源共享、统一调配。

（4）安全管理。安全管理实现生产现场、生产过程的安全监控和管理，并有效地对工作人员职业健康进行跟踪和管理。系统全面管理企业安全、健康、环境各项业务。系统将安全管理要素融合在安全、健康与环境管理的各个系统业务活动中，统筹管理安全、健康与环境管理的组织机构、职责、程序和资源等要素，建立先进、科学、系统的运行模式。系统集成了重大危险源的实时信息采集，实时监控人、环境、设备等信息，及时了解安全风险，构建本质性安全管理平台。

（5）环保管理。环保管理是通过对烟气、废水、废油等污染物排放进行实时监测分析，全面掌握供能企业对生态环境的破坏情况，并及时采取有效措施，对各项指标进行综合治理。环保管理的主要目标是保护自然环境，维护生态平衡。同时，还加强环境保护政策的宣传和管理。

（6）综合管理。包括协同办公系统（OA）、人力资源管理、班组管理、档案管理、企业网站、移动 App 等模块，可实现项目无纸化办公，实现数据的采集、流通、加工、挖掘及知识创造，通过信息整合帮助领导进行决策。行政综合管理不仅提供了一个办公一体化平台，还固化了全新的办公理念和管理方法。

2. 监控信息子功能

（1）实时监视和查询。实时监视和查询功能模块提供工艺流程在线监视，具有强大的功能，其主要特点有：① 图形组态图形库强大，方便生成各种内容丰富、界面友好的图形画面；② 与多种数据库无缝连接，通用性强，节约投资，方便系统扩展。

（2）历史曲线查询。历史曲线查询功能采用基于 Web 的可视化分析工具，提供精确、及时的生产过程信息。可提供两种方式：① 对于一般用户，通过定制组合测点来显示历史趋势，辅助分析；② 对于高级用户，可以通过在客户端组态的方式，随意选择测点，自动生产所需要的历史曲线趋势，实现深入直观的趋势分析。

（3）数据回放功能。数据回放功能以历史数据为基础，将工艺系统的历史运行状态完整地通过信息管控系统显示出来。传统的事故分析是通过查找历史数据和报警记录来进行的，费时费力，通过工况回放功能，可以将事故状态的历史数据完整地通过多模式生物成像（MMI）显示出来，事故分析人员可亲身体验事故工况，可对事故分析和故障发生后控制系统的操作指导起到作用。

（4）性能计算与分析。性能计算的理论基础是热力系统的能量平衡和物质平衡。性能计算与分析的内容主要包括两个部分，即性能计算和经济指标分析。其中，性能计算包括设备级的性能计算和系统级的性能计算，经济指标分析包括可控能损和不可控能损两个部分的计算。性能计算的计算结果为经济指标分析提供计算基础。

（5）综合报表。综合报表模块对综合能源系统生产、用能实时数据进行综合处理、统计分析，形成综合能源系统生产运行报表、用能数据统计报表，并能监视、查询和打印。

3.“互联网 +”的安全生产管理子功能

（1）人员定位范围。根据项目运维需求，可采用超宽带（ultra wide band，UWB）定位技术实现生产区域高精度定位。如燃气联合循环综合能源供应系统，可设置变压器区域、高压及低压配电室、GIS 配电室、调压站、燃气轮机前置模块区域、燃气轮机燃气模块区域、燃气轮机及汽轮机润滑油模块区域、燃气轮机及汽轮机液压油模块区域、余热锅炉水泵房区域、汽轮机主厂房凝结水泵区域、真空泵区域、汽轮机本体区域、燃气轮机本体区域等。

（2）定位基站。定位基站安装在现场封闭空间或开阔区域固定位置，用来与生产人员佩戴的高精度定位标签进行实时交互，实现高精度人员定位。布置在所规划的开阔区域的定位基站设备配置如下：① 信号覆盖范围：20～60m；② 定位精度：≤100cm；③ 根据现场情况，配置不同型号的基站设备，实现各类区域的高精度人员定位，满足各个阶段进行现场封闭安全管理的需求。

（3）定位标签。定位标签可佩戴在现场工作人员身上或外置于工作人员安全帽上，相当于工作人员的“现场身份证”，用于和固定在工作现场的定位基站设备进行通信，实现人员精确定位及身份识别。

（4）人员位置信息的监控。人员位置信息的监控可实现：① 在三维可视化环境中实时监视一个或多个人员移动轨迹；② 跟踪指定人员，导航地图随着定位标签的移动自动切换，随时可以看到定位标签的当前状态；③ 显示人员报警状态信息，通过三维可视化环境以不同颜色和形状显示人员的报警状态等功能。

（5）智能巡检。在巡检过程，通过专用终端智能设备或手机应用（App）实现巡检过程智能化管理。在巡检过程中，巡检人员可查询巡检任务、历史记录，同时可实时上传设备参数、状态信息等。在信息管控系统中，可以查询巡检人员的工作时间、轨迹和相应的设备运行数据，还可以定位到巡检人员具体位置、设备的具体位置、设备的状态、设备异常情况的发生时间和及时调遣处理情况等，统计结果可以通过各种业务报表的方式打印出来。

（6）智能“两票”。“两票”管理业务可融合三维数字地图、人员定位、智能终端或手机 App 等技术，实现智能“两票”管理。

（7）虚拟电子围栏。通过在系统管控平台设置虚拟电子围栏，可以实现高温、高压等危险区域及重要设备的临时监控。根据标签的定位功能，结合区域设置范围，精确获取每个区域的人员信息，发现人员越界及时发送报警信，保障人员或设备的安全，减少不必要的损失。

4. 基于大数据分析的智能优化决策子功能

（1）负荷预测模块。负荷预测是根据系统的运行特性、自然条件与用户活动等诸多因素，在满足一定精度要求的条件下，确定未来某特定时刻的负荷数据，以便合理安排机组运行方式和机组的负荷调整方式，优化控制负荷响应。负荷优化分配模块根据预测负荷模块提供的负荷需求，在满足所考核的能源利用效率前提下，为各供能设备的动态负荷优化分配提供基础调节的依据。

（2）负荷优化分配模块。负荷优化分配根据冷 / 热负荷的需求，在满足所考核的能源利用效率前提下，以实现能源站经济效益最优为目标，对各供能设备及冷热网进行动态负荷优化分配。冷热负荷可包括园区工商业用汽负荷、生活热水、采暖及空调制冷负荷。该优化系统根据发电、供热、制冷的实时调度指令，以及单元机组的工作特性和运行效率，对各单元机组的负荷进行动态优化分配，使各单元机组在满足能源利用效率要求的同时实现系统经济效益最大化。

（3）运行优化决策模块。机组和冷热电运行优化基于负荷优化分配，在满足用户能源负荷要求的前提下，以实现综合能源整体经济效益最优为目标，对变工况下供能方式进行优化与调控，形成相应的优化指令，包括发电设备、余热设备、溴化锂机组、锅炉、电制冷等单一运行或组合运行。

（五）展示及监控中心

展示及监控中心包括计算机及网络通信设备，计算机包括操作员站、网络发布服务器、应用服务器、数据库服务器、隔离装置、内网接口机、外网接口机、网络通信设备等；网络通信设备包括交换机、防火墙、路由器、通信网关等。软件功能包含微服务应用层、终端用户层功能模块。

（1）操作员站。负责所有数据的采集及监控、调度指令的下发、历史数据的查询、报警及事故的处理、报表打印等功能。

（2）网络发布服务器。将所有采集的数据及信息汇集到网络发布服务器，然后把相关的数据及画面发布到网络上，各种用户都可以在远程访问该服务器。

（3）数据库服务器。负责所有数据的归档，因此数据库服务器需要配套大容量的硬盘，并配套刻录装置，定期把备份的数据刻成光盘存档保存。

（4）微服务应用层。实现基于业务模型开发中心提供的业务支撑服务，集成包括能耗管理应用、碳资产管理应用、光伏监控应用、储能监控应用、功能权限管理等应用，实现业务与整体平台的集成，并且实现基于API网关获取环境看板应用、负荷预测应用、能源争端分析等智能分析应用。

（5）终端用户层。实现平台展示，对用户、客户、供应商进行统一管理：对用户进行授权管理，对服务平台门户网站进行内容维护。为用户提供不同的服务类别，包括统一门户、客户管理，提供能源交易、运营监测、能效管理、智能运维等的人机交互。

三、“云平台”部署的智慧管控平台

（一）部署方式

“云平台”部署包括公有云部署、私有云部署、混合云部署三种方式，“云平台”部署方式及特点见表4-22。

表4-22　“云平台”部署方式及特点

部署方式	部署特点	优点	缺点	应用情况
公有云部署	利用云服务商提供的公用云进行软件、硬件的部署	云系统结构简单，弹性扩展方便，最大限度地利用了云系统的公共资源，费用最低	系统部署在公网上，数据存储安全性最低，数据及系统需要采取特殊的方式来保证其安全	多

续表

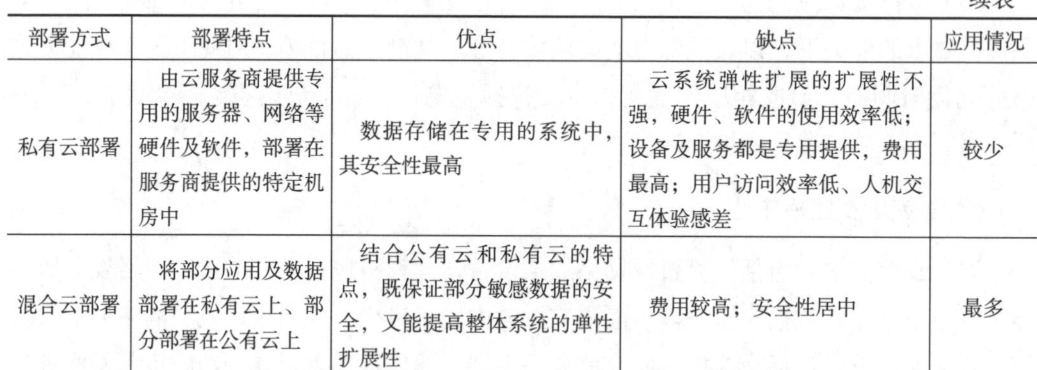

部署方式	部署特点	优点	缺点	应用情况
私有云部署	由云服务商提供专用的服务器、网络等硬件及软件，部署在服务商提供的特定机房中	数据存储在专用的系统中，其安全性最高	云系统弹性扩展的扩展性不强，硬件、软件的使用效率低；设备及服务都是专用提供，费用最高；用户访问效率低、人机交互体验感差	较少
混合云部署	将部分应用及数据部署在私有云上、部分部署在公有云上	结合公有云和私有云的特点，既保证部分敏感数据的安全，又能提高整体系统的弹性扩展性	费用较高；安全性居中	最多

根据表 4-22 中“云平台”部署方式及特点可知，对于一般综合能源项目，其数据保密性及安全性的需求不高，因此可以在初期采用公有云的方式进行部署。待后期对安全性的要求提高后，再对部分数据及应用采用私有云的方式进行部署，这样形成混合云部署方式，实现项目降低平台投资及运维成本。

1.“云平台”部署的智慧管控平台的技术体系架构

在综合智慧能源业务中，由于客户分散、业务形式多种多样，其技术架构的核心是基于全面互联而形成数据驱动的智能分析及控制系统，网络、数据、安全是其共性基础和支撑。在技术路径上，通常从云、管、边、端四个维度进行规划。“云平台”部署的智慧管控平台又称综合能源管控云平台，综合能源管控云平台的技术架构如图 4-43 所示，综合能源管控云平台的技术架构说明见表 4-23。

2. 关键技术

在“云平台”部署中，包括以下三项关键技术：

（1）关键技术一：为端层和边层提供的数字化感知与边缘计算能力，为管层提供数字传输渠道。

（2）关键技术二：为云层提供物联终端与海量数据管控、存储、共享基础。

（3）关键技术三：在云、管、边、端数字化基础之上，为能源互联网数字孪生提供物理数字融合建模与支撑更高阶业务场景智能应用能力，是平台的核心支撑技术。

3.“云平台”部署的智慧管控平台的服务架构

“云平台”部署的智慧管控平台的服务架构又称综合智慧能源管控云平台服务架构，综合智慧能源管控云平台服务架构如图 4-44 所示。

4.“云平台”部署的智慧管控平台的技术服务模式

“云平台”部署的智慧管控平台的技术服务模式见表 4-24。“云平台”部署的智慧管控平台作为综合能源服务可以采用基于 IaaS、PaaS、SaaS 层的多种服务的组合，但随着技术的发展，越来越多的用户倾向于采用云 SaaS 层的服务模式。

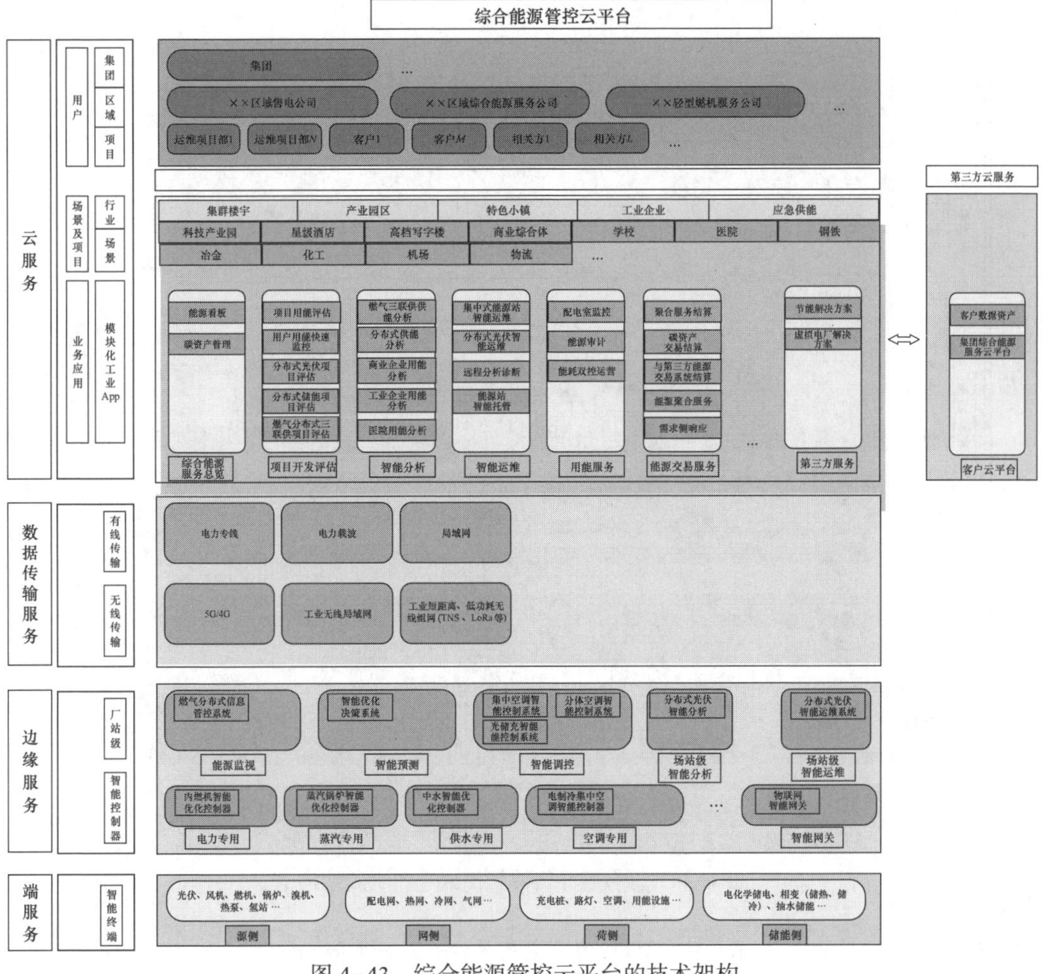

图 4-43　综合能源管控云平台的技术架构

表 4-23　　综合能源管控云平台的技术架构说明

维度	内容	备注
云	云平台及云服务。利用分布式计算机技术，实现数据清洗、存储、计算、共享等弹性的资源型物联网平台，同时利用大数据、人工智能、深度学习、强化学习、知识引导及群智优化等技术，面向电网、设备与用户提供多种智能业务应用	搭建基于数字孪生体系的综合能源物联网平台，以及多种场景应用
管	网络、数据传输服务。利用现代通信技术实现现场采集数据的稳定上传，同时对于传输的数据进行加密、解密等安全防护	自建光纤网络、工业被动光纤网络（passive optical network，PON）、5G、工业无线、时效性网络（time-sensitive networking，TSN）等多种网络建设能力
边	边缘服务。利用边缘计算实现数据的就地处理、现场判断及实时控制。同时，可以接受云端的高级算法，实现控制方案的升级	智能通信网关、本地监控系统、一体化边缘控制器、边缘计算系统的集成
端	端服务。利用智能终端设备，实现独立于集中控制系统的对于现场侧物理对象的直接控制	智能终端传感设备的集成

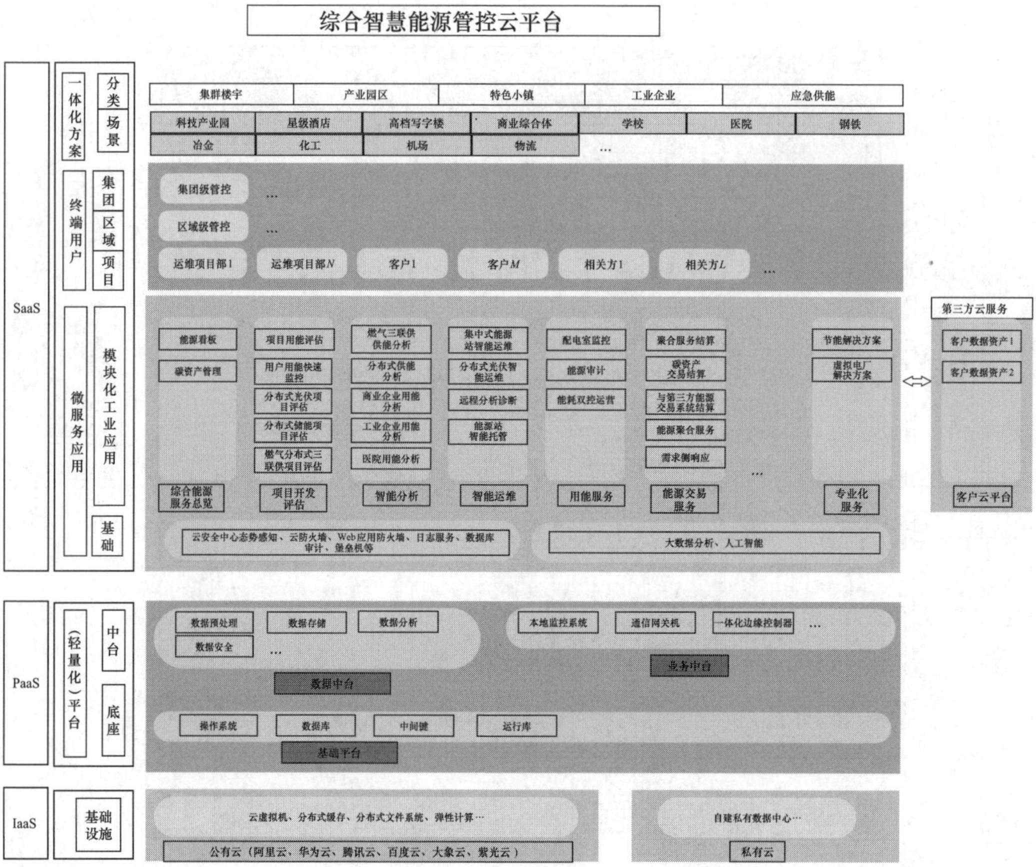

图 4-44　综合智慧能源管控云平台服务架构

表 4-24　　　　　“云平台”部署的智慧管控平台的技术服务模式

云平台层级	服务内容	内容说明	IaaS 服务模式	PaaS 服务模式	SaaS 服务模式
数据层	数据信息	数据安全、数据分析、数据传输	U	U	U
应用软件层	终端用户软件	用户管理、个性化界面服务（集团级、区域级、项目级）	U	U	S
	应用软件（综合智慧能源）	综合能源总览、项目开发评估、智能分析、智能运维、用能服务、能源交易服务、综合能源专业化服务（节能、虚拟电厂等）	U	U	U/S
	应用软件（通用软件）	数据深度分析、人工智能（artificial intelligence，AI）、视觉识别（visual identity，VI）等	U	U	S
	第三方通信	客户数据资产接口	U	U	U/S
	网络安全服务	云安全中心态势感知、云防火墙、Web 应用防火墙、日志服务、数据库审计、堡垒机等，实现等级保护相关的服务	U/S	U/S	U/S

续表

云平台层级	服务内容	内容说明	IaaS 服务模式	PaaS 服务模式	SaaS 服务模式
平台软件层	中间件	消息中间件、交易中间件、应用服务器等	U	S	S
	运行库	平台软件运行需要的库文件	U	S	S
	数据库	结构数据库、非结构数据库	U	S	S
	操作系统	Windows、Unix、Linux、Mac OS X、DOS 等	U	S	S
基础设施层	服务器、虚拟机	服务器、内存、显卡、虚拟化服务	S	S	S
	磁盘柜	磁盘存储器	S	S	S
	计算机网络	路由器、通信带宽、网络虚拟化技术	S	S	S
	机房基础设施	机房及配套的电源容量及用电等级、空调等设施	S	S	S

注 “U”代表租户负责；“S”代表云服务商负责。

（二）监控方式

“云平台”部署的综合能源系统均采用浏览器和服务器（browser server，BS）架构实现监控，即系统部署在云（无论是公有云、私有云还是混合云），而用户通过浏览器访问 Web 服务器来实现对数据的访问。同时，在监控的管理上采用分级管控（集团、区域、项目），在集团设置监管平台，实现对全集团所有综合能源项目的总体监控，主要关注全集团项目前期管理（发起、立项、建设的过程及结果），对各二级公司已建项目实行关键指标管理（经营、安全、质量的指标完成情况，与其他集团的对标管理）、综合能源技术发展趋势跟踪及管控；在二级企业建立区域级综合能源监管平台，负责具体管控区域内综合能源项目的监管（区域综合能源项目建设、经营、安全情况实时监视），以及对项目关键指标的偏差进行及时预警、告警，并实时与项目公司进行及纠正；在项目公司建立项目级的综合能源监控平台，通过对项目运营设备、系统的实时监视，对关键指标进行智能分析，预测故障及偏差，提前预警和预测性检修、维护，实现对项目的精准管控。同时，在项目级综合能源监管平台中实现与客户的实时沟通，将客户关心的数据及信息及时通知客户，将客户对项目的意见及反馈及时发送到项目管理团队，便于快速响应，提升客户满意度。

“云平台”部署方式通常采用的监控方式有：① 方式一：专用系统，BS 架构，只要是能上网的设备通过网页访问就能随时进行监控；② 方式二：移动 App，通过手持设备进入应用系统后，就能实现对系统的访问；③ 方式三：微信小程序，通过微信进入相应的小程序，实现对特定数据的访问，同时在每种监控方式下，都采用分级管控，实现对不同页面、不同设备运行状态及操控的监视、控制的权限。

在实际工作中，由于综合能源项目数量多、分散，牵涉人员庞杂，不能只采用某一种方式来有效地对项目及系统进行监控，而需要采用多种方式相结合，来保证系统的安全、高效运行。

（三）数据采集

通常采用直接测量、非侵入式测量、物联网网关三种方式。

1. 直接测量

针对老旧的传统能耗表计计量准确性不足、对测量精度要求提高、对现有供电设备测量精度要求提高、需要进行远程数据采集等问题，可以采用更换精度更高的智能表计等措施，实现对能耗等数据的实时采集。通过物联网网关进行汇总后，集中传输到综合智慧能源智能管控平台的物联网管理中心进行解析。

2. 非侵入式测量

很多综合智慧能源项目是对原有能源供给及消费系统进行改造，其对于能源信息数据的监视采用的是传统的机械或模拟数据传输仪表，无法实现测量信息数字化转换，为此，可以采用智拍图像识别［图像进行光学字符识别（optical character recognition，OCR）转换］、边缘计算终端（data transfer unit，DTU）红外电能数字化（红外数据转换）等方式实现对已有仪表测量值的数字化转换。

（1）智拍图像识别。在不更换表计的情况下，可以在原有非远传仪表上加装一个智拍图像识别抄表终端，通过终端上的摄像头对仪表读数区域进行拍照，并上传照片到数据服务器，调用图像识别算法自动识别表计读数，进而为能耗监控提供数据。其优点是对原有表计不改造。

（2）DTU 红外电能数字化。DTU 红外电能数字化主要适用场景是使用红外读表器（RC）连接边缘计算终端，定时读取计量柜电表数据。DTU 红外电能数字化的红外数据采集原理如图 4-45 所示。

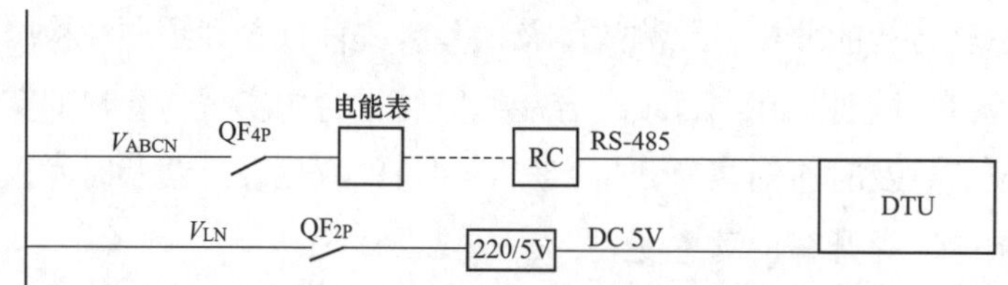

图 4-45　DTU 红外电能数字化红外数据采集原理

3. 物联网网关

物联网网关对现场多种采集设备的数据（数字信号、视频信号等）进行汇总，上传到综合智慧能源平台的物联网中心。物联网网关采集数据原理如图 4-46 所示。

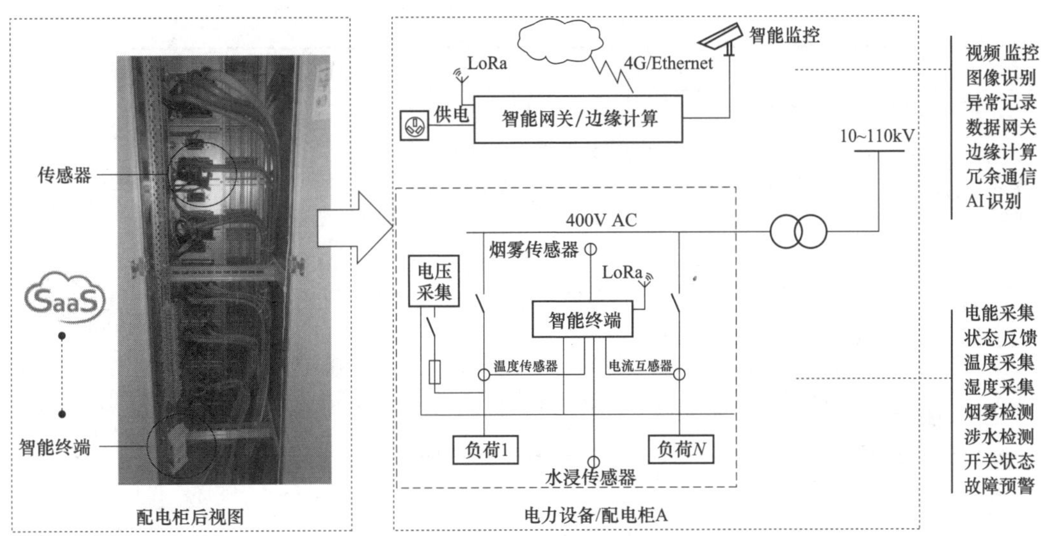

图 4-46　物联网网关采集数据原理

（四）网络传输

综合智慧能源项目现场设备与智能终端、边缘服务器、物联网网关、云平台的物联网管理中心之间采用的介质、协议应该满足功能需求。“云平台”部署的智慧管控平台的网络传输方式见表 4-25。

表 4-25　“云平台”部署的智慧管控平台的网络传输方式

分类		说明	优点	缺点
有线传输	现场总线（Can、Profibus、Modbus、CC-Link 等）	解决工业现场的智能化仪器仪表、控制器、执行机构等现场设备间的数字通信及现场控制设备和高级控制系统之间的信息传递问题，网络带宽 1～40Mbit/s，传输距离为 50～1500m	数据传输可靠性高、传输速率较大，能与现场大多数智能设备快速完成通信的软、硬件接口	数据只能在专用总线内传输
	工业以太网	应用于工业控制领域的以太网技术，在技术上与商用以太网（即 IEEE 802.3 标准）兼容，在国内满足 IEC 61850 标准，网络带宽 10Mbit/s～100Gbit/s，传输距离超过 40km	数据传输速度最快，安全性强	对于分布式系统需要大量布置网络线路及设备，投资高
无线传输	工业无线局域网	应用于工业控制领域的无线局域网技术，在技术上与商用无线局域网（即 IEEE 802. 11 标准）兼容，在国内满足 IEC 61850 标准，利用 2.4GHz、5GHz 频段，网络带宽 54～1300Mbit/s，传输距离不超过 100m	网络布置方便	抗干扰能力差，功耗中等
	移动运营商无线网络	利用移动通信网络（2G/3G/4G/5G）实现数据 200kbit/s～100Mbit/s 的通信带宽，传输距离受基站影响	充分利用公共无线基站，实现廉价数据通信；数据传输速率较高	数据安全性较差，抗干扰能力较差

续表

分类		说明	优点	缺点
无线传输	短距离低功耗网络（LoRa、Zigbee 等）	LoRa：低功耗广域网技术，利用 433M、868M、915M 等公共频段，带宽 10～50kbit/s，距离 2～20km； Zigbee：利用 2.5G（国际），915M（美国），868M（欧洲）频段通信，带宽 20～250kbit/s，传输距离为 30～100m	LoRa：远距离，低功耗； Zigbee：近距离，低功耗	低速率，抗干扰能力较强
电力载波	利用电力线路加载高频信号进行传输	频率使用范围为 40～500kHz，传输距离从几十米到几百千米	利用已建成的电力线路，成本最低	使用频段容易受电磁干扰；数据传输量及距离受电力电缆负荷影响，变化较大

（五）安全

综合能源数据属于工业互联网数据，其一般具有较高的商业价值，关系企业的生产经营，一旦遭到泄露或篡改，将可能影响生产经营安全，部分可能还会影响到国计民生甚至国家安全。

综合智慧能源项目安全防护将依照国家和企业综合智慧能源平台或客户要求来建设，其框架参照《网络安全法》《国家能源局关于加强电力行业网络安全工作的指导意见》（国能发安全〔2018〕72 号）、国家网络安全等级保护 2.0 安全防护体系和 GB/T 37973《信息安全技术 大数据安全管理指南》，从云计算、移动应用、物联网、大数据等方面，梳理项目的安全防护体系建设思路，提升系统的安全防护能力。

1. 安全原则

（1）“等保合规”原则。综合能源服务软件开发时，应满足国家关于网络安全要求。有上级单位的，按上级集团综合智慧能源服务平台的等级保护要求；无上级单位的，按本公司的网络安全要求来确定。

（2）“三同步”原则。综合智慧能源服务平台遵循《网络安全法》要求，充分考虑安全建设与信息系统建设的同步性，保证安全技术措施与信息系统同步规划、同步建设、同步使用。

2. 全场景安全防护框架

安全防护框架的构建，需要针对不同的防护对象部署相应的安全防护措施，按照防护、检测、响应、预测安全体系，根据实时监测结果发现网络中存在的或即将发生的安全问题并及时做出响应，同时加强安全防护闭环管理。

3. 安全防护对象

防护对象视角主要包括设备、控制、网络、应用、数据五大防护对象，智慧管控平台安全防护对象如图 4-47 所示。

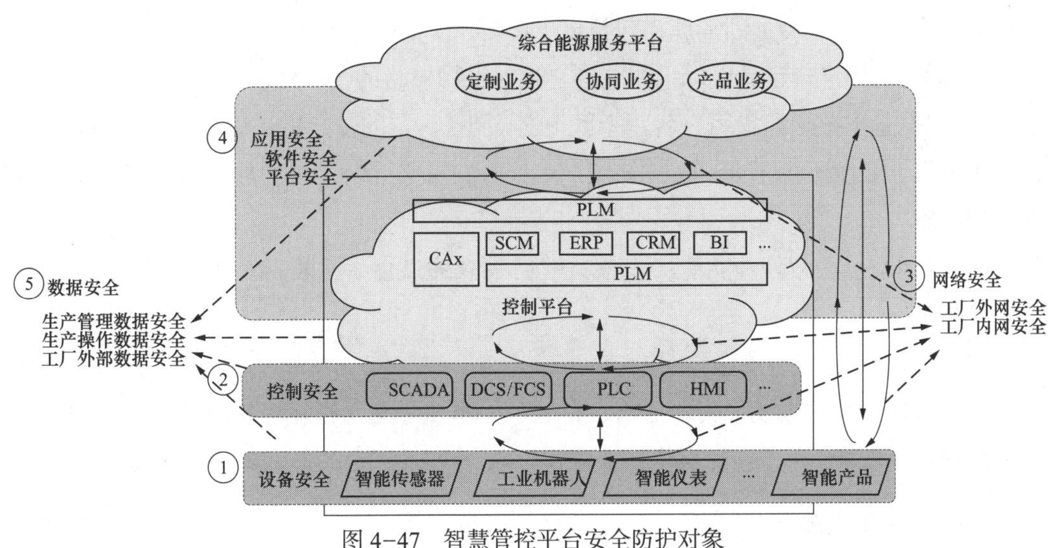

图 4-47 智慧管控平台安全防护对象

（1）设备安全。包括综合能源项目现场测控设备、保护设备、智能仪表、智能产品及其他装置的安全，具体涉及设备自带的操作系统 / 应用软件的安全与设备硬件安全两方面。设备安全相关工作专业性强，通常由制造厂在设备设计、制造和成套阶段采取针对性的措施来保障。

（2）控制安全。包括数据采集与监视控制系统（supervisory control and data acquisition，SCADA）、可编程控制系统（programmable logic controller，PLC）、厂级监控信息系统（supervisory information system，SIS）、DCS、NCS 采集系统等控制协议安全、控制软件安全和控制功能安全。

（3）网络安全。包括能源生产、管理和应用的客户内部网络、外部网络及各区域边界等的安全。综合能源服务项目网络安全示意图如图 4-48 所示。

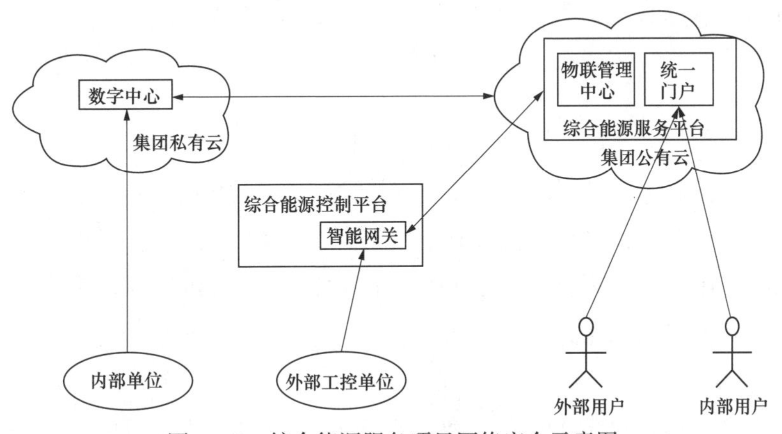

图 4-48 综合能源服务项目网络安全示意图

（4）应用安全。包括项目安全与工业应用程序安全。为提高应用系统安全性，应用系统需要进行一系列的加固措施，包括以下内容：

1）对登录用户进行身份标识和鉴别，且保证用户名的唯一性。

2）根据基本要求配置用户名 / 口令，必须具备一定的复杂度。口令必须具备采用 3 种以上字符、长度不少于 8～12 位并定期更换。在有必要时还可增加短信验证等临时身份识别措施。

3）启用登录失败处理功能，登录失败后采取结束会话、限制非法登录次数和自动退出等措施。

4）其他客户要求的安全体系。

（5）数据安全。涉及采集、传输、存储、处理、分发和删除等各个环节的数据，以及用户信息的安全。

（六）云平台与第三方通信

1. 第三方通信

综合能源管控云平台与第三方实现通信的方式有多种，但常用的是通过 API 在 SaaS 层进行数据通信。通信时，需要双方就通信内容、通信协议进行详细确认。另外，由于综合能源业务涉及面广，在有些领域需要专业的技术团队来完成诸如节能、工艺优化、第三方专项服务等工作，这时，可以以微服务的方式将第三方的专业软件嵌入综合能源智慧管控云平台中，来实现技术融合。

2. 综合能源服务应用融入其他平台

小型的综合智慧能源服务平台与大型的综合智慧能源服务平台或管控平台实现业务融合时，可以将小型综合智慧能源服务平台中的成熟应用以微服务的方式进行封装，在新的平台中实现相关的成熟业务的应用。这样就能既保留原来已成熟的业务，又能使后续新的应用能在原有系统的数据基础上实现扩展，最大限度地保留原有系统的数据资产，实现业务的无扰转移。综合能源管控云平台以微服务的方式与第三方平台融合如图 4-49 所示。

（七）综合能源管控云平台应用

综合能源管控云平台应用是综合能源智慧管控平台的核心内容，但由于综合能源管控云平台技术目前存在的时间延迟（从几秒到几分钟都有可能），无法满足项目实时控制方面的需要。因此，在功能应用方面进行了划分：对于实时控制，由本地部署的边缘控制器实现；对于管理、优化（非实时）及数据分析，由云端负责。

1. 边缘控制

边缘计算是一种新的计算模式，边缘计算的核心思想是在数据的源头进行分析和处理，使得各类设备拥有自己的“大脑”，边缘计算模式如图 4-50 所示。需要强调的是，

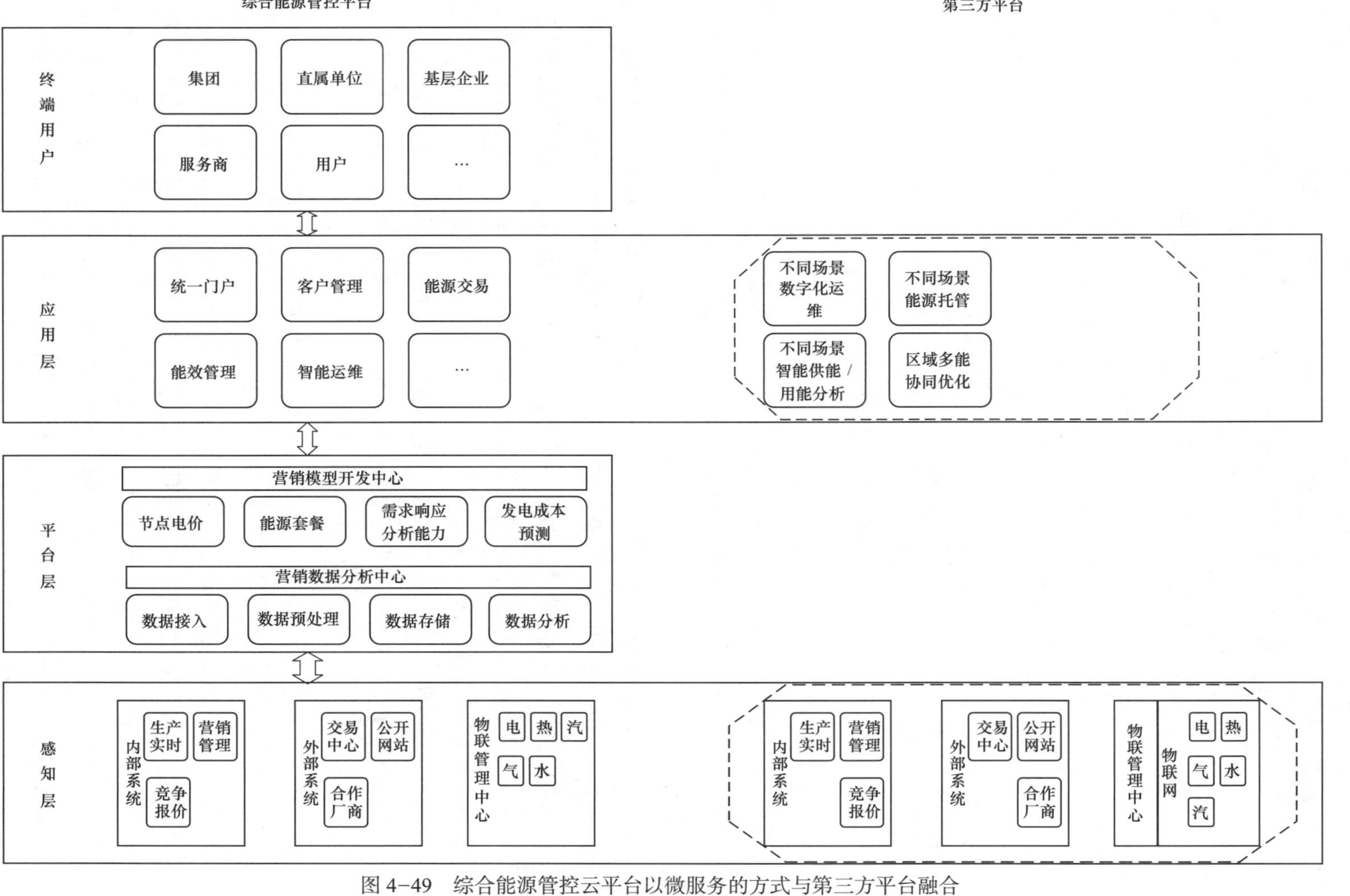

图 4-49 综合能源管控云平台以微服务的方式与第三方平台融合

边缘计算并非完全取代云计算的职能，而是对云计算的补充和延伸：云计算的强大数据处理和存储能力为边缘计算提供支持；同时，边缘计算可有效应对海量数据和隐私数据处理，为云计算减负，从而满足低功耗、低时延、高隐私、高速率等技术需求。

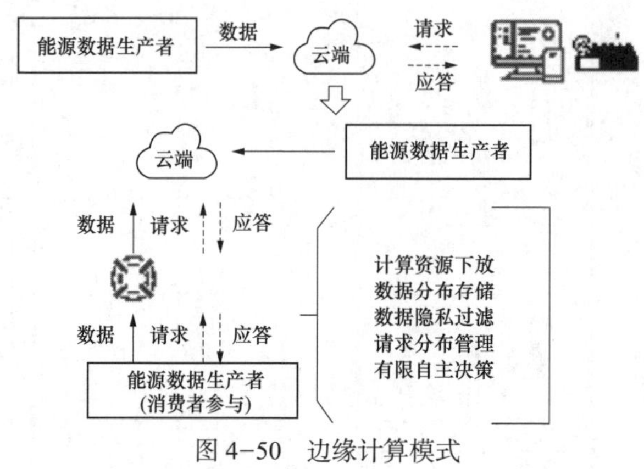

图 4-50　边缘计算模式

2. 云边协同

（1）实现控制指令的多路径并行处理。在高速通信的基础上，边缘计算通过拓宽综合能源系统运行控制指令下发执行的路径，实现多路径并行处理，提高控制响应速度，降低计算时延。

1）从云－云交互到云－边交互，再到边－端交互。综合能源系统需要类似电力系统三级调度的集中式控制中心，如城市级综合能源管控系统，可与其他城市进行信息交换，实现多能互补，以充分发挥城市间不同能源的互补调节能力，保障能源稳定供应。此路径与传统集中式控制模式相似，由云数据中心制定调度方案，经边缘侧任务分配，最终将指令下发到各终端设备执行。

2）从边－云交互、云－边交互到边－端交互。边缘侧具有部分自主决策权限，如底层为微电网能量管理系统，微电网能量管理系统可根据内部运行情况形成控制方案，上传至云数据中心进行审批，审批通过后再下发到各终端执行。此路径下顶层控制中心决策权弱化为审批权，计算量大大减少，可确保不影响全局安全稳定的控制指令得到快速响应和执行，从而提高综合能源系统的运行效率。

3）从边－边交互到边－端交互。边缘侧进行自主决策，指令直接下发至终端执行。此路径适用于用户隐私要求高、响应速度要求高且无须进行云审批的场景，如用户请求查看电、热、气能源消费数据及参与市场的收益情况，或对空调、冷热电三联供进行合理的出力调整等。在确保安全的前提下保证对用户服务响应的及时性，提升用户体验。边缘计算站用于解决实时控制优化，云边协同。采用现场部署，既保证与云端的互动，又能单独完成部分的分析、优化工作。

（2）实现分级多层次决策的高效协作。计算、存储和通信资源可分散布置是边缘计算的基本特征。通过对这些分布式灵活性资源的有效组织和利用，多层之间实现高效协作。

1）层层数据过滤，有效保护隐私。对于用户隐私性要求较高的业务，可选择在本地边缘计算节点进行计算，必要时仅将经过处理的特征量发送至云数据中心或其他边缘节点，从而避免泄露用户的真实数据，更好地保护用户隐私。

2）计算迁移灵活，减缓传输压力。对各类能源终端元件产生的数据进行预处理，过滤无用数据，避免海量数据侵占带宽资源，造成传输阻塞；对边缘设备计算力进行动态评估和任务划分，防止边缘设备任务过载，影响系统性能。

3）集中分布协同，提高决策效率。云计算与边缘计算协同的控制方式，既保留了传统集中式控制计算能力强、存储空间大等强项，又可发挥分布式控制响应灵活、可扩展性好的显著优势。

3. 云端控制

针对综合能源项目的管理、优化等功能都将在云平台实现，这与本地部署系统基本一致。

四、智慧管控平台典型案例

（一）国外典型案例

传统能源服务起源于20世纪中期的美国，主要是为了对现有的建筑进行节能服务，其主要商业模式是合同能源管理。随着社会的发展，基于分布式能源的能源服务在美国出现，主要针对新建项目进行热电联供、光伏发电、热泵、生物质发电等可再生能源利用技术的推广，其融资额度更大，商业模式更加灵活。随着互联网、大数据、云计算等技术出现，融合清洁能源与可再生能源的区域微电网技术的新型综合智慧能源模式，即综合能源智慧管控平台开始诞生。近年来，国外能源电力企业积极挖掘能源数据并发展各类专业平台，以围绕用户需求打造一体化综合能源管理平台。通过投资并购能源电力数据分析、专业平台建设领域的中小企业，整合用能监控、需求响应、电动汽车、储能等多领域专业平台，构建一体化服务的趋势已经显现。下面对欧盟、美国、英国和日本的典型案例进行介绍。

1. 欧盟（意大利）

全球第二大电力公司——意大利国家电力公司（Enel）于2016年成立了意电综合智慧能源公司（Enel X），面向工商业客户、交通、城市和家庭4类客户用于提供数字化产品和各类增值服务，包括能源效率提升服务、需求侧响应服务、电动车充电服务、物联网服务和光纤服务等。

Enel X于2017年收购世界最大的需求响应提供商EnerNOC获得了能源管控平台的开发能力；通过收购eMotorWerks，并利用JuiceNet平台来整合电动汽车充电服务；

通过收购 Demand Energy 公司，利用其公司的 DEN.OS 平台来拓展储能和微电网服务。意大利国家电力公司通过收购以上公司实现了各专业平台的整合，实现了对电动汽车、储能、灵活性能源需求的智能管控等功能。2017 年 Enel X 收入 10 亿欧元，毛利 4 亿欧元。

Enel X 凭借出色的智慧管控平台收获了众多合作伙伴，其中包括全球最大的造船商之一芬坎蒂尼（Fincantieri），其将通过综合能源智慧管控平台、储能、可再生能源等系统来实现零碳港口的建设。Enel X 还将与安大略省的独立电力系统运营商（IESO）和监管机构安大略能源委员会合作部署一个试点电池储能项目的部署，将用户侧电池储能系统和需求响应设施通过综合能源智慧管控平台相结合，以使电网运营更加稳定可靠。

2. 欧盟（德国）

德国更侧重于能源系统和通信信息系统间的集成，其中 E-Energy 是一个标志性项目，并在 2008 年选择了 6 个试点地区进行为期 4 年的 E-Energy 技术创新促进计划，总投资约 1.4 亿欧元，包括智能发电、智能电网、智能消费和智能储能 4 个方面。该项目旨在推动其他企业和地区积极参与建立以新型信息通信技术（ICT）通信设备和系统为基础的高效能源系统，以最先进的调控手段来应对日益增多的分布式电源与各种复杂的用户终端负荷。通过智能区域用能管理系统、智能家居、储能设备、售电网络平台等多种形式开展试点，最大负荷和用电量均减少了 10%～20%。

2016 年 12 月，德国“智慧能源—能源转型数字化”展示计划（SINTG）正式启动，该计划在德国五个大型示范区域进行能源数字化研究及试点项目，核心在于发电侧与用电侧的智能互联，以及创新电网技术、运营管理及商业概念的应用，以测试能源转型数字化的新技术、服务、流程和商业模式。其中包括 C-sells 示范项目、Designetz 示范项目、enera 示范项目、NEW4.0 示范项目、WindNODE 示范项目。

C-sells 示范项目要建立一个由众多较小的电力生产者（如某个地区、城区或居民家庭住宅）构成的电力系统，这些小型电力生产者相互连接，并实现在自身生产电力富余或匮乏的情况下自动互联和互相补给。C-sells 示范项目包括巴登 - 符腾堡、巴伐利亚和黑森三个联邦州。这三个州被划分成 30 多个的电力生产示范区，其通过数字技术相互连接，电力生产示范区内富余的电力将被自动输送到其他需要电力的地方，供需自动平衡后仍然富余的电力则被储存起来。为了实施这一方案，C-sells 示范项目开发了一个数字信息系统，这一数字信息系统囊括了本地区的所有电力服务商，可以实现数据的自动交换，自动采取稳定电网的措施。

Designetz 示范项目研发了一个连接北莱茵 - 威斯特法伦州、莱茵兰 - 普法尔茨州和萨尔州所有配电网的联合系统，项目的核心是建立一个数字化智能配电网，使配电网在分布式电力生产越来越多的情况下从“单向车道”变为“双向车道”，使示范区内的电力生产和需求得到更好的平衡，必要时也能满足跨地区电力供需平衡的需求。

enera 示范项目位于下萨克森州的西北部，该示范项目主要任务为将电力系统变得灵活化，使区域内的风力资源能得到最大程度的利用。该示范项目将风电设备、储能设施、居民家庭和工商业电力用户连接在一个区域性虚拟发电厂中，为区域内的能源产品提供了一个数字市场平台。智能电能表和电网中的约 1000 个电子节点准确地记录了电力消耗的时间、地点和数量，相关的技术实施将根据这些数据信息自动采取相应措施，灵活的工业企业安装了相应的调控技术，可根据绿色电力的供求情况来调控工厂的生产，灵活的峰谷电价鼓励消费者尽量错峰用电。该示范项目还将建立一个智能家用 App，让电力消费者合理避峰，通过太阳能储存装置或夜间储能采暖装置等手段节省电费。

NEW4.0 示范项目将汉堡和被称为风能中心的石勒苏益格－荷尔斯泰因州连接在一起，目标是到 2035 年实现 100% 的安全和经济的可再生能源电力供应。目前，石勒苏益格－荷尔斯泰因州的风电机组因输电网瓶颈而不得不减产或关停，为了解决这一问题，NEW4.0 示范项目研发了一个可使电力消费动态地适应电力供给的数字系统。该系统一方面将改善本地区的电力输出，另一方面将项目所有相关方以及电力生产、储存、输送和消费等要素全部用数字技术连接在一起。

WindNODE 示范项目涵盖了德国东部六个联邦州。这六个联邦州目前的电力消费有一半来自可再生能源。该示范项目的重点是要创造灵活性选项，通过一个数字能源系统将这些灵活电力用户连接在一起，让电力用户自主或自动根据电力生产情况来调控各自的电力消费。

3. 美国

美国在数字化领域投资规模和初创公司数量均为世界第一，为能源系统数字化发展提供了充足的资金和完整的供应链。截至 2017 年，美国在数字化领域的风险 / 私募股权投资总量达到 1250 亿美元，其中能源领域新型数字化服务企业获得了充足的资金支持，在能源信息融合技术方面做出了大量探索。

美国的能源互联网公司——奥能公司（OPower），在全球已与 100 家公用事业企业建立服务协议，为超过 6000 万户的家庭提供能效管理。OPower 借助先进的数字化通信手段，与客户建立联络平台，通过分析公用事业公司的能源数据和其他各类第三方数据，为用户提供节能方案。家庭层面，OPower 基于大数据与云平台，提供节能方案，其基于可扩展的 Hadoop 大数据分析平台搭建家庭能耗数据分析平台，通过云计算技术，实现对用户各类用电及相关信息的分析，建立每个家庭的能耗档案，形成用户个性化的节能建议。公用事业企业层面，电力企业选择 OPower，购买相关软件并免费提供给其用户使用，OPower 为用户提供个性化节能建议，同时也为公用电力公司提供需求侧数据，帮助电力公司分析用户电力消费行为，为电力公司改善营销服务提供决策依据等。

甲骨文创始人之一 Thomas M. Siebel 创办的 C3 Energy，通过集成大数据形成分析引擎，提供电网实时监测和即时数据分析，同时也能对终端用户进行需求响应管理。另外，拥有大数据可以产生更多的商业模式，如用于节能建筑设计等。

美国南方电力公司（Southern Company）于2016年收购PowerSecure公司，进而获取IDG（Indigo Pacific公司提供的数据监听和变换系统）能源管理平台，该平台能够管控分布式能源、需求响应等一系列资源，实现能源的优化利用。

4. 日本

东京电力公司认为电力行业正在从提供产品向提供服务转变，从单一服务向综合服务转变。为此，东京电力公司调整经营战略，以满足客户综合服务需求为导向，构建集输配电平台、基础设施平台、能源平台、数据平台于一体的信息系统，全力支撑其综合智慧能源业务发展。

输配电平台是传统电力系统的升级，既能接纳大规模发电，又能高效吸纳分布式可再生能源，还能协调发电侧与用户侧，实现供需高效平衡，是最核心的基础平台。基础设施平台以输配电平台为依托，以“就近消纳、就地平衡”为原则，融合分布式能源、供热供水系统、电气化住宅、电气化交通网络等基础设施，形成区域性综合智慧能源系统，实现了输配电设施与其他基础设施的信息互动。能源平台融合电力、燃气、热电联产、氢能、蓄电池、基于电动汽车的移动储能等多种能源设施，实现多能互补、合理共享，是以电为中心的输配电平台在其他能源领域的延伸。数据平台是渗透各个平台的神经中枢，通过收集、分析各个平台、设备以及客户的信息，为平台、设备、客户间的深度融合与紧密互动提供有效保障，为综合智慧能源业务顺利开展提供强大的数据支撑。

为了更好利用自身作为发输配售一体化平台的优势，东京电力公司于2018年2月成立Energy Gateway公司，并引入战略合作伙伴Informeties公司。该公司基于物联网平台，利用非入户式负荷分离技术对用户用电信息进行收集，形成商业化的用电数据。Energy Gateway一方面对用户能源管理系统进行规划和设计，另一方面将信息进行分析和加工，提供给其他服务型企业，这些服务型企业可以进一步为用户提供包括能源服务、能源管理服务、警备等多种服务。

（二）国内典型案例

1. 产业园区型

（1）国能龙源环保有限公司在国内首创基于过程工业大数据的边缘端火电智能环保平台，该平台提供智慧监盘、智能预警、智能分析、智能控制等服务。其中，智慧监盘服务实现从人工监盘到系统监盘的突破，智能预警服务实现从故障报警到智能预警的突破，智能分析服务实现从报表统计到智能分析的突破，智能控制服务实现从云端指导到智能控制的突破。此外，该平台还可实现火电脱硫系统的少人值守、无人操作，预知性维护、状态检修，闭环控制、全系统智能控制，整体提高系统的可靠性、经济性。

（2）华润电力控股有限公司为太谷经济开发区定制化开发园区级能管平台，提供碳排放监测、绿色能源统计、园区企业用能分析、企业用电健康诊断等功能，助力园区和企业转型升级，满足园区管委会对绿色低碳能源管控的以下需求：

1）通过规划方案提出建设“集中＋分布”耦合的两级能源站，解决远期 515MW 电力、320MW 制冷和 260MW 采暖需求。

2）通过平台赋能对太谷经济开发区 40 多家企业集中智慧用能管控。

3）在线监测重点能耗企业，为园区管委会监管提供有力的数据支持。

4）全方位展示园区能源使用占比，有效掌握园区绿电占比和碳排水平促进园区节能减排。

5）企业用电安全预警，提升园区企业的生产安全性。

（3）华电综合智慧能源科技有限公司在山东沂源经济开发区采用“华慧云”平台技术在县域开发区进行云部署的应用，系统采用云、管、边、端四级架构来监控产业园区电、冷、热、水、气等能源，平台开展以下多种综合能源业务。

1）综合能源服务管控平台。建立小型的综合能源服务管控平台，实现对开发区综合能源服务各种场景的技术支撑，如数据收集、展示、分析、管控。

2）分布式光伏场景应用。接入开发区已有光伏项目，实现光伏自发自用、余电上网的管理。

3）分布式储能场景应用。接入分布式储能项目，采用峰谷套利和需量调整（利用锂电池的快速放电实现降低工厂瞬时用电高峰，降低工厂变压器的需量电费）。

4）分布式光伏发电＋储能协调控制场景应用。利用云＋边缘的“光伏、储能系统协同控制器”，实现光伏发电系统、储能系统协同控制，最大限度降低光伏上网电量（提高自用率），以及根据工厂用能情况的变化，调整储能系统的充放电策略，更有效地利用储能系统。

5）光伏车棚＋充电桩场景应用。接入已建充电桩及光伏系统，利用平台实现“光伏＋市电”电动车充电服务。

6）工厂节能场景应用。针对工厂能效较低的电机（高启动转矩、较长期连续工作）进行节能改造——更换启动特性更好的磁阻电机（采用 IGBT 调频），实现工厂节能。

7）开发区能源重点能源监控。针对开发区用能排名前十的企业（开发区 319 家企业，前十的企业用能占 80% 以上）和一个电子产业园区（典型的产业园，23 家企业）加装监测仪表，实现对其用能的情况（水、电、蒸汽、燃气）的监测，同时建立开发区能源监管平台，实现对能耗、碳排放的监控。

8）能源聚合参与电力市场需求响应交易。对不能独立参加电力市场需求响应的用户，提供一个能源聚合平台，实现对用户的电能进行聚合，共同参与电力市场交易，获得电网提供的需求侧响应奖励。

2. 集群楼宇型

（1）中国华能集团有限公司基于“华能慧云”综合智慧能源平台为海口喜来登酒店建设一套智慧能源管控系统，平台应用场景覆盖中央空调系统、热水系统、配电系统等，平台功能应用涵盖了能源可视化、用能账单、运行监视、运维管理、优化调控及资产健康管理等十余类，实现运行监视、能源可视化、资产全生命周期健康管理、优化调控等功能，降低 20% 运维人员成本，大幅提升能源数字化水平。项目经改造后，每年可降低酒店能源系统运行成本约 137 万元，节能率超 20%。

（2）国网综合能源集团有限公司运用信息通信技术（ICT）为上海电力大学临港新校区打造了智慧能源管控系统平台，该平台可以有效整合用户能耗、设备运行状态等各类信息，实现资源优化配置和灵活调控，提高能源利用效率，促进可再生能源消纳。该平台依托智慧能源管控系统平台（智能能源管控系统总平台、智能微网子系统、建筑群能耗监测管理子系统等组成），结合需求响应和电能质量控制等技术，实现了用电信息自动采集、供电故障快速响应、综合节能管理、智慧办公互动、电动汽车充电服务、新能源接入管理和平台运营管理等“量身定制”功能。项目集成先进技术，比一般校园能耗降低 1/4，综合提升了校园的能源保障水平和后勤管理水平。

（3）华电综合智慧能源科技有限公司在北京华电产业园建立了集群楼宇型综合能源服务示范项目，针对其 25 万 m^2 的办公及商业集群楼宇开展综合能源服务，“华慧云”管控平台采用本地部署建设方式。该示范项目以“华慧云”管控平台应用为基础，通过搭建综合能源智慧管控平台，实现对电、空调水系统、生活热水系统、储能设备、用户侧末端设备的集中智慧管控。通过“华慧云”管控平台采集源侧多能互补系统数据、管网侧数据和楼宇侧数据，实现园区能源数据实时监控、趋势查询分析、运行报表统计、能耗分析等；建立负荷预测功能模块，实现园区未来 24h 用能负荷预测；通过优化分配功能模块，给出不同负荷需求下的设备最优运行组合和设备的运行负荷，提高整个园区能源利用率和降低园区供能成本，提高能源供应经济效益，实现节能减排。

3. 能源基地型

（1）国家能源投资集团有限责任公司（简称国家能源集团）“基石项目”是国家能源集团为实现管理数字化、智慧化部署的企业级重大项目，以提升国家能源集团运营协调指挥业务的信息化管理能力、提升一体化管控的集约化管理水平为目标，构建“系统、智能、共享、协同、安全”的运营指挥工作载体。“基石项目”覆盖煤炭、电力、铁路、港口、航运、化工六大业务板块，范围涵盖国家能源集团总部及 54 家子分公司、229 家三级生产单位，贯通国家能源集团 16 个运行系统，平台建设的主要功能有数据集成、在线监视、运营计划、智能调度、统计分析和应急指挥六大业务功能模块。

（2）国网冀北电力有限公司虚拟电厂示范工程是国网冀北电力有限公司打造的平台型、枢纽型、共享型的典型智慧能源服务平台，是“互联网 +”分布式能源的重要表现形式，也是“互联网 +”与电力行业的融合及应用。平台围绕分布式资源泛在接入、虚拟电厂市场运营和优化协同调控的业务环节，充分应用物联网、云计算、大数据、人工智能等现代信息技术、通信技术，实现分布式资源的万物互联、人机交互和市场运营，推动以电力为中心的冷、热、汽、水等综合智慧能源，促进能源流、业务流、数据流在电力市场的“三流合一”，为电网公司培育新的新的增长动能。

4. 智慧城镇型

（1）天枢一号综合智慧能源管控与服务平台由国核电力规划设计研究院有限公司牵头，汇聚国家电力投资集团系统全体科研单位共同研发。依托小岗村美丽乡村综合智慧能源示范项目，结合小岗村现有农村资源，保持特色，因地制宜，打造集智慧能源、智慧政务、智慧社群于一体的智慧乡村平台，实现能源网、政务网、社群网三网融合。预计每户每年节约冷暖费 150 元，每户每年节约电费 390 元，一期项目实现碳减排 929kg/年。

（2）岳阳城市绿色综合能源管家平台由三峡电能有限公司搭建的，基于数字孪生技术，从宏观视角展示城市的能源构成、碳排放、碳减排等一系列关键指标，提出了从基础设施、节能减排、产业升级、能效管理、保障体系五个维度的“智慧能源指数”评估体系；出具科学的能效诊断报告，有效提升智慧城市绿色综合能源现代化治理水平。

五、智慧管控平台技术发展

1. 发展趋势

（1）共享化。综合智慧能源既包含集中式能源系统，也包括分布式能源系统，且分布式能源系统在用户价值提升方面扮演着越来越重要的角色。分布式能源系统使得用户海量、分散、闲置的资源得以聚集和有效使用，暂时不需要且无法储存的能源资源拿出来交易，通过分享创造新的价值，产生额外收益，实现资源、信息、利益共享，风险共担。在综合智慧能源场景下，能源生产者和消费者的定位不再是一成不变的，企业和个人可以同时是能源消费者和能源生产者。例如，安装有分布式太阳能发电、风电的用户，可以选择在电价高峰时段使用自发的电力，电量盈余时还可以出售给电网；建设有储能系统的用户，在电价谷价时储存电能，电价高峰时使用储存的电能，或将储存的电能出售给电网获取差价。这种形式的能源共享，对电网削峰填谷调控具有重要意义，是综合智慧能源的重要社会价值之一。

（2）开放化。开放是能源互联网最核心的理念。因为开放而互联，互联产生价值，而创造新的价值是能源互联网的本质。因此，智慧管控平台作为实现能源互联网的基础性物理载体，也理所当然肩负起开放化的任务。开放不同能源类型，实现多能源互联，提升能效和新能源比例；开放不同参与者，实现大量用户和参与者的进入，促进能源共享交易和创新创业；开放标准和接口，实现丰富应用的开发，形成能源互联网生态圈的平台支撑。智慧管控平台对标互联网理念和技术深度融入的核心特征，将能够支撑多类型能源的开放互联，支撑众筹众创的能源互联网市场和金融，支撑高渗透可再生能源的接入和消纳，支撑能源运行、维护、交易、金融等大数据分析，具有集中分布的多层次自组织网络架构。

2. 展望

综合智慧能源是能源转型升级的重要引擎，也是能源革命的主战场。在平台经济和共享经济快速发展的大环境下，综合能源智慧管控平台将迅速由“蓝海”转变为“红海”市场。能源企业位于综合智慧能源市场的第一梯队，建立涵盖多种能源和多种服务的综合智慧能源平台，打造能源行业的“京东商城”，实现综合智慧能源产业基础智能化、产业链现代化，前程远大、任重道远。

国家战略将加速综合智慧能源智慧管控平台的快速发展。深刻理解综合智慧能源产业的国家战略价值，才能全面把握综合智慧能源产业发展方向和发展进度。随着综合智慧能源智慧管控平台的不断演化成熟，当其具备全生命周期优势时，将带来极大的全社会成本节约和可观的全社会福利增量，并且可以在全球竞争中获得国家竞争力优势，更好地践行综合智慧能源产业的国家战略价值。

综合智慧能源各参与主体之间虽然竞争异常激烈、各显风采，但对竞争焦点和商业模式发展的认识逐渐趋向统一。其竞争焦点从关键客户资源的竞争向供应链平台、产业平台的竞争梯次转移。商业模式向平台化、生态化、标准化、集成化的“四化”方向发展。

能源企业因输配电网络和发电资源的自然垄断性、电能在终端能源中的重要作用和庞大的客户资源，具备建立综合智慧能源平台的天然优势。现有的综合智慧能源产业链过长，存在一定的行业壁垒，大型能源企业和电网企业可带头对现有的产业链进行平台式整合，构建平台式价值网。

电网企业的综合智慧能源平台采用基础设施层、数据层、应用层三层架构，对应状态感知、优化控制和交互应用三个层级需求，包括能源供需管理、节能管理、撮合交易、能源托管服务等核心功能，采用省级平台、总部平台分步部署的方式。平台运行机制设计的关键是定位多边市场，激发平台的网络效应，确定平台的盈利模式。平台通过不断演化逐步完善核心功能，适应运营发展需要。面对平台不同演化阶段激烈的市场竞争态势，在平台初创期电网企业可采取电能替代取得竞争优势，在平台成长期采取高成本转换策略、排他性策略获取优势，在平台成熟期以平台包络主动出击保持并巩固核心领导地位。平台的发展需要从组织、人才、投融资和风险控制等方面保障。

智慧管控平台将针对能源互联及数据互联两个方面问题，在技术形态实现重大突破。一方面，平台助力实现能源系统的类互联网化，通过互联网理念实现改造升级，具体表现为多能源开放互联、能量自由传输和开放对等接入，解决物理层面的互联问题。

其中，多能源开放互联打破现有电、热、冷、气、油、交通等能源子系统相对封闭的现状，实现多能源互补，可以提高能源使用效率和可再生能源消纳能力；能量自由传输表现为远距离低损耗（或零损耗）、大容量传输、双向传输、端对端传输、选择路径传输（能源路由）、无线能量传输（能源 Wi-Fi）等，可以更灵活地控制能量流动，实现源、荷、储互动和能量优化传输，提高系统可靠性和稳定性；开放对等接入允许各种主动负荷，包括需求响应、分布式能源、电动汽车等的即插即用，实现设备和系统的自动感知、识别和管理。另一方面，“互联网 +”通过智慧管控平台融入能源系统，实现包括能源物联、能源管理和能源互联网市场，主要解决数据互联问题。“互联网 +”平台将形成能源互联网操作系统，有效管理能源互联网的各种资源，并提供开放接口支撑能源互联网丰富的应用。互联网为能源的运行、维护、交易和金融等提供开放的平台，支撑大量生产、销售、消费等环节用户的参与与对接。物联网、大数据、云计算、移动互联网等技术可以显著提高能源系统智慧管控平台的感知、管理和运行水平，为用户提供更加专业、便捷、个性化的服务，保障能源互联网的可靠、高效、绿色和便捷。用互联网理念改造传统能源行业，实现能源行业去中心化，建设开放的能源市场，降低成本，促进产生新的商业模式和新业态，形成能源互联网生态圈的支撑平台。

项 目 案 例

本章介绍 8 个不同类型的综合智慧能源项目案例供读者参考，且这 8 个项目均已建成运行，并取得了一定的经济效益、环保效益和社会效益。

第一节 向园区供能

本节介绍 4 个园区综合供能的项目案例。

一、湖北某园区多联供项目

1. 项目背景

湖北某园区尚无热电联产及集中供热企业，园区内各用热单位主要通过自建锅炉供热，环保设备落后、污染物排放分散且难以治理，迫切需要解决区域经济与环境协调发展问题。

为此，规划部门对该园区进行了总体规划修编，将向南发展列为园区主要的发展方向，并编制了产业园区总体规划，为各区域的发展明确了方向。根据发展需要，园区考虑新建大型热源点，在热、电、冷需求相对集中的区域建设天然气多联供项目，以减少该区域小锅炉的污染排放，提高热效率，改善区域环境，实现近距离供电，减少电网降压损失，达到能源有效利用，实现节能减排。

2. 能源供应方案

（1）电负荷。根据该市 2015—2020 年配电网滚动规划报告，结合最新负荷调整结果，预计全市社会负荷增长率为 7.63%。2017、2018、2020 年，该市预计全社会用电量分别为 100.57 亿、107.54 亿、123.03 亿 kW·h，其中 2016—2018 年的年均增长率为 7.16%，“十三五”期间年均增长率为 6.94%，电网负荷预测详见表 5-1。

表 5-1 电网负荷预测

项目	2015 年	“十二五”递增	2017 年	2018 年	2020 年	“十三五”递增
全社会最大负荷（MW）	1824	6.43%	2113	2275	2638	7.66%
全社会用电量（亿 kW·h）	87.97	6.36%	100.57	107.54	123.03	6.94%

（2）冷负荷。近期冷负荷为 3.5MW，远期冷负荷为 56MW。依据近期冷负荷需求，采用 0.8MPa、175℃蒸汽型溴化锂机组制冷，为用户提供 7/12℃冷水，蒸汽制冷能够提供制冷量为 3.8MW。

（3）热负荷。据统计，园区现有最大流量合计 123.4t/h，平均流量 87.4t/h。根据园区规划用地面积、类型考虑其热负荷需求，园区热负荷还有较大的增量空间。园区热负荷以工业热负荷为主，城市热负荷汇总、城市热源供热能力汇总见表 5-2 和表 5-3，供热平衡见表 5-4。

表 5-2 城市热负荷汇总

负荷	压力（MPa）	供汽量（t/h）	
		最大	额定
近期	1.3	155	106

表 5-3 城市热源供热能力汇总

热源名称	压力（MPa）	供汽能力（t/h）
2×77MW 天然气多联供项目	1.3	106（主汽减温减压最大可供 66×2=132）
备用燃气锅炉	1.3	50

表 5-4 供热平衡

项目	近期		
	压力（MPa）	供汽量（t/h）	
		最大	额定
城市热负荷需求	1.3	155	106
2×77MW 天然气多联供项目	1.3	182（含部分主汽减温减压蒸汽量）	106
备用燃气锅炉	1.3	50	0
供热平衡	1.3	0	0

综上可见，规划天然气多联供项目主要承担规划范围内 1.3MPa 的工业热负荷。机组正常运行状态下可满足额定供热需求，供热高峰时，热负荷不足部分通过能源站内调峰锅炉来补充，可满足 100% 的工业企业用汽需求，运行经济性和安全保障性较好。

从园区的实际热负荷来看，热负荷以工业负荷为主，各企业的生产大都为三班制连续工作，昼夜用热均匀，全年生产平衡稳定，基本无冬夏之分，热负荷波动较小、用热负荷较稳定。各企业工业用汽均为直接加热，用汽参数：① 压力为 0.5～1.2MPa，近期设计热负荷见表 5-5；② 温度不小于饱和温度（160～200℃）。

表 5-5　　近期设计热负荷

时段	折算至热源出口用汽量（1.3MPa、320℃，t/h）		
	最小	平均	最大
白天	60	106	155
夜晚	57	90	136

由于园区还处在发展过程中，特别是规模扩大后，园区内存有大量未开发的工业用地，热负荷发展具有一定的不确定性，因而园区对于暂无用户入住的工业用地，还需根据园区规划用地面积、类型考虑其热负荷需求。远期工业热负荷见表 5-6。

表 5-6　　远期工业热负荷

区域	蒸汽量（t/h）		
	最小	平均	最大
高新技术产业开发区	167.2	242.7	317.3

3. 装机方案

该工程规划 4 台燃气 - 蒸汽联合循环机组，配套建设 42.5km 供热管网。一期建设 2 台 77MW（2×54+2×23MW）机组和 2×25t/h 燃气锅炉，建设 20km 供热管网、天然气接收装置和液化天然气（LNG）储存气化一体设施（储罐容积 100m^3）、110kV 升压站（两台主变压器）、两回长度为 5.2km 和 4.2km 的 110kV 电力线路及 2.785km 取水管线。机组年发电量 8.01 亿 kW·h，年供热量 188.96 万 GJ。

项目配置两台 54MW 级燃气轮发电机组，两台 23MW 级抽凝式汽轮发电机组，23MW 级抽凝式汽轮机组如图 5-1 所示，综合智慧能源控制室如图 5-2 所示。

4. 案例特点

现代工业园区对环境、能源利用等方面要求较高。一方面，随着工业用户的入驻，该区域用户相对集中，用热需求量大且较为稳定，宜实行集中供热；另一方面，新区市政道路等基础设施尚未完善，有利于供热管网与市政基础设施同步建设，具有较好的实行集中供热的条件。

园区各用热单位主要通过自备小锅炉及电锅炉进行供热、供冷，能源利用率低、环保性能落后、排放分散且难以彻底治理，不能满足我国日趋严格的排放要求。该项目以清洁能源发展为中心，解决了园区能耗与环保的问题。

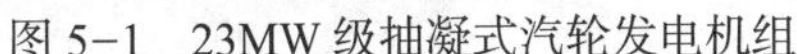

图 5-1 23MW 级抽凝式汽轮发电机组

图 5-2 综合智慧能源控制室

该项目采用冷热电多联供技术，适合推广到冷、热、电需求相对稳定的园区。

二、某产业园多能互补项目

1. 项目概况

某产业园占地 70 亩，拥有总建筑面积为 63152m^2 的综合大楼和生产厂房，共有 6 栋楼，产业园效果图如图 5-3 所示。

图 5-3 产业园效果图

该产业园内变压器容量不足，夏季用电高峰期需要采取限电措施。原有供冷、供暖设备分散布置，智能化程度比较低，设备利用效率较低，运营成本较高。通过新建天然气冷热电三联供机组、储能系统、屋顶光伏、智能光伏车棚、分布式低速风机、多能流能量管理系统，改造原有配电系统、原有供冷、供暖管网，制定了供电、供热、供冷一揽子能源解决方案。针对产业园用能痛点，制定了相应的技术方案和商业模式，降低了产业园建筑的单位能耗，减少了产业园用户的用能费用，实现了合作共赢。

2. 技术应用

按照“市电补充、削峰填谷、热电联产、多能互补、梯级利用、智能控制”的原则对该产业园进行设计。产业园装机示意图如图 5-4 所示。

产业园供能方案如下：

（1）天然气冷热电三联供机组。配置 1 台 1000kW 级燃气内燃机+1 台溴化锂机组。燃气内燃机参数如下：额定功率 1000kW，发电效率 41%，额定气耗 8788kJ/（kW·h），排气温度 465℃，NO_x 排放 500mg/m^3（标况下）；溴化锂机组参数如下：制冷量 1204kW，制热量 1122kW，冷（热）水温度 12/7℃（70/85℃），冷却水温度 32/37℃，

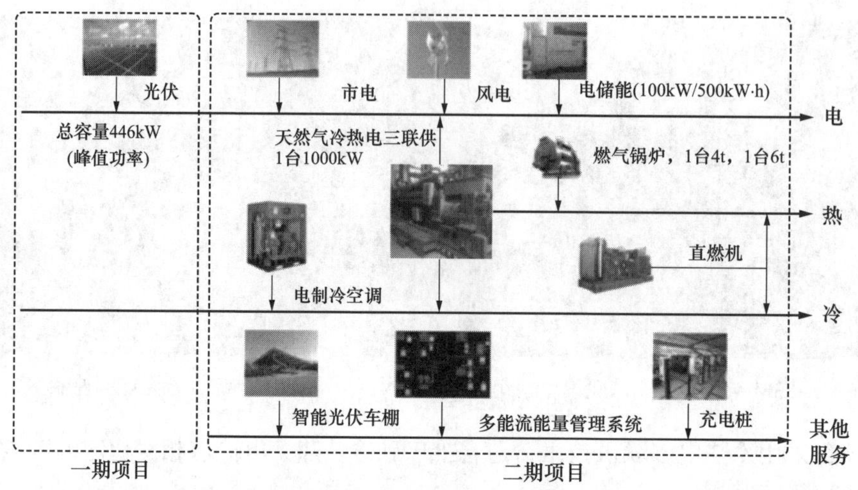

图 5-4　产业园装机示意图

冷冻（热）水流量：207/64.3m³/h，冷却水流量 408m³/h，烟气进出口温度 457/120℃，缸套水进出口温度 89/78℃。

（2）新建 100kW/500kW·h 的磷酸铁锂储能系统。该储能系统充放电循环效率大于 85%，电芯循环寿命大于 3500 次。

（3）供热供冷改造。对产业园供热供冷管网进行改造，将原有分散的供冷、供热系统分别串联起来，统一热源和冷源。

（4）风电系统。4 台 300W 分布式垂直轴低速风电机组。

（5）屋顶光伏。装机总容量为 446kW（峰值功率）。单晶 300W，单晶光伏组件 2 年功率衰降不超过 3%、10 年功率衰降不超过 10%、25 年功率衰降不超过 20%，组件转换效率 18.3%。

（6）充电设施。97.2kW 智能光伏车棚，6 台 7kW 充电桩。

（7）控制系统。新建一套 DCS，作为产业园能源系统总的监控中心，DCS 除监控新增的天然气冷热电三联供机组、分布式光伏系统（屋顶光伏和智能车棚光伏）、分布式风力发电、蓄电池等外，还将产业园现有燃气锅炉、直燃机、螺杆式冷水机组、冷水网、热水网等设备与系统的运行监视与远方控制功能纳入，实现在集中控制室操作员站上对产业园各类型能源设备的统一监视与控制。

（8）多能流能量管理系统。新建多能流能量管理系统可实现对产业园内冷、热、电能量的“源－网－荷－储”全方位的监视与控制调节，实现产业园能源系统的信息化与可视化，并在此基础上实现优化调度；可根据天气条件、用户负荷、能源价格等因素的变化，充分利用光伏发电等可再生能源，通过一系列优化算法，合理调度分配产业园内机组与储能出力，自动选择最经济高效的能源供应模式，天然气综合利用效率达到 85% 以上，分布式风力发电和分布式光伏发电自用率达到 100%；实现负荷侧的实时监测和智能控制，降低用户侧的能耗，最大限度地降低用户的用能成本。

3. 案例特点

（1）以用户为中心。该项目在开发阶段紧紧围绕用户用能痛点（变压器容量不足），制定相应的商业模式和技术方案，实现多方共赢。

（2）重视用能现状调研。编制产业园用能现状分析报告，获得了产业园的供电、供冷、供热设施现状及负荷情况，为后续商业谈判和方案制定提供了坚实的数据支撑。

（3）商业模式决定技术方案。在项目开发过程中，用户需求、边界条件、政策规定、谈判结果等随时可能发生变化，要根据商业模式的变化调整技术方案，保证项目的收益率。该项目应用了典型的多能互补技术，适合推广老旧工业产业园、科技园升级改造和新建科技园。

三、广东珠海某供冷项目

1. 项目背景

广东珠海某供冷项目位于珠海市南部，珠江口西侧，陆地面积约 86km^2，是中国（广东）自由贸易试验区之一。根据该区域供冷专项规划要求，为实现生态岛、低碳岛落地，开展区域集中供冷供热项目，该项目计划在六大片区内建设 10 个能源站，区域供冷系统覆盖酒店、学校、写字楼、商场等建筑面积约为 1500 万 m^2。

2. 供冷方案

（1）负荷特点。2012 年 5 月，该区域管委会颁布了区域供冷供热管理办法，规定该区域内的工业及民用建筑均应采用区域供冷供热系统提供的冷冻水及热水作为空调冷源及冬季采暖和生活热水的热源。这确保了此项目的专营属性，并保证项目发展具有稳定的增长负荷，降低了项目的经营风险。

（2）技术路线。通过采用冷热电三联供技术，冷热电联产将大电厂或热电厂变成区域能源中心，减少了能源、电力等输送的损失。冷热电联产的一次能源利用率可达 75% 以上，效率优于单一发电机和燃气－蒸汽联合循环机组。

建设区域供冷供热系统，使得建筑不需要再独立设置单体空调室外机、冷却塔等散热设备，能够显著降低热岛效应，与该区域“低碳岛”“生态岛”的建设目标相吻合。结合该项目的实际情况，经测算通过采用冷热电三联供技术和区域供冷系统，节能减排的效果非常显著。

3. 装机方案

该项目能源站及管网的设计与政府市政规划相结合。根据区域供冷供热规划，在政府市政道路规划中预留冷热管网，在市政道路或桥梁建设时，预留过路过桥管，以便后期冷热管网铺设。

（1）设专用的备用机组。为保障系统正常工作，每个能源站设置 1 台专用备用机组。

（2）蓄冰作为备用。系统采用冰蓄冷技术，备有制冷机组及蓄冰装置双重冷源，可靠性大大高于常规系统；融冰能够维持向有高端恒温安全需求的电子计算机系统供冷20h以上。

（3）各区域能源站互为备用。将各能源站之间通过冷水管路连接形成环状管网，充分保证供冷的安全性。如发生断电等特殊状况，可通过另一个能源站经两个能源站的联络管线提供应急供冷。

（4）多重能源。能源站采用电制冷、冰蓄冷、溴化锂吸收式制冷，可充分保障冷源的可靠性。

（5）备用发电机组。在区域范围停电应急情况下，利用柴油发电机组带动电动给水泵可保证蓄冰冷水在一定时间范围内实现不间断供冷，满足重要用户的用冷需求。

4. 技术方案

该项目在该区域建设区域供冷供热系统，采用冷热电三联供技术，实现能源的梯级利用，提高能源利用效率，实现节能减排和低碳经济、可持续发展。能源梯级利用措施如下：

（1）天然气发电（能源一级利用）。

（2）余热蒸汽汽轮机发电（能源二级利用）。

（3）蒸汽经管网输送到能源站，采用蒸汽型双效溴化锂制出6℃/7℃冷水（能源三级利用）。

（4）溴化锂冷机排出85℃凝结水及补充蒸汽加热热水，供生活用热水（65℃）（能源四级利用）。

对比单独采取中央空调的建筑（此区域公共建筑1500万m^2/年），采用区域集中供冷（热），节能减排社会效益显著。其每年可减少用于冷源电制冷的耗电量约4亿kW·h；减少使用18万t标准煤；减少排放约48万t二氧化碳；减少排放约1500t二氧化硫；减少建设冷水机房、配电房面积约14.4万m^2；节约单体建筑用空调制冷设备的总投资约20亿元；节约用于补充冷却塔的漂水损失约115万t；可使建筑电气的装机容量减少约334MW。

5. 案例特点

（1）两部制收费。该项目充分利用该区先行先试的管理创新优势，推行区域集中供冷，实行“两部制”收费模式。

（2）与当地政府形成紧密共同体。根据区域供冷项目的发展需要和同类项目的运营经验，投资单位适时引入有地方政府背景的合作伙伴组建能源发展公司，与当地政府形成更加紧密的共同体。增强了地方政府与广大用户发展、使用区域供冷的信心，营造了良好的市场环境。

四、河北某低碳示范园综合供能项目

1. 项目背景

该项目位于河北某市的中心区域，是全市高新技术产业的聚集区、对外开放的主导区和创新试验的先导区，致力于打造国内一流、世界先进的生命科学园区和全产业链、全服务链的创业创新生态系统。

该项目供能用户为制药厂和居民小区，拟开发总体负荷面积 87.34 万 m^2。该项目针对用户不同用能需求和所在区域的资源禀赋，充分利用该项目西侧污水处理厂输出的中水作为资源，建设以水源热泵为主的能源站，辅以储能、高温水调峰的能源供给方式，搭载综合智慧能源控制系统，实现区域内的清洁供暖。

2. 综合供能方案

（1）负荷特点。该项目所建设的屋顶光伏、垂直轴风电、V2G 反向充电和智慧路灯仅满足能源站自身用电需求，能源站所配套的冷热水管网，用于连接能源站与冷热用户，夏季为用户输送空调冷水，冬季为用户输送空调热水、地暖供暖热水，该项目各建筑物冷热负荷需求如下：

1）制药厂空调用冷（热）。过渡季及供冷季全天 24h 不间断供冷，供暖季不间断供热，且冷、热负荷波动较小（波动范围 0.8～1.0）。

2）办公楼及中试车间供冷（热）。供冷季 6:00—20:00 供冷，供暖季 6:00—20:00 供暖。空调末端均为风机盘管，与能源站冷 / 热水供应系统采取直接连接，空调供冷供回水温度需求为 7/12℃，空调供热供回水温度需求为 50/40℃。

3）住宅集中供暖用热。供暖季 24h 不间断供暖，底商为供暖季 6:00—20:00 供暖。末端均为地板辐射供暖，与能源站热水供应系统采取间接连接，地暖供回水温度需求为 45/40℃。

（2）技术路线。该项目采用“零碳”发展模式，耦合中水余热、光伏发电、风电、储能、充电桩和智慧路灯等多种能源供给方式，打造以中水源热泵为主的零碳综合智慧能源项目。项目主要包括集中式能源站（地上两层，总建筑面积 1700m^2）、集控中心楼及车棚顶面光伏（111.5kW）、垂直轴风机（2 座）、斜温层储能罐（1900m^3）、充电桩（2 根）及冷热水管网（长 2.28km）。项目可以为办公、科研、底商、住宅、厂房等类型的建筑供能。

3. 设计方案

（1）根据对该项目各用能建筑物冷热负荷特性分析结果，能源站供暖总装机容量为 33580kW，供冷总装机容量为 27800kW。同时，为了降低运行费用，设置冷热双蓄储能罐，储罐有效容积 1715m^3，蓄热量为 54000kW · h，蓄冷量 16000kW · h。

（2）该项目能源站共配置 6 台中水源热泵机组。其中，1 台中水源热泵机组为高温型机组，冬季供回水温度为70/43℃，夏季供回水温度为7/12℃，单台制热量6750kW，制冷量5400kW；3台中水源热泵机组为常规型机组，冬季供回水温度为55/43℃，夏季供回水温度为7/12℃，单台制热量6750kW，制冷量5400kW；1台中水源热泵为常规型机组，冬季供回水温度为55/43℃，夏季供回水温度为7/12℃，单台制热量3290kW，制冷量3100kW；1台中水源热泵为低温型机组，冬季供回水温度为55/43℃，夏季供回水温度为5/13℃，单台制热量3290kW，制冷量3100kW。

（3）能源站建筑物外形尺寸：48.00m×19.00m×11.00m（长×宽×高），地上两层。地上一层主要为水源热泵和配套设施，地上二层分别布置电气配电室、电子设备间、集中控制室、交接班室和参观走廊等。

（4）能源站引入的两路市政10kV（暂按）线路作为总电源，站内设置10kV/0.4kV降压变压器。同时，设置一套220V单相交流逆变输出不间断供电系统。

（5）该能源站水源热泵及辅助系统采用分散控制系统（DCS）或PLC进行控制，同时设置火灾报警及消防控制系统、数字式安防视频监视系统（含门禁、视频监控、入侵报警）。该工程采用GB/T 50549《电厂标识系统编码标准》编码标识系统。

（6）能源站的生产、生活和消防用水水源接自能源站外市政管网。站内供水管线与市政管网的设计分界为站区用地红线外1m。

（7）利用能源站屋顶和充电桩棚顶建设光伏发电系统。设置垂直风机2台。设置充电桩2座，含一台V2G充电桩系统。同时设置一套储热/储冷罐，容量1900m^3，实现削峰填谷。

4. 综合智慧能源控制系统

设置综合智慧能源控制系统，采用区域云的方式部署，通过系统可以管控配电侧电力信息、生产侧能源站信息、消耗侧电/冷/热/气综合能源的采集和监控调度，实现多区域、多种能源的智能管理。根据供冷季、供热季和过渡季等不同周期内系统运行状态、负荷状况、气候环境与价格信息等优化切换运行模式，采取相应的设备组合和调控策略，实现经济和环保效益最大化，并实现能量计量与管理、自动保护、中央监控和管理、参数监测和设备状态显示等功能，最终实现区域内电、热、冷等多能源的综合管控、多能互补，实现源、网、荷、储多环节的协同优化，有效促进经济与节能减排的双重发展。

综合智慧能源控制系统架构如图5-5所示，其分为感知层、网络层、平台层、应用层、展示层及贯穿各层的安全防护。

综合智慧能源控制系统功能如图5-6所示，该系统覆盖能源管控、源网荷储用的全过程，功能模块主要包括御能总览、能源监测、智慧调度、智能运营、客户服务和系统基础。

图 5-5　综合智慧能源控制系统架构

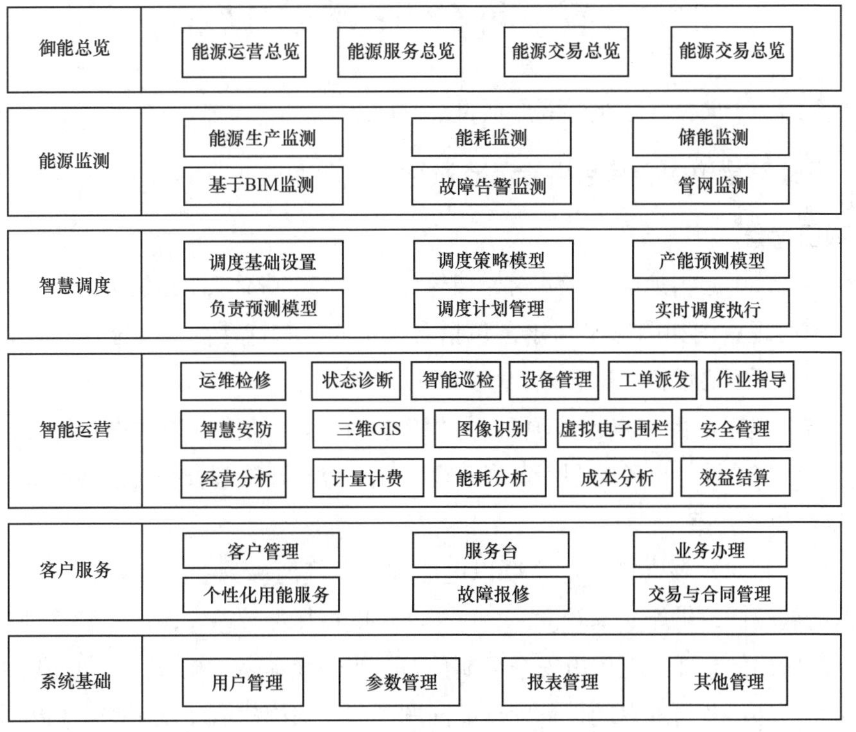

图 5-6　综合智慧能源控制系统功能

5. 案例特点

该项目所建设的综合智慧能源控制系统具有自下而上的多能互补的网络架构，面向区域能源生产、传输、消费、储存等各个环节，可实现对能源供给侧和用户侧设备状态的全面感知，对供给侧多种能源根据用户侧需求进行智能响应和系统自我调节，实现能源供给侧与消费侧的最优匹配，打造安全高效、智慧友好的生态系统，具体表现在以下几方面。

（1）能源利用率提高。实现对区域能源系统的全面感知、互联互通、高效利用、优化共享，灵活管理。

（2）降低维护费用。智能管网管控可实现故障快速定位和流量优化，年节约维护费用 30 万元以上。

（3）提高用户侧服务。用户需求响应能力提高 10%，用户满意率提高 2 个百分点。

（4）降低能耗。能耗指标（热耗、电耗、水耗）下降 5 个百分点以上。

（5）实现能流全景监控。多种能源进行协同，以需定产，实现能源利用的经济高效。

（6）转型能源电商。为用户画像，深入挖掘用能行为，为用户提供精细化服务。

（7）供给侧、需求侧实现一体化。增强供给、消费主体间互动，打通能源与用户间反馈和参与通道，为用户提供高效、灵活、便捷、经济的能源供应和增值服务。

第二节　向公共建筑供能

本节介绍 2 个向公共建筑供能的项目案例。

一、北京某会议中心综合供能示范项目

1. 项目背景

北京某会议中心占地面积 154 亩，建筑面积约 42000m^2。该会议中心共有八栋建筑物，会议中心现状图如图 5-7 所示，包括会议中心、餐饮楼、多功能厅、设备站及客房及办公楼等，主要承担大型会议、培训、住宿等业务。

针对该会议中心的特点，该项目以“零碳、智慧、经济”为建设目标，以“先进性、示范性、高效性、资源化利用”为建设指导思想，开展综合智慧能源改造。

2. 综合供能方案

（1）负荷特点。该会议中心主要以电能和天然气能源为主，并建设了少量屋顶光伏。整体能效较低，供能成本较高。会议中心供电可靠性较差，园区运营管理自动化程度较低。园区用能主要存在用电安全可靠性差，用电成本高、能效低，供能成本高、节能减排压力大和运营管理自动化程度低的问题，与我国构建清洁低碳安全高效能源体系的总体要求不符，亟须对园区用能方案进行优化。

图 5-7　会议中心现状图

（2）技术路线。充分利用污水源、太阳能等可再生能源，提升资源化利用水平，集成电蓄能、高效水储能、空气源热泵、污水源热泵、光伏发电、V2G、智慧路灯等先进技术、产品和系统；通过储冷热水罐和蓄电等手段大幅降低用能成本。充分体现综合智慧能源的示范性，打造具有国内影响力的综合智慧能源示范项目。

3. 装机方案

利用原有地下设备房内拆除的燃气锅炉空间，布置该项目新增的电锅炉，在园区布置新增的空气源热泵机组、储冷热水罐、蓄电池等，便于供能设施的集中管理。空气源热泵、储冷热水罐等设备与景观融合一体，并与周围建筑和设施协调。项目总平面布置如图 5-8 所示。

（1）冷热源系统。冷热源系统改造拆除地下设备房内原有的三台燃气锅炉，在拆除后的场地上布置新建设的热水箱一套、电锅炉两台及附属系统。新建设空气源热泵机组共 22 台，新建冷热水管道联系空气源热泵区域与地下设备房。冷热源系统如图 5-9 所示。

（2）储冷储热设施。新建设一套储冷热水罐，储冷热水罐如图 5-10 所示。

（3）储能电池系统。新建钠盐电池集装箱两组、铁铬液流电池集装箱一组，与变压器毗邻以尽量减少电缆敷设。

（4）光伏及充电桩。利用楼屋顶空余区域扩建分布式光伏（峰值功率：100kW），在会议中心大客车停车区建设光伏车棚（峰值功率：60kW）、V2G 充电桩等。光伏车棚如图 5-11 所示。

（5）垂直轴风力发电机。在楼屋顶上布置 2 台垂直轴风力发电机。

（6）智慧路灯。在停车场区域及 8 号楼东侧各布置智慧路灯一盏。

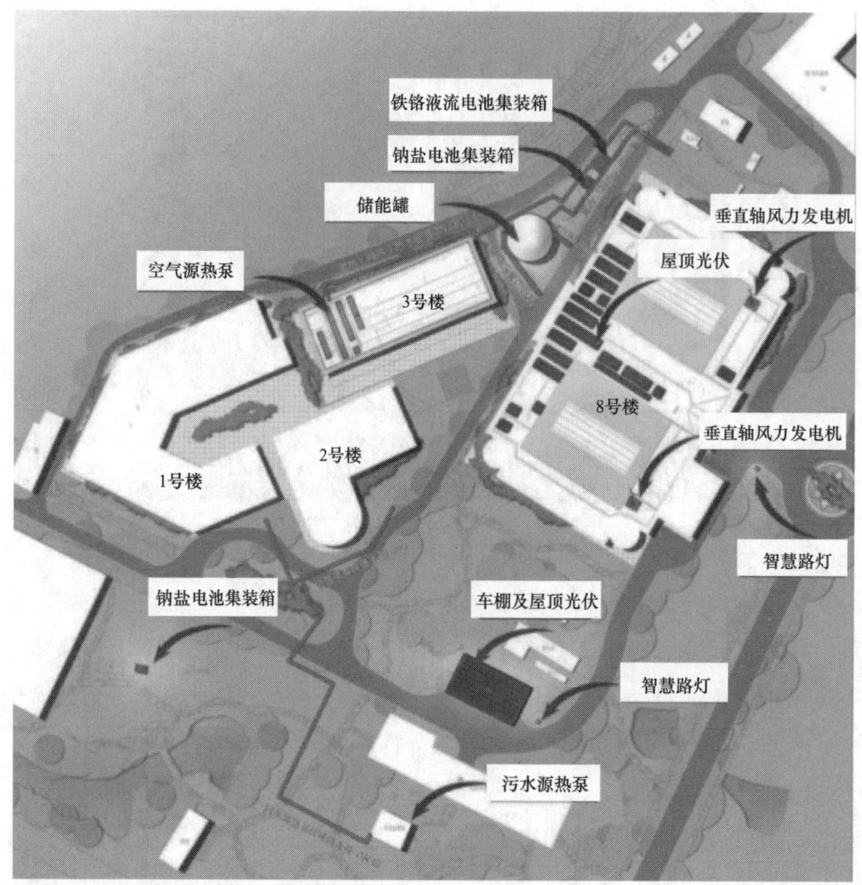

图 5-8　项目总平面布置

图 5-9　冷热源系统

图 5-10　储冷热水罐

图 5-11　光伏车棚

4. 技术方案

（1）空调冷水供应技术方案。空调冷水供应系统设备：污水源热泵机组、电制冷的水冷冷水机组（利旧）、冷热双蓄储能罐。通过输入电能制取冷水，同时利用谷电蓄冷、峰电放冷，降低运行成本。

（2）空调热水供应技术方案。空调热水供应系统设备：污水源热泵机组、大温差低温空气源热泵机组、电锅炉、冷热双蓄储能罐。通过输入电能制取热水，同时利用谷电蓄热、峰电放热，降低运行成本。供冷季、供暖季空调热水供应技术方案如图 5-12 和图 5-13 所示。

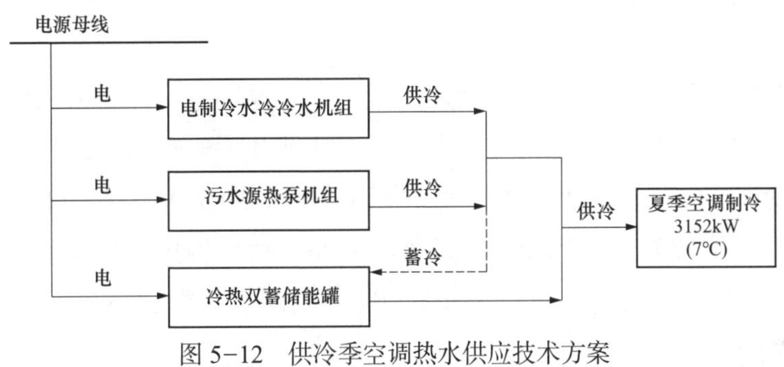

图 5-12　供冷季空调热水供应技术方案

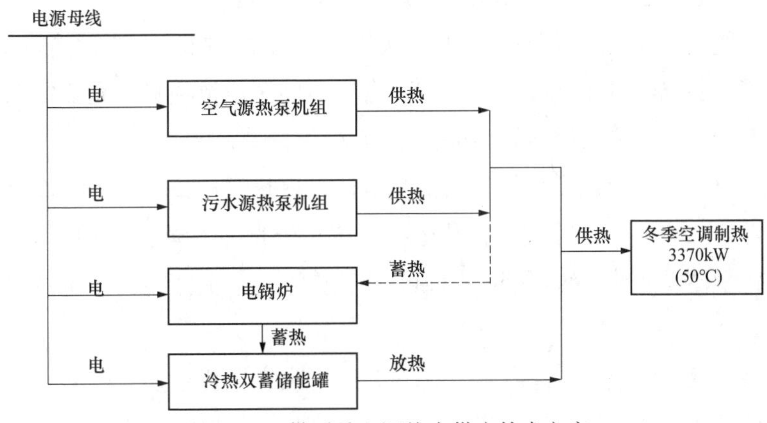

图 5-13　供暖季空调热水供应技术方案

（3）生活热水技术方案。改造后，生活热水优先利用太阳能热水系统供应，供水流程为井水来水进入 120m³ 生活水箱，经太阳能系统加热（光照条件达不到需求时，可利用新增板式换热器由空气源热泵加热井水）后，经过新增板式换热器（电热锅炉利用谷电提供热源）加热至 70℃，贮存于新增 60m³ 热水箱。由变频泵送至立式半容积式浮动盘管换热器，进入热水循环系统抵达用户。

（4）自控技术方案。采用综合智慧能源管理系统，构建综合能源智慧管控平台，对该会议中心内电、热、冷、水、风能、太阳能等多种能源的生产、输配、存储、消费全流程信息进行智能采集与处理，实现整个能源系统的智能监控、优化调度和集中管理。

设置综合能源集中监控中心，采用全息投影设备，向用户和访客展示该项目能源系统运行状态、能效水平和效益指标情况，在各供用能设备处设置展示屏，在主要建筑物门口、重要路口、车棚等处的智慧路灯和充电桩上布置小型显示屏，实时显示系统运行重要指标和效益情况。

（5）综合智慧能源管控系统。采用自主研发的综合智慧能源管控系统，实现园区电、热、冷、水综合能源数据采集与集中监控，通过数据挖掘与人工智能技术实现综合能源出力与用能负荷精准预测和优化调度，构建起源、网、荷、储的全面连接，实现多能协同、供需平衡、运行效益最大化等目标，实现整个能源系统的智能化监控、协同优化调度和集成化管理。

（6）光伏发电及风电技术方案。该项目光伏扩建容量为 162.72kW（峰值功率），电池组件布置在 8 号楼屋顶及大客车车棚上。垂直轴风力发电机建设 2 台。

光伏部分按 25 年运营期考虑，总上网电量为 450 万 kW·h，年均上网电量约 18 万 kW·h，年均有效可利用小时数为 1114.29h。垂直轴风力发电机每天发电量按 0.5kW·h 计算，年发电量 365kW·h，年均有效可利用小时数为 608.3h。

5. 案例特点

（1）该项目通过建设储电、热泵空调系统、储冷热系统、光伏发电等，运用综合智慧能源管理系统替代天然气采暖，减少二氧化碳及污染物排放。通过储热（冷）、蓄电技术充分利用低谷电降低用能成本，打造综合智慧能源示范项目。充分展现综合智慧能源理念、技术和产品，成为综合智慧能源示范基地。

（2）该项目典型的示范点包括铁铬液流电池、冷热双蓄技术、污水资源化利用、空气源热泵技术、V2G 技术、多能流优化管控系统、风光储零碳示范园区等。

（3）电化学储电系统。该项目采用 10kW 铁铬液流电池储能，性能稳定，运行安全无燃烧风险。

（4）热泵系统。空气源热泵、污水源热泵运行没有燃烧过程，避免了排烟污染；供冷时省去了冷却塔，避免了噪声及霉菌污染。不产生任何废渣、废水、废气和烟尘，环境效益显著。

（5）V2G 技术。V2G 技术即电动汽车的电池在受控状态下实现与电网之间的充电、放电双向交换，从而实现对电网的削峰填谷，代表了未来电动汽车重要的发展方向。

（6）基于多能流优化管控系统的智慧管理。多能流能量管理系统实现整个能源系统的智能监控、优化调度和集成管理，实现源、网、荷、储协调发展。智慧管理减少人工管理成本约 10 万元 / 年。

（7）风光储零碳示范中心。该项目采用了垂直轴风力发电、光伏发电、电化学储能、蓄热蓄冷等多元素的零碳化供能手段，打造为风光储零碳示范园区。

（8）零碳环保示范。该项目采用可再生能源替代原燃气锅炉供热，每年减少天然气燃烧 80 万 m^3（标况下），每年增加用电量 150 万 kW·h，每年增加光伏风电清洁能源发电量 18 万 kW·h，园区自有的可再生能源发电量在整个园区办公生活用电中占比达 50% 以上。每年减少 CO_2 排放 1520t，减少 NO_x 排放 400kg，减排效果显著。

二、湖北某医院新院区综合供能项目

1. 项目背景

湖北某医院新院区占地 174524m²，总建筑面积约 210000m²，设置床位 800 张。

2. 负荷分析

（1）负荷特点。对医院新院区的典型日负荷进行分析，制冷季、采暖季、过渡季典型日负荷变化规律如图 5-14～图 5-16 所示。

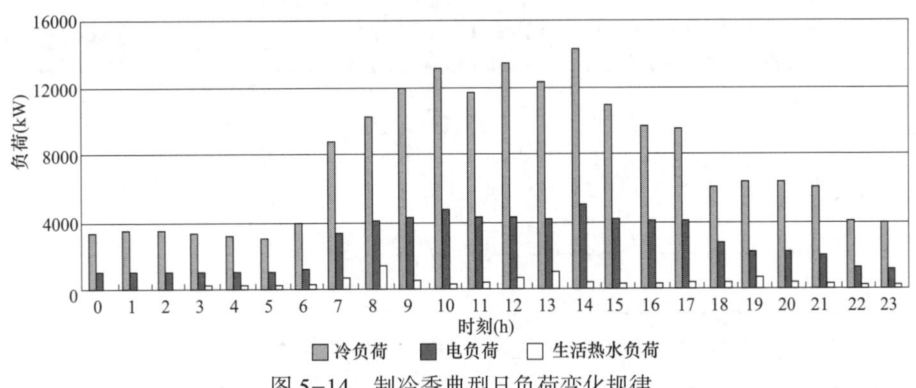

图 5-14　制冷季典型日负荷变化规律

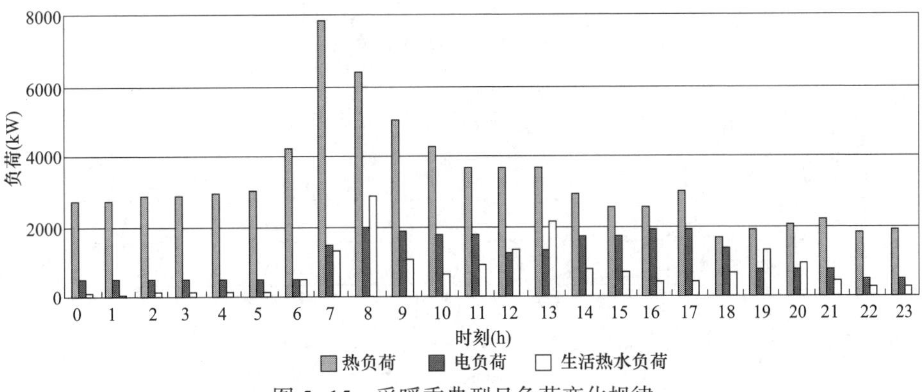

图 5-15　采暖季典型日负荷变化规律

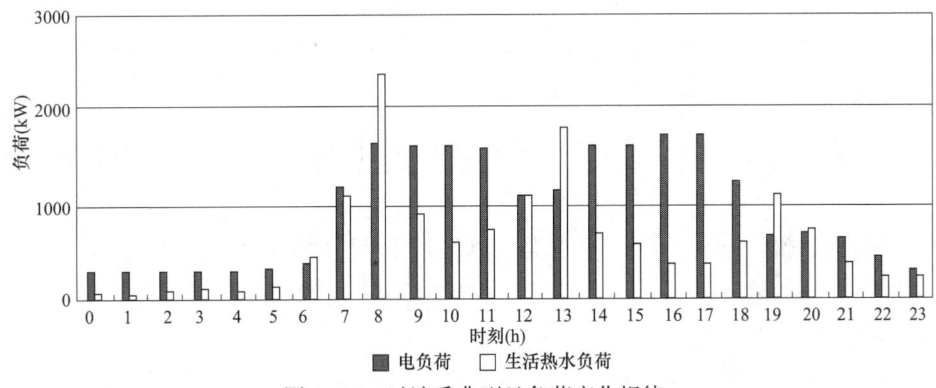

图 5-16　过渡季典型日负荷变化规律

（2）新院区全年负荷分析。根据医院设计资料，预测新院区全年逐时冷、热、电、生活热水负荷变化规律，全年逐时冷、热、电、生活热水负荷如图 5-17 所示，其中，全年逐时电负荷，全年逐时冷、热、生活热水负荷如图 5-18、图 5-19 所示。

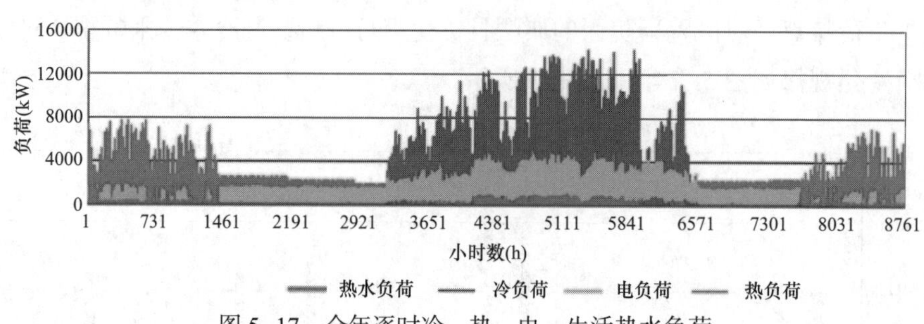

图 5-17　全年逐时冷、热、电、生活热水负荷

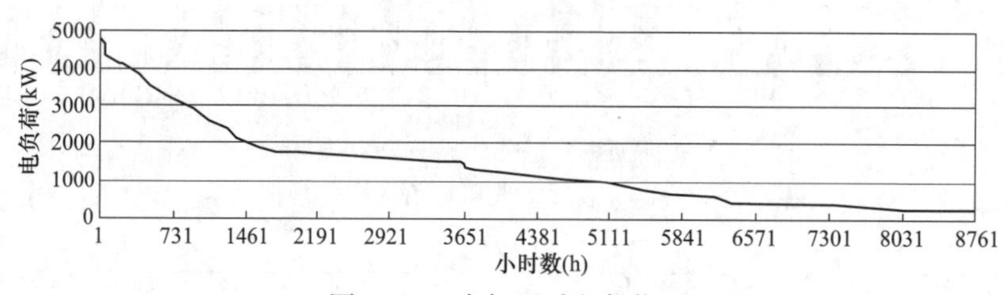

图 5-18　全年逐时电负荷

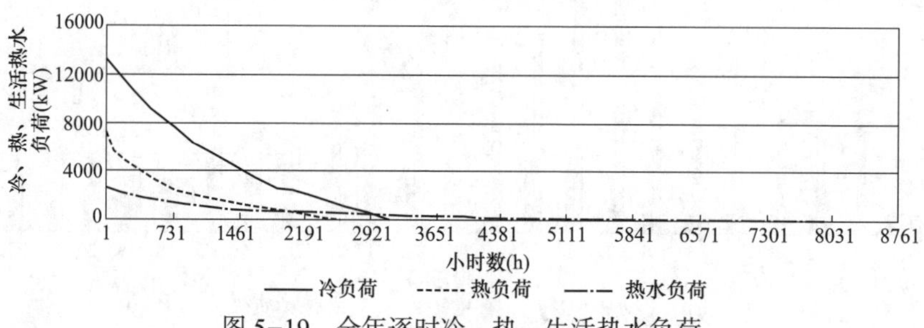

图 5-19　全年逐时冷、热、生活热水负荷

3. 综合供能方案

（1）天然气冷热电三联供机组。配置 2 台 800kW 级燃气内燃机 +2 台溴化锂机组 +4 台电制冷机组 +3 台燃气真空热水锅炉。

（2）屋顶光伏发电。在医院内科住院楼和外科住院楼屋顶新建屋顶双面光伏，装机总容量为 156kW。

（3）控制系统。采用分散控制系统（DCS），并建立综合智慧能源监控系统，对医院负荷预测、设备运行智能调度、多能互补等方面进行实时管理。

4. 案例特点

根据医院用能需求性质，按照“以热定电、余电就近消纳、并网不上网”的原则，采用“天然气分布式能源 + 电制冷 + 锅炉采暖 + 光伏发电”的多能互补分布式能源系统，不仅保障医院制冷、采暖和生活热水的稳定供应，同时为医院提供一路稳定电源。

第三节　分布式光伏供能

本节介绍 2 个分布式光伏供能项目的案例。

一、吉林某县域分布式光伏供能项目

1. 项目背景

该县域开发“样板房”综合智慧能源项目，建设分布式光伏规模达 499.54MW，包含党政机关分布式光伏、医院学校等公共事业建筑、工商农牧业厂房、农村居民用地及宅基地、集体未利用地等。

2. 能源供应方案

（1）负荷特点。因该项目所在县域地区工业较少，客户接入主要以 10kV 接入为主。为贯彻《国家发展改革委　国家能源局关于全面提升“获得电力”服务水平持续优化用电营商环境的意见》，提高接入低压容量标准。2021 年底前，城市地区 16kW 及以下、农村地区 100kW 及以下小微企业，实行采取低压方式接入电网；2022 年底前，160kW 及以下小微企业，全面实行低压方式接入电网。其他客户逐步提高低压接入容量至 100kW，因此近年来 10kV 用户接入呈下降趋势。

现阶段电力规划及电力行业统计中，常把电力负荷分成工业、农业、商业、市政生活等四类典型负荷，而工业负荷又可细分为多种负荷类型，该项目对工业负荷中的轻工业负荷进行分析研究。这四类行业负荷的特点各异，在春夏秋冬四季呈现出不同的规律性，四类行业负荷时序特性曲线如图 5-20 所示。

由图 5-20 可知，该县商业负荷四季差异并不明显，白天处于负荷高峰，夜晚趋近零点；市政生活负荷在夏天明显比其他季节高很多，负荷从白天到夜晚平稳上升；工业负荷冬季和夏季差异较大，春秋无明显变化，在白天有 2 个高峰；农业负荷四季都有较为明显的差距，在上午和下午也呈现 2 个高峰。由此可分析出，不同类型的负荷在四季和每日用电集中时间各有不同，因此如果把负荷的时序特性考虑在内，规划和设计结果会更合理，从而优化电力资源的分配。

（2）技术路线。该项目设置一套能源管控平台系统，对分布于不同位置的光伏发电、电锅炉供热、智慧路灯、智慧座椅及配电系统进行集中监控管理，并通过综合智慧能源项目内数据的共享和分析，使综合能源的管理智能化、集成化、远程化、图形化，通过区域级性能计算及分析，实现对该项目的总体集成和动态管理，提升项目能源综合利用率，降低碳排放。

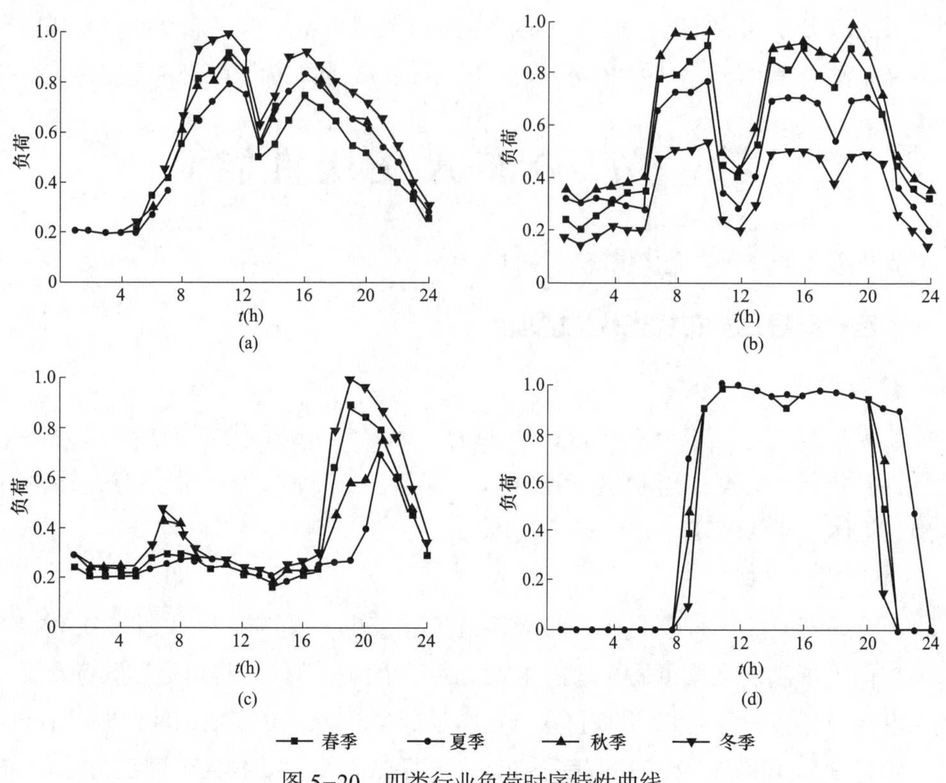

图 5-20　四类行业负荷时序特性曲线

（a）轻工业负荷；（b）农业负荷；（c）市政生活负荷；（d）商业负荷

3. 设计方案

党政机关、学校、医院、村委会的建筑屋顶基本为平整的水泥屋顶，屋顶面积为几百到几千平方米不等，可装组件为几十千瓦到几百千瓦，四周多见女儿墙、天线、空调及通风外机，还有广告牌及间隔墙。从安全角度考虑，该项目采用目前技术最为成熟、成本相对最低、应用最广泛的固定式安装，安装倾角不宜超过 30°；针对坡屋顶，则采用随坡就势的平铺方式。规划采用高效单晶硅光伏组件（半块峰值功率为 540W），26 块串接为一组。逆变器拟选用组串式，有利于减少不均匀遮阴等对发电量的影响。考虑到女儿墙、广告牌等遮挡物，组件铺设时在距离遮挡墙体适当留 1m 以上的距离。

根据建筑物的面积，预计党政机关、学校、医院、村委会的建筑屋顶容量可分成 50kW 以下小型屋顶、50～200kW 的中型屋顶、200～400kW 的中大型屋顶等 3 个场景，针对这 3 个场景做如下设计方案：

（1）小型屋顶（20kW/40kW）设计方案。分布式光伏 20kW/40kW 电站典型设计方案如图 5-21 所示，该方案适合屋顶面积较小、几十千瓦组件的安装场景，采用单台三相组串式逆变器进行并网，每个接入逆变器的组件配置对应的优化器。逆变器输出通过一个并网接入箱接入电网，逆变器通过通信棒将电站运行信息上报到智能光伏管理系统，实现智能运维。

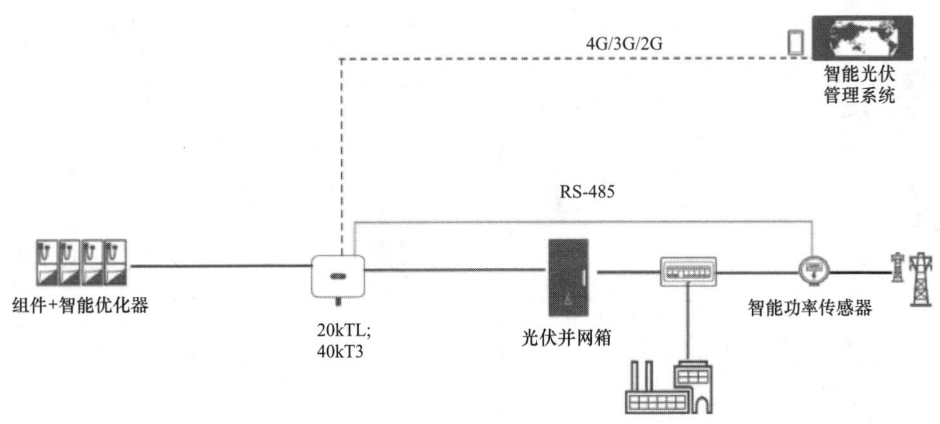

图 5-21　分布式光伏 20kW/40kW 电站典型设计方案

（2）中型 200kW 屋顶设计方案。分布式光伏 200kW 电站典型设计方案如图 5-22 所示，该方案适合 200kW 的交流功率屋顶光伏电站。该方案选择配置智能光伏逆变器，逆变器经汇流后输出接入用户的低压配电柜，整个光伏电站可使用 1 个智能数据采集器，将智能光伏的信息通过无线信号传输到智能光伏管理系统。

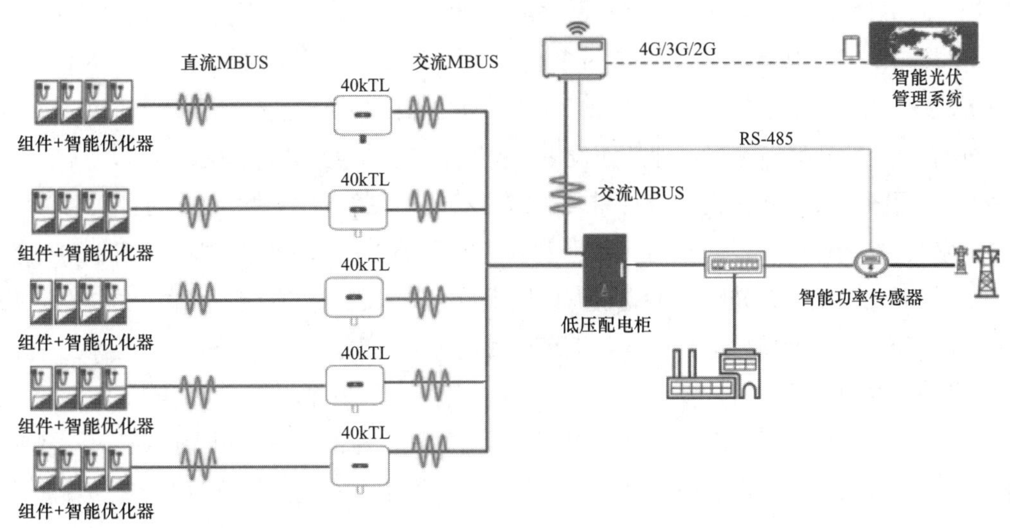

图 5-22　分布式光伏 200kW 电站典型设计方案

（3）中型 400kW 屋顶设计方案。分布式光伏 400kW 电站典型设计方案如图 5-23 所示，该方案适合 400kW 的交流功率屋顶光伏电站，配置 40～225kW 智能光伏逆变器，逆变器先进行一次汇流，然后再接入用户的低压配电柜，整个光伏电站可使用 1 个智能数据采集器，将智能光伏的信息通过无线信号传输到智能光伏管理系统。

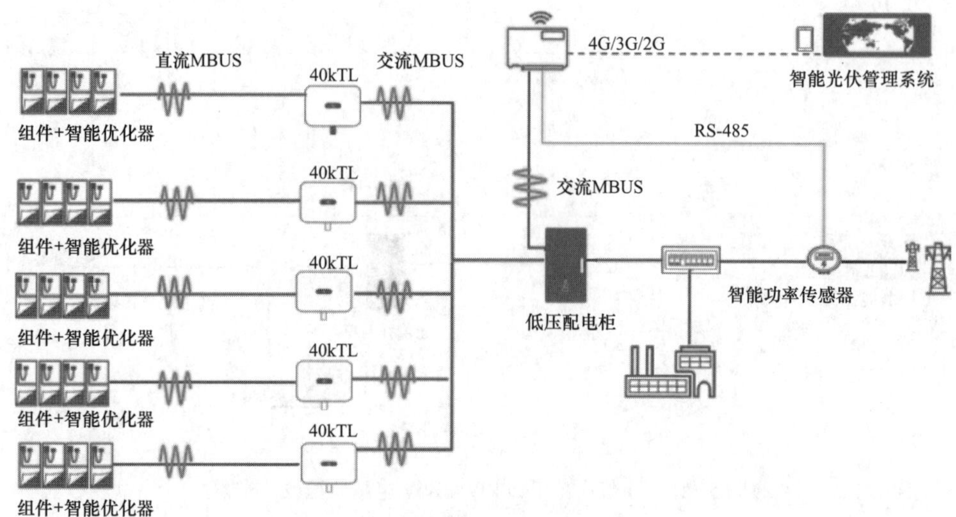

图 5-23 分布式光伏 400kW 电站典型设计方案

4. 案例特点

该项目所在县域存在传统第二产业结构不优、产业低端、发展粗放的问题。该项目以分布式光伏规模化开发试点为重要契机，大力拓展光伏发电生产与应用，走优势资源综合开发与技术改造提升并重之路；围绕清洁能源示范建设，大力发展分布式光伏，以光伏为核心的“一业促多业”“一点带多点”，促进清洁能源产业规模化发展与传统产业抱团发展，大大带动了各产业上下游产业的发展，推进传统产业转型升级，助力县域新旧动能转换，带动装备制造产业加速发展，使其成为县域经济增长新引擎。

该项目投资方与县人民政府共同成立合资公司，统筹开发县域资源，打造了央企与地方政府合作新标杆。根据不同项目业主的生产经营性质和特点，制定多种形式的合作方案。针对工商企业，鼓励屋顶业主以场址租金方式入股，双方成立合资公司共同开发屋顶光伏项目，降低项目运营成本，提高项目抗风险能力。针对党政机关、学校、医院等公共建筑依托县政府主导合作方，统筹公共产区租赁费用管理，以租赁费用参股投资，简化了租赁的方式，缩短了开发周期。针对村民自建的户用屋顶光伏项目，提供技术支持，在项目开发建设阶段提供规划和设计方案咨询，在生产运维阶段实行运行、检修等相关业务培训，对安全运营和现场维检提供技术支持。针对招商引资引入的高耗能企业，共同规划、集中打造绿色产业园区，与用能企业签订低价绿电直供协议，促进绿电产业与县域经济共同发展。

二、江西某农高区分布式光伏供能项目

1. 项目背景

江西某农高区位于江西省吉安市吉州区境内，是江西省第一个获批的农高区，以示范带动南方红壤地区农业可持续发展的建设定位，打造“一二三产融合、四化同步发

展”的现代农业示范区。

项目一期建设包括户用光伏、公共建筑及工商业屋顶光伏、农光互补、渔光互补、农高区光伏走廊、光伏车棚等各类型光伏项目，装机规模 71.99MW。同期探索户用光伏建设模式，智慧微电网应用、光伏 + 景观应用场景示范，以及建设农业 + 光伏实证基地。在农高区综合服务中心建设一座 5000m^2 植物工厂、供能面积 16.9 万 m^2 综合能源站一座，并打造面向农业场景的具有农高区特色的技术方案。

2. 供能方案

（1）负荷特点。农高区的电源来自吉安 220kV 变电站，农高区核心区电源来自兴桥 110kV 变电站，同时保留禾埠开关站和兴桥开关站提供备用。兴桥开关站接 220kV 吉安变电站，禾埠开关站接兴桥 110kV 变电站。兴桥 110kV 变电站为城南专业市场、南方水泥厂、天然气分输站和建筑建材产业园供电，吉安 220kV 变电站、兴桥 110kV 变电站由吉安市供电公司统一管理。农高区区域大部分用能为农业用电，用电价格为 0.6196 元 /（kW · h），无峰谷电价，用电量总体不高。

农高区需集中供冷供热区域面积总计 16.9 万 m^2。综合建筑类型、区域能源中心的规划数量及位置选取、各类建筑的使用特点和气候条件、生活习惯、经济条件等人文因素，项目设计冷负荷为 12199kW、设计热负荷为 9162kW。

（2）技术路线。

1）电能供应。区域电能供应采用各种类型光伏发电，辅以市电用于补充供应。

2）植物工厂。植物工厂的主要功能可以分为生产（主要为叶菜类）、组培、育苗 / 育种，具体功能的选择原则主要是根据当地的主要的农作物生长情况及农高区农业生产及科研的现状，结合植物工厂产品的消纳情况进行统一考虑。建设的植物工厂功能定位为育苗，结合当地农业形态及促进乡村振兴、发展县域经济的时代背景，此县域适合育苗植物工厂投建，以集约化育苗提高农业生产效率，带动种植农户经济发展。

3）综合能源站。建设集中供能能源站一座，供能方式采用水源热泵的形式，水源热泵供能系统初投资较高（主要是取水费用较高），但运行费用极低。同时，能源站拟选址位置位于某水库，取水便利。

4）能源管控应用。通过数据共享、业务互通，联通政务网，与交通、安防、农业、医疗、教育等领域相融合，使县域乡村治理更高效、更智慧、更持续；联通社群网，与电商、出行、旅游等优质平台共同提供更丰富、更便捷、更优质的一体化服务，打造“天枢云”生态圈。以“云 + 端”的方式，提供“能源 +”服务，真正实现能源进入千家万户、能源与各类服务之间互动反哺，能源更便宜、社会价值和商业价值更广阔，形成更大流量、更强黏性，促进乡村振兴、县域发展。

3. 装机方案

（1）电能供应。该项目利用农高区现有的电源，在农高区范围内建设包括户用光伏、公共建筑及工商业屋顶光伏、农光互补、渔光互补、农高区光伏走廊 + 车棚等各类型项目，装机规模 71.988MW，其中包括：① 户用光伏：32.194MW；② 公共建筑屋顶光伏：3.03MW；③ 农光互补项目：0.391MW；④ 渔光互补：7.955MW；⑤ 工商业屋顶光伏：28.05MW；⑥ 光伏 + 景观：0.363MW。

项目生产出来的电能采用“自发自用、余电上网”模式，主要用于相关建筑物用电、能源站制冷、制热用电及植物工厂用电等，多余电量直接上网。

（2）综合能源站。江西某农高区综合服务中心包含 D–10–01、D–12–01、D–16–01、D–19–02、D–20–03 等地块，采用集中供冷供热方式，并规划能源站位置及相应供冷供热管网布置。在能源站探索高效相变蓄冷及蓄热材料应用。

根据对该项目各用能建筑物冷热负荷特性分析结果：空调供冷总装机容量为 10548kW，与其对应的供热总装机容量为 13731kW。同时，为了降低装机容量和运行费用，设置 2 台相同的冷热水双蓄储能罐。单双蓄储能罐有效容积 1500m^3，蓄冷量为 12000kW·h，蓄热量为 26000kW·h。

空调冷水供应系统设备主要包括水源热泵机组、冷热水双蓄储能罐及相变储能。通过输入电能，制取冷水，满足最大冷负荷 12199kW，同时，利用谷电蓄冷、峰电放冷，降低运行成本。空调冷水供应系统设备如图 5–24 所示。

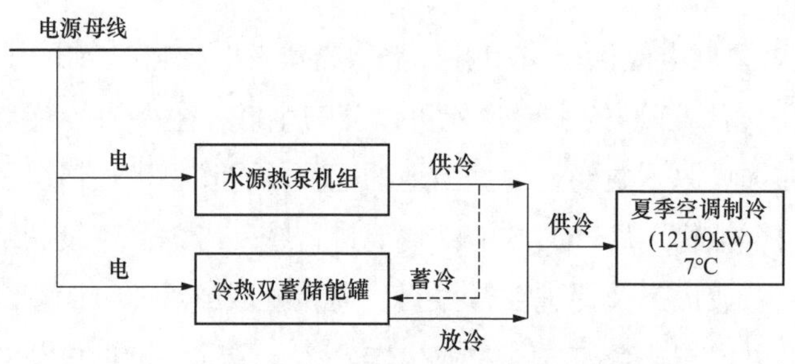

图 5–24　空调冷水供应系统设备

空调热水供应系统设备主要包括水源热泵机组、冷热水双蓄储能罐及相变储能。通过输入电能，制取热水，满足最大热负荷 9162kW，同时，利用谷电蓄热、峰电放热，降低运行成本。空调热水供应系统设备如图 5–25 所示。

该项目水源热泵系统的水源是湖水。水源热泵系统如图 5–26 所示，系统主要设备包括水源侧循环泵、湖水 – 中介水换热器、中介水循环泵、水源热泵机组、用户侧循环泵等。水源热泵在供冷季运行制冷模式，冷水供回水温度为 6/11℃；冬季工况运行制热模式，热水供回水温度为 41/51℃。

储能系统利用夜间谷电时段电价较低的政策，将冷量 / 热量储存起来，在白天电价高峰时段释放。在减少空调供能运行费用的同时，缓解了空调系统争用高峰电力的矛盾。

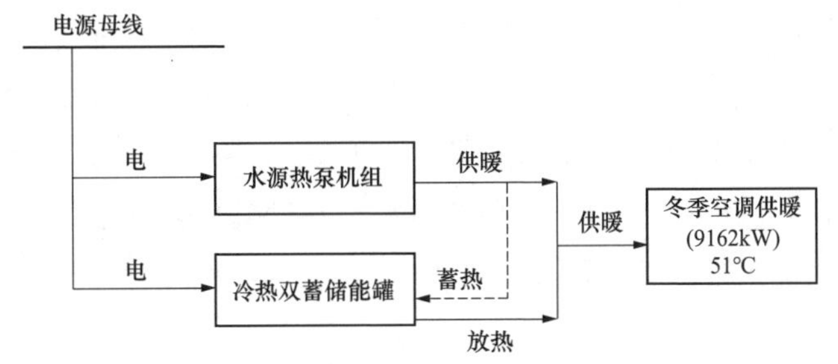

图 5-25 空调热水供应系统设备

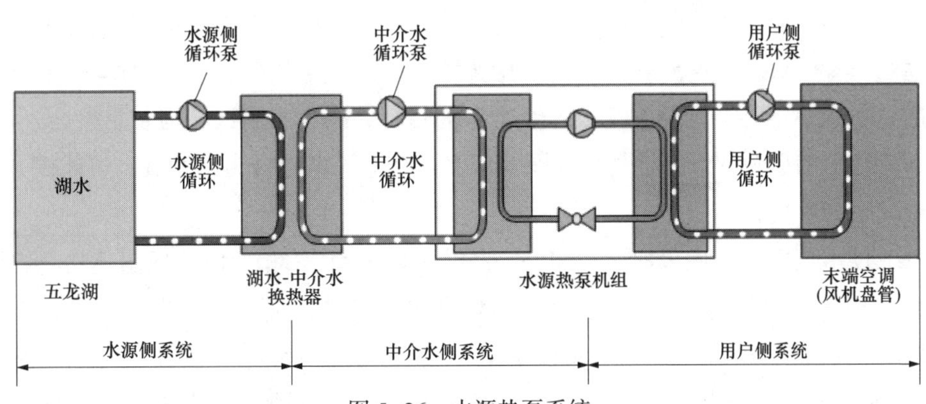

图 5-26 水源热泵系统

考虑到该项目具有冷、热负荷需求，且水蓄能系统以水作为载体能够实现冷热双蓄，因而选用冷热双蓄储能罐作为储能设备。目前冷热双蓄储能罐应用较多的是单罐斜温层蓄能技术，基本原理是以温度梯度层隔开冷热介质，利用同一个蓄能水罐同时储存高低温两种介质。系统主要设备包括冷热双蓄储能罐、蓄冷 / 放热泵、放冷 / 蓄热泵、电动切换阀等。

储能系统夏季工况运行蓄冷模式，2 台冷热双蓄储能罐都投入使用。储能系统冬季工况运行蓄热模式，1 台冷热双蓄储能罐投入使用。蓄冷供回水温度为 4/11℃，单罐蓄冷量为 12000kW·h。蓄热供回水温度为 57/42℃，单罐蓄热量为 26000kW·h。

4. 技术方案

（1）植物工厂。在农高区综合服务中心 D-20-03 地块建设一座 5000m^2 植物工厂，功能以育苗为主，生产为辅，植物工厂可实现高品质、高附加值农作物产出，并在植物工厂探索相变储能建筑材料应用、光伏高效直流应用、能源站集中供冷供热等内容。植物工厂作为农高区的农业科研基础设施平台，为南方红壤丘陵农业种植提供了新的发展思路和解决方案。

（2）综合智慧能源管控系统。对农高区范围内的能源项目，设置一套“天枢一号”综合智慧能源管控系统，针对组合式智慧联供方案，对电、冷、热等多种能源生产、输送、消费各个环节进行监控和优化管理，在总部经济大楼或植物工厂参观区域设置区域综合智慧能源管控展示平台。

（3）平台应用。在农高区范围内，建设平台应用试点，在建设能源网的基础上，通过建设用户用能平台，将户用光伏、能源站用户、植物工厂上下游企业等客户需求集成，打造具有农高区特色的社区网，联通农高区政务网，实现能源、社群网、政务网相互融合。同时，选取兴桥镇镇区及周边农村驻地，打造村级政务网，建设村级平台试点应用。

5. 案例特点

项目突出农业高新产业园特色，把智慧农业生态园区与美丽乡村相结合，实现项目在农高区“零碳负碳”示范效应，为提升农高区农业现代化做出有力支撑。以农高区内能源的“安全、清洁、绿色、高效、经济”为目标，结合农高区“为农、融合、创新、生态、持续”的理念，以综合智慧能源与农高区产业深度融合为出发点，整体提升农高区的现代感和科技感。

（1）技术创新。先后采取了“BIPV 建筑一体化屋顶 + 相变储能保温建筑材料 + 直流微网应用 + 集中供冷供热”，联合中国科学研究院茶艺所、江西省科学院、江西省农科院共同打造“光伏 + 农业”实证基地，“还田 + 直燃发电 + 沼气化利用 + 厌氧发酵”“水源热泵 + 蓄能技术 + 光伏发电 + 峰谷电价”，户用光伏全覆盖式、配重式、夹具式多类型支架安装标准设计，打造农产品（农资）电子商城等二十余项技术及设计方案创新，通过上述创新成果，先后解决了植物工厂运行成本偏高、江西农业种植区域新能源推进缓慢、农业农村废弃物污染、小型能源站能源供应配置占地面积偏大、农高区优质农产品推广销售等困扰当地发展及能源项目落地难问题。

（2）商业模式创新。对于户用光伏项目，按装机容量提供免费电量代替租金、未使用电量折算积分等商业模式创新，提高了农户参与户用光伏及能源管控 App 使用的积极性。对于工商业屋顶光伏、农光、渔光项目，根据用电量确定光伏首期装机容量、联合工商业园区打造小型区域配电网、联合当地政府及国网江西综合能源服务有限公司推动农高区源网荷储一体化试点等多种方式，提升光伏就地消纳比例，提高项目经济效益。

（3）面向“三农”。该项目具有以下缺点：① 位于革命老区，经济活跃程度不充足；② 主要应用场景面向“三农”，能源需求偏低；③ 所在地资源禀赋相对贫瘠，项目开发与实施具有极高的难度。因此，只有充分依托模式及技术上创新，融合当地政企各方形成合力，才能够提高经济效益，满足农高区“三农”发展需求。

综上所述，该项目重点聚焦于农业领域，通过技术和模式创新，实现能源与农业深度融合，成果转化可形成集团公司独有的技术和运用优势，对于助推集团公司县域经济开发、乡村振兴、美丽乡村战略落地具有重要意义。

第四节　燃气分布式能源站供能

本节通过一个工程实例介绍华电产业园燃气分布式能源站的主要设计原则、冷热负荷分析、冷热电系统描述、能源站供能系统运行方式。

一、项目简介

华电产业园燃气分布式能源站位于华电产业园地下一层，是华电产业园的供能中心，可满足园区25万m^2办公、酒店、商业建筑综合体的全部空调冷热、生活热水及电力需求，该项目于2013年12月31日建成投产。

项目总占地1415m^2，总建筑面积1729m^2，额定发电功率6.698MW，最大供冷量16.36MW，最大供热量11.704MW，年发电总量约2000万kW·h，总供冷（热）量约11万GJ；年均能源综合利用率约85%。

该项目主要设备有2台3349kW内燃发电机组、2台250×10^4kcal/h烟气热水溴化锂机组、2台300×10^4kcal/h溴化锂直燃机、2台1.784MW螺杆式水冷机组、一套1.5MW冷塔供冷系统、35m^3生活热水蓄热系统。为了进一步降低碳排放，提高项目可再生能源利用率及综合能效，该项目于2020年开展了多能互补综合能源技术研究及应用示范，并在产业园示范应用了187.22kW屋顶光伏，以及710kW烟气余热深度利用（燃气内燃机排烟温度降到35℃以下，充分回收烟气余热及烟气中的水的潜热），园区设置源网荷储一体化智能优化决策控制系统、信息管控系统和自主研发的“华慧云”综合能源智慧管控平台，并提供用能监控、负荷预测、节能管理、智慧楼宇、智能运维、软件服务等多种功能服务，实现了高效供能、智慧用能。

二、主要设计原则

（1）装机方案。该项目的主机拟采用2台进口颜巴赫JMS620内燃机发电机组，2台BHEY262X160/390型烟气－热水型溴化锂机组带基本冷热电负荷，冷热调峰采用1台HZXQII−349（14/7）H2M2型两用直燃机和1台HZXQII−349（14/7）R2H2−W110型三用直燃机和2台RHSCW330×J型电制冷机，系统中耦合710kW烟气余热深度利用系统和187.22kW屋顶光伏系统，搭配自主研发的“华慧云”进行综合能源智慧管理。

（2）燃料。主燃料为北京市燃气集团有限责任公司提供的西气东输的陕京一线的中压天然气，在能源站外设置调压站以满足设备使用燃气压力要求。

（3）水源。冷却水水源采用市政自来水，化学水采用市政自来水。

（4）水处理。该项目用水水源采用城市自来水，该项目为低温低压机组，水质要求不高，采用软化水，站内设置全自动软化水处理装置。

（5）电气系统。该项目内燃机所发电自发自用，不足部分由电网送电补充。该项目内燃机出口电压为10.5kV，厂用电电压为380/220V。

（6）消防系统。该项目能源站内设置可燃气体探测自动报警、控制装置；设置自动灭火系统，采用自动喷水灭火系统，能源站消防水由主体建筑提供。

（7）能源站控制系统。该项目采用分散控制系统（DCS）。

（8）采暖通风。能源站设置独立的机械通风系统，设置机械进风、机械排风和事故排风系统，室内保持微负压；控制室设置空调系统。采用新风机组加风机盘管系统，冷热源由能源站提供。

（9）设备利用小时数。年运行小时数为5840h，年发电利用小时数为3560h。

（10）全站定员。运行人员5班3运转，其中运行维护人员15人，管理人员1人，站长1人，总计17人。

三、冷热负荷分析

1. 冷热负荷特性分析

（1）地上建筑物最热月（8月）的典型日冷负荷。地上建筑物最热月（8月）的典型日冷负荷逐时分析如图5-27所示，由图可得，最大的冷负荷出现在16:00，其中商场冷负荷最大，为8.5MW。

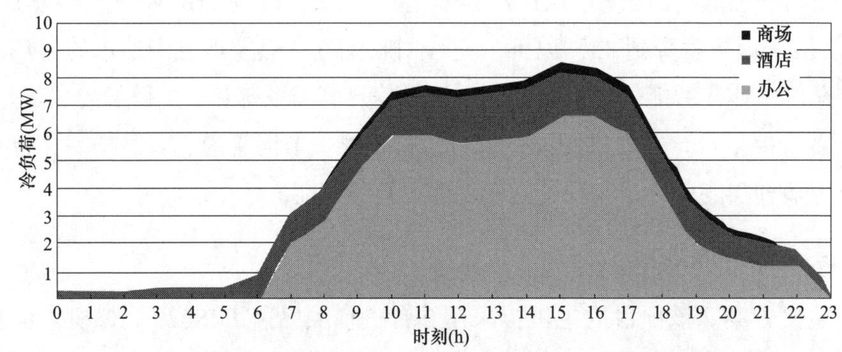

图5-27　地上建筑物最热月（8月）的典型日冷负荷逐时分析

（2）地上建筑物空调热负荷特性分析。根据地上建筑物的功能，参考有关统计资料给出的逐时系数，对地上建筑的空调热负荷特性进行分析。地上建筑物最冷月（1月）的典型日热负荷逐时分析如图5-28所示，由图可得，地上建筑物在最冷月的热负荷主要集中在7:00—18:00。

（3）地下建筑物空调冷负荷特性分析。根据地下建筑物的功能，参考有关统计资料给出的逐时系数，对地下建筑物的空调冷负荷特性进行分析。地下建筑物最热月（8月）的典型日冷负荷逐时分析如图5-29所示，由图可得，地下建筑物的日冷负荷呈现单峰的特点，在14:00达到最大。

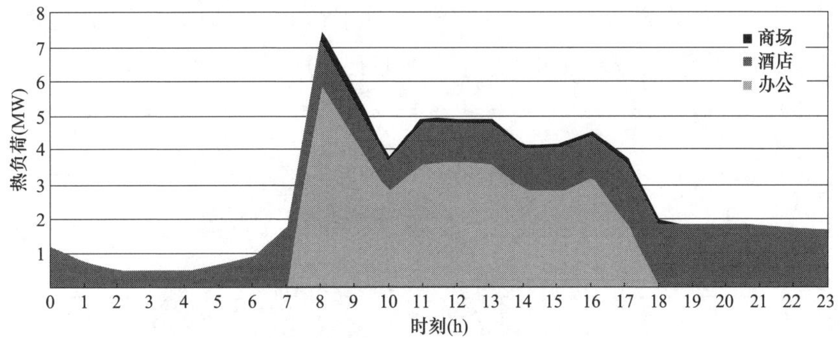

图 5-28　地上建筑物最冷月（1 月）的典型日热负荷逐时分析

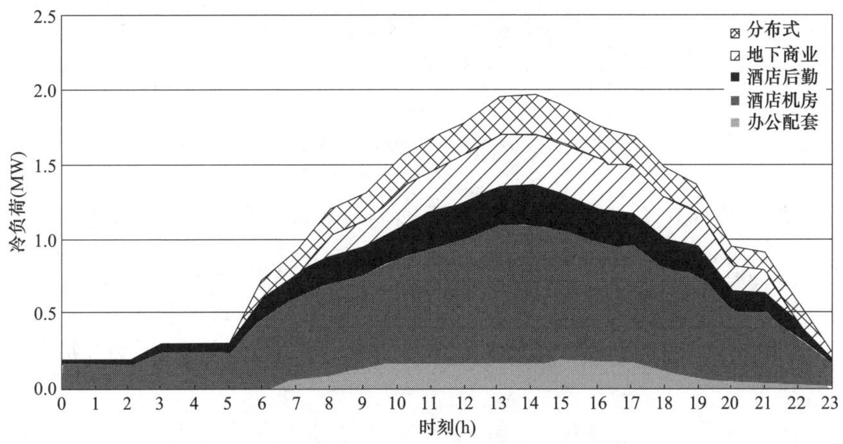

图 5-29　地下建筑物最热月（8 月）的典型日冷负荷逐时分析

（4）地下建筑物空调热负荷特性分析。根据地下建筑物的功能，参考有关统计资料给出的逐时系数，对地下建筑的空调热负荷特性进行分析。地下建筑物的最冷月（1 月）的典型日热负荷逐时分析如图 5-30 所示。

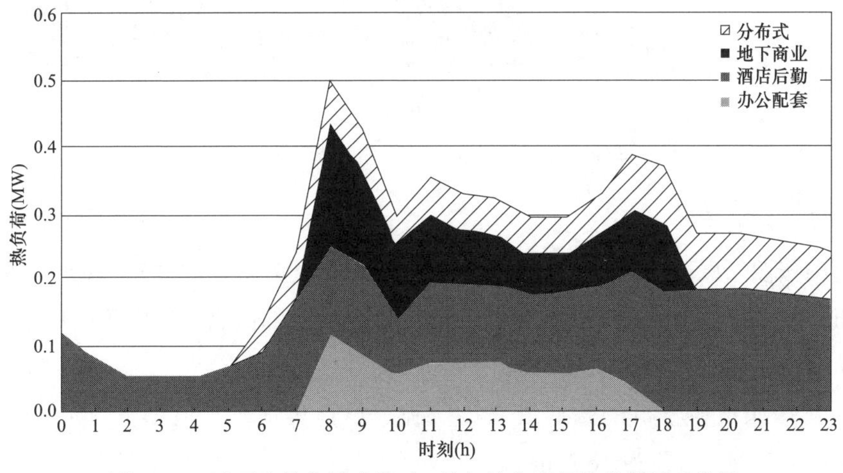

图 5-30　地下建筑物最冷月（1 月）的典型日热负荷逐时分析

（5）空调冷负荷汇总。全部建筑物最热月（8 月）的典型日冷负荷逐时分析如图 5-31 所示，由图可得，最大的冷负荷出现在 15:00，为 10.470MW。

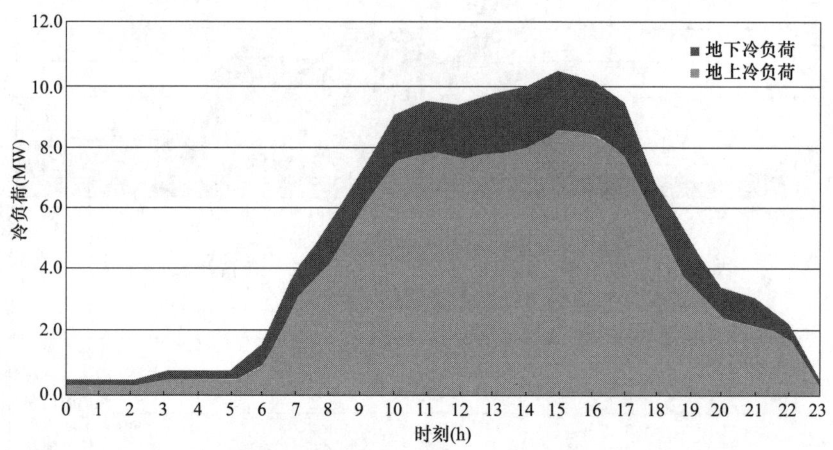

图 5-31　全部建筑物最热月（8 月）的典型日冷负荷逐时分析

（6）空调热负荷汇总。全部建筑物最冷月（1 月）的典型日热负荷逐时分析如图 5-32 所示，由图可得，最大的热负荷出现在 7:00，为 8.024MW。

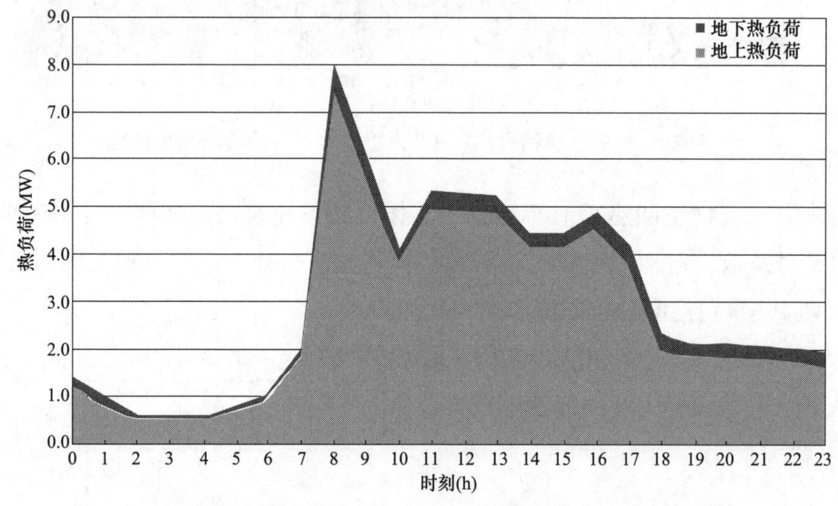

图 5-32　全部建筑物最冷月（1 月）的典型日热负荷逐时分析

2. 设计冷热负荷

能源站按照“以冷热定电”的原则来确定运行调度方式，即优先满足产业园内最大的冷、热、生活热水的需求，所发电量扣除厂用电后全部供给园区内各用户，电力的不足部分从市网下电进行补充。

该项目按照负荷分析的叠加最大负荷确定设计负荷，其值如下：① 供热负荷为 11.588MW；② 供冷负荷为 16.396MW。

3. 冷热设计参数及其系统

（1）冷热设计参数。供冷热系统设计参数如下：① 空调冷水温度：出口设计温度 7℃，回水温度 14℃；② 供热热水温度：出口设计温度 60℃，回水温度 50℃；③ 冷热媒水出口压力：暂定 1.1MPa；④ 生活热水：由能源站提供一次中温热媒水，供水 70℃，回水 50℃，在用户侧热力站内换热成 60℃的生活热水后提供给用户。

（2）制冷（采暖）系统。能源站内的空调水采用双管制二次泵系统，冬季管内输送 60/50℃的采暖热水，夏季管内输送 7/14℃的制冷冷水。由能源站内的一次泵送至二次泵站的分水器后，经二次泵加压后分送至各用户。

（3）生活热水系统。生活热水采用二次换热系统，能源站提供制取生活热水的一次热源水（供水 70℃，回水 50℃），并送至各分用户站内，由设置在各用户分站内的容积式换热器置换成 60℃的生活热水提供给用户。

四、冷热电系统描述

1. 内燃机－溴化锂机组系统

按照“以冷热定电”的设计原则，根据冷热负荷确定内燃发电机建设规模为 6.698MW，按一期进行建设，站内设 2 台单机装机容量为 3.349MW 的燃气内燃机发电机组。燃气内燃机烟气及缸套水余热由烟气－热水溴化锂机组利用，作为产业园的分布式供能中心，对该区进行供冷、供热、供生活热水，同时发电并给园区用户供电，以提高能源利用效率。项目调峰采用 2 台直燃机和 2 台电制冷机。

联供系统的配置原则为“电能自发自用，并网运行”。该项目燃气内燃发电机组拟在供冷供热期内 2 台机运行，在过渡期内 1 台燃气内燃机带生活热水负荷运行，所发电量自发自用，用电高峰时，向电网购买。

2. 直燃机系统

当冷热负荷量较小不能满足单台内燃机最小负荷或冷热负荷的需求大于内燃机所能提供的基本负荷时，直燃机组可直接生产符合用户参数要求的空调冷水（7/14℃）、采暖热水（60/50℃），作为空调采暖水的调峰冷热源。同时，当内燃机－溴化锂机组系统所生产的生活热水量不足时，该项目设定 2 号直燃机可生产一次生活热水热源水（70/50℃）。

3. 电制冷系统

电制冷机考虑在制冷季每天的后半夜运行，主要满足酒店制冷负荷。当制冷负荷出现极端情况超出余热机组及直燃机组的供冷能力时，电制冷机可参与调峰。

考虑园区网络机房常年需要冷负荷，两台电制冷机另外设置独立管路至网络机房专用集分水器，作为网络机房的非制冷季节的冷源。

4. 烟气深度余热利用系统

通过分析冬季供暖空调水的供回水温度数据，空调水系统供水运行温度小于 50℃，故冬季可利用烟气余热回收系统对内燃机－余热机联供系统进行尾部烟气深度利用供暖。

通过分析余热机的排烟流量及内燃机运行负荷，夜间单台内燃机组按照 50% 最小稳定负荷运行，白天根据园区电负荷需求调节单台内燃机组按照 50%～100% 负荷运行，两台内燃机组交替运行。

烟气深度余热利用系统采用二级烟气－水换热器，第一级保留原烟气－热水换热器功能，并增加供生活热水出力；第二级与螺杆式热泵机组连接深度回收烟气余热，用于冬季供空调水。由于烟气－水换热器布置在内燃机－余热机联供系统排烟主烟道上，因此烟气深度余热利用系统的设备容量需按单台内燃机组 100% 负荷烟气量配置。每台余热机尾部按内燃机 100% 负荷的排烟流量装设一台两级式烟气－水换热器。

能源站两套联合循环机组装设一套螺杆式热泵一体化机组（包含 1 台螺杆式热泵、2 台蒸发侧冷水水泵、2 台空调循环水泵和设备之间连接的阀门附件等），每套联合机组烟道分别设置一台两级烟气－热水换热器。整个烟气深度余热利用系统的供热能力为生活热水约 415kW，空调热水约 900kW。

5. 烟气系统

内燃机排烟首先进入烟气－热水溴化锂机组作为热源，被冷却到 160℃（或 145℃）后，再进入烟气－热水换热器进一步进行热量回收，被继续冷却到 90℃，由单独设置的烟囱排出。考虑在过渡季节没有冷、热负荷，内燃机还需要生活热水负荷直接发电时，在烟气－热水溴化锂机烟气进出口之间设置烟气旁路烟道，通过烟气切换门进行切换，以保证烟气热水溴化锂机检修时及过渡季节不影响内燃机的正常运行。直燃机单独设置烟囱。

6. 内燃机冷却水系统

内燃机冷却水系统采用闭式空冷高低温散热系统，2 台内燃机各设置一套。由于内燃机高（低）温散热器采取高位布置，故该项目采用高（低）温散热换热器用于内燃机侧（一次侧）与高（低）温散热器侧（二次侧）换热。

（1）高温散热系统如下：① 由一级中温冷却器、缸套水、缸套水泵、高温散热换热器组成内燃机高温散热一次侧系统；② 由高温散热换热器、高温散热器水泵及高温散热器组成内燃机高温散热二次侧系统。

（2）低温散热系统如下：① 由二级中温冷却器、中冷器循环水泵、低温散热换热器组成内燃机低温散热一次侧系统；② 由低温散热换热器、低温散热换热器水泵及低温散热器组成内燃机低温散热二次侧系统。高低温冷却水一、二次侧供回水管径均为 DN125。

五、能源站供能系统运行方式

1. 供冷、供热方式

该项目的主要冷热负荷为冬季采暖热负荷、夏季制冷负荷及生活热水负荷。冬季采暖热负荷、夏季制冷负荷为季节性间断负荷，热水负荷为常年性负荷。根据冷热负荷的性质，决定采取如下供冷、供热方式：

（1）在冬季采暖季，由能源站提供热媒热水，供回水温度为 70/50℃。采用内燃机发电机组、烟气－热水溴化锂机组、直燃机联合供热的方式。内燃机担负基本热负荷，直燃机只在热负荷量较小不能满足单台内燃机最小负荷时以及热负荷高峰时期超出 2 台内燃机总的最大供热能力时运行。

（2）在夏季制冷季，夏季制冷由能源站提供符合制冷温度要求的冷水，供回水温度为 7/14℃。同样采用内燃机发电机组、烟气－热水溴化锂机组、直燃机联合供冷及供热水的方式。内燃机带基本制冷负荷，并由内燃机的缸套水及中冷水或烟气提供生活热水负荷的用热；当制冷负荷量较小不能满足单台内燃机最小负荷时及制冷负荷高峰时期超出 2 台内燃机总的最大供冷能力时，启动运行直燃机。

（3）在过渡季，因存在生活热水负荷，考虑运行 1 台内燃机发电机组，并在额定工况下运行。

（4）热水及冷水将在二级泵站内进行加压后，直接送至用户的空调系统进行采暖和制冷。同时，由能源站提供生活热水的一次热媒热水，供回水温度为 70/50℃，在各热用户的分换热站内进行二次换热，转换成符合使用温度要求的生活热水并提供给各用户。

2. 运行方式

该项目燃气发电供热机组的运行方式如下：

（1）按照“以冷热定电”的方式运行。能源站首先应满足冷、热负荷的需求，根据冷、热负荷要求进行负荷调整。项目发电机组年利用小时数为 3560h，年运行小时数为 5840h。

（2）在制冷、采暖季节的初期，冷热负荷较小，无法满足内燃机发电机组的最小负荷要求时，可启动 1 台直燃机运行。随着负荷逐步增加，达到内燃机发电机组的最小负荷要求后，内燃机发电机组投入运行，同时，直燃机停止运行。然后根据负荷量的大小决定内燃机发电机组运行台数。

（3）当外部冷、热负荷总量增加到超出 2 台内燃机发电机组所能提供的总的最大供冷、供热能力时，启动直燃机，并根据负荷的大小，决定直燃机的开启台数。

（4）当冷、热高峰期过后，随着外部负荷的逐步减少，根据负荷减少的量依次停运直燃机，及内燃机发电机组。

（5）在制冷、采暖季节的末期，冷热负荷较小，小到无法满足内燃机发电机组的最小负荷要求时，可启动 1 台直燃机运行，直至制冷、采暖季节结束。

（6）因热水负荷是常年负荷，为满足生活热水负荷，过渡季投入 1 台内燃机在额定工况下运行。此时烟气热量无法利用，由旁路烟道通过烟囱直接排放。此工况下，可适当降低机组的排烟温度，以尽量增加发电量。在此情况下，运行的内燃机的缸套水及中冷水可部分作为生活热水的热源，以满足生活热水负荷的需求，剩余部分通过内燃机散热器进行冷却。此工况下，直燃机停止运行。

（7）电制冷机在夏季后半夜（一般指 23:00—次日 6:00）期间投入使用，以使用后半夜的低谷电，满足酒店的制冷负荷。另外，当夏季在冷负荷出现极端情况，内燃机及直燃机总的制冷量不足以满足需求时，电制冷机可参与调峰。另外，考虑网络机房常年需要冷负荷，两台电制冷机另外设置独立管路至网络机房专用集分水器，作为备用冷源。

（8）光伏系统运行方式如下：光伏发电系统以低压接入。共 3 台 60kW 光伏逆变器，经 1 台汇流箱汇流后，共 1 路接入 A、B 座地下配电室新增光储段配电柜。通过实时采集燃机、光伏系统的实时发电数据，结合大楼用电负荷，进行综合能源调控，从而达到整个系统的经济稳定运行。

第五节　电 厂 储 能 调 频

一、项目背景

某热电公司位于广东省肇庆大旺高新技术产业开发区内，现有 2×350MW 燃煤汽轮发电机组。厂区内建设一套辅助储能调频系统，配置容量为 10MW/5.6MW·h，主要由 4 套 1.4MW·h 的磷酸铁锂电池系统、4 套 2.5MW 的储能变流器系统及相关配电设施组成。该项目利用储能系统调节速率快、调节精度高的特点，参与机组辅助调频，能快速响应 AGC 指令，提高了电网的安全性和稳定性。该项目已于 2021 年 1 月投入运行。

二、用户需求分析

在广东区域，电网电源结构以大型火电机组为主，AGC 调频电源几乎全部为火电机组，优质调频电源稀缺。由于火电机组 AGC 调节能力较弱，因此广东电网整体 AGC 调频能力有限。引入相对少量的储能系统，能够迅速并有效地解决区域电网优质调频资源不足的问题。

《国务院关于印发“十二五”国家战略性新兴产业发展规划的通知》（国发〔2012〕28 号）和《国务院关于印发能源发展“十二五”规划的通知》（国发〔2013〕2 号）强调，新能源并网及储能系统的核心技术研发及示范项目建设是现阶段我国新能源发展的重要任务。按照《中共中央　国务院关于进一步深化电力体制改革的若干意见》（中发〔2015〕9 号）及其配套文件精神和《南方区域电化学储能电站并网运行管理及辅助服务管理实施细则（试行）》《南方区域并网发电厂辅助服务管理实施细则（2017版）》《关于组织开展广东调频辅助服务市场模拟运行的通知》等有关政策，在发电侧建设的电储能设施，可与机组联合参与调峰调频，或作为独立主体参与辅助服务市场交易。

辅助服务市场化交易机制有利于调节性能好、调节速率快的调频资源在市场出清排序中获得优势，激励调频服务供应商提升调频服务质量，并提高调频资源使用效率。

三、储能调频技术路线

储能调频系统主功率回路（充放电回路）分别接入肇庆电厂1、2号高压厂用变压器6kV母线A段。储能系统在1、2号高压厂用变压器6kV母线A段内各设一个单一接入点，每个接入点增加一面开关柜。视1、2号机组实际并网运行情况，选择且仅能选择其中一台机组并与之联合响应当地电网的运行模式，参与电网的调频。储能调频的一次系统如图5-33所示。

（1）储能调频系统通过能源管理系统（EMS）实现一次调频功能。EMS集控通过每200ms间隔采集储能系统变流器（PCS）的频率，通过频率及对应的转速不等率，计算出储能一次调频总出力，然后根据电池簇剩余电量（SOC）均衡策略计算各PCS分配功率并快速下发指令，实现1s内响应。

（2）根据南方电网有限责任公司对补偿考核机制的要求构建电厂收益模型，进而基于全寿命周期理论，结合储能系统投资和运行维护成本模型建立储能系统的综合效益模型，最后基于大量历史运行数据，采用基于分布式计算技术的粒子群优化算法求解储能系统的最优配置容量和功率。分布式计算技术与常规计算技术区别在于其可以开启多个并行计算单元进行计算，加快运算速度，因此在同样的运算时间内可以支持数据量更大的仿真计算，提高规划结果的准确性，从而提高调频的整体性能，增加AGC服务补偿费用，降低AGC考核费用。

四、效益分析

1. 经济效益

该项目2021年1月投运，截至2021年10月，累计产生经济效益3103.97万元。

2. 环境效益

辅助调频储能系统的投运，可以减少汽轮机数字电液控制系统（DEH）阀门调节的频次，降低其发生故障概率；还可以减少锅炉燃烧系统的扰动，平缓主汽压力温度的变化；稳定燃烧系统，降低脱硝反应器入口氮氧化物的突变，减少其调整频次和喷氨量。

3. 社会效益

该项目将大型储能系统作为高性能调频资源加入电网，能有效提高发电侧的节能减排水平，并显著改善电网对可再生能源的接纳能力。该项目产生的社会效益和经济效益符合国家产业政策和经济政策，项目技术优势明显。

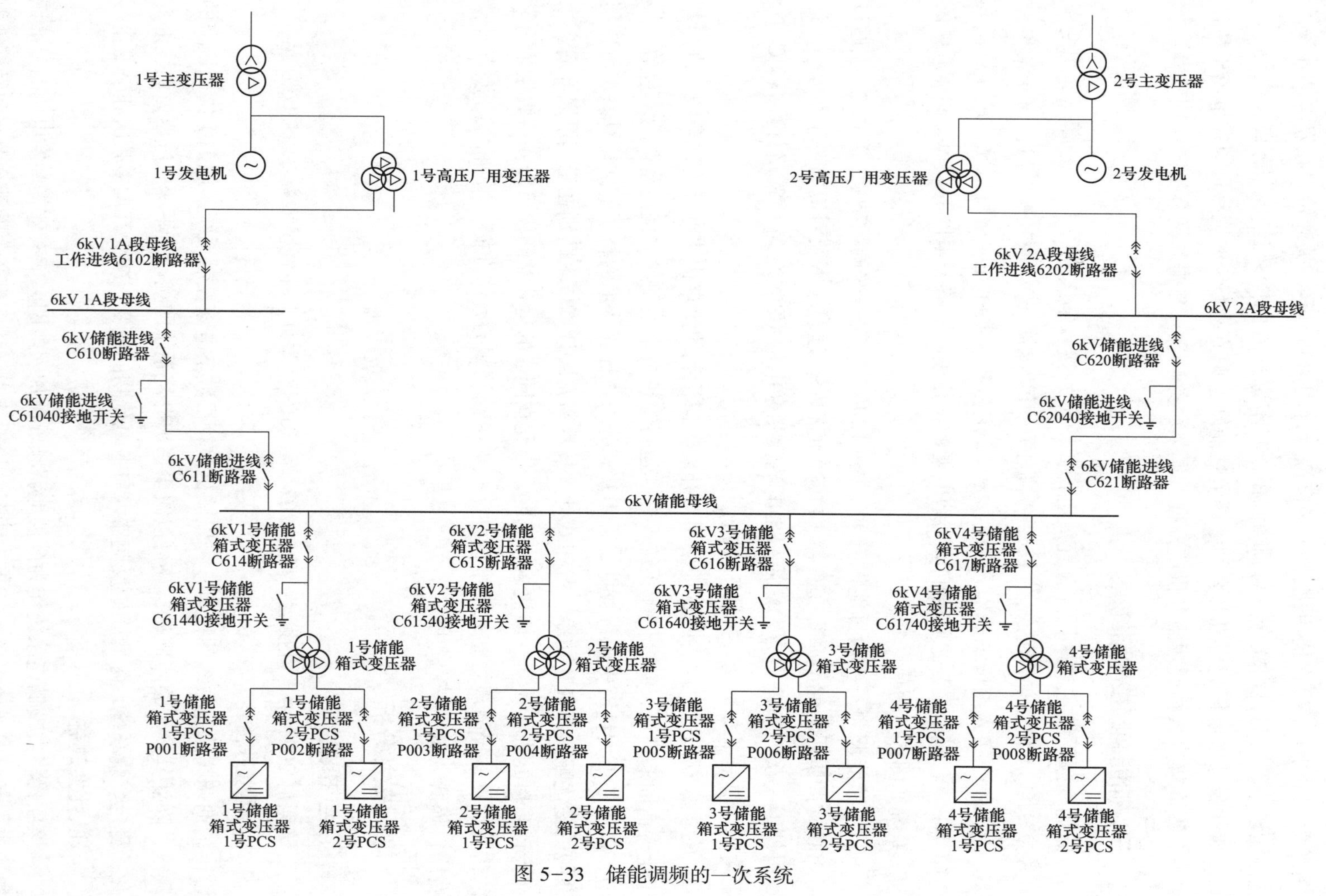

图 5-33　储能调频的一次系统

第六节 电 厂 海 水 淡 化

河北某电厂位于河北省沧州市以东约 100km 的黄骅港港口码头南侧，北距天津市 120km，西距黄骅市约 55km，是国家能源投资集团有限责任公司河北分公司下属的发电企业。该电厂主要有电、水、热三个产品，现有发电装机容量 2520MW、海水淡化产能共 5.75 万 t/d、供热负荷 293MW。

一、项目背景

在海水淡化市场化运营方面，该电厂与渤海新区开创政企合作供水模式，由政府建设的海水淡化主管线已超 70km，管网辐射港城区及临港经济技术开发区主要工业企业。渤海新区近 30 家企业用上了海水淡化水，用户包括电力能源、港口物流、石油化工、粮油加工、生物医药等行业，每年对外供水量 1000 万 t 以上。基于海水淡化发展成就，2012 年，国家发展改革委将沧州渤海新区列为海水淡化产业发展试点园区。

二、用户需求分析

2011 年以来，随着经济复苏，渤海新区的入驻企业开始不断向新区政府提出新的用水需求。渤海新区在建的部分项目准备投产，急需淡水供应，已经和黄骅电厂进行协商，如果不能及时提供淡水将会影响部分企业的按时投产。2011 年 5 月，渤海新区经济发展局对新区各重点企业“十二五”期间用水市场进行调研摸底，渤海新区现状工业用水量为 11.73 万 t/d，2012、2013、2015 年分别达到 20.56、35.82、77.38 万 t/d。按照渤海新区的当前供水能力，新区未来几年供水缺口巨大，其中 2012 年缺水 6.8 万 t/d、2013 年缺水 22 万 t/d、2015 年缺水达 64 万 t/d。对于以上渤海新区的淡水供需情况，十分需要建设更为可靠的水源。

2020 年 3 月，自然资源部、国家发展改革委等六部委联合印发了《京津冀平原地面沉降综合防治总体规划（2019—2035 年）》，明确提出到 2022 年，京津冀平原地区海水淡化水替代地下水开采量 2 亿 m^3/年。

2021 年 11 月 10 日，河北省发展和改革委员会、河北省自然资源厅发布《河北省海水淡化利用发展行动实施方案（2021—2025 年）》，提出到 2025 年，全省海水淡化总规模达到 49 万 t/d 以上，新增海水淡化规模 17.5 万 t/d 以上，其中沧州市新增 12.5 万 t/d 以上。鼓励电厂新建、扩建海水淡化工程建设，逐步提高全省海水淡化生产规模；鼓励有条件的企业进行浓海水综合利用，支持海水淡化、浓盐水资源化利用示范项目建设。

三、海水淡化技术路线

1. 低温多效蒸馏海水淡化技术

低温多效蒸馏海水淡化技术是利用抽气系统降低装置内部气压，使水的沸点降至70℃以下蒸发的技术。其特征是将海水通过一系列的水平管喷淋降膜蒸发器串联，用一定量的蒸汽输入通过多次的蒸发和冷凝，使后面一效的蒸发器温度始终低于前面一效，从而得到多倍蒸汽量的蒸馏水的淡化过程。多效蒸发是让加热后的海水在多个串联的蒸发器中蒸发，前一级蒸发器蒸发产生的二次蒸汽作为下一个蒸发器的热源，并冷凝成为淡水。

2. 海水预处理 + 反渗透海水淡化技术

海水预处理 + 反渗透淡化技术方案主要包括预处理系统、高压泵、反渗透装置、能量回收装置等部分。需要淡化的原海水从取水口取出后，根据不同的水质进行相应的预处理，预处理合格后的海水用高压泵加压送入反渗透装置，其中透过反渗透膜的水经收集再经过适当的处理后送入管网系统供用户使用，未能透过反渗透膜的高压浓盐水则进入能量回收装置以回收压力能。

3. 技术路线选择

海水预处理 + 反渗透海水淡化技术和低温多效蒸馏海水淡化技术都是成熟的水处理技术。对比之下，低温多效蒸馏法需要有蒸汽或热水作为热源，产水品质好，预处理要求低，适应水温范围宽，产水出力调节范围大，运行维护简单，设备寿命周期长，即使在水温 0℃以下仍可正常运行，特别适合在具有低品位热源的北方沿海地区电厂应用。

四、装机方案

三期项目考虑各海水淡化技术的特点和电厂实际运行情况，最终选择低温多效蒸馏法作为海水淡化技术路线，海水淡化系统的主要技术性能参数见表 5-7。

表 5-7　　海水淡化系统的主要技术性能参数

序号	项目	单位	数值	备注
1	基本工艺型式		MED-TVC	—
2	设计淡水产量	t/d	25000	—
3	设计蒸汽耗量	t/h	77.2	—
4	造水比	kg/kg	13.5	—
5	出力调节范围	%	40～110	—
6	产品水质（TDS）	mg/L	≤5	—
7	蒸发器效率	%	10	—
8	抽真空设备型式		射汽抽气	—

续表

序号	项目	单位	数值	备注
9	进料方式		平流	—
10	海水设计温度	℃	25	—
11	海水最高温度	℃	30	夏季工况
12	海水最低温度	℃	−1.5	冬季工况

五、效益分析

1. 经济效益

三期工程 2.5 万 t/d 低温多效海水淡化工程静态投资 26587 万元，吨水投资 10635 元；动态投资 27199 万元，吨水投资 10880 元。测算项目资本金财务内部收益率 21.32%，全投资财务内部收益率（所得税前）9.44%，项目投资回收期 11.1 年。

2. 环境效益

海水淡化项目无声环境和环境空气敏感目标：厂界 500m 范围内无地下水集中式饮用水水源和热水、矿泉水、温泉等特殊地下水资源，海水淡化项目位于公司现有厂区内，距离该项目最近的敏感点为西南方向 8000m 的中铁 12 号宿舍，故无新增生态环境保护目标，该项目周边环境不敏感。

海水淡化项目运营期无废气排放，固体废物合理处置。海水取自循环冷却水排水系统，外排浓盐水和循环冷却水排水混合后排放，不新增污染物排放量，不增加循环冷却水排水量。

3. 社会效益

海水淡化项目用电为电厂自给，生产用水取自现有工程循环冷却水系统，海水淡化装置位于该电厂现有厂区内，不新增占地，占地为工业用地。故项目不会突破区域资源利用上限。三期工程完工后，沧东电厂淡化水产已达到 5.75 万 t/d，可以满足渤海新区的淡化水需求。

第七节　电厂供热、供气和污泥处理

常州某电厂位于常州市区东北部长江南岸，该市是太湖流域水环境治理重点区域，是“长江经济带”“长三角区域一体化”发展国家战略重点区域。该电厂是常州市辖区内唯一一家高效环保大机组燃煤发电企业，现役 2 台 630MW 超临界机组，分别于 2006 年 5、11 月正式投产发电。

一、项目背景

该电厂周边规模以上企业近 300 家，综合能源服务市场潜力巨大。尤其是近年来随着常州工业快速发展，蒸汽需求量越来越大，压缩空气需求显著增加；常州市固废污泥产生量可达53.9万t/年，随着常州市内多家污泥处置单位相继关停，常州市污泥处置保障性不足问题加剧，急需新的污泥处置方案。

该电厂立足国家及地方“十四五”发展需要，基于现有供热经验进行延伸拓展，进一步突破“电厂围墙”思维，规划打造以该电厂为依托的综合能源服务中心。在总体规划引领下，该电厂以“分步实施、重点先行”为原则，先后完成燃煤电厂耦合处置城市固体废弃物示范工程、区域集中供热替代工程、压缩空气集中供应工程等项目，为构建涵盖热电冷汽（气）水多能联供及城市固废集中消纳的融入城市发展的综合能源绿色低碳业务生态奠定了良好基础。

二、用户需求分析

1. 供热负荷

结合地方发展规划，该电厂对外供热。机组在满足安全运行的前提下满足周边用户的热负荷需求，热负荷统计见表5-8。

表5-8　　热负荷统计

蒸汽类别	终端压力（MPa）	终端温度（℃）	额定流量（t/h）	最大流量（t/h）	备注
低压	0.4	饱和温度	30	60	—
低压	0.9	饱和温度	30	50	—
低压	1.0	193 ± 10	230	250	—
中压	3.6	260 ± 10	50	55	—
中压	3.0～3.5	246～270	70	85	—

2. 压缩空气

随着常州工业快速发展，工业用气（汽）需求量越来越大，与该电厂隔路相邻的某公司有较大量的压缩空气需求。除此之外，该电厂所在区域滨江开发区政府拟对距公司5km的百丈工业园区进行重新规划，打造成为绿色、智慧、低碳综合能源服务示范区。该工业园规划占地2.75km^2，计划于“十四五”期间建成，建成后对压缩空气、蒸汽等有巨大需求。

该项目的压缩空气参数要求如下：① 高压参数：最低压力1.03MPa，最小空气量：15000m^3/h，最大空气量：35000m^3/h，温度：80℃，颗粒度杂质≤1μm；② 低压参数：最低压力0.46MPa，最大空气量：55048m^3/h，温度：80℃，颗粒度杂质≤1μm。

3. 污泥处置

常州市共有23座污水处理厂，其中市区拥有城镇污水处理厂17座，2020年常州市区污水处理厂污泥产量为204t/d，预计2030年污泥量为259t/d，污泥处理处置形势更加严峻。

城市污泥已逐步成为制约城市生态发展的巨大痛点，如果污泥得不到有效处置，对当地经济发展、居民生活和生活稳定都会带来影响。首先，若将生活污泥全部用于填埋，将占用大量的填埋土地，这在当前已很不现实；其次，由于污泥中含有的有害物质经过雨水侵蚀和渗漏，会不同程度地污染地下水环境，带来二次污染的威胁。生活污泥干化后焚烧是比较好的出路，不仅可以节约大量填埋土地，真正实现污泥处置的减量化、无害化，还可以产生热值节约燃煤。

三、技术路线

1. 蒸汽供应技术路线

常州根据低压热负荷和中压热负荷考虑不同的方案。低压供热采用冷段、一抽或热段直接减温减压方案，中压供热采用主汽进入背压式汽轮机做功，排汽对外供中压热负荷。

（1）减温减压方案。减温减压装置工作原理如图 5–34 所示，减温减压装置可对热源（电站或工业锅炉以及热电厂等处）输送来的一次（新）蒸汽压力、温度进行减温减压，使其二次蒸汽的压力、温度达到生产工艺要求。减温减压装置由减压系统（减温减压阀、节流孔板等）、减温系统（高压差给水调节阀、节流阀、止回阀等）、安全保护装置（安全阀）等组成。

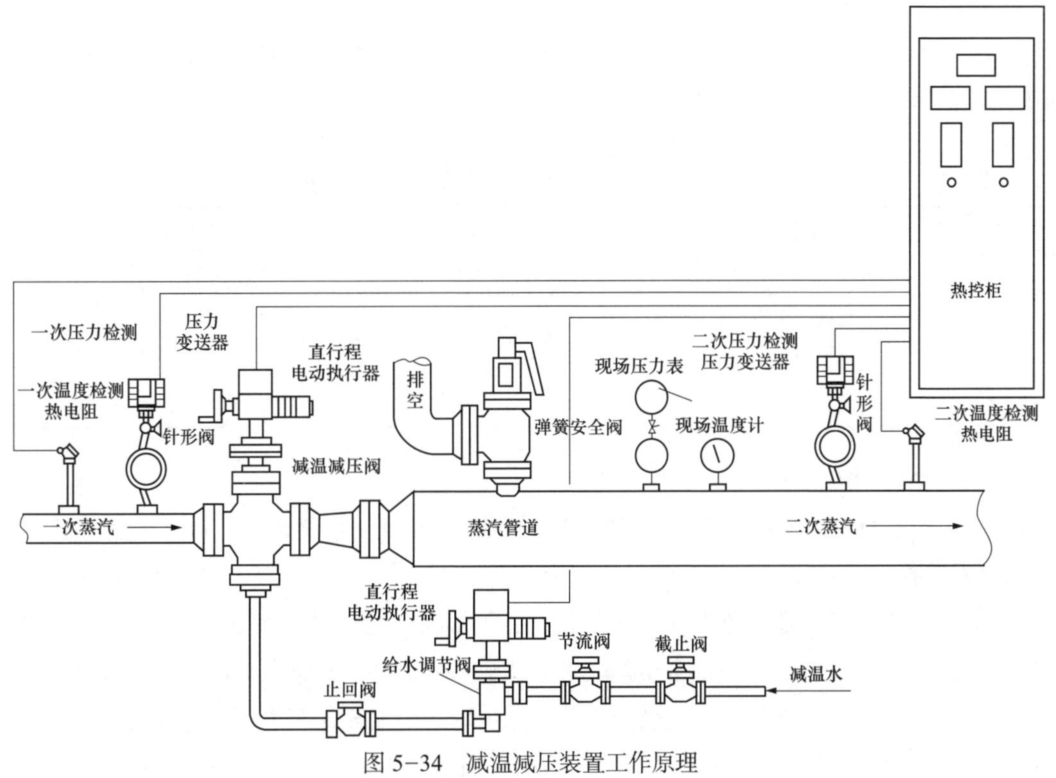

图 5–34　减温减压装置工作原理

减温减压装置方案优点有：① 技术成熟，系统管路相对简单，改造周期短；② 投资相对较少，主要是减温减压器费用、管道费用和电气仪表费用；③ 调节性能好，可稳定输出符合供汽参数要求的二次蒸汽。

减温减压装置方案的缺点是直接将高参数蒸汽减温减压，热损失较大，造成能源的直接浪费。

（2）背压式汽轮机排汽供热方案。蒸汽进入给水泵汽轮机做功发电，发电量可接入厂用电系统，降低厂用电率；同时排汽可以向热用户供热。

背压式汽轮机排汽供热具有以下优势：实现热电联产的同时，有效地利用蒸汽的高位能发电，低位能供热，提高了机组热效率，减少了冷源损失。

2. 压缩空气供应技术路线

根据空气压缩机的驱动方式不同，新增空气压缩机可分为电动空气压缩机方案或汽动空气压缩机方案。

电动空气压缩机方案用电动机驱动空气压缩机，系统简单，设备投资相对较低，但需要消耗厂用电。汽动空气压缩机方案系统较复杂，由小汽轮机驱动空气压缩机，汽源来自汽轮机抽汽，设备投资相对较高。

从能源的转换利用效率方面对给水泵汽轮机驱动与电动机驱动方式的耗能进行比较，以相同品位的蒸汽为计算基点，即利用的蒸汽理想功率相同。能源转换效率对比见表5-9，通过表5-9的分析比较可知，给水泵汽轮机驱动和电动机驱动这两种方案相比，电动机驱动方案对能源的转换利用效率略高。从能量转化效率角度来讲，电动空气压缩机方案优于汽动空气压缩机方案。

表5-9　能源转换效率对比

序号	项目	空气压缩机由给水泵汽轮机驱动	空气压缩机由电动机驱动
1	相对内效率	给水泵汽轮机83%	主汽轮机中压缸93%
2	发电机效率	无	发电机99%
3	电动机效率	无	95%
4	总计（1×2×3）	83%	87.5%

3. 污泥干化掺烧技术路线

结合国家环保政策引导和污泥焚烧技术发展，项目技术路线采用卧式圆盘干燥机（蒸汽间接换热干化）+发电厂燃煤锅炉耦合焚烧工艺，以热导型卧式圆盘干化机为关键设备的干燥系统。卧式蒸汽转盘式干化设备外形及内部构件如图5-35所示，卧式圆盘干燥机+发电厂燃煤锅炉耦合焚烧工艺技术路线如图5-36所示。利用饱和或过热蒸汽对污泥间接加热，使污泥中的水分蒸发，干化后的污泥输送至电厂输煤皮带，经磨制系统后送入锅炉焚烧，干化产生的废气直接接入锅炉炉膛焚烧。具备年处理9.9万t生活污泥和 6 万 t 印染污泥的固废处置能力。

上述技术路线让整个污泥干化的过程都处于负压状态，能够有效地控制和防止污泥干化过程产生的臭气外漏，破坏生产环境；同时具有占地面积小、生产环境好、投资低等优点。

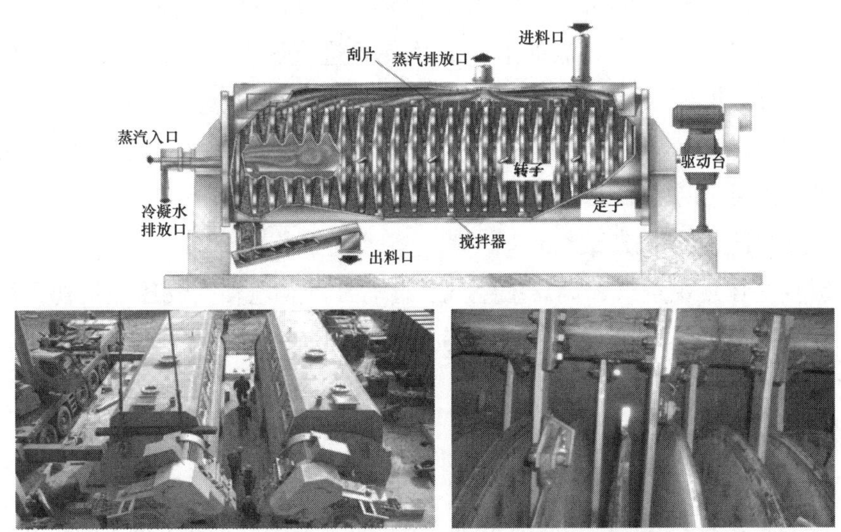

图 5-35　卧式蒸汽转盘式干化设备外形及内部构件

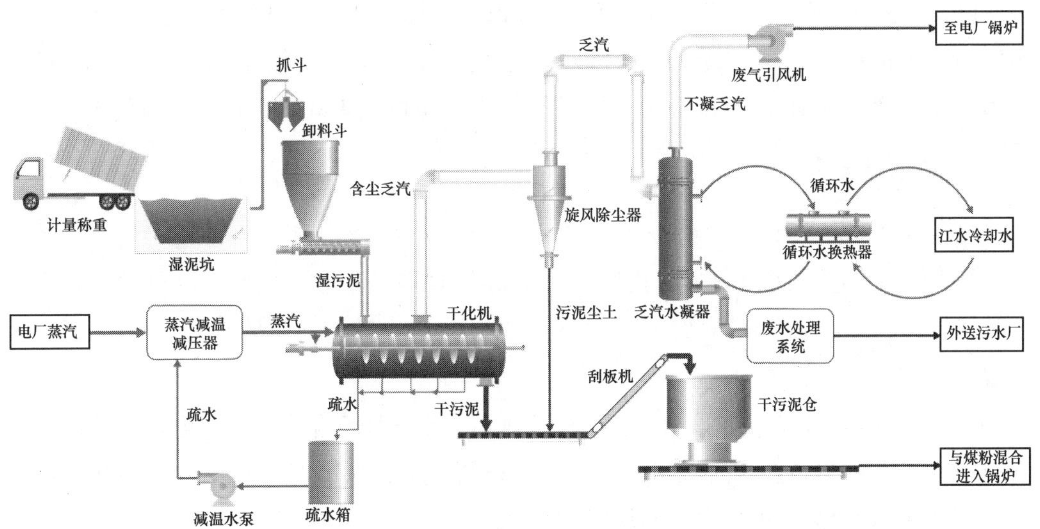

图 5-36　卧式圆盘干燥机 + 发电厂燃煤锅炉耦合焚烧工艺技术路线

四、装机方案

1. 蒸汽供应装机方案

新增一台功率 12000kW 左右的背压式汽轮机，并拖动一台功率 11000kW 左右的异步发电机，所发电量直接并入电厂厂用电系统。采用原锅炉新蒸汽（22.2MPa/566℃/120t/h）作为汽轮机进汽，背压汽轮机排汽参数为4.55MPa/340.7℃，经减温器降低到290℃后供给工业用户。背压式汽轮机同时也需要并联一路主蒸汽直接减温减压管道，正常通过背压式汽轮机对外供热，在背压式汽轮机停机时或者单机运行需要对低压供热进行补充时，通过主蒸汽直接减温减压对外供热，保证供热可靠性。

背压式汽轮机主要技术参数如下：① 汽轮机进汽压力：22.2MPa；② 汽轮机进汽温度：566℃；③ 汽轮机排汽压力：4.55MPa；④ 汽轮机排汽温度：340.7℃；⑤ 汽轮机额定功率：12000kW；⑥ 汽轮机额定进汽量：120t/h；⑦ 汽轮机额定转速：3000r/min；⑧ 异步发电机额定功率：11000kW。

2. 压缩空气供应装机方案

用户需要高压压缩空气，高压缩空气负荷有波动。电动空气压缩机初采用以下选型方案：采用2台高压离心机，其品牌为Atlas Copco，用气量为32000m^3/h，压力为1.05MPa，机器型号为ZH2000−11.7 FS2，产气量为16000m^3/h，电机功率为2000kW，电耗为0.129kW·h/m^3。

3. 污泥处置装机方案

该项目工艺方案采用以热导型卧式圆盘干化机为关键设备的干燥系统，利用饱和或过热蒸汽对污泥间接加热，使污泥中的水分蒸发，从而达到干燥的目的。

设备参数如下：① 处理能力：5×100t/d；② 装机功率：110kW；③ 外形尺寸：10100mm×3000mm×3550mm；④ 传热面积：411m^2；⑤ 全容量：26m^3；⑥ 转速：0～9r/min（变频可调）；⑦ 干化方式：间接传热；⑧ 配套设备：减速机，齿轮传动。

五、效益分析

1. 经济效益

（1）蒸汽供应。2020年6月投用了长27km、DN700的供热管线，实现了燃气热能站供热替代。此供热管线可实现供热峰值320t/h，单日最大供热量6482t，该电厂每年新增利润1760万元左右。

（2）压缩空气供应。在该电厂厂区内实施压缩空气经营项目，经该电厂与压缩空气供应厂家双方协商确认，前三年该电厂收回投资成本；从第四年起双方各占利润空间50%，即从第四年起该电厂每年新增利润2150万元左右。

（3）污泥干化掺烧。以污泥焚烧服务为契机，与污泥单位签订直供电合同，每年新增售电可超过1亿kW时，每年销售蒸汽12万t（167元/t售价），销售收入增加约2000万元，纯利润约900万元；污泥干化后送入锅炉焚烧可以降低煤耗，节约标准煤8500t/年，减少CO_2排放约2.3万t/年，则每年节煤利润约为600万元（按标准煤价655元/t计）。

2. 环境效益

（1）通过背压式汽轮机供热、一段抽汽供热进行长距离、大范围供热，替代周边分散低效未实现超低排放的小锅炉，以及采用循环水温排水余热利用供热等方式，全年向社会供热 363.35 万 GJ，提高了电厂自身的能源利用效率，社会综合能效可提升约 30%，节约标准煤 4.36 万 t，减少 CO_2 排放约 11.34 万 t。同时，分散低效的小锅炉取代后，大大降低了区域内二氧化硫、氮氧化物、烟尘等污染物排放，社会综合环境效益显著。

（2）通过采用发电厂燃煤锅炉耦合焚烧污泥工艺，污泥干化掺烧项目投产后，电厂协同处置太湖流域污泥 15.9 万 t/年，在原来的基础上节省标准煤 1.71 万 t，减少 CO_2 排放 4.53 万 t/年，减少 SO_2 排放 410t/年，NO_x 排放 119t/年，PM2.5 排放 256t/年。

3. 社会效益

（1）通过实施综合能源服务转型，有效地缓解了政府对园区企业管理的压力，减少了政府的支出，为政府在区域环境治理、安全管理提供了有效支持，为打造安全园区、和谐园区助力。

（2）通过实施综合能源服务转型，取代了区域的散、乱三废（废气、废液、废渣）排放，为建设美丽江苏助力。

（3）通过实施综合能源服务转型，提升了区域能效，降低了区域整体能耗，有效地减轻了区域碳减排量，为打造节能低碳示范园区助力。

（4）通过综合能源服务转型实施，进一步实现区域的集约式节能，为依托存量火电提供综合能源服务，实现区域系统性降碳，建立了一套可复制、可借鉴的模式。

第八节　电厂供压缩空气

某电力公司地处江苏省南通市西郊天生港镇，南濒长江，北接 204 国道和宁通高速公路，水陆交通便捷，占地面积约 70 万 m^2。天电公司现有 2 台 33 万 kW 机组，与另一电厂共同建设 2 台 100 万 kW 机组。

一、项目背景

在“双碳”目标的背景下，该电力公司依托电厂汽、厂用电作为驱动能源，在电站内配置大型空气压缩机，为周边用户集中供应压缩空气，与当地工业企业等压缩空气消费大户相互融合。该项目于 2020 年底开工，2021 年 12 月投产开始向 7 家用户供气，并持续运行至今，平均供气量超过 1200m^3/min；2022 年底新接入用气企业 3 家。

二、用户需求分析

在南通市的“十四五”规划中，港闸区作为重要的高端机械及纺织基地受到大力扶持，工业经济发展呈现稳步增长态势。近年来，港闸经开区成功招引科创项目45个，整体引进高新技术企业7家、人才企业21家，培育雏鹰瞪羚企业12家，现有国家级众创空间1个，省级孵化器4个，省级以上研发机构42家，截至2020年末，全区规模工业应税销售累计突破700亿元。

作为现代工业重要的基础原料，压缩空气应用十分广泛，金属焊接、机械加工、化工乃至电子产业中都大量应用压缩空气。随着港闸区工业企业逐渐成熟、配套企业逐渐增多，未来用气量逐渐增加，下一步还将有10家企业陆续进园建设，纺织材料和制造业全部建成后，入驻企业可达15家，具有良好的经济效益、社会效益和生态效益。纺织材料企业退城进园工程的实施，将进一步推动园区产业集聚、城市布局优化、企业转型升级、生态环境改善。

三、技术路线

1. 空气压缩机驱动方式比选

该项目采用汽轮机驱动空气压缩机承担基本用气负荷，尽量维持汽轮机驱动空气压缩机在满负荷下运行，并根据压缩空气负荷波动情况，采用电动空气压缩机承担尖峰用气负荷并作为备用机组。

2. 空气压缩机驱动汽源比选

对该项目用于空气压缩机驱动的汽源进行比选，空气压缩机驱动汽源见表5-10。

表5-10　　空气压缩机驱动汽源

序号	汽源	压力（MPa）	温度（℃）	可供应量（t/h）
1	主蒸汽	16.67	538	50
2	热再热蒸汽	2.399～3.039	538	中调节阀参与调节，单台机有100t/h供应量
3	冷再热蒸汽	2.666～3.377	284～307.8	由于需要供应2号线，因此冷再热蒸汽基本不可用
4	1号供热母管蒸汽	0.95～1.6	300～320	1号线目前最大供热量为160t/h
5	2号供热母管蒸汽	0.9～1.2	280～310	2号线目前供热量最大55t/h
6	中压缸排汽	0.5～0.8	320～370	＞35

由表5-10可知，中压缸排汽蒸汽参数最接近该项目选用的空气压缩机参数，故该工程采用中压缸排汽作为汽源，其压力为0.5～0.8MPa、温度为320～370℃。备用汽源从1、2号供热母管蒸汽来，1号供热母管蒸汽参数波动范围：压力为0.95～1.6MPa、温度为300～320℃，2号供热母管蒸汽参数波动范围：压力为0.9～1.2MPa、温度为280～310℃。

3. 汽动空气压缩机驱动汽轮机比选

凝汽式汽轮机可以采用主蒸汽、热再热蒸汽和供热蒸汽作为汽源，所有的进汽均可以冷凝成水。因此拖动空气压缩机受供热负荷的影响不会太大，同时经循环式冷却后，凝结水排至火电机组锅炉凝汽器，整体循环水量平衡，无须增加火电机组锅炉除盐水补水量。故该工程采用纯凝式汽轮机组。

4. 空气压缩机比选

活塞式空气压缩机具有噪声大、性能不好、产气品质不良、运行可靠性差等缺点。目前电厂项目中活塞式空气压缩机已经基本被螺杆式压缩机取代。根据对比分析，该项目配置 1 台 850m^3/min 离心式汽动空气压缩机，2 台 430m^3/min 离心式电动空气压缩机，2 台 250m^3/min 离心式电动空气压缩机。

5. 后处理装置比选

从节能降耗的角度出发，该工程后处理装置形式选用零气耗吸附式干燥器，每台干燥器容量为 380m^3/min，空压站内共设 5 台，其中 1 台检修备用。

该项目的工艺流程如图 5-37 所示，该项目充分利用厂内富余蒸汽和发电负荷，采用汽动 + 电动驱动方式，选用先进节能的离心空气压缩机和节能型干燥机，管道铺设线路合理，可充分利用现有设施，有效降低项目能耗，提高发电机组的综合能效，节约用煤量，从侧面降低场外用气企业的用气能耗，具有较好的直接和间接节能效益。

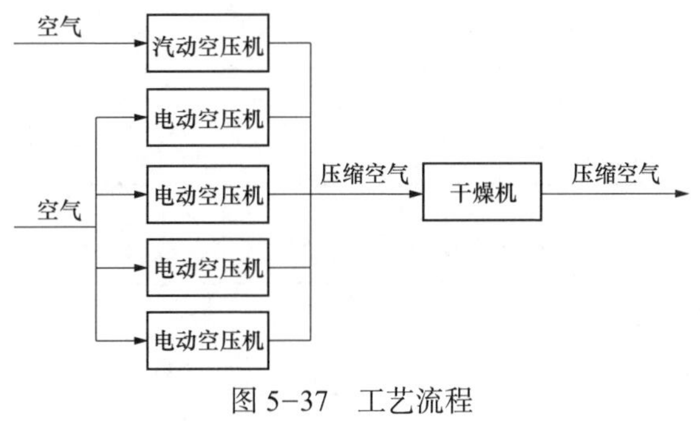

图 5-37　工艺流程

四、装机方案

为达到用户需求的高压压缩空气需求，该项目采用中压缸排汽（压力：0.5～0.8MPa，温度：320～370℃）作为汽源，采用 1 台汽轮机驱动空气压缩机蒸汽、凝结水系统。空气压缩机系统采用汽、电混合配置，共配置 5 台先进节能的离心空气压缩机，其中 1 台 850m^3/min 离心式汽动空气压缩机和 2 台 430m^3/min 离心式电动空气压缩机持续运转承担基本用气负荷，1 台 250m^3/min 离心式电动空气压缩机尖峰运转承担尖峰用气负荷，1 台 430m^3/min 的电动空气压缩机备用。根据压缩空气负荷波动情况，发挥汽、电混合配置自身调节灵活的优势进行切换、组合，实现容量的梯级配置。

空气压缩机技术参数见表 5-11～表 5-13，汽轮机技术参数见表 5-14。

表 5-11　　850m³/min 汽动压缩机技术参数

内容		单位	参数
入口流量		m^3/min	850
数量		台	1
压缩机型号			JE60000
压缩级数			3
压缩介质			空气
流量调节范围		%	70～110
相对湿度		%	80
进口温度		℃	35
大气压		kPa	101
进口压力		kPa	100
设计工作出口压力		MPa	0.9
冷却水进口温度		℃	≤35
额定功率		kW	5250
冷却水总耗量	冷却器	m^3/h	365
	油冷却器	m^3/h	与汽轮机共用
	电机冷却器	m^3/h	无
各转子振动值		μm	≤25

表 5-12　　430m³/min 电动压缩机技术参数

内容	单位	参数
入口流量	m^3/min	430
数量	台	2
压缩机型号		JE2900
压缩级数		3
压缩介质		空气
流量调节范围	%	70～105
相对湿度	%	80
进口温度	℃	35
大气压	kPa	101
进口压力（压缩机进口法兰处）	kPa	100
设计工作出口压力	MPa	0.9
冷却水进口温度	℃	≤35
额定电机功率	kW	2900

续表

内容		单位	参数
冷却水总耗量	冷却器	m^3/h	200
	油冷却器	m^3/h	20
	电机冷却器	m^3/h	无
各转子振动值		μm	≤25

表 5-13　　　250m^3/min 电动压缩机技术参数

内容		单位	参数
入口流量		m^3/min	250
数量		台	2
压缩机型号			JE1750
压缩级数			3
压缩介质			空气
流量调节范围		%	70～105
相对湿度		%	80
进口温度		℃	35
大气压		kPa	101
进口压力（压缩机进口法兰处）		kPa	100
设计工作出口压力（单向阀后）		kPa	0.9
冷却水进口温度		℃	≤35
额定电机功率		kW	1750
冷却水总耗量	冷却器	m^3/h	130
	油冷却器	m^3/h	15
	电机冷却器	m^3/h	无
各转子振动值		μm	≤25

表 5-14　　　汽轮机技术参数

内容	单位	参数
排汽方式		纯凝式
数量	台	1
功率	kW	5601.9
蒸汽流量	t/h	29.6
蒸汽压力	MPa	0.59
蒸汽温度	℃	340
排汽压力	kPa	0.007

续表

内容		单位	参数
冷却水总耗量	凝汽器	m^3/h	2800
	油冷却器	m^3/h	220
各转子振动值		mm	0.03

五、效益分析

1. 经济效益

该工程项目总投资 9691 万元，每年可产出 77428 万 m^3 压缩空气，实现年工业总产值 6562 万元，工业增加值 2947 万元，年缴增值税 315 万元。

2. 环境效益

实现集中供气后，可节省企业用电，大大减少对环境的噪声污染，其由原来的多点噪声源集中为一点噪声源；改善了工业园区内企业的生产环境，符合国家能源政策和城市总体规划。同时该项目采用蒸汽驱动离心式压缩机，可以提高机组负荷，间接降低机组煤耗，提高整体效率。

该项目已投运满 1 年，委托江苏省工程咨询中心有限公司对区域能耗进行了测量计算。对电厂自身每年可节省标准煤约 7251.30t，区域能耗年减少标准煤约 9353.61t，减少二氧化碳排放约 2.5 万 t。

3. 社会效益

集中供气是城市基础设施和公益事业，也是南通市现代化发展水平的重要标志，对增加南通市服务功能、有效保护环境等方面都起着不可替代的作用，具有极为可观的社会效益。集中供气是国家鼓励发展的通用节能技术，符合国家的节能减排政策，能显著提高能源综合利用率和热电厂的经济效益。

参 考 文 献

[1] 赵风云，韩放，齐越，等．综合智慧能源理论与实践［M］．北京：中国电力出版社，2020.

[2]《综合能源服务百家实践案例集》编委会．综合能源服务百家实践案例集［M］．北京：中国电力出版社，2021.

[3] 国网北京电力公司，国网电力科学研究院（武汉）能效测评有限公司．综合能源服务基础知识 120 问［M］．北京：中国电力出版社，2019.

[4] 李建标，胡永锋，徐静静，等．综合能源服务促进“双碳”目标的实现［J］．中国能源，2022，44（05）：63−69.

[5] 中国华电科工集团有限公司．综合能源服务发展报告［R］．2021.

[6] 李钟实．太阳能分布式光伏发电系统设计施工与运维手册［M］．北京：机械工业出版社，2020.

[7] 江祥华，张增辉，王东，等．分布式光伏电站设计、建设与运维［M］．北京：化学工业出版社，2022.

[8] 任新兵．太阳能光伏发电工程技术［M］．北京：化学工业出版社，2012.

[9] 崔容强，赵春江，吴达成．并网型太阳能光伏发电系统［M］．北京：化学工业出版社，2007.

[10] 梅生伟，李建林，朱建全，等．储能技术［M］．北京：机械工业出版社，2022.

[11] 唐宏青．现代煤化工新技术［M］．北京：化学工业出版社，2009.

[12] 刘少文，吴广义．制氢技术现状及展望［J］．贵州化工．2003，（05）：4−9.

[13] 赵宝超，常浩．天然气制氢工艺技术研究进展［J］．化工设计通讯．2022，48（04）：96−98.

[14] 崔明月，朱小平，薛科，等．氢燃料电池车储氢技术及其发展现状［J］．汽车实用技术．2022，47（10）：173−178.

[15] 张志芸，张国强，刘艳秋，等．车载储氢技术研究现状及发展方向［J］．油气储运．2018，37（11）：1207−1212.

[16] 丁镠，唐涛，王耀萱，等. 氢储运技术研究进展与发展趋势［J］. 天然气化工—C1 化学与化工，2022，47（2）：35-40.

[17] 杨旭中，康慧，孙喜春. 燃气三联供系统规划设计建设与运行［M］. 北京：中国电力出版社，2014.

[18] 陆耀庆. 实用供热空调设计手册［M］. 2 版. 北京：中国建筑工业出版社，2008.

[19] 刘泽华，彭梦珑，周湘江. 空调冷热源工程［M］. 北京：机械工业出版社，2005.

[20] 金红光，郑丹星，徐建中. 分布式冷热电联产系统装置及应用［M］. 北京：中国电力出版社，2010.

[21] 杨昭，马一太. 制冷与热泵技术［M］. 北京：中国电力出版社，2020.

[22] 张昌. 热泵技术与应用［M］. 北京：机械工业出版社，2019.

[23] 蒋能照，刘道平. 水源·地源·水环热泵空调技术及应用［M］. 北京：机械工业出版社，2007.

[24] 刘安，张振华，尹海宇，等. 热泵技术及其在热电联产中的应用［M］. 北京：中国电力出版社，2019.

[25] 刘艳华. 暖通空调节能技术［M］. 北京：机械工业出版社，2019.

[26] 江克林. 暖通空调节能减排与工程实例［M］. 北京：中国电力出版社，2019.

[27] 李德英，张伟捷. 建筑节能技术［M］. 2 版. 北京：机械工业出版社，2017.

[28] 林世平. 燃气冷热电分布式能源技术应用手册［M］. 北京：中国电力出版社，2014.

[29] 中国华电科工集团有限公司. 燃气分布式供能系统设计手册［M］. 北京：中国电力出版社，2019.

[30] 中国华电集团有限公司. 发电企业供热管理与技术应用［M］. 北京：中国电力出版社，2018.

[31] 康慧. 天然气合理利用问题探讨［J］. 中国能源，2020，42（02）：15-20.

[32] 陆如泉. 中国天然气进口的现状与未来［J］. 财经，2018，33（02）：25-30.

[33] 孙晔，等. 天然气长期协议中的照付不议机制［J］. 南方能源观察，2019，55（01）：40-47.

[34] 中国电力工程顾问集团有限公司. 电力工程设计手册　集中供热设计［M］. 北京：中国电力出版社，2017.

[35] 杨锦成，骆建波，康丽惠，等. 区域能源互联网构架下的综合能源服务［J］. 上海节能，2017（03）：137-146.

[36] 王小蕾. 基于大数据分析的综合能源服务平台数据应用研究［J］. 电气时代，

2022（04）：29-30.

［37］胡健坤，陈志坚．基于微服务的“互联网 +”智慧能源服务平台设计与实现［J］．南方能源建设，2021，8（04）：107-114.

［38］张振东，林可，符冰超，等．基于工业互联网平台的综合能源服务业务体系的建设与实施［C］//《中国电力企业管理创新实践（2020 年）》编委会．中国电力企业管理创新实践（2020 年）．中国质量标准出版传媒有限公司，2021：520-523.

［39］夏行宇，王丰，马国柱．智慧综合能源服务平台泛在接入方案研究［J］．电工电气，2020（05）：71-73.

［40］龚钢军，杨晟，王慧娟，等．综合能源服务区块链的网络架构、交互模型与信用评价［J］．中国电机工程学报，2020，40（18）：5897-5911.

［41］钟永洁，纪陵，李靖霞，等．虚拟电厂基础特征内涵与发展现状概述［J］．综合智慧能源，2022，44（06）：25-36.

［42］张凯杰，丁国锋，闻铭，等．虚拟电厂的优化调度技术与市场机制设计综述［J］．综合智慧能源，2022，44（02）：60-72.

［43］王聪生，等．电厂标识系统编码应用手册［M］．北京：中国电力出版社，2011.

［44］程浩忠，胡枭，王莉，等．区域综合能源系统规划研究综述［J］．电力系统自动化，2019，43（07）：2-13.

［45］吕佳炜，张沈习，程浩忠，等．考虑互联互动的区域综合能源系统规划研究综述［J］．中国电机工程学报，2021，41（12）：4001-4021.

［46］周鹏程，吴南南，曾鸣．综合能源系统建模仿真规划调度及效益评价综述与展望［J］．山东电力技术，2018，45（11）：1-5.

［47］刘自发，谭雅之，李炯，等．区域综合能源系统规划关键问题研究综述［J］．综合智慧能源，2022，44（06）：12-24.

［48］龙惟定，等．低碳城市的区域建筑能源规划［M］．北京：中国建筑工业出版社，2010.

［49］吴潇雨，等．综合能源服务平台化发展解析［J］．能源，2021（03）：45-49.

［50］曾鸣，等．能源互联网“源 – 网 – 荷 – 储”协调优化运营模式及关键技术［J］．电网技术，2016，40（01）：114-124.

［51］王小彦．电网企业综合能源服务平台发展研究［D］．东南大学，2020.

［52］买亚宗，石书德，张勇，等．关于以平台模式推进综合能源服务产业发展的建议［J］．国有资产管理，2020（10）：59-62.

［53］庞浩渊．基于互联网 + 的综合能源服务模型研究［D］．天津科技大学，2020.

［54］李扬，宋天立，王子健．基于用户数据深度挖掘的综合能源服务关键问题探析［J］．电力需求侧管理，2018，20（03）：1-5.

[55] 刘永辉，等. 能源互联网背景下的新一代电力交易平台设计探讨[J]. 电力系统自动化，2021，45(07)：104-115.

[56] 李华强，等. 能源互联网背景下综合能源服务市场运营模式及关键技术[J]. 工程科学与技术，2020，52(04)：13-24.

[57] 王晓辉，等. 能源互联网共享运营平台关键技术及应用[J]. 电力信息与通信技术，2020，18(01)：46-53.